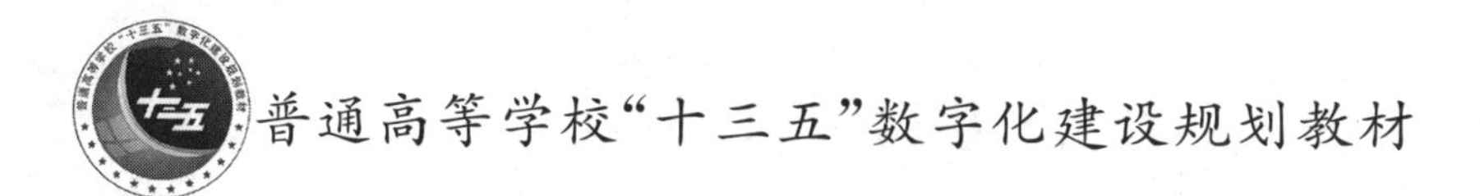

Access 数据库应用技术

主　编　李湘江　汤琛
主　审　蒋加伏

内 容 简 介

本教程以 Microsoft Access 2010 为背景，以“厚基础、强能力、重应用”为指导原则，参考2016年版《全国计算机等级考试二级 Access 数据库程序设计考试大纲》，重点介绍 Access 数据库的基础知识和基本操作方法。全书共分8章，主要内容包括：创建 Access 数据库和表、表的基本操作、数据查询、窗体设计、报表设计、宏、模块与 VBA 编程以及应用系统实例等。

本教程内容由浅入深、循序渐进，通过创建“教学管理2010.accdb”数据库实例，将 Access 的知识点及操作技术贯穿全书，以实例驱动的方法讲解知识、介绍操作技能，概念清晰、步骤翔实，在应用性强的章节中还安排有综合案例，最后串连形成一个完整的数据库应用系统。本书每章后都附有习题，包括计算机等级考试题型，帮助读者巩固和应用所学内容。

本教程可作为高等院校 Access 数据库技术与应用课程的教材和参考书，以及全国计算机等级考试二级 Access 考试参考书，也可作为 Access 培训班教材，或作为 Access 应用技术的自学教材。

本书配有教辅书《Access 数据库应用技术实验指导与习题选解》，另外还有一套供大屏幕投影教学用的 PPT 教案，以及所有实验案例的电子素材，供读者参考和借鉴。

本书配套云资源使用说明

本书配有微信平台上的云资源，请激活云资源后开始学习。

一、资源说明

本书云资源内容为例题数据库源文件。通过扫描二维码可下载源文件，方便学生学习，提高效率。

二、使用方法

1. 打开微信的“扫一扫”功能，扫描关注公众号（公众号二维码见封底）。
2. 点击公众号页面内的“激活课程”。
3. 刮开激活码涂层，扫描激活云资源（激活码见封底）。
4. 激活成功后，扫描书中的二维码，即可直接访问对应的云资源。

注：1. 每本书的激活码都是唯一的，不能重复激活使用。
2. 非正版图书无法使用本书配套云资源。

前　言

数据库技术是现代信息科学与技术的重要组成部分。几十年来，数据库技术得到迅速发展，在许多领域得到了广泛的应用。Microsoft Access 是一种小型关系数据库管理系统，是 Microsoft Office 办公套件中极为重要的组成部分，其高效、可靠的数据管理方式，面向对象的可视化操作，使其受到很多小型数据库应用系统开发者的青睐，是当前最流行的桌面数据库管理系统。Access 提供了大量的工具和向导，即使没有编程经验，也可以通过可视化的操作完成大部分的数据库管理和开发工作。

本书全面介绍 Microsoft Access 2010 关系数据库管理系统的各项功能、操作方法以及应用 Microsoft Access DBMS 开发数据库应用系统的基本原理与方法。全书以“教学管理系统”的设计与开发过程作为实例，并以该实例的逐步建立贯穿教材始终，理论联系实际，通过实例讲解知识、介绍操作技能，采用层层递进的方式组织教学过程。全书叙述详尽，概念清晰，使得读者在学习完本书后，不仅掌握 Access 应用技术，还通过实践完成一个数据库应用系统实例的设计与开发过程，进而具备应用 Access 开发小型数据库应用系统的基本能力。

全书共分 8 章，构成了 Access 2010 数据库应用技术的整个知识体系。第 1 章包括数据库的基础知识和 Access 2010 简介；第 2 章主要介绍数据库和表的创建，表的维护、操作以及数据的导入与导出；第 3 章主要介绍查询对象、各种查询的创建方法、SQL 查询以及编辑和使用查询的方法；第 4 章主要介绍窗体和窗体的创建方法、窗体的格式化及应用实例；第 5 章主要介绍报表、报表的创建与编辑方法、数据的排序和分组、报表的输出以及综合应用实例；第 6 章主要介绍宏的创建以及宏的运行与调试；第 7 章主要介绍 VBA 编程基础、VBA 的流程控制、创建 VBA 模块以及 VBA 代码调试与运行；第 8 章主要介绍一个简单应用系统实例的创建流程，包括系统分析、系统设计、系统实现以及应用系统集成。

本书内容丰富，结构完整，概念清楚，深入浅出，通俗易懂，可读性、可操作性强，不仅可以作为在校学生学习数据库应用技术的教材以及全国计算机等级考试二级 Access 考试参考书，还适合作为数据库应用系统开发人员的技术参考书籍使用。

本书由李湘江、汤琛担任主编并负责统稿，石昊苏担任副主编，李波编写第 1 章至第 3 章，汤琛编写第 4 章和第 5 章，石昊苏编写第 6 章，李湘江编写第 7 章和第 8 章。段盛教授提出许多宝贵意见，蒋加伏教授审阅了书稿，在此表示感谢。

苏文华、沈辉构思并设计了全书数字化教学资源的结构与配置，余燕、付小军编辑了数字化教学资源内容，马双武、邓之豪组织并参与了教学资源的信息化实现，苏文春、陈平提供了版式和装帧设计方案，在此表示衷心感谢。

在编写过程中，全体作者总结多年教学与实践经验并尽己所能，限于作者水平和精力有限，不足之处在所难免，敬请广大读者批评指正。

编　者

2018 年 7 月

目　　录

第1章　数据库基础知识

数据库技术是20世纪60年代末在文件系统基础上发展起来的数据管理新技术，是计算机科学的重要分支，经过50多年的发展，已经形成相当规模的理论体系和应用技术，不仅应用于事务处理，并且进一步应用到情报检索、人工智能、专家系统、地理信息系统、计算机辅助设计等各个领域。

本章主要内容：

- 数据库技术的有关概念
- 关系与关系运算
- Access 2010 简介

1.1　数据库基础知识

数据库可以直观地理解为存放数据的“仓库”，只不过这个仓库是在计算机的大容量存储器上。数据库技术研究的问题就是如何科学地组织、存储和管理数据，如何高效地获取和处理数据。

1.1.1　计算机数据管理的发展

1. 数据管理技术

1）数据和信息

数据是人们用于描述客观事物的物理符号。数据的种类很多，在日常生活中数据无处不在，如文字、图形、图像、声音等都是数据。

信息是数据中所包含的意义，是经过加工处理并对人类社会实践和生产活动产生决策影响的数据。不经过加工处理的数据只是一种原始材料，它的价值只是在于记录了客观世界的事实。只有经过提炼和加工，原始数据才发生了质的变化，给人们以新的知识和智慧。

数据与信息既有区别，又有联系。数据是表示信息的，但并非任何数据都能表示信息，信息只是加工处理后的数据，是数据所表达的内容。另一方面信息不随表示它的数据形式而改变，它是反映客观现实世界的知识，而数据则具有任意性，用不同的数据形式可以表示同样的信息。例如，一个城市的天气预报情况是一条信息，而描述该信息的数据形式可以是文字、图像或声音等。

2）数据处理

数据处理（Data Processing）是指对各种形式的数据进行收集、存储、加工和传播的一系列活动的总和，即数据处理是指将数据转换成信息的过程。其目的之一是从大量的、原始的数据中抽取、推导出对人们有价值的信息以作为行动和决策的依据；目的之二是为了借助计算机，科学地保存和管理复杂的、大量的数据，以便人们能够方便而充分地利用这些宝贵的信息资源。

例如，全体新生大学计算机基础的考试成绩记录了考生的考试情况（属于原始数据），对考试成绩分班统计（属于数据处理）的结果，可以作为任课教师教学水平评价的依据之一（属于信息），或者对考试成绩按不同的题型得分进行分类统计（属于数据处理），可得出试题分布和难易程度的分析报告（属于信息）。

2. 数据管理技术的发展

计算机对数据的管理是指对数据的组织、分类、编码、存储、检索和维护提供操作手段。随着计算机硬件、软件技术和计算机应用范围的发展，计算机数据管理的方式也在不断地改进，先后经历了人工管理阶段、文件系统阶段和数据库系统阶段。

1）人工管理阶段

20 世纪 50 年代以前，计算机主要用于数值计算。当时的硬件状况是：外存只有纸带、卡片、磁带，没有直接存取设备。软件状况是：没有操作系统以及管理数据的软件。

人工管理阶段[如图 1-1(a)所示]具有以下特点：

(1) 数据不保存。计算机主要用于科学计算，一般不需要保存数据。计算时将数据输入，计算后将结果数据输出。

(2) 没有专用的软件对数据进行管理。每个应用程序要包括存储结构、存取方法、输入输出方式等。存储结构改变时，应用程序必须改变，因而程序与数据不具有独立性。

(3) 只有程序概念，没有文件概念。数据的组织方式必须由程序员自行设计。

(4) 程序中要用到的数据直接写在程序代码里，一组数据一个程序，即数据是面向程序的。

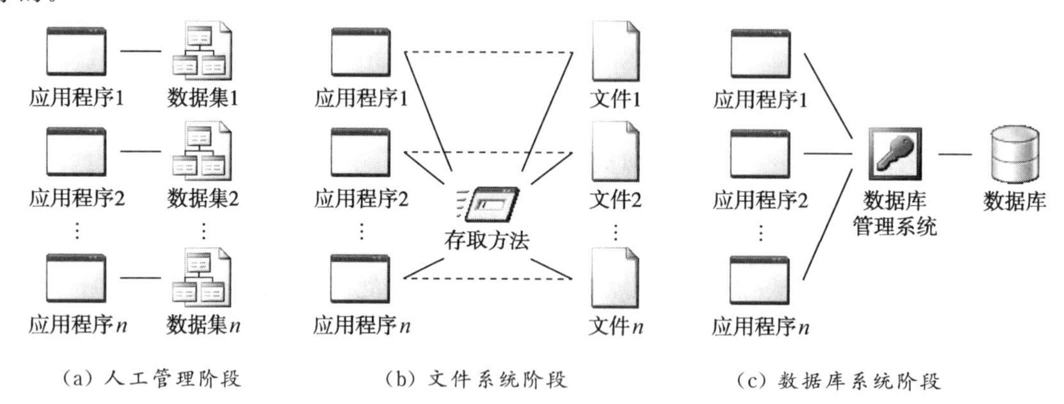

图 1-1 各个数据管理阶段中应用程序和数据之间的对应关系

2）文件系统阶段

20 世纪 50 年代后期到 60 年代中期，计算机的应用范围逐渐扩大，大量地应用于管理中。这时，在硬件上出现了磁鼓、磁盘等直接存取数据的存储设备。在软件方面，在操作系统中已经有了专门的数据管理软件，一般称为文件系统。处理方式上，不仅有了文件批处理，而且能够联机实时处理。

文件系统阶段[如图 1-1(b)所示]的特点如下：

(1) 数据可以长期保存。

(2) 数据的独立性低。有专门的软件，即文件系统进行数据管理，程序和数据之间由软件提供的存取方法进行转换，但应用程序和数据之间的独立性较差，应用程序依赖于文件的存储结构，修改文件存储结构就要修改程序，应用程序是数据依赖的，即数据的物理表示方式和有关的存取技术都是在应用程序中要考虑和体现的。

(3) 数据共享性差，数据冗余大。在文件系统中一个文件基本上对应于一个应用程序，即文件仍然是面向应用的。

3）数据库系统阶段

20 世纪 60 年代后期，计算机性能得到提高，更重要的是出现了大容量磁盘，存储容量大大增加且价格下降。在此基础上，有可能克服文件系统管理数据时的不足，而去满足和解决实际应用中多个用户、多个应用程序共享数据的要求，从而使数据能为尽可能多的应用程序服务，这就出现了数据库这样的数据管理技术。数据库的特点是数据不再只针对某一特定应用，而是面向全组织，具有整体的结构性，共享性高，冗余度小，具有较高的程序与数据间的独立性，并且实现了对数据进行统一的控制。数据库技术的应用使数据存储量猛增，用户增加，而且数据库技术的出现使数据处理系统的研制从围绕以加工数据的程序为中心转向围绕共享的数据来进行。图 1-1(c)给出了数据库系统阶段示意图。

数据管理在数据库系统阶段，经历了层次数据库和网状数据库阶段，发展至 20 世纪 70 年代，出现了关系数据库系统，并逐渐占据了数据库领域的主导地位。

3. 新一代的数据库技术

随着计算机应用领域的不断拓展和多媒体技术的发展，数据库已是计算机科学技术中发展最快、应用最广泛的重要分支之一，数据库技术的研究也取得了重大突破，已成为计算机信息系统和计算机应用系统的重要技术基础和支柱。目前，数据库的发展方向主要有两个：一是改造和扩充关系数据库，以适应新的应用要求；二是改用新的数据库模型。这两个方面都取得了很大发展。

新一代的数据库技术主要体现在以下几个方面：

1）整体系统方面

相对于传统数据库而言，在数据模型及其语言、事务处理与执行模型、数据逻辑组织与物理存储等各个方面，都集成了新的技术、工具和机制，如面向对象数据库(Object-Oriented Database)、主动数据库(Active Database)、实时数据库(Real-Time Database)等。

2）体系结构方面

不改变数据库基本原理，而是在系统的体系结构方面采用和集成了新的技术，如分布式数据库(Distributed Database)、并行数据库(Parallel Database)、数据仓库(Data Warehouse)等。

3）应用方面

以特定应用领域的需要为出发点，在某些方面采用和引入一些非传统数据库技术，加强系统对有关应用的支撑能力，如工程数据库(Engineering Database)支持 CAD、CAM、CIMS

(计算机集成制造系统)等应用领域;空间数据库(Spatial Database),包括地理数据库(Geographic Database),支持地理信息系统(Geographic Information System,GIS)的应用;科学与统计数据库(Scientific and Statistic Database)支持统计数据中的应用;还有包括多媒体数据库(Multimedia Database)在内的超文档数据库(Hyperdocument Database)以及网络数据库等。

1.1.2 数据库系统

数据库系统(DataBase System,DBS)是指带有数据库并利用数据库技术进行数据管理的计算机系统。

1. 数据库系统的组成

数据库系统是由硬件系统、数据库、数据库管理系统、应用程序、数据库管理员和用户等构成的人一机系统,如图 1-2 所示。

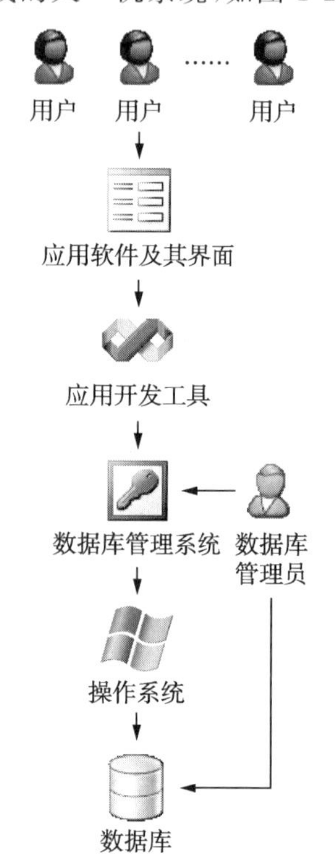

图 1-2 数据库系统的组成

1) 数据库(DataBase,DB)

数据库是数据库系统的数据源,是长期存储在计算机内的、有组织的、可共享的数据的集合。数据库中的数据按一定的数据模型组织、描述和存储,具有很小的冗余度、较高的数据独立性和易扩展性,可为各种用户共享。

2) 数据库管理系统(DataBase Management System,DBMS)

数据库管理系统是位于用户与操作系统之间的数据管理软件。它是一种系统软件,负责数据库中的数据组织、操纵、维护、控制、保护和数据服务等,是数据库系统的核心。

3) 数据库管理员(DataBase Administrator,DBA)

数据库管理员是专门从事数据库建立、使用和维护的工作人员。

2. 数据库系统的基本功能

1) 数据定义功能

数据库管理系统提供了数据定义语言(Data Definition Language, DDL),用户通过它可以方便地对数据库中的相关内容进行定义。例如,对数据库、表、索引进行定义。

2) 数据操纵功能

数据库管理系统提供了数据操纵语言(Data Manipulation Language, DML),用户通过它可以实现对数据库的基本操作。例如,对表中数据的查询、插入、删除和修改。

3) 数据库运行控制功能

这是数据库管理系统的核心部分,它对数据库的建立、运行和维护进行统一管理,以保证数据的安全性、完整性以及多个用户对数据库的并发使用。

4）数据库的建立和维护功能

数据库的建立和维护功能包括数据库初始数据的输入、转换功能，数据库的转储、恢复功能，数据库的重新组织功能和性能监视、分析功能等。这些功能通常是由一些实用程序完成的。它是数据库管理系统的一个重要组成部分。

3. 数据库系统的基本特点

数据库系统脱胎于文件系统，两者都以数据文件的形式组织数据，但数据库系统由于引入了DBMS管理，与文件系统相比具有以下的特点：

1）数据的结构化

数据结构化是数据库与文件系统的根本区别。在数据库系统中，数据是面向整体的，不但数据内部组织有一定的结构，而且数据之间的联系也按一定的结构描述出来，所以数据整体结构化。

2）数据的高共享性与低冗余性

数据库系统从整体角度看待和描述数据，数据不再面向某个应用而是面向整个系统。同一组基本记录，就可以被多个应用程序共享使用。这样可以大大减少数据冗余，节约存储空间，又能够避免数据之间的不相容性和不一致性。

3）数据的独立性

数据独立是指数据与应用程序之间彼此独立，不存在相互依赖的关系。

数据库系统提供了两方面的映像功能，使得程序与数据库中的逻辑结构和物理结构有高度的独立性。

4）数据的统一管理与控制

数据的统一管理与控制包括数据的完整性检查、安全性检查和并发控制3个方面。

数据库管理系统能统一控制数据库的建立、运用和维护，使用户能方便地定义数据和操作数据，并能够保证数据的安全性、完整性、多用户对数据的并发使用及发生故障后的系统恢复。

1.1.3 数据模型

模型是对现实世界的抽象。在数据库技术中，用模型的概念描述数据库的结构与语义。

1. 实体及实体间的联系

现实世界中存在各种事物，事物与事物之间存在着联系。这种联系是客观存在的，是由事物本身的性质所决定的。

1）实体

现实世界客观存在并且可以相互区别的事物叫实体。实体可以是人，如一个教师、一个学生等；也可以指物，如一本书、一张桌子等；它不仅可以指实际的物体，还可以指抽象的事件，如一次借书、一次奖励等。

2）属性与域

一个实体具有不同的属性，属性描述了实体某一方面的特性。例如，教师实体可以用教师编号、姓名、性别、出生日期、职称、基本工资、研究方向等属性来描述。属性的取值范围称为域，例如，性别属性的域为(男、女)。每个属性可以取不同的值，称为属性值。属性是个变量，属性值是变量所取的值，而域是变量的变化范围。

3）关键字

唯一识别实体的属性集称为关键字。例如，学号是学生实体的关键字。

4）实体型

实体名与其属性名的集合共同构成实体型。例如，学生(学号、姓名、年龄、性别、院系、年级)就构成一个实体型。

5）实体集

同类型实体的集合称为实体集。例如，全体学生就是一个实体集。

在关系数据库中，用“表”来表示同一类实体，即实体集；用“记录”来表示一个具体的实体；用“字段”来表示实体的属性。显然，字段的集合组成一个记录，记录的集合组成一个表。相应于实体型，则代表了表的结构。

6）联系

实体之间的相互关系称为联系，它反映现实世界事物之间的相互关联。例如，学生与老师之间存在着授课关系，学生与课程之间存在着选修关系。实体之间有各种各样的联系，归纳起来有 3 种类型：

◆ 一对一联系(1∶1)

如果对于实体集 A 中的每一个实体，实体集 B 中有且只有一个实体与之联系，反之亦然，则称实体集 A 与实体集 B 具有一对一联系。例如，一所学校只有一个校长，一个校长只在一所学校任职，校长与学校之间的联系就是一对一的联系。

◆ 一对多联系(1∶n)

如果对于实体集 A 中的每一个实体，实体集 B 中有多个实体与之联系，反之，对于实体集 B 中的每一个实体，实体集 A 中至多只有一个实体与之联系，则称实体集 A 与实体集 B 有一对多的联系。例如，一所学校有许多学生，但一个学生只能就读于一所学校，所以学校和学生之间的联系是一对多的联系。

◆ 多对多联系(m∶n)

如果对于实体集 A 中的每一个实体，实体集 B 中有多个实体与之联系，而对于实体集 B 中的每一个实体，实体集 A 中也有多个实体与之联系，则称实体集 A 与实体集 B 之间有多对多的联系。例如，一个读者可以借阅多种图书，任何一种图书可以为多个读者借阅，所以读者和图书之间的联系是多对多的联系。

2. 数据模型简介

数据模型是面向数据库全局逻辑结构的描述，主要任务一是指出数据的构造，包括如何表示数据、要研究的是什么实体、包含哪些属性；二是确定数据间的联系，主要是实体间的联系。

在数据库系统中，常用的数据模型有层次模型、网状模型和关系模型 3 种。

1）层次模型

层次模型将现实世界的实体彼此之间抽象成一种自上而下的层次关系，是使用树型结构表示实体与实体间联系的模型。例如，可用层次模型描述一个机构的组织情况，如图1-3所示，有如一棵倒置的树。

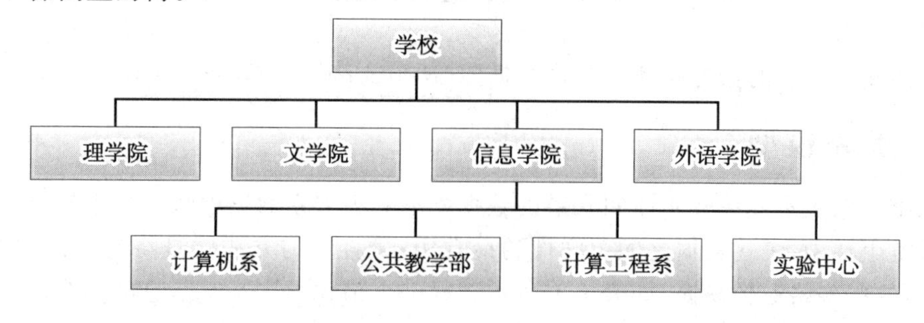

图 1-3　层次模型

层次模型的特点：

(1) 有且仅有一个结点无父结点，这个结点称为根结点；

(2) 其他结点有且仅有一个父结点；

(3) 适合表示一对多的联系。

2）网状模型

使用网状结构表示实体及实体间联系的模型称为“网状模型”，如图 1-4 所示。

网状模型的特点：

(1) 允许有多于一个的父结点；

(2) 适合表示多对多的联系。

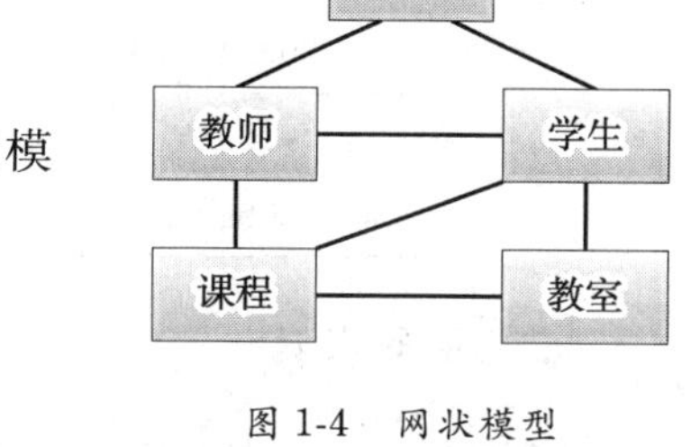

图 1-4　网状模型

3）关系模型

使用二维表来表示实体及实体间联系的模型称为“关系模型”，如图 1-5 所示。

教师编号	课程系名	课程名	课程编号	周时数
790	计算机	C 语言	12-247A	3
745	外语	英语	14-200B	4
807	工测	测量学	14-200A	4
642	航测	GIS	14-280A	5
689	大地	GPS	17-340A	3

图 1-5　关系模型

关系模型和网状模型、层次模型的最大差别是用关键码而不是用指针导航数据。表格简单，用户易懂，用户只需要用简单的查询语句就可以对数据库进行操作，并不涉及存储结构、访问技术等细节。

1.2　关系数据库

用关系模型建立的数据库就是关系数据库(Relational Database,RDB)。

1.2.1　关系模型

用二维表来表示实体及实体间联系的数据模型称为关系数据模型或关系模型。

在现实生活中,表达数据之间关联性的最常用、最直观的方法就是将它们制作成各式各样的表格,这些表格通俗易懂,如表 1.1 所示就是一个描述学生基本信息的二维表。

表 1.1　学生基本情况表

学号	姓名	性别	出生年月
200942070401	吴迪	男	02-28-80
200942070402	张杨	男	06-07-81
200942070403	李子凡	女	11-17-82
200942070404	舒舍予	男	05-01-80
200942070405	高大全	男	11-06-80

1. 关系术语

◆ 关系:关系在逻辑结构上就是一张二维表,每一个关系都有一个关系名,即表名。

对关系的描述称为关系模式,一个关系模式对应一个关系的结构。描述格式为:

表名(字段名 1,字段名 2,…,字段名 n)

◆ 元组:二维表(关系)中的每一行,对应于表中的记录。

◆ 属性:二维表中的每一列,对应于表中的字段。

◆ 域:属性的取值范围称为域,也称为值域。例如,性别只能取“男”或“女”。

◆ 关键字:关键字是属性或属性的集合,关键字的值能够唯一地标识一个元组。例如,学生表中的学号。在 Access 中,主关键字和候选关键字就起唯一标识一个元组的作用。

◆ 外部关键字:如果表 A 中的一个字段不是表 A 的主关键字或候选关键字,而是另外一个表的主关键字或候选关键字,则这个字段就是表 A 的外部关键字。

2. 关系的特点

在关系模型中对关系有一定的要求,关系必须具有以下特点:

◆ 关系必须规范化。关系模型中的每一个关系模式都必须满足一定的要求。最基本的要求是每个属性必须是不可分割的数据单元,即表中不能再包含表。

◆ 属性名必须唯一,即一个关系中不能出现相同的属性名。

◆ 关系中不允许有完全相同的元组(即冗余)。

◆ 在一个关系中元组和属性的顺序都是无关紧要的。

表 1.1 给出的学生基本情况表便是一个关系模型。

3. 关系模型与关系数据库

关系数据库系统是支持关系数据模型的数据库系统，虽然关系模型比层次模型和网状模型出现得晚，但是因为它建立在严格的数学理论基础上，所以是目前十分流行的一种数据模型。典型的关系数据库管理系统产品有 DB2，Oracle，Sybase，SQL Server，Informix 和微机型产品 dBASE，Access，Visual FoxPro 等。

一个关系数据库中通常包含若干个关系，一个关系就是一张二维表格，表格由表格结构与数据构成，表格的结构对应关系模式，表格每一列对应关系模式的一个属性，该列的数据类型和取值范围就是该属性的域。因此，定义了表格就定义了对应的关系。

在 Microsoft Access 2010 中，与关系数据库对应的是数据库文件(.accdb 文件)，一个数据库文件包含若干个表，表由表结构与若干个数据记录组成，表结构对应关系模式。每个记录由若干个字段构成，字段对应关系模式的属性，字段的数据类型和取值范围对应属性的域。

【例 1-1】 通过一个关系数据库的实际例子，说明关系模型是如何描述表、描述表之间的联系。

设有“学生管理”数据库，其中有“学生”“课程”和“选课”3 个表，如图 1-6 所示。

学生

学号	姓名	性别	党员	院系	出生年月	助学金
201008010111	钟石柱	男	☐	计通学院	1990/1/30	
201008010121	陈泽桦	女	☑	计通学院	1991/10/2	
201008010125	许文亮	男	☐	计通学院	1989/12/30	
201009030101	宋萍	女	☑	交运学院	1990/2/21	
201009030105	汤舒恺					

课程

课程号	课程名	开课院系
010101	英语	外语学院
030101	高等数学（一）	信计学院
030201	高等数学（二）	信计学院
080101	大学计算机	计通学院
080201	VB程序设计	计通学院
080202	数据库应用	计通学院
100802	篮球	体育部
121002	大学物理	信计学院

选课

学号	课程号	成绩
201008010111	010101	80
201008010111	030201	78
201008010121	100802	92
201009030101	010101	65
201009030101	030201	75
201009030101	121002	69
201009030105	100802	77

图 1-6 学生管理数据库中的 3 个表

约定一个学生可以选修多门课，一门课也可以被多个学生选修，所以学生和课程之间的联系是多对多的联系。通过“选课”表把多对多的关系分解为两个一对多的关系，选课表在这里起一种纽带的作用，有时称作“纽带表”。在 Access 中，3 个表之间的关系如图 1-7 所示。

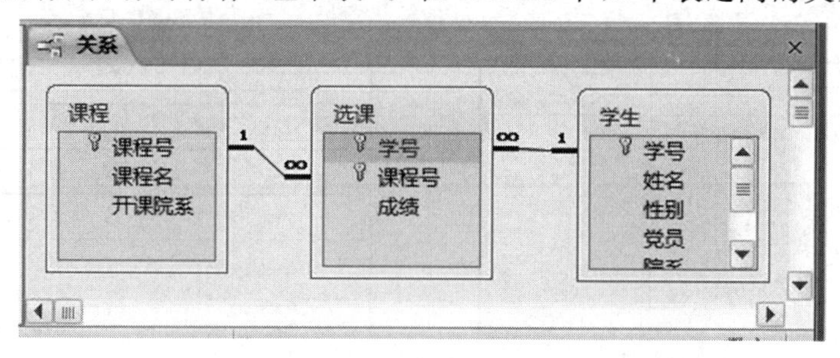

图 1-7 表之间的关系

"学生"表和"选课"表是通过同名字段"学号"建立联系的,两个表互为关联表。在"学生"表中,"学号"字段是主关键字(主键),唯一标识该表中的每条记录;同理,"课程号"是"课程"表的主键。在"选课"表中,"学号"字段虽不是该表的主键,却是关联表——"学生"表的主键,所以"学号"字段是"选课"表的外部关键字;同理,"课程号"字段是"选课"表的外部关键字。图中符号"∞"表示"多"。纽带表不一定需要自己的主键,如果需要,可以将它所联系的两个表的主关键字作为组合关键字指定为主关键字。

1.2.2 关系运算

在关系数据库中查询用户所需数据时,需要对关系进行一定的关系运算。关系运算主要分为两类:传统的集合运算和专门的关系运算。前者将关系看成元组的集合,其运算是从关系的"水平"方向即行的角度来进行的;后者的运算不仅涉及行而且涉及列。

1. 传统的集合运算

传统的集合运算是二目运算。设关系 R 和关系 S 具有相同的目 n(即关系 R 和关系 S 有 n 个属性,本例中 $n=3$),且相应的属性取自同一个域,如图1-8(a)及图1-8(b)所示,则可以定义以下3种运算:

1) 并(Union)

关系 R 和关系 S 的并运算记做 $R \cup S$,由属于 R 或属于 S 的所有元组组成,结果仍为 n 目关系,如图1-8(c)所示。

2) 差(Difference)

关系 R 和关系 S 的差运算记做 $R-S$,由属于 R 但不属于 S 的元组组成,结果仍为 n 目关系,如图1-8(d)所示。

3) 交(Intersection)

关系 R 和关系 S 的交运算记做 $R \cap S$,由属于 R 且属于 S 的元组组成,结果仍为 n 目关系,如图1-8(e)所示。

A	B	C
a_1	b_1	c_1
a_1	b_2	c_2
a_2	b_2	c_1

(a) 关系 R

A	B	C
a_1	b_2	c_2
a_1	b_3	c_2
a_2	b_2	c_1

(b) 关系 S

A	B	C
a_1	b_1	c_1
a_1	b_2	c_2
a_2	b_2	c_1
a_1	b_3	c_2

(c) $R \cup S$

A	B	C
a_1	b_1	c_1

(d) $R-S$

A	B	C
a_1	b_2	c_2
a_2	b_2	c_1

(e) $R \cap S$

图1-8 关系 R 和 S 及其3种传统的集合运算

2. 专门的关系运算

在介绍专门的关系运算之前，先给出学生选课数据库，它包括3个关系(表)，学生表S(学号，姓名，性别，年龄，班级)，课程表C(课程号，课程名，系别)，学生选课表SC(学号，课程号，等级)，如图1-9所示。下面的例子将在这些表上进行。

学号	姓名	性别	年龄	班级
S1	李燕	女	20	99881
S2	吴迪	男	19	04651
S3	贝宁	男	21	04263
S4	赵冰	女	18	02471

(a) 学生表S

课程号	课程名	系别
C1	电路基础	物理
C2	数据结构	计算机
C3	概率统计	数学

(b) 课程表C

学号	课程号	等级
S1	C1	A
S1	C3	B
S2	C1	B
S2	C2	A
S2	C3	B
S3	C1	C
S3	C2	A
S4	C3	C

(c) 学生选课表SC

图1-9　学生选课数据库

1) 选择(Selection)

选择运算是从关系中查找符合指定条件元组的操作。以逻辑表达式指定选择条件，选择运算将选取使逻辑表达式为真的所有元组。选择运算的结果构成关系的一个子集，是关系中的部分元组，其关系模式不变。

换言之，选择运算是从二维表中选取若干行组成新的表，是在表中选取若干个记录的操作。

【例1-2】　从学生表S中选取所有女生，运算结果如图1-10(a)所示。

2) 投影(Projection)

投影运算是从关系中选取若干个属性的操作，换言之，投影运算是从关系中选取若干属性形成一个新的关系。

【例1-3】　选取学生表S中的所有姓名和班级，运算结果如图1-10(b)所示。

学号	姓名	性别	年龄	班级
S1	李燕	女	20	99881
S4	赵冰	女	18	02471

(a) 选择运算结果

姓名	班级
李燕	99881
吴迪	04651
贝宁	04263
赵冰	02471

(b) 投影运算结果

图1-10　选择与投影运算

可以看出选择运算是在一个关系中进行垂直方向的选择，选取关系中所有元组的某几列的值。投影运算的结果可能出现内容完全相同的元组，在结果关系中应将重复元组去掉。

3）连接（Join）

连接是将两个二维表格中的若干列按同名等值的条件拼接成一个新二维表格的操作。在表中则是将两个表的若干字段按指定条件（通常是同名等值）拼接生成一个新的表。

一般的连接操作是从行的角度进行运算，但自然连接还要取消重复列，所以是同时从行和列的角度进行运算的。

【例 1-4】　关系 R 和关系 S 及 $R >< S$（R 和 S 的自然连接）的结果如图 1-11 所示。

A	B	C
a_1	b_1	3
a_1	b_2	5
a_2	b_2	2
a_3	b_1	8

（a）关系 R

B	C	D
b_1	3	d_1
b_2	4	d_2
b_2	2	d_1
b_1	8	d_2

（b）关系 S

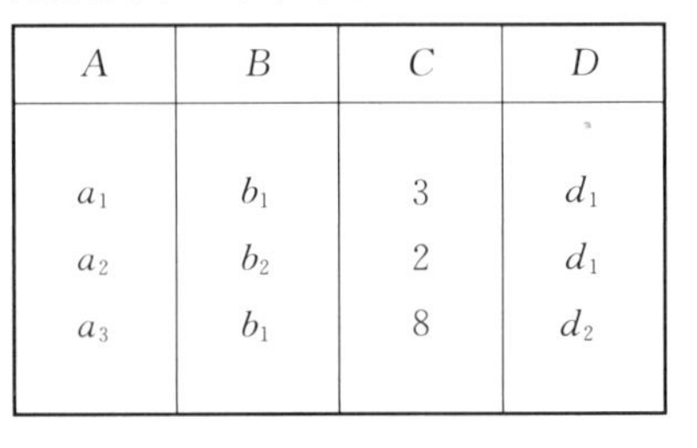

A	B	C	D
a_1	b_1	3	d_1
a_2	b_2	2	d_1
a_3	b_1	8	d_2

（c）$R >< S$

图 1-11　自然连接

用关系运算可以完成对数据的检索、删除和插入操作，如果要进行修改可先删除再插入新的元组。因此，以关系运算为基础的数据语言可以实现人们对数据库的所有查询和更新操作。

1.2.3　关系的完整性约束

关系完整性是为保证数据库中数据的正确性和相容性，对关系模型提出的某种约束条件或规则。完整性通常包括实体完整性、参照完整性和用户定义完整性（又称域完整性），其中实体完整性和参照完整性是关系模型必须满足的完整性约束条件。

1. 实体完整性

实体完整性规则要求关系中记录的关键字字段不能为空，不同记录的关键字，字段值也不能相同，否则，关键字就失去了唯一标识记录的作用。

如“学生”表将学号字段作为主关键字，那么，该列不得有空值，否则无法对应某个具体的学生，这样的表格不完整，对应关系不符合实体完整性规则的约束条件。

2. 参照完整性

参照完整性规则要求关系中“不引用不存在的实体”。

例如在“学生管理”数据库中，“学号”字段是“学生”关系的主关键字，如果将“选课”表作为参照关系，“学生”表作为被参照关系，以“学号”作为两个关系进行关联的属性，则“学号”是“选课”关系的外部关键字。“选课”关系通过外部关键字“学号”参照“学生”关系，如图 1-12所示。在参照关系“选课”中所出现的学号值（外键），必须是被参照关系“学生”中存在的学号（主键），即“选课”表中的所有学生必定存在于“学生”表中。

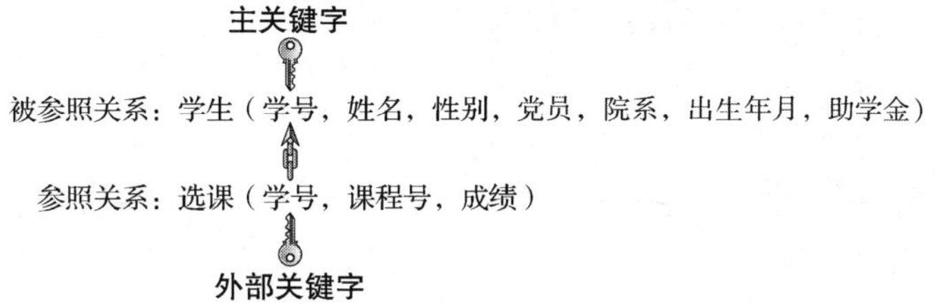

主关键字

被参照关系：学生（学号，姓名，性别，党员，院系，出生年月，助学金）

参照关系：选课（学号，课程号，成绩）

外部关键字

图 1-12　参照关系与被参照关系

3. 用户定义完整性

实体完整性和参照完整性适用于任何关系型数据库系统，它主要是针对关系的主关键字和外部关键字取值必须有效而做出的约束。用户定义完整性则是根据应用环境的要求和实际的需要，对某一具体应用所涉及的数据提出约束性条件。这一约束机制一般不应由应用程序提供，而应由关系模型提供定义并检验。用户定义完整性主要包括字段有效性约束和记录有效性约束。如对“选课”关系中的“成绩”字段的取值范围规定，只能取 0～100 之间的值。

1.3　数据库设计基础

良好的数据库设计，对今后数据库的管理和使用起到事半功倍的效果。

1.3.1　数据库设计步骤

1. 需求分析

设计数据库的第 1 个步骤是确定新建数据库所需要完成任务的目的。用户需要明确希望从数据库中得到什么信息，需要解决什么问题，并说明需要生成什么样的报表，要充分与用户交流，并收集当前使用的各种记录数据的表格与数据。

2. 确定所需要的表

要根据需求和输出的信息确定要创建的表，每个表应该只包含一个主题的信息，而且各个表不应该包含重复的信息。

3. 确定所需要的字段

一个表包含一个主题的信息，表中的各个字段都是该主题的各个组成部分。具体来说，每个字段应满足以下要求：

（1）每个字段应直接与表的主题相关，例如，“学生信息”表的各个字段可以是“学号”“姓名”和“年龄”等。

（2）字段不是推导或计算出的数据，例如，若已经存在“出生日期”字段，就不应该有“年龄”字段，因为年龄可以从“出生日期”推导出来。

（3）应该包含所需要的所有信息。

(4) 字段是不可分割的数据单位,如“姓名”“性别”。

4. 定义主关键字

为了连接保存在不同表中的数据,为了唯一地确定一条记录,需要为每个表定义一个主关键字。

5. 确定表之间的联系

将数据按不同主题保存在不同的表中,并确定了主关键字后,要通过外部关键字将相关的数据重新结合起来,也就是要定义表与表之间的联系。这样可以充分组合实际数据库的数据资源,大大降低数据库中的数据冗余。

6. 优化设计

在初步设计数据库的表、字段及表的关系后,还需要对所做的设计进一步分析,检查可能存在的缺陷和需要改进的地方,使得设计更合理、更符合用户的需要、更符合输出信息的需要,同时使设计方案尽可能地提高系统的性能,以及便于数据的使用和维护。

1.3.2　数据库设计原则

为了合理地利用属性组织数据,数据库的设计应遵循以下原则:

(1) 一个关系模式描述一个实体或实体间的一种联系;

(2) 避免在表之间出现重复字段;

(3) 表中的字段必须是原始数据和基本数据元素;

(4) 用外部关键字保证有关联的表之间联系。

1.4　Access 2010 简介

作为 Microsoft Office 套件之一的 Access 是一种运行于 Windows 平台上的关系数据库管理系统,它直观、易用,且功能强大,是目前最受欢迎的 PC 数据库软件。

1.4.1　Access 2010 的用户界面

Access 2010 的用户界面主要的组件有 3 个:功能区、后台视图(Backstage)和导航窗格,这三个元素提供了用户创建和使用数据库的基本环境。

1. 后台视图(Backstage)

后台视图是 Access 2010 中新增的功能,在打开 Access 但未打开数据库时(例如,从 Windows“开始”菜单中打开 Access),可以从 Access 的主窗口中看到后台视图,如图 1-13 所示,后台视图占据“文件”选项卡上显示的所有命令集合,在此可以创建新数据库、打开现有数据库,以及执行很多关于文件和数据库的维护任务,还可以使用帮助等其他操作。

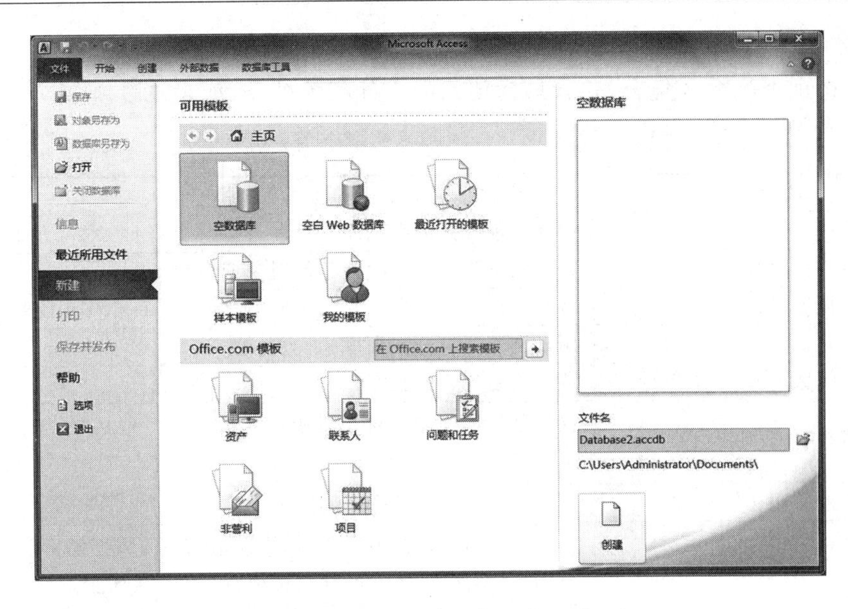

图 1-13　Access 主窗口与后台视图 - 1

例如，在后台视图中利用 Access 内置数据库模板创建“教职员”数据库：在后台视图左部区域（“文件”选项卡的命令集合）中单击“新建”命令；在后台视图的中部区域的可用模板中单击“样本模板”命令，在随之出现的样本模板中选择“教职员”模板；后台视图右部区域出现“教职员”数据库有关信息以及【创建】命令按钮等，如图 1-14 所示。图中标示了后台视图全部的 3 个区域，从区域 2 到区域 3，每个区域都是针对前一区域当前命令的进一步命令或更多信息。

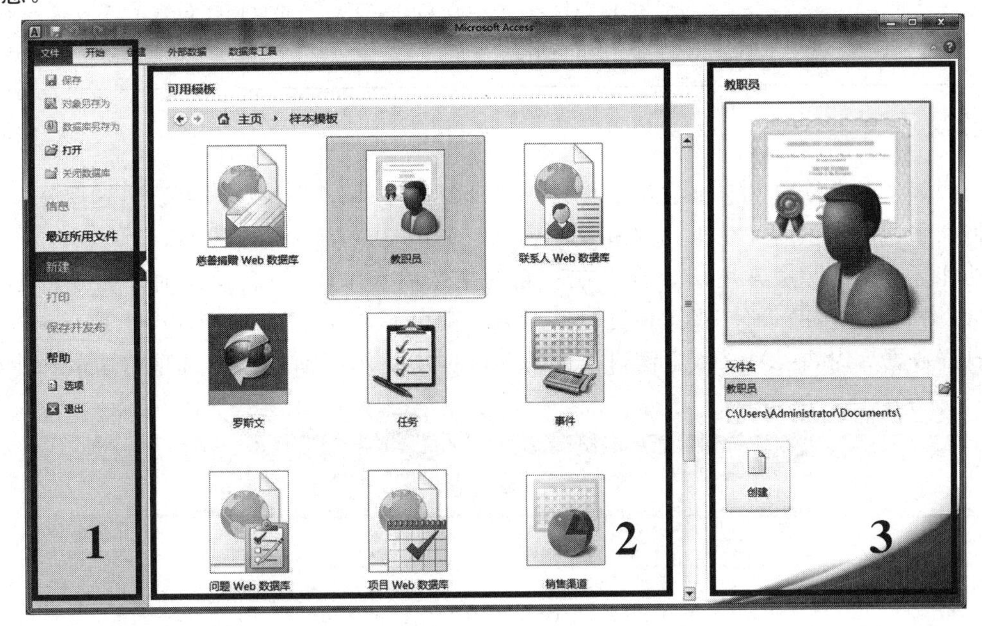

图 1-14　Access 主窗口与后台视图 - 2

在打开（或创建再打开）数据库时，Access 会将该数据库的文件名和位置添加到后台视图的“最近使用文档”的列表中，以便用户轻松打开最近使用的数据库。

“文件”选项卡的命令集合，包含最常使用的文件相关命令，如表 1.2 所示。

表 1.2　文件选项卡命令简介

命令	说明
保存	保存当前打开的数据库
对象另存为	将当前选定对象另存为其他对象或对象类型
数据库另存为	将当前数据库另存为具有不同名称的 Access 2010 数据库
打开	用于浏览并打开数据库
关闭数据库	关闭当前打开的数据库
信息	仅当已打开数据库时才能使用此选项卡。包括“压缩并修复”“用密码进行加密”等命令
最近所用文件	显示最近使用的数据库的列表
新建	主要用于新建数据库任务(从头开始创建或根据模板创建)。是后台视图“文件”选项卡的默认选项，如图 1-14 所示
打印	仅当已打开数据库，且已打开或选择数据库对象，然后才能使用该命令。“打印”选项卡包含“快速打印”“打印”和“打印预览”三个用于打印当前选定对象的命令
保存并发布	仅当已打开数据库时才能使用此选项卡，其中包含用于保存当前数据库或对象的命令，还包含用于部署和备份当前数据库的命令
帮助	“帮助”选项卡包含的按钮可用于获取帮助和支持，打开“Access 选项”对话框或检查 Office 更新。此页面还包含了 Access 的许可证和版本信息

2. 功能区

功能区是一个横跨 Access 窗口顶部的带状选项卡区域，是选项卡的集合，这些选项卡是按照特征和功能组织的命令组，它提供了 Access 2010 中主要的命令界面。

功能区包括将相关常用命令分组在一起的主选项卡，以及只在使用时才出现的上下文选项卡(例如，只有在“设计”视图中已打开对象的情况下，“设计”选项卡才会出现)。

打开数据库时，在 Access 主窗口顶部的功能区中显示了活动命令选项卡中的命令。如图 1-15 所示。

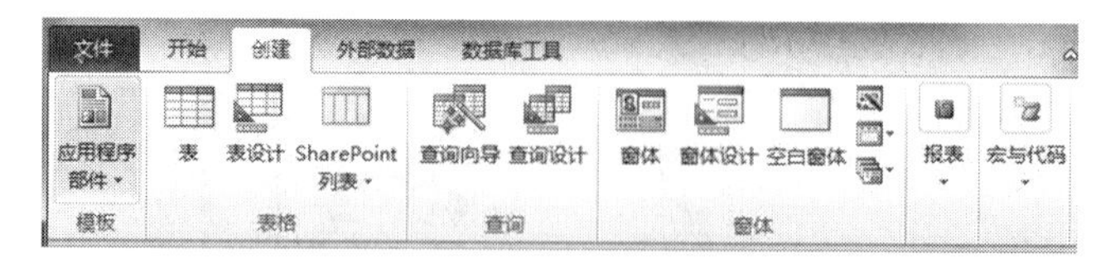

图 1-15　Access 2010 功能区示意图

3. 导航窗格

在打开数据库或创建新数据库时，将显示 Access 的数据库工作窗口，如图 1-16 所示。在窗口的左侧是导航窗格。导航窗格中列出了所有的数据库对象(包括表、查询、窗体、报表、宏和模块)。若要打开数据库对象或对数据库对象应用命令，可右键单击导航窗格中的该对象，然后从上下文菜单中选择一个命令(上下文菜单中的命令因对象类型而异)。例如，在导航窗格中右键单击“课程”表对象，在弹出的菜单中选择“打开”命令，可打开并在工作视图区显示该表；或者选择“重命名”命令，修改表对象的名称。

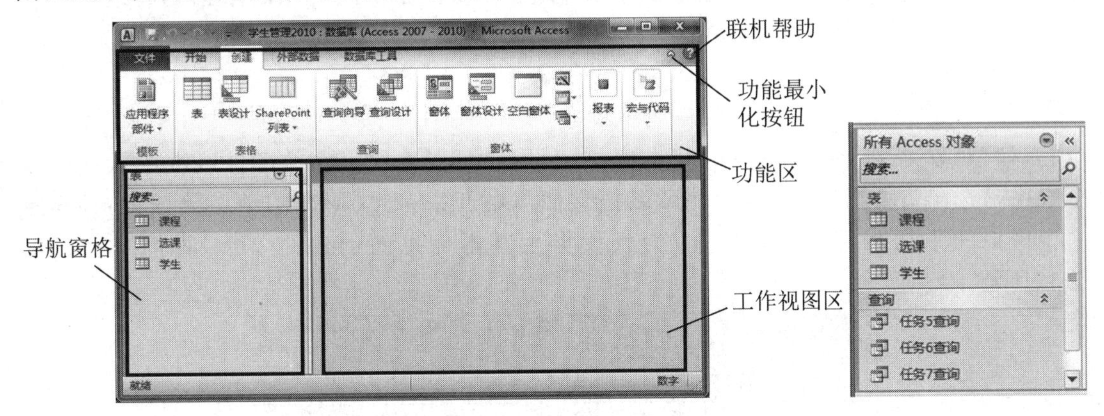

图 1-16　Access 窗口(数据库工作窗口)　　　　图 1-17　导航窗格示意

导航窗格可以最小化，也可以隐藏，但不能用打开的数据库对象覆盖导航窗格。如图 1-17所示是单独列出的导航窗格。

数据库工作窗口是 Access 2010 中非常重要的部分，也称其为 Access 窗口，它可以帮助用户方便、快捷地对数据库进行各种操作，创建数据库对象，综合管理数据库对象。

在 Access 窗口可以通过单击“文件”选项卡访问后台视图，按[Esc]返回到 Access 窗口。

1.4.2　Access 2010 数据库的系统结构

Access 2010 有 6 种对象：表、查询、窗体、报表、宏和模块。这些对象在数据库中有不同的作用，其中表是数据库的核心与基础，存放数据库的全部数据。报表、查询和窗体都是从表中获得数据信息，以实现用户的某一特定需求，例如查找、计算统计、打印、编辑修改等。窗体可以提供良好的用户操作界面，通过窗体可以直接或间接地调用宏或模块，并执行查询、打印、计算等功能，还可以对数据库进行编辑修改。

1. 表

“表”对象是用来存储数据的基本单元，是数据库的核心与基础。在表中，数据以二维表的形式保存。表中的列称为字段，是一条信息在某一方面的属性。表中的行为记录，一条记录就是一条完整的信息。

例如，存放有学生基本信息的“学生”表，如图 1-18 所示，可以看到有 5 条记录，每条记录有 7 个字段。

学生

学号	姓名	性别	党员	院系	出生年月	助学金
201008010111	钟石柱	男	☐	计通学院	1990/1/30	¥200.00
201008010121	陈泽桦	女	☑	计通学院	1991/10/2	
201008010125	许文亮	男	☐	计通学院	1989/12/30	¥200.00
201009030101	宋萍	女	☑	交运学院	1990/2/21	
201009030105	汤舒恺	男	☐	交运学院	1991/9/20	
*			☐			

图 1-18　“表”对象

Access 的一个数据库中可以包含多个表，表中可以存储不同类型的数据。通过在表之间建立关系，可以将不同表中的数据联系起来供用户使用。

2. 查询

“查询”对象是用于查询信息的基本模块，利用它可以按照一定的条件或准则从一个或多个表中筛选出需要操作的字段，并可以把它们集中起来，形成所谓的动态数据集，并显示在一个虚拟的数据表窗口中。例如，为查找男生基本信息而创建的一个“查询”对象，如图 1-19所示。

任务5查询

学号	姓名	性别	出生年月	院系
201008010111	钟石柱	男	1990/1/30	计通学院
201008010125	许文亮	男	1989/12/30	计通学院
201009030105	汤舒恺	男	1991/9/20	交运学院
*				

图 1-19　“查询”对象

查询是数据库设计目的的体现，建立数据库之后，数据只有被使用者查询，才能体现出它的价值。

查询到的数据记录集合称为查询的结果集，结果集也是以二维表的形式显示出来，但它们不是基本表，它反映的是查询的那一时刻数据表的存储情况，查询的结果是静态的。

3. 窗体

“窗体”对象是数据库与用户进行交互操作的界面，其数据源可以是表或查询。如图 1-20所示就是一个用于维护教师基本信息的“窗体”对象。“窗体”对象可以提供一种良好的用户操作界面，通过它可以直接或间接地调用宏或模块，并执行查询、打印、预览、计算等功能，甚至对表进行编辑修改。

4. 报表

“报表”对象是用于生成报表和打印报表的基本模块，可以将数据库中需要的数据提取出来进行分析、整理和计算，并将数据以格式化的方式打印输出。如图 1-21 所示就是一个“报表”对象。

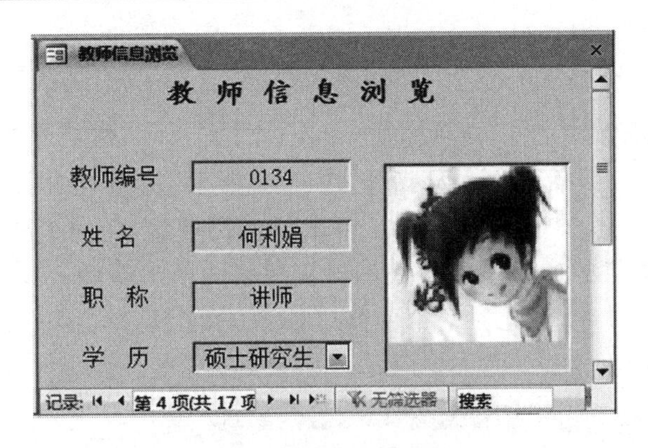

图1-20　“窗体”对象

选课信息

选课信息报表

姓名	所属院系	课程成绩	学分	姓名	所属院系	课程成绩	学分
C语言程序设计				洪鹏程	能动学院	99	2
穆莱	土木与建筑学	96	2	罗峥鑫	土木与建筑学	96	2
涂明	城南学院	93	2	蒋柱	城南学院	86	2
张云	土木与建筑学	82	2	彭孝平	城南学院	80	2
郝涛	城南学院	78	2	曹文斌	城南学院	77	2
夏毅	城南学院	68	2	封卫国	城南学院	67	2
汪慧群	土木与建筑学	66	2	吴卓栋	城南学院	61	2
蒋雄	城南学院	61	2	言思远	城南学院	48	2
唐韬	土建学院	30	2	课程平均分:	74.25		
VB语言程序设计				夏毅	城南学院	96	1
曹文斌	城南学院	95	1	汪慧群	土木与建筑学	91	1
郝涛	城南学院	86	1	言思远	城南学院	86	1
封卫国	城南学院	84	1	张云	土木与建筑学	83	1

页: 1

图1-21　“报表”对象

5. 宏

“宏”对象是一系列操作命令的集合，其中每个操作都能实现特定的功能。例如打开窗体、生成报表、保存修改等。在日常工作中，用户经常需要重复大量的操作，利用宏可以简化这些操作，使大量的重复性操作自动完成，从而使管理和维护数据库更加简单。

6. 模块

“模块”对象是用VBA(Visual Basic for Application)语言编写的程序段，它以Visual Basic为内置的数据库程序语言。对于数据库的一些较为复杂或高级的应用功能(宏等不能完成的任务)，需要使用VBA代码编程实现。

1.4.3 Access的帮助系统

Access提供了完整的帮助系统，能够帮助用户解决使用Access中遇到的各种问题。

1. 帮助窗口

在 Access 后台视图的“文件”选项卡中，单击“帮助”选项，然后在中部区域的“支持”分组中单击“Microsoft office 帮助”命令，可打开“Access 帮助”窗口，如图 1-22 所示（单击工具栏中的【显示目录】按钮以打开“目录”窗格）。单击【搜索】按钮右边的下拉箭头打开下拉菜单，如图 1-23 所示，其中提供了通过本机查找和联机搜索的两组帮助方式。单击“来自此计算机的内容”分组的“Access 帮助”，此时的帮助窗口如图 1-24 所示，用户可以按目录查找或者输入关键词在本机搜索帮助信息。

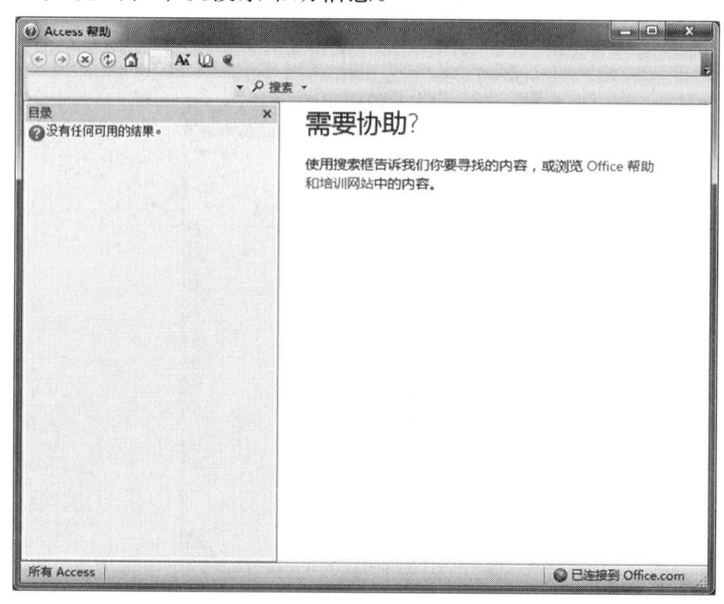

图 1-22　帮助窗口初始状态

图 1-23　帮助窗口－【搜索】按钮下拉菜单

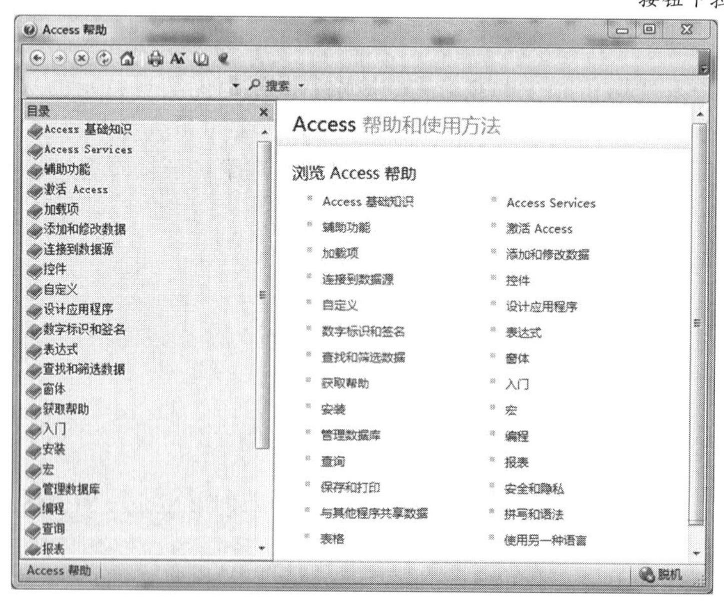

图 1-24　帮助窗口－本机查找

打开“Access 帮助窗口”的方法有3种：

◆ 通过后台视图，单击“文件|帮助”选项；

◆ 按[F1]键；

◆ 单击 Access 窗口右上角位置的【问号】按钮。

2. 按目录查找

如果已知要查找的帮助信息的主题，可以在图1-24所示帮助窗口中左窗格“目录”中选择与问题相关的选项，查找帮助信息。在帮助窗口的快捷工具中，位于右二的【显示目录】/【隐藏目录】按钮可以使“目录”窗格显示或隐藏。

3. 索引查找

如果已知要查找信息的关键词，可以通过索引查找帮助信息。

例如，在搜索框中输入要查找信息的关键词“控件”，执行搜索命令后，结果如图1-25所示，其中列出了包含关键词在内的相关信息，用户可以进一步拓展以寻求帮助。

4. 联网寻求帮助

用户可以更进一步扩展帮助范围。在【搜索】下拉菜单(如图1-23所示)中单击“来自Office.com 的内容”分组中的“所有 Access”选项，之后可以在帮助窗口中进行索引查找，如本例中的关键词“控件”的搜索结果如图1-26所示。

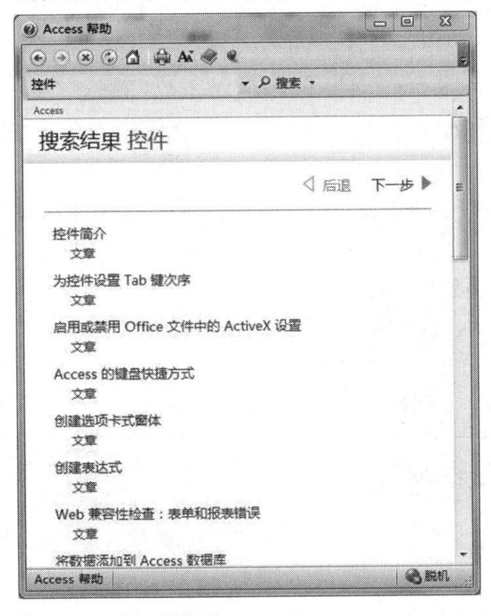

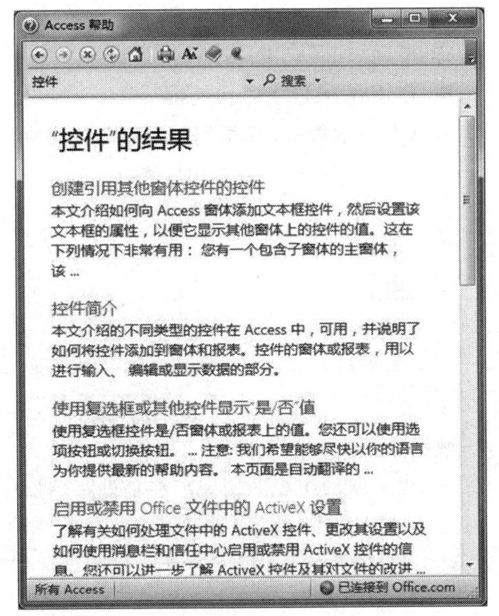

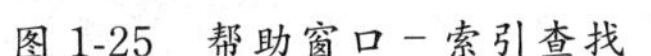
图1-25　帮助窗口－索引查找

图1-26　帮助窗口－联网拓展帮助

本章小结

本章介绍了数据库系统的有关概念，数据库系统和数据库管理系统的组成和功能。重点讲解了关系模型的特点和关系运算,并对数据库设计方法作了较全面的描述。

Access 2010 是当今流行的关系型数据库管理系统,具有简单、方便的操作界面。数据库对象包含了表、查询、窗体、报表、宏和模块,用户可以使用系统提供的向导或者自定义创建各种数据对象。

关系数据库和数据库设计基础两部分的内容对于开发数据库应用系统是必备的基础知识。建议读者在今后的学习过程中经常返回来翻阅,将会大有裨益。

习　题　1

一、选择题

1. 下列说法错误的是(　　)。
   A. 人工管理阶段程序之间存在大量重复数据,数据冗余大
   B. 文件系统阶段程序和数据有一定的独立性,数据文件可以长期保存
   C. 数据库阶段提高了数据的共享性,减少了数据冗余
   D. 上述说法都是错误的
2. 从关系中找出满足给定条件的元组的操作称为(　　)。
   A. 选择　　B. 投影　　C. 联接　　D. 自然联接
3. 关闭 Access 方法不正确的是(　　)。
   A. 选择后台视图“文件”选项卡中的“退出”命令
   B. 使用[Alt]+[F4]快捷键
   C. 使用[Alt]+[F]+[X]快捷键
   D. 使用[Ctrl]+[X]快捷键
4. 数据库技术是从 20 世纪(　　)年代中期开始发展的。
   A. 60　　B. 70　　C. 80　　D. 90
5. 使用 Access 按用户的应用需求设计的结构合理、使用方便、高效的数据库和配套的应用程序系统,属于一种(　　)。
   A. 数据库　　B. 数据库管理系统
   C. 数据库应用系统　　D. 数据模型
6. 二维表由行和列组成,每一行表示关系的一个(　　)。
   A. 属性　　B. 字段　　C. 集合　　D. 记录
7. 数据库是(　　)。
   A. 以一定的组织结构保存在辅助存储器中的数据的集合
   B. 一些数据的集合
   C. 辅助存储器上的一个文件
   D. 磁盘上的一个数据文件
8. 关系数据库是以(　　)为基本结构而形成的数据集合。
   A. 数据表　　B. 关系模型　　C. 数据模型　　D. 关系代数
9. 关系数据库中的数据表(　　)。
   A. 完全独立,相互没有关系　　B. 相互联系,不能单独存在
   C. 既相对独立,又相互联系　　D. 以数据表名来表现其相互间的联系
10. 以下叙述中,正确的是(　　)。

A. Access 只能使用功能区创建数据库应用系统
B. Access 不具备程序设计能力
C. Access 只具备了模块化程序设计能力
D. Access 具有面向对象的程序设计能力,并能创建复杂的数据库应用系统

11. 数据库系统的核心是( )。
A. 数据模型 B. 数据库管理系统
C. 数据库 D. 数据库管理员

12. 下列实体的联系中,属于多对多联系的是( )。
A. 学生与课程 B. 学生与校长
C. 住院的病人与病床 D. 职工与工资

13. 在关系运算中,投影运算的含意是( )。
A. 在基本表中选择满足条件的记录组成一个新的关系
B. 在基本表中选择需要的字段(属性)组成一个新的关系
C. 在基本表中选择满足条件的记录和属性组成一个新的关系
D. 上述说法均是正确的

14. 在教师表中,如果要找出职称为"教授"的教师,所采用的关系运算是( )。
A. 选择 B. 投影 C. 联结 D. 自然联结

15. 常见的数据模型有3种,它们是( )。
A. 网状、关系和语义 B. 层次、关系和网状
C. 环状、层次和关系 D. 字段名、字段类型和记录

二、填空题

1. 计算机数据管理的发展分______、______、______、______、______等几个阶段。

2. 数据库技术的主要目的是有效地管理和存储大量的数据资源,包括:______,使多个用户能够同时访问数据库中的数据;______,以提高数据的一致性和完整性;______,从而减少应用程序的开发和维护代价。

3. 数据库技术与网络技术的结合分为______与______两大类。

4. 分布式数据库系统又分为______的分布式数据库结构和______的分布式数据库结构两种。

5. 数据库系统的5个组成部分:______、______、______、______、______。

6. 实体之间的对应关系称为联系,有如下3种类型:______、______、______。

7. 任何一个数据库管理系统都基于某种数据模型。数据库管理系统所支持的数据模型有3种:______、______、______。

8. 两个结构相同的关系R和S的______是由属于R但不属于S的元组组成的集合。

9. 结构化查询语言(Structure Query Language,SQL)是在数据库系统中应用广泛的数据库查询语言,它包括了______、______、______、______4种功能。

10. Access 数据库由数据库对象和组两部分组成,其中对象分为7种:______、______、______、______、______、______、______。

第2章　数据库和表

使用 Access 数据库管理系统管理数据，需要创建 Access 数据库和表，建立表之间的关系，向表中输入数据，对表进行维护和操作，导入和导出数据。

本章主要内容：

● 创建数据库
● 创建数据表
● 建立表之间的关系
● 表的基本操作

源文件下载

2.1　创建数据库

使用 Access 数据库管理系统管理数据，需要将用户的数据存放到专门创建的 Access 数据库中，数据库中可以包含多个表以存放具体的数据。

2.1.1　创建数据库

创建 Access 数据库之前，必须回答下列问题：

◆ 创建该数据库的目的是什么？谁将使用它？
◆ 该数据库将包含哪些表(数据)？
◆ 该数据库的用户需要哪些查询和报表？
◆ 需要创建哪些窗体？

对上述问题的认真思考和明确回答，可以实现良好的数据库设计，并有助于创建有用且可用的数据库。

Access 2010 可以有 2 种建立数据库的方法：一种是使用 Access 提供的模板，通过简单操作创建数据库，这种操作向导会为数据库创建一组表、查询、窗体和报表；另一种是先创建一个空数据库，然后根据要求再向数据库中添加表、窗体、报表和查询等对象。无论使用哪一种方法，在创建数据库之后，都可以在任何时候修改或扩展数据库。Access 2010 创建的数据库文件扩展名是 accdb。

注意，创建数据库前，最好先建立用于保存数据库文件的文件夹，以方便创建和管理。例如可以先建立“D:\User_tc”作为本书后续实例的用户文件夹。

1. 使用样本模板创建数据库

每个模板旨在满足特定的数据管理需求。Access 2010 提供了 12 个内置数据库模板(如表 2.1 所示)，以及更为丰富的 Office.com 模板(外置数据库模板)。

表 2.1　Access 2010 的样本模板

类别	模板名称
可在 Web 上共享的数据库	资产 Web 数据库、慈善捐赠 Web 数据库、联系人 Web 数据库、问题 Web 数据库、项目 Web 数据库
普通数据库	事件、教职员、营销项目、罗斯文、销售渠道、学生、任务

注意：仅罗斯文模板包含示例数据，用户在使用数据库之前需要删除这些数据。

在 Access 提供的系统内置模板中选择一种数据库模板，然后对其进行一定程度的自定义，向导会为数据库创建一组表、查询、窗体和报表，同时还会创建切换面板（一种特殊的窗体）。向导所创建的表中不含任何数据。如果内置模板中的某个模板非常符合用户对新数据库的设计要求，就可使用这种方法快速完成一个数据库的创建。

【例 2-1】 使用数据库模板创建“学生-m”数据库，并保存在 D：盘 User_tc 文件夹中。操作步骤如下：

(1) 启动 Access 2010，在后台视图的“文件”选项卡中单击“新建”选项。

(2) 在后台视图中部区域的可用模板中，单击【样本模板】按钮，在随后出现的样本模板列表中选择“学生”模板，在后台视图的右侧区域下方“文件名”文本框中，系统自动给出与样本库相关的默认文件名“学生- m. accdb”。

(3) 单击文本框右侧【浏览】按钮，打开“文件新建数据库”对话框，设置保存路径及文件名后返回 Access 主窗口，如图 2-1 所示。

图 2-1　利用“学生”数据库模板创建数据库“学生-m.accdb”

(4) 单击【创建】按钮，完成数据库的创建，Access 主窗口自动显示为数据库工作状态(Access 窗口)，且当功能区为“创建”选项卡。单击导航窗格右上角的【百叶窗开/关】按钮展开导航窗格，可以看到所建数据库及各类对象，如图 2-2 所示。

使用模板创建的数据库包含了表、查询、窗体和报表等对象。表中不含任何数据。在图 2-2所示导航窗格中，单击“学生导航”标识右侧的【下拉】按钮 ，从打开的组织方式列表中选择“浏览类别”为“对象类型”选项、“按钮筛选”为“全部显示”选项，这时……可以按对象类型看到数据库中的表、查询、窗体和报表等对象，如图 2-3所示。

(5) 用户根据具体需要修改各数据库对象，并向数据库中添加数据。

(6) 返回后台视图，单击“关闭数据库”选项。

图 2-2　导航窗格-学生样本库自定义分类导航

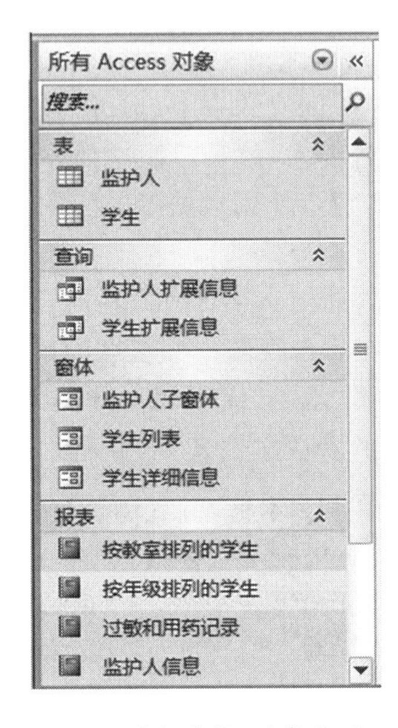

图 2-3　导航窗格-对象类型

利用数据库模板创建数据库是一种非常快捷的方式，但是一般都不能完全满足实际应用的需求，需要根据实际情况更改相应的对象，而更改对象需要细致且周到的工作，以免顾此失彼。

如果能够找到并使用与设计要求相近的模板，则可利用这些模板方便、快速地创建基准数据库，但是，如果没有满足要求的模板，或者要将其他应用程序中的数据导入 Access，那么最好不要勉强使用模板。因为模板中含有已定义好的数据结构，要使导入的数据适合模板的结构需要进行大量的工作。

2. 创建空数据库

当我们对数据库有所了解以后，可以选择另一种方式来完成数据库应用系统的设计工作：即先直接创建一个空数据库，然后逐一设计其中的对象。

【例 2-2】 创建“教学管理 2010. accdb”数据库，并保存在 D：盘 User_tc 文件夹中。操作步骤如下：

(1) 启动 Access 2010,在后台视图的“文件”选项卡中单击“新建”选项。

(2) 在后台视图中部区域中单击【空数据库】按钮,在右侧区域下方“文件名”文本框中,将文件名修改为“教学管理 2010. accdb”。

(3) 单击文本框右侧【浏览】按钮 ,打开“文件新建数据库”对话框,设置保存路径后返回 Access 主窗口。

(4) 单击【创建】按钮,Access 开始创建空数据库,并自动创建一个名称为“表 1”的数据表,新数据库创建完成后,Access 主窗口自动显示为数据库工作窗口(Access 窗口),导航窗格中可见表对象“表 1”,该表以数据表视图方式打开。数据表视图中可见该表有两个字段,一个是默认的“ID”字段,另一个是用于添加新字段的标识“单击以添加”,如图 2-4 所示。功能区出现上下文选项卡“表格工具”及其命令组。

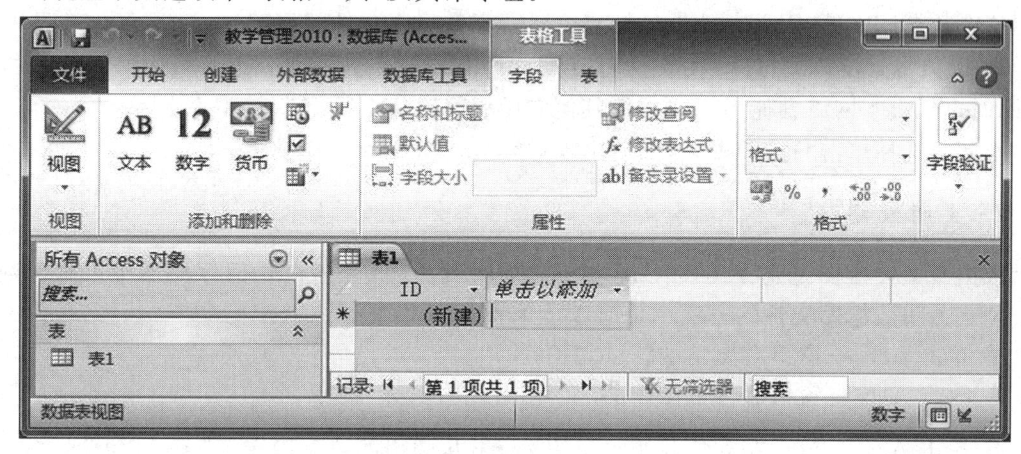

图 2-4　创建的空数据库“教学管理 2010.accdb”

在创建的“教学管理 2010. accdb”数据库中未被建立的其他的数据库对象,可以根据需要建立。

(5) 返回后台视图,关闭数据库。

2.1.2　数据库的简单操作

用户不论用哪种方法创建了数据库,在创建之后都要对数据库进行修改或扩展,如添加数据库对象、修改某个对象的内容、管理数据库等,用户每次所作的修改都应保存起来,下次开始工作时只需要打开数据库便可以继续使用。

1. 打开数据库

Access 同一时间只能处理一个数据库,因而每新建一个数据库或打开一个已有数据库的同时,会自动关闭正在使用的数据库。

在 Access 中打开已有的数据库有两种方法,执行“文件|打开”或者“文件|最近所用文件”命令。

【例 2-3】　使用“打开”命令打开 D:盘 User_tc 文件夹中的“学生-m. accdb”数据库。

(1) 在 Access 窗口中执行“文件|打开”命令,出现“打开”对话框。

（2）选择需要打开的数据库文件“D:\User_tc\学生-m.accdb”。

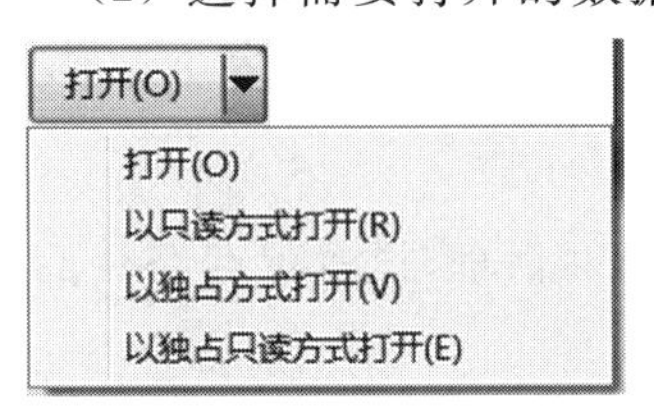

图 2-5　数据库打开方式

（3）单击对话框右下角【打开】按钮旁边的下拉箭头，如图 2-5 所示，可以选择数据库的 4 种打开模式之一：

◆ 打开：以共享方式打开数据库文件。在文件打开期间，将不会影响网络上的其他用户或本机上的其他应用程序同时对这个数据库文件的使用（包括访问和编辑）。这是默认的打开方式。

◆ 以只读方式打开：在文件打开期间，用户只能查看数据库中的数据，不能编辑和修改数据库，可以防止无意间对数据库的修改。

◆ 以独占方式打开：在文件打开期间，网络上其他用户或本机其他应用程序将不能同时使用这个数据库文件，因而有效地保护自己对共享数据库文件的修改。

◆ 以独占只读方式打开：在文件打开期间，用户只能查看而不能编辑或修改这个数据库，同时也禁止了网络其他用户或本机其他应用程序对这个数据库文件的使用。

本例中选择单击“打开”模式，随后出现“学生-m”数据库工作窗口。

2. 关闭数据库

数据库文件操作完成后或暂时不用时，必须将其关闭，保存在外部存储器中以确保数据的安全。关闭数据库文件的方法主要有以下 4 种：

◆ 单击 Access 窗口右上角的【关闭】按钮。

◆ 执行 Access 窗口后台视图中的“文件|关闭数据库”命令。

◆ 单击 Access 窗口左上角控制菜单图标A，从弹出的菜单中选择“关闭”命令。

◆ 双击 Access 窗口左上角控制菜单图标A。

上述第 2 种方法关闭数据库之后将留在后台视图，其他方法关闭数据库后将退出 Access。

2.2　创建数据表

表是数据记录的集合，是数据库最基本的组成部分。在一个数据库中可以建立多个表，通过表与表之间的联接关系，就可以将存储在不同表中的数据联系起来供用户使用。

Access 提供 3 种创建数据表的方法：使用向导创建表、通过输入数据创建表和使用设计器创建表。这 3 种创建表的方法各有所长，用户可以根据实际需要选择适当的方法。

2.2.1　表的组成

数据表简称表，是由表结构和表中的数据两部分组成的。设计数据表的结构就是确定每个表中的字段个数，每个字段名称、数据类型和字段属性。

1. 字段名称

每个字段均有唯一的名字，称为字段名称。命名规则如下：

(1) 长度为1～64个字符。

(2) 可以包含字母、汉字、数字、空格和其他字符,但不能以空格开头。

(3) 不能包含半角句号(.)、惊叹号(!)、方括号([])和单引号。

(4) 不能使用ASCII码为0～32的ASCII字符。

2. 数据类型

一个表中的一列数据(字段)具有相同的数据特征,称为字段的数据类型。数据类型决定了数据存储方式和使用方式。Access 2010提供了文本、数字、日期/时间等12种数据类型。

3. 字段属性

字段属性即表的组织形式,包括表中字段的个数、各字段的大小、格式、输入掩码、有效性规则等。不同的数据类型字段属性有所不同。定义字段属性可对输入的数据进行限制或者验证,也可以控制数据在数据表中的显示格式。

4. 表的设计原则

在设计数据表时,要考虑数据的构造方法,合理设计表的结构,使其便于输入和维护。所以,要创建易于维护的有效数据库,设置可靠的表结构是一个关键步骤。为了能够更合理地确定数据库中应包含的表,在组织数据表时,应遵循以下设计原则:

(1) 每个表应该只包含关于一个主题的信息。

如果每个表只包含关于一个主题的信息,那么就可以独立于其他主题来维护每个主题的信息。例如,在"教学管理2010"数据库中,将学生的信息和教师的信息分开保存在不同的表中,当需要修改或删除某个学生的信息时,就不会影响教师信息。

(2) 表中不应该包含重复信息,并且信息不应该在表之间复制。

如果每条信息只在一个表中,那么只需在一处进行更新,这样效率更高,同时也消除了包含不同信息重复项的可能性。

(3) 同一表中不允许有相同的字段名。

(4) 同一字段的值必须是相同的数据类型。

在数据库中,表中数据之间的关系是由记录(行)和字段(列)来表示。属于表的主题的每个人或事物以及有关这个人或事物的数据形成一个记录,例如,在"教学管理2010"数据库系统中的"学生信息"表中,每个学生的信息包括学生的学号、姓名、性别、出生日期、所属班级等。有关某人或事物的每种特定类型的信息(如学号、姓名、所属院系等)是字段。每个字段和记录必须是唯一的。

2.2.2 创建表结构

创建表要分为两个步骤:创建表结构;向表中输入数据。

在Access中可以使用设计视图和数据表视图两种方式创建表结构。

创建表结构可以在"设计视图"中进行,也可以在"数据表视图"中进行;向表中输入数据则只能在"数据表视图"中进行。针对当前已打开的数据表,在"设计视图"和"数据表视图"之间的切换,有以下两种方法:

◆ 在 Access 窗口功能区“开始”选项卡的“视图”分组中，打开“视图”下拉菜单，从中选择相应命令。

◆ 鼠标右击 Access 窗口工作视图区中当前表名称，在随之弹出的快捷菜单中，选择相应命令。

1. 表结构设计

创建表结构就是在数据库中定义表的名称、字段名称、数据类型和字段属性等。因此创建表结构可以分为表结构的设计与表结构设计的实现两个阶段。表结构设计是指书面定义表、表中字段和字段数据类型；表结构设计的实现是指在计算机的数据库中定义表、表中字段和字段属性等，其实质就是为数据准备存储空间。

1）表结构设计

(1) 选取表名。不同的表存储数据时有不同的主题，表的名称应该能体现表的作用，可以从中对表的数据内容有一定的了解。

(2) 定义字段名。一般根据实体的属性，同时也要考虑输出信息的需要。例如，学生实体有学号、姓名和班级等属性，可以直接根据这些属性来定义字段名。

(3) 定义字段类型及大小。数据类型及大小要根据使用的数据库管理系统来确定。

2）Access 支持的数据类型

数据有不同的类型，可以是文字、数字、图像或声音，数据类型决定了数据所需存储空间的大小，以及可进行的运算和处理。Access 数据库支持的数据类型及用途如表 2.2 所示。

表 2.2 Access 的数据类型及其用途

数据类型	用途	大小
文本	字母数字数据（名称、标题等）	最多 255 个字符
备注	大量字母数字数据：句子和段落。如注释或说明。不能对备注型字段进行排序或索引	最多约 1 GB，但显示长文本的控件限制为显示前 64000 个字符
数字	数字数据	1，2，4，8 或 16 个字节
日期/时间	日期和时间	8 个字节
货币	货币数据，使用 4 位小数的精度进行存储	8 个字节
自动编号	Access 为每条新记录生成的唯一值，该值只为使每条记录具有唯一性。自动编号字段最常用作主键，尤其是在没有合适的自然键（基于数据字段的键）的情况下。其值可以设置为顺序号亦可为随机数	4 个字节
是/否	布尔（真/假）数据；Access 存储数值零（0）表示假，−1 表示真	1 个字节
OLE 对象	用于将 OLE 对象（例如图片、图形或其他 ActiveX 对象）附加到记录	最大约 2 GB

续表

数据类型	用途	大小
超链接	Internet、Intranet、局域网(LAN)或本地计算机上的文档或文件的链接地址	最多8192个字符(超链接数据类型的每个部分最多可包含2048个字符)
附件	可附加图片、文档、电子表格或图表等文件;每个"附件"字段可为每条记录包含无限数量的附件,最大为数据库文件大小的存储限制。注意,附件数据类型不可采用MDB文件格式	最大约2 GB
计算	可创建使用一个或多个字段中数据的表达式。可在表达式中指定不同的结果数据类型。注意,计算数据类型不可用于MDB文件格式	取决于"结果类型"属性的数据类型。"短文本"数据类型结果最多可以包含243个字符。"长文本""数字""是/否"和"日期/时间"与它们各自的数据类型一致
查阅	显示一系列从表或查询中检索的值,或一组创建字段时指定的值。查阅向导将启动,引导创建一个查阅字段。查阅字段的数据类型为文本或数字,具体取决于在向导中所做的选择	取决于查阅字段的数据类型

在计算和使用数据时要注意其数据类型,比如两个值"123"和"456",在"数字"类型中是数字,在"文本"类型中是文字。如果将两个值进行"+"运算,数字类型的计算结果是"579",是求和运算;文本类型的计算结果是"123456",是连接运算。所以设置正确、合适的数据类型很重要。

3)表结构设计结果的描述

表结构设计结果为表的物理结构,包括表名、字段名、字段数据类型和字段大小等。例如,"教师信息"的表结构设计的描述为:

教师信息(教师编号(文本型,4,主键),姓名(文本型,10),性别(文本型,1),婚否(是/否型),出生日期(日期/时间型),学历(文本型,5),职称(文本型,5),所属院部(文本型,10),联系电话(文本型,14),照片(OLE对象))。

2. 使用设计视图创建表结构

有了表的物理结构的描述,即可以在Access中创建表结构。

在Access中,表的设计视图是一种可视化的工具,用于设计和编辑数据库中的表结构,以设计视图为界面,引导用户通过人机交互来完成对表的定义,它不仅可以创建表结构,而且可以修改已有表的结构。打开设计视图的方法有两种:

◆ 适用于创建新表的结构。在Access窗口功能区"创建"选项卡的"表格"分组中,单击【表设计】按钮。

◆ 适用于维护已有表的结构:在Access窗口的导航窗格中,鼠标右击目标表对象,在随之弹出的快捷菜单中,单击"设计视图"命令选项。

【例2-4】 创建"教学管理2010"数据库中"教师信息"表结构,说明使用设计视图创建表结构的方法。

操作步骤如下：

(1) 打开表设计视图。

启动 Access 2010，打开“教学管理 2010. accdb”数据库工作窗口，这时的 Access 窗口的功能区如图 2-6 所示，是“创建”选项卡及其命令组。

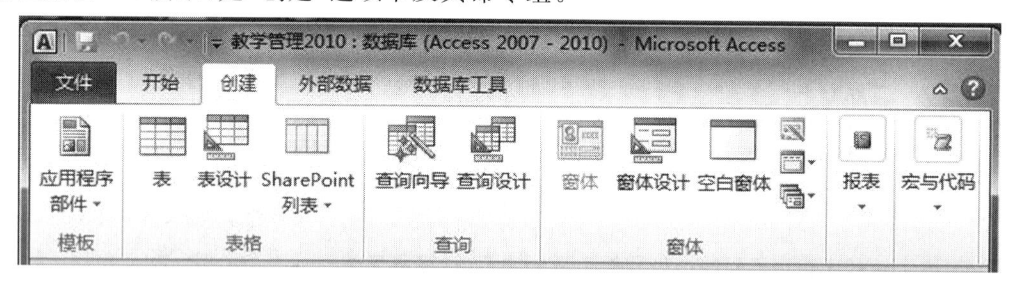

图 2-6 功能区

在“表格”分组中单击【表设计】命令按钮，打开表设计视图，如图 2-7 所示，默认表名为“表 1”。此时功能区出现上下文选项卡“表格工具|设计”及其命令组。

表设计视图分为上下两个部分，如图 2-7 所示。上半部分是字段输入区，包含“字段名称”“数据类型”和“说明”3 列，用来定义字段名称、字段的数据类型，以及对该字段用途的说明性文字，在字段输入区的最左边是“字段选定器”，单击“字段选定器”将设定相应字段为当前字段；下半部分是字段属性区，用来设置字段属性。

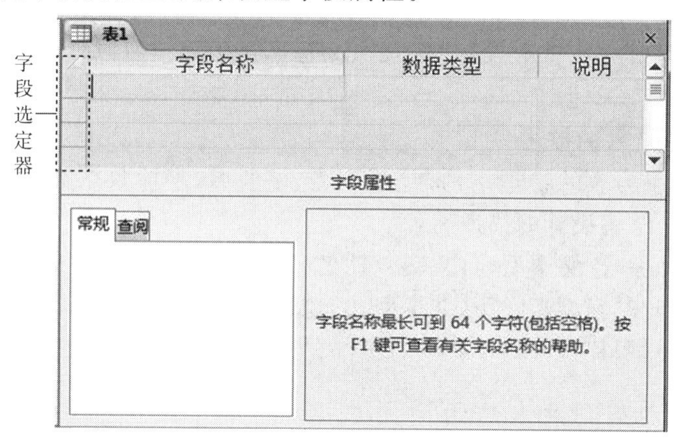

图 2-7 表设计视图

(2) 定义字段与数据类型。

单击表设计视图的第 1 行“字段名称”网格，输入字段名称“教师编号”，单击“数据类型”网格中的下拉箭头，打开数据类型下拉列表，从中选择所需的数据类型“文本”选项，在“说明”网格中输入“主关键字”。

(3) 设置字段属性。

在字段属性区单击“常规”选项页，将“字段大小”框中的默认值 255 改为 4，在“必需”框中选择“是”。

同理，可按照表结构的设计方案，依次输入“教师信息”表的其他字段名称、数据类型和字段大小，如图 2-8 所示。

字段名称	数据类型	说明
教师编号	文本	主关键字
姓名	文本	
性别	文本	
婚否	是/否	
出生日期	日期/时间	
学历	文本	
职称	文本	
所属院部	文本	
联系电话	文本	
照片	OLE 对象	

图 2-8 “教师信息”表设计视图(上半区)

字段名称	数据类型
教师编号	文本
姓名	文本
性别	文本
婚否	是/否

图 2-9 设置主键

(4) 设置主关键字。

当把数据表的所有字段名、数据类型、说明及字段属性等项都设置完毕后，单击“字段选择器”按钮，选择“教师编号”字段，如图 2-8 所示，用以下方式之一将该字段设置为主关键字。

◆ 单击功能区“设计”选项卡“工具”分组中的【主键】命令按钮。

◆ 单击右键，在弹出的快捷菜单上执行“主键”命令。

设置主键后，该“字段选择器”按钮上会出现一个小钥匙，如图 2-9 所示。

如果主键由多个字段组成，可按住[Ctrl]键的同时单击字段选择器中每个欲作为主键的字段，再单击【主键】按钮，就可同时将这些字段标记为主键。如果要取消字段的主键设置，可选择主键字段后单击【主键】按钮，主键设置将被取消。

(5) 保存表结构。

单击 Access 窗口标题栏上快速访问工具的【保存】按钮，或单击工具栏的【保存】按钮，在打开的“另存为”对话框中输入表的名称“教师信息”，然后单击【确定】按钮，完成“教师信息”数据表结构的创建。

如果在保存表之前未定义主键字段，则 Access 将询问是否由系统自动添加一个主键字段(数据类型为“自动编号”)，选择【是】表示确认，也可以选择【否】表示不需要自动添加主键字段。

3. 使用数据表视图创建表结构

数据表视图是按行和列显示表中数据的视图。在数据表视图中，通常可以进行数据的查看、编辑、添加、删除和数据的查找等操作，也可以创建表结构。这是一种“先输入数据，再确定字段”的创建表的方式。用此方法创建的表，其字段使用系统默认的字段名(字段 1、字段 2……)，Access 会根据输入的记录自动指定字段类型。若对表结构的设计不满意，可以在表设计视图中进行修改。

◆ 适用于已有表对象。在 Access 窗口的导航窗格中，鼠标双击目标表对象。

◆ 适用于已有表对象。在 Access 窗口的导航窗格中，鼠标右击目标表对象，在随之弹出的快捷菜单中，单击“打开”命令选项。

◆ 适用于创建新表的结构。在 Access 窗口功能区“创建”选项卡的“表格”分组中，单击

【表】按钮，新建一个空表，可以简单定义表结构。

【例 2-5】 创建“课程信息”表结构，说明在数据表视图中创建表结构的方法。已知设计好的“课程信息”表的物理结构为：

课程信息(课程编号(文本，4)，课程名称(文本，15)，课程类型(文本，3)，学时(数字，整型)，学分(数字，单精度))。

(1) 打开数据表视图。在 Access 窗口单击“创建”选项卡“表格”分组中的【表】命令按钮，将创建名为“表 1”的新表，并以数据表视图的形式打开，如图 2-10 所示。

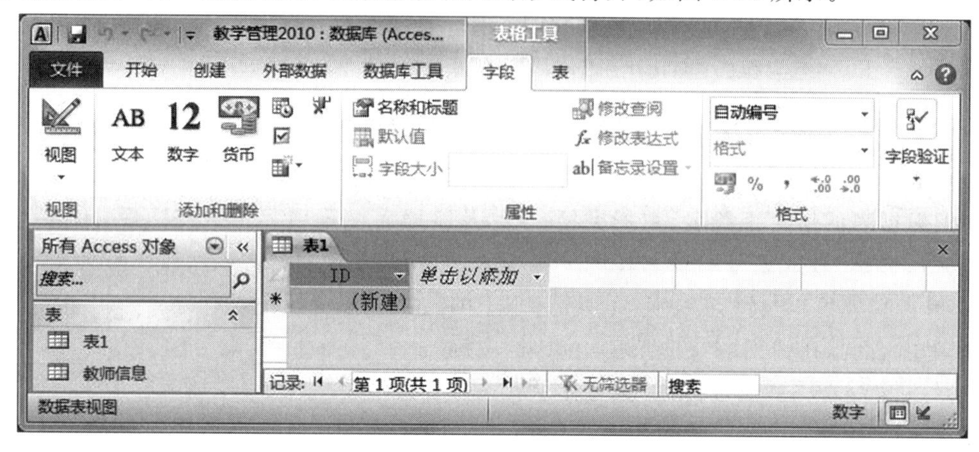

图 2-10　数据表视图

(2) 选中“ID”字段列，单击“表格工具|字段”选项卡“属性”分组中的【名称和标题】命令按钮，打开“输入字段属性”对话框，在“名称”文本框中输入“课程编号”，如图 2-11 所示。单击【确定】按钮。

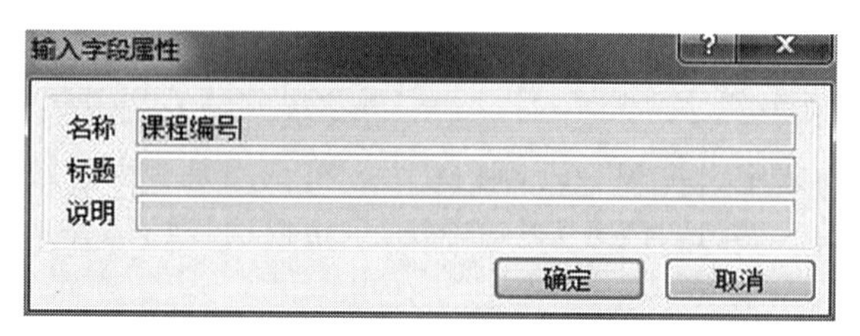

图 2-11　“输入字段属性”对话框

(3) 选中“课程编号”字段列，在“表格工具|字段”选项卡“格式”分组中，打开“数据类型”下拉列表(默认类型为“自动编号”)，从中选择“文本”类型；在“属性”分组“字段大小”文本框中输入大小值“4”，如图 2-12 所示。

(4) 单击“单击以添加”字段列，从弹出的下拉列表中选择“文本”类型，这时 Access 自动为新字段命名为“字段 1”，修改“字段 1”为“课程名称”，在“属性”分组的“字段大小”文本框中输入大小值“15”，如图 2-13 所示。

(5) 按照“课程信息”表结构，参照第(4)步添加其他字段，结果如图 2-14 所示。

(6) 单击 Access 窗口标题栏上快速访问工具的【保存】按钮，或右键单击数据表视图上的表名(即表名页)，在弹出的快捷菜单中单击【保存】命令，在打开的“另存为”对话框中输

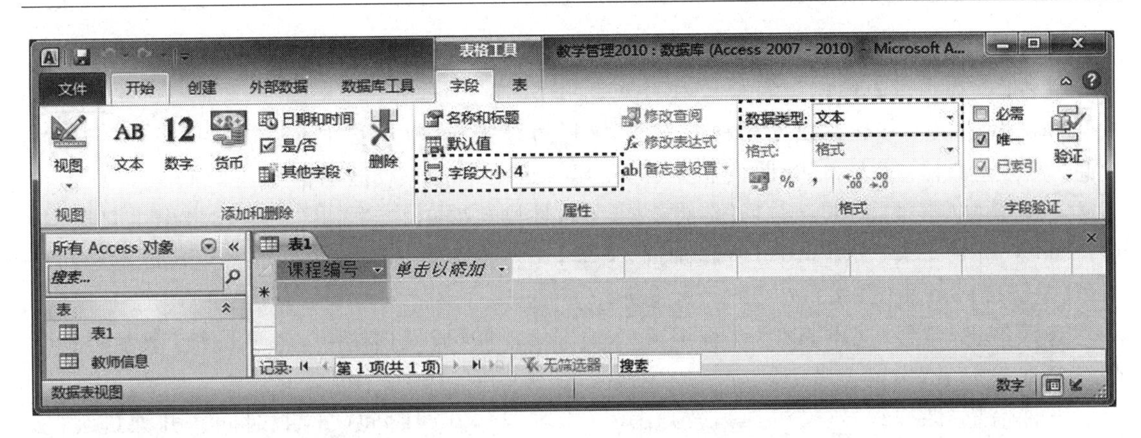

图 2-12　设置字段名称及属性

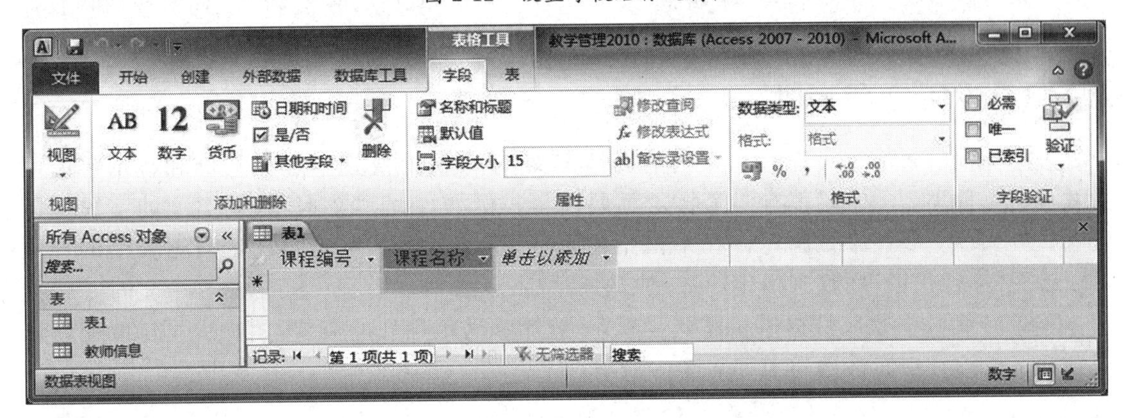

图 2-13　添加新字段

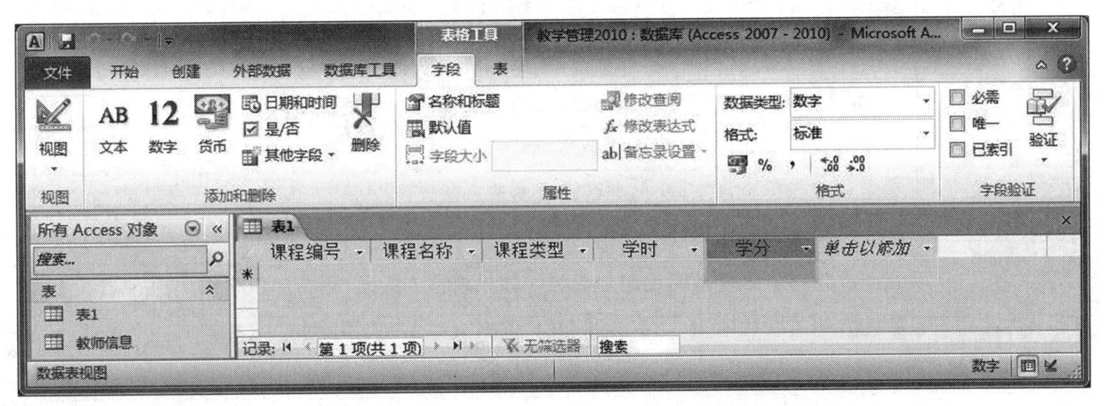

图 2-14　在数据表视图中创建表结构

入表的名称“课程信息”，然后单击【确定】按钮，完成“课程信息”数据表结构的创建。

（7）关闭数据表视图。

注意：“ID”字段默认数据类型是“自动编号”，“单击以添加”添加的新字段默认数据类型是“文本”。

使用数据表视图创建表结构时无法设置更详细更复杂的字段属性，用户可以在创建完毕后使用设计视图进行修改和补充，包括定义主键。

在数据表视图中单击“视图”分组中的下拉列表，选择“设计视图”可从数据表视图转换为设计视图，然后对表结构进行修改和补充。

利用设计视图方法或数据表视图方法，同样可以完成“教学管理 2010”数据库中的“学生信息”表、“选课信息”表和“开课信息”表的创建。这 3 个表的数据结构描述如下：

学生信息(学号(文本,12),姓名(文本,10),性别(文本,1),民族(文本,3),出生日期(日期/时间),所属班级(文本,10),所属院部(文本,10),是否党员(是/否),照片(OLE 对象),E-mail(超链接),备注(备注));“学号”为主键。

选课信息(学号(文本,12),课程编号(文本,4),平时成绩(数字),考试成绩(数字));“学号”和“课程编号”为组合主键。

开课信息(课程编号(文本,4),教师编号(文本,4),开课时间(日期/时间),开课班级(文本,20),开课周次(文本,20),开课地点(文本,20),考核方式(文本,2));“课程编号”和“教师编号”为组合主键。

2.2.3 设置字段属性

表结构中的每个字段都有一系列的属性定义，字段属性决定了如何存储和显示字段中的数据。每种类型的字段都有一个特定的属性集。例如，对于“文本”数据类型的字段可以设置“字段大小”属性来控制允许在字段中输入的最大字符数；对于“数字”数据类型的字段可以设置“小数位数”属性来指定小数点右边的数字位数等。

Access 为大多数属性提供了默认设置，一般能够满足用户的需要，用户也可以改变默认设置。字段的常规属性选项卡如表 2.3 所示。

表 2.3 字段的常规属性选项卡

属性	作用
字段大小	设置文本、数据和自动编号类型的字段中数据的范围，可设置的最大字符数为 255
格式	控制显示和打印数据格式，选项预定义格式或输入自定义格式
小数位数	指定数据的小数位数，默认值是“自动”，范围是 0～15
输入法模式	确定当焦点移至该字段时，准备设置的输入法模式
输入掩码	用于指导和规范用户输入数据的格式
标题	用于在窗体显示字段时的附加标签。如果未输入标题，则将字段名用作标签
默认值	指定数据的默认值，自动编号和 OLE 数据类型无此项属性
有效性规则	一个表达式，用户输入的数据必须满足该表达式
有效性文本	当输入的数据不符合“有效性规则”时，要显示的提示性信息
必需	该属性决定是否允许出现 Null(空)值
允许空字符串	决定文本和备注字段是否可以等于零长度字符串("")
索引	决定是否建立索引及索引的类型
Unicode 压缩	指定是否允许对该字段进行 Unicode 压缩

下面介绍常用的字段属性的设计方法。

1. 字段大小

“字段大小”用于设置字段的存储空间大小，只有当字段数据类型设置为“文本”或“数值”时，这个字段的“字段大小”属性才是可设置的，其可设置的值将随着该字段数据类型的不同设定而不同。

文本类型的字段宽度范围为1～255个字符，系统默认为255个字符。

数字类型的字段宽度如表2.4所示，共有5种可选择的字段大小：字节、整型、长整型、单精度型、双精度型，系统默认是长整型。

表2.4　数字型字段大小的属性取值

类型	作用	小数位	占用空间
字节	0～255(无小数位)的数字		1个字节
整型	－32768～32767(无小数位)的数字		两个字节
长整型	－2147483648～2147483647(无小数位)的数字		4个字节
单精度型	负值：-3.4×10^{38}～ -1.4×10^{-45}的数字 正值：1.4×10^{-45}～3.4×10^{38}的数字	7	4个字节
双精度型	负值：-1.8×10^{308}～ -4.9×10^{-324} 正值：4.9×10^{-324}～1.8×10^{308}	15	8个字节

2. 格式

格式属性用来规定文本、数字、日期和是/否型字段的数据显示或打印格式，对存储数据不起作用，也不检查无效输入。格式属性对不同的字段数据类型使用不同的设置。几种常用数据类型的格式说明如表2.5所示。

表2.5　几种常用数据类型的字段格式设置说明

日期/时间型		数字/货币型		文本/备注型	
设置	说明	设置	说明	设置	说明
常规日期	2010-2-20 12:38:30 (默认设置)	常规数字 (默认型)	3456.789	@	要求文本字符 (字符或空格)
长日期	2013年8月16日	货币	￥3456.79	&	不要求文本字符
中日期	13-08-16	美元	＄3456.79	<	使所有字符变为小写
短日期	2013-8-16	固定	3456.79	>	使所有字符变为大写
长时间	12:38:30	标准	3,456.79	是/否型	
中时间	下午5:35	百分比	123.00％	√	－1表示真值：是
短时间	17:35	科学计数	3.46E+03	□	0表示假值：否

3. 输入掩码

"输入掩码"属性是指输入数据时对数据的要求，它可以保证输入的数据与字段设置的格式标准相一致。输入掩码就像字段数据的模板，输入的数据必须满足输入掩码的要求。

1）输入掩码的组成

输入掩码由一个必需部分和两个可选部分组成，部分之间用分号隔开。每个部分的用途说明如下：

（1）第一部分是必需的，是输入掩码本身。它包括掩码字符或字符串（字符系列）以及字面字符（例如，括号、句点和连字符）。

（2）第二部分是可选的，其值为 0 或者 1（省略时默认为 1）。它指的是嵌入式掩码字符在字段中的存储方式。若设置为"0"，则这些字符与其字段数据存储在一起；如果设置为"1"或空白，则仅显示而不存储这些字符。

（3）第三部分也是可选的，指明用作占位符的单个字符或空格。缺省时默认下划线"_"作为占位符。若使用空格作为占位符，需要将空格置于双引号内，其他字符则直接描述。

以固定电话格式为例，其电话号码输入掩码为：(9999)00000000;;－，含义如下：

①该掩码使用了两个占位符字符 9 和 0。9 指示可选位（选择性地输入区号），而 0 指示强制位。

②输入掩码的第二部分缺省，指示掩码字符将与数据一起存储。

③输入掩码的第三部分指定连字符"－"而不是下划线"_"用作占位符字符。

2）常用掩码字符及含意

"输入掩码"属性集由字面字符和决定输入数值的类型的特殊字符组成。字符及含义如表 2.6 所示。

表 2.6　输入掩码属性所使用字符的含义

字符	说明
0	必须输入数字（0～9）
9	可以选择输入数字或空格（0～9）
#	可以输入一个数字、空格、加号或减号。如果跳过，Access 会输入一个空格
L	必须输入一个字母（A～Z）
?	可以输入一个字母（A～Z）
A	必须输入一个字母或数字
a	可以输入一个字母或数字
&	必须输入一个任意的字符或一个空格
C	可以输入字符或空格
. , : ; - /	小数点占位符及千位、日期与时间的分隔符（实际的字符将根据 Windows 控制面板中"区域设置属性"的设置而定）
>	其后的所有字符都以大写字母显示

续表

字符	说明
<	其后的所有字符都以小写字母显示
!	使输入掩码从右到左显示，而不是从左到右显示
\	使接下来的字符以原义字符显示(例如，\A 只显示 A)

例如，若设置的输入掩码为“(0000)00000000”，则输入数据时的掩码提示为“(____)________”，本例输入为(0738)26176999，如图 2-15 所示。

联系电话
(0738)26176999
(05_)________

图 2-15　输入掩码控制数据输入

3）输入掩码向导

对文本型和日期/时间型字段的输入掩码可以通过“输入掩码向导”来设置。下面通过设置“教师信息”表中的“出生日期”字段为例，说明使用向导设置输入掩码的方法。

(1) 打开“教师信息”表的设计视图，选择“出生日期”字段，然后单击“字段属性”区“常规”选项卡下的“输入掩码”框，如图 2-16 所示。

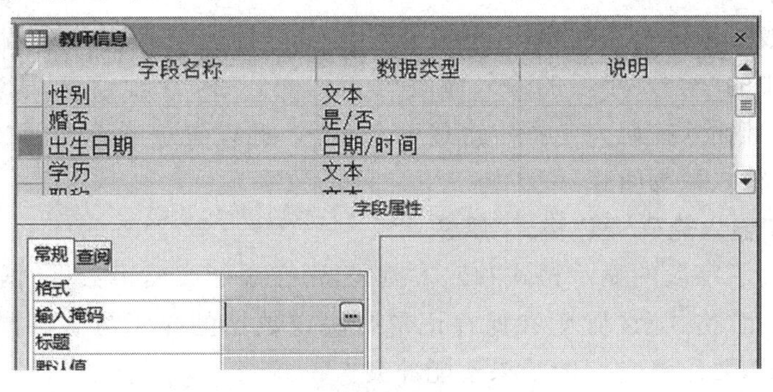

图 2-16　“教师信息”表设计视图

(2) 单击输入框右边的【表达式】按钮，启动“输入掩码向导”，打开“输入掩码”对话框，如图 2-17 所示，在列表中参照数据示例来选择所需掩码，并可以使用“尝试”框输入数据以查看所选掩码的效果。单击【下一步】按钮，打开第 2 个对话框，如图 2-18 所示，选择在输入数据时所显示的占位符符号，并利用“尝试”功能查看效果。

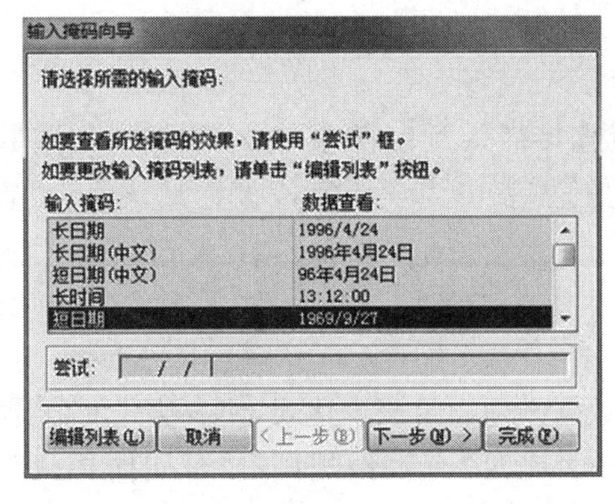

图 2-17　“输入掩码向导”第 1 个对话框

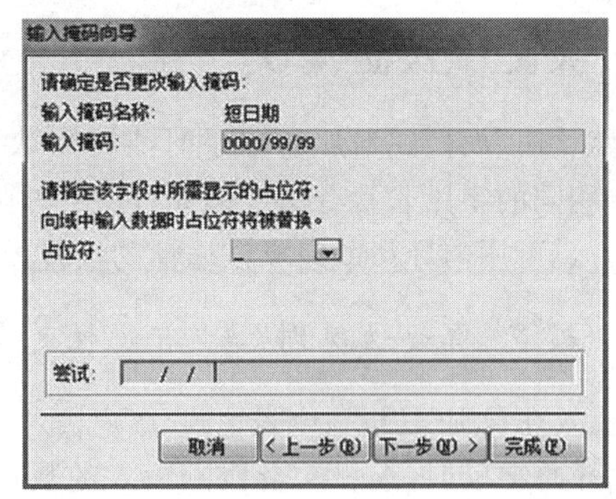

图 2-18　“输入掩码向导”第 2 个对话框

(3) 在完成了向导的所有提问后,系统即可自动创建输入掩码。本例中使用向导的默认输入掩码“0000/99/99;0;_”。

本例对于“出生日期”字段,为方便用户输入,设置时预留了年、月、日输入区,并用输入掩码定义字符“/”分隔年、月、日,设置为 0000/99/99。在 0000/99/99 中,0 表示此处只能输入一个数,而且必须输入;9 代表此处只能输入一个数,但不是必须输入;/符号为分隔符,输入数据时直接跳过,下划线为占位符。如图 2-19 所示。

需要注意的是,如果对日期/时间字段使用输入掩码,则日期选取器控件将对该字段不可用。

图 2-19　设置掩码后的数据输入形式

4) 通过直接输入方式设置输入掩码

对文本型和日期/时间型字段的输入掩码,除了使用向导进行设置外,也可以在输入掩码属性框中直接输入。

但对于数字或货币等类型的字段,就只能使用字符直接定义输入掩码属性。例如,要定义“课程信息”表中的“学分”字段的输入掩码为 9.9,可以在“课程信息”表“设计”视图中,选择“学分”字段,在其输入掩码文本框中直接输入 9.9。此设置意味着不管“学分”字段定义的宽度是多少位,在输入数据时仅接受 0～9.9 之间的数字。

5) 选择使用“输入掩码”和“格式”属性

如果同时定义了字段的显示格式和输入掩码,则在添加或编辑数据时,Microsoft Access 将使用输入掩码,而“格式”设置则在保存记录时决定数据的显示方式。同时使用“格式”和“输入掩码”属性时,要注意它们的结果不能冲突。

4. 设置“标题”属性

设置“标题”属性值将取代字段名称在显示表中数据时的位置。即在显示表中数据时,表中列的栏目名称将显示“标题”属性值,而不显示“字段名称”值。

字段名和字段标题可以不同,但数据库中只认识表结构中定义的字段名称。

5. 设置“默认值”属性

“默认值”属性在增加新记录时能将默认值直接插入到字段中,这个属性对那些数据内容基本相同的字段非常有用。例如,可在“教师信息”表中为学历字段设置默认值为“硕士研究生”。也可用向导帮助完成该属性的设置。

6. 设置“有效性规则”与“有效性文本”属性

“有效性规则”是指一个表达式,用户输入的数据必须满足该表达式,使表达式的值为真,当焦点离开此字段时,Access 会检测输入的数据是否满足“有效性规则”。可用向导帮助完成设置。

“有效性文本”的设定内容是当输入值不满足“有效性规则”时，系统提示的信息。“有效性规则”和“有效性文本”通常是结合起来使用的。

“有效性规则”表达式包括一个运算符和一个比较值，当运算符为“＝”时，可省略不写。常用的运算符如表 2.7 所示。

表 2.7　在“有效性规则”中使用的运算符

运算符	意义	运算符	意义
＜	小于	＜＝	小于等于
＞	大于	＞＝	大于等于
＝	等于	＜＞	不等于
In	所输入数据必须等于列表中的某一成员	Between	“Between A and B”代表所输入的值必须在 A 和 B 之间
Like	必须符合与之匹配的标准文本样式		

表 2.8 给出了关于“有效性规则”和“有效性文本”设置的示例。

表 2.8　“有效性规则”和“有效性文本”设置示例

“有效性规则”设置	“有效性文本”设置
＜＞0	请输入一个非零值
0 or ＞＝10	值必须为 0 或大于等于 10
＜#1/1/2010#	输入一个 2010 年之前的日期
＞＝ #1/1/2008# and ＜#1/1/2009#	日期必须是在 2008 年内
Like "C???"	值必须是以 C 开头的 4 个字符

【例 2-6】　设置“选课信息”表的“成绩”字段为 0～100 之间的整数，说明设置方法。

(1) 打开“选课信息”表的设计视图，选择表中的“成绩”字段，然后单击“字段属性”区“常规”选项卡下的“有效性规则”框，在其中输入“＞＝0 And ＜＝100”。

也可以单击“有效性规则”属性框右边的按钮，打开“表达式生成器”，利用表达式生成器输入“有效性规则”的表达式，如图 2-20 所示。

(2) 在“有效性文本”属性框中输入“无效成绩。请输入 0～100 之间的整数”。设置如图 2-21所示。当成绩输入超出范围时，就会弹出“无效成绩。请输入 0～100 之间的整数”的提示信息窗口。

7. “必需”属性

“必需”属性指定该字段是否必须输入数据。当取值为“否”时，可以不输入数据，即允许该字段有空值。一般情况下，表中设置为主键的字段，应设置该属性为“是”，可以提醒用户执行正确的操作。

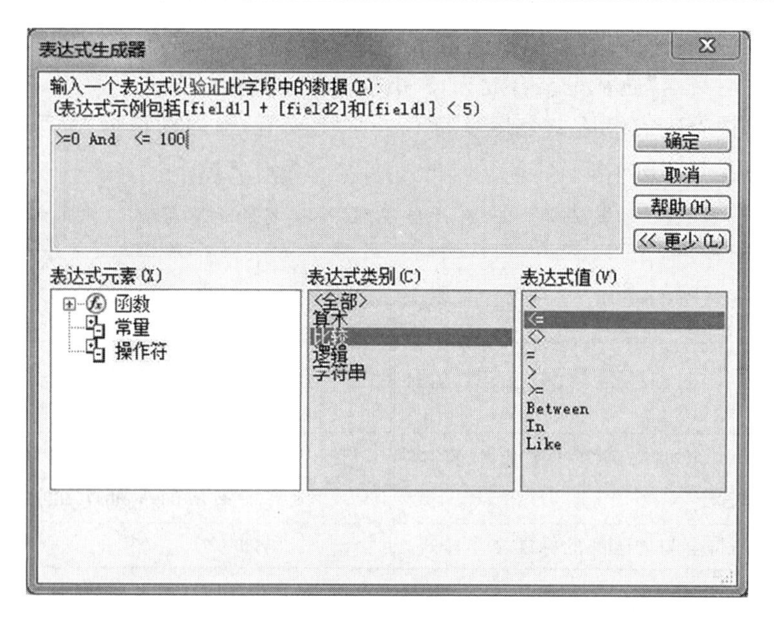

图 2-20　“表达式生成器”对话框

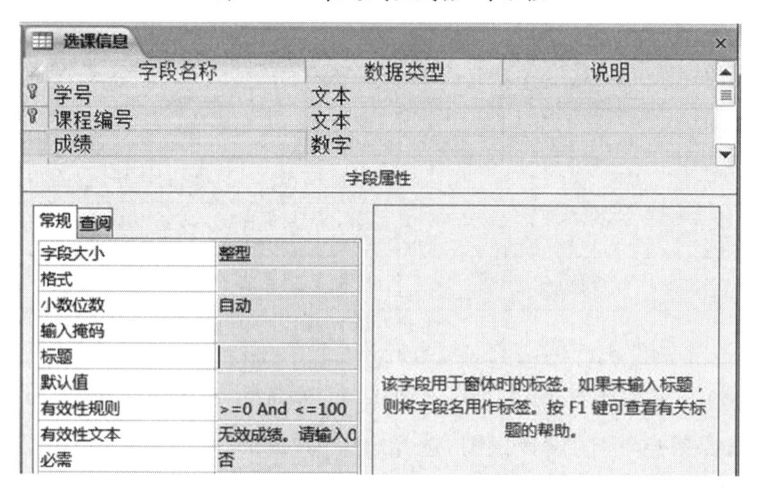

图 2-21　“有效性规则”和“有效性文本”属性设置

8. “索引”属性

索引是非常重要的属性，能根据键值提高查找和排序的速度，并且能够对表中的记录实施唯一性。按索引的功能分，索引有唯一索引、普通索引和主索引 3 种。其中，唯一索引的索引字段值不能相同，即没有重复值。如果为该字段输入重复值，则系统会提示操作错误；如果为已有重复值的字段创建索引，则不能创建唯一索引。普通索引的索引字段值可以相同，即可以有重复值。同一个表可以创建多个唯一索引，其中一个可以设置为主索引。一个表只能有一个主索引。

“索引”属性用于设置该字段是否进行索引。索引用于提高对索引字段的查询及排序速度。

2.2.4　主键和索引

1. 定义主键

主键(也称主码、主关键字)是用于唯一标识表中每条记录的一个或一组字段。Access 建议每一个表设计一个主键,这样在执行查询时用主键作为主索引可以加快查找的速度。还可以利用主键定义多个表之间的关系,以便检索存储在不同表中的数据。

表设计了主键,可以确保唯一性,即避免任何重复的数值或 Null(空)值保存到主键字段中。例如,学生信息表中的"学号"字段能够唯一确定一名学生,就将"学号"字段定义为主键。主键有 3 种类型:自动编号、单字段主键及多字段主键。

1) 自动编号主键

创建一个空表时,在保存表之前如果未设置表的主键,Access 会询问是否需要设置一个自动编号的主键。它的作用是在表中添加一个自动编号字段,在输入记录时,自动编号字段可自动取值为连续数字的编号。

2) 单字段主键

在表中,如果某一字段的值能唯一标识一条记录,就可以将此字段指定为主键。如果选择作为主键的字段有重复值或 Null(空)值,Access 就不会将它设置为主键。

3) 多字段主键

在表中,可以将两个或更多的字段指定为主键(最多包括 10 个字段)。例如,在学生"选课信息"表中,"学号"与"课程编号"字段的值可能都不是唯一的,因为一个学生可以选多门课,而一门课可以被多个学生选择。但如果"学号"与"课程编号"两个字段组成的字段组合被指定为主键,就有唯一的值,并成为每一条记录的标识。

设置主键的操作非常简单,若要指定表中的某个或某几个字段作为主键,可按以下步骤进行操作:

(1) 打开数据表的设计视图。

(2) 选择将要定义为主键的一个或多个字段。若要选择一个字段,单击所需字段的"字段选定器";如果要设置多字段主键,先按住[Ctrl]键,然后对每个所需字段单击其字段选定器。

(3) 单击功能区"表格工具|设计"选项卡"工具"分组中的【主键】按钮,或单击鼠标右键,从弹出的快捷菜单中选择"主键"命令。主键指示符将出现在该行的字段选定器上,表明已经将该字段设置为主键。表中建立了主键之后,添加记录时,主键字段必须要输入数据,不能为空值,且不允许主键字段中出现重复的数据。

如果要更改主键,可在选定字段之后,再次单击表设计工具栏上的【主键】按钮。

2. 创建索引

在表的字段中创建索引,有助于快速查找和排序记录。书的目录是以章节的顺序列出书中包含的所有主题,并显示每一个主题的起始页码,利用目录查找要比对整本书逐页翻阅快得多;表的索引就如同书的目录,表的索引可以按照一个或一组字段值的顺序对表中记录的顺序进行重新排列,从而加快数据检索的速度。

Access 允许用户基于单个字段或多个字段创建记录的索引,一般可以将经常用于搜索或排序的单个字段设置为单字段索引;如果要同时搜索或排序两个或两个以上的字段,可以创建多字段索引,多字段索引能够区分与前一个字段值相同的不同记录。

Access 将表中的主键自动创建为索引。如果要创建其他某个字段或字段的组合为索引,可按下述步骤进行。

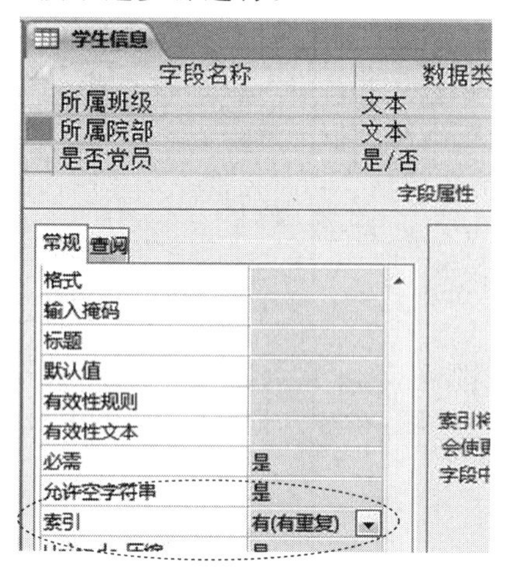

图 2-22 单字段索引

1) 创建单字段索引

【例 2-7】 为"学生信息"表创建索引,索引字段为"所属院部"。

操作步骤如下:

(1) 打开"学生信息"表的设计视图。

(2) 单击要设置索引的"所属院部"字段行。

(3) 在"字段属性"的"常规"选项卡中,单击"索引"属性框,根据字段的数据值,选择"有(有重复)"选项。如图 2-22 所示。

2) 创建多字段索引

使用多字段索引排序记录时,Access 将首先使用定义在索引中的第 1 个字段进行排序,如果记录在第 1 个字段中的值相同,就使用索引中的第 2 个字段进行排序,以此类推。

【例 2-8】 为"教师信息"表创建多字段索引,索引字段包括"教师编号""性别"和"出生日期"。

操作步骤如下:

(1) 打开"教师信息"表的设计视图,并选择"教师编号"字段。

(2) 执行功能区"表格工具|设计"选项卡"显示/隐藏"分组中的【索引】按钮,打开"索引"对话框。如果当前表已经定义了主键,Access 自动在"索引"对话框的第 1 行显示主键索引的名称、字段名称以及排序次序。如图 2-23 所示。

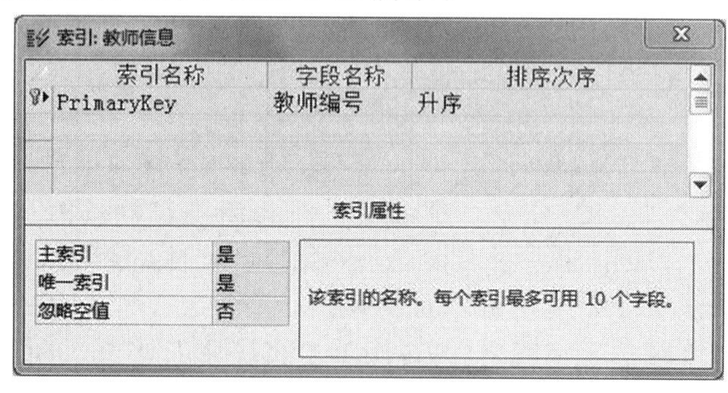

图 2-23 "索引"对话框之一

(3) 在"索引名称"列的第 1 行内输入要建立的索引名称(该名称由用户自己定义,应尽量体现索引的含义,在本例中建立的索引名称与字段名称相同)。在同一行的"字段名称"组合框中选择参与索引的第 1 个字段,在接下来的行中,分别在"字段名称"列表框中选择其他参与索引的字段,在"排序次序"列中,选择"升序"或"降序"选项。

(4) 在"索引"对话框的"索引属性"栏中为创建的第 1 个索引字段设定属性:"主索引"

“唯一索引”和“忽略空值”，设置如图 2-24 所示。

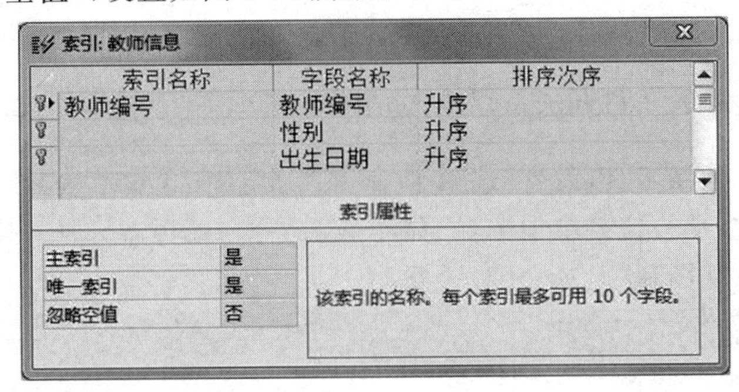

图 2-24　“索引”对话框之二

(5) 关闭“索引”对话框，完成索引的创建。

(6) 保存数据表。

3) 查看与编辑索引

在“索引”对话框中既可以创建索引，又可以对已有的索引进行修改，如改变索引中任意字段的排序或更改索引属性，也可以更改索引中的字段的次序，还可以删除不需要的索引。在多字段索引中最多可以包含 10 个字段。

2.2.5　建立表之间的关系

在数据库应用系统中，一个数据库中常常包含若干个数据表，用以存放不同类别的数据集合，它们之间存在着相互联接的关系，这种数据集合间的相互联接称之为关联。表之间的记录联接是通过建立表之间关系来完成的，所以，指定表之间的关系是非常重要的，Access 就是凭借这些关系来联接表或查询表中的数据。

一般情况下，如果两个表使用了共同的字段，就应该为这两个表建立一个关系，通过表关系就可以指出一个表中的数据与另一个表中的数据的相关方式。两个表之间的关系是通过一个相关联的字段建立的，在两个相关表中，起着定义相关字段取值范围作用的表称之为父表或主表，该字段称之为主键；而另一个引用主表中相关字段的表称为子表或相关表，该字段称为子表的外键。根据父表(主表)和子表(相关表)中关联字段间的相互关系，Access 数据表间的关系可分为 3 种：一对一关系、一对多关系和多对多关系。

当创建表之间关系时，必须遵从“参照完整性规则”，这是一组控制删除或修改相关表数据方式的规则。参照完整性规则具体如下：

(1) 在将记录添加到相关表中之前，主表中必须已经存在了匹配的记录；

(2) 如果匹配的记录存在于相关表中，则不能更改主表中的主键；

(3) 如果匹配的记录存在于相关表中，则不能删除主表中的记录。

1. 创建表间关系

在表之间创建关系，可以确保 Access 将某一表中的变化反映到相关联的表中。一个表可以和多个其他表相关联，而不是仅能与另一表组成关系对。

【例 2-9】　以“教学管理 2010”数据库中的 5 个数据表为例，创建它们的相互关系。

(1) 打开"关系"视图和"显示表"对话框。

打开"教学管理 2010"数据库,单击 Access 窗口功能区"数据库工具"选项卡"关系"分组中的【关系】按钮,系统将打开关系视图(如果在数据库中已创建了关系,关系视图中将显示这些关系)。单击"关系工具|设计"选项卡"关系"分组中的【显示表】按钮,或者在关系窗口中单击鼠标右键,从快捷菜单中选择"显示表"命令,打开"显示表"对话框。如图2-25所示是一个空白的关系视图和"显示表"对话框。

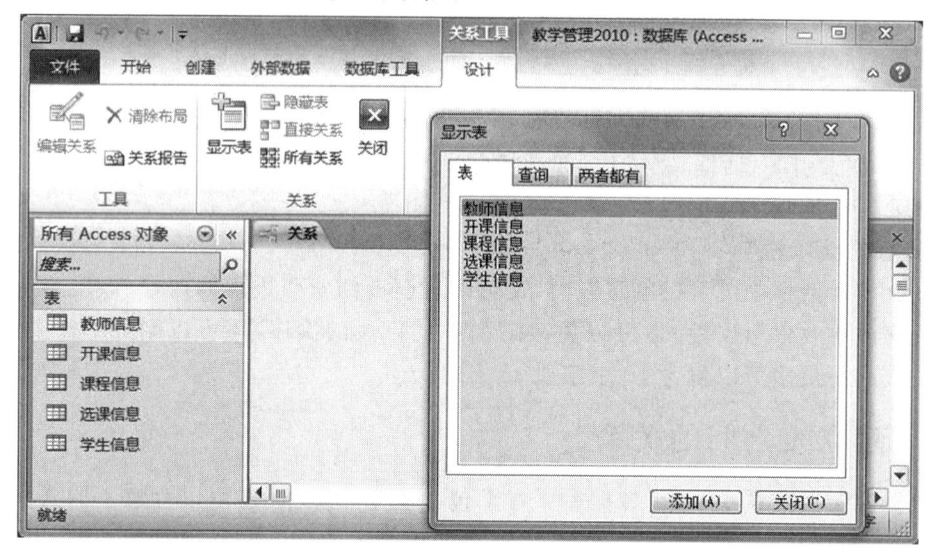

图 2-25　关系视图和"显示表"对话框

"显示表"对话框有"表""查询"和"两者都有"3 个选项卡:

- ◆ 表:列出数据库中所有的数据表;
- ◆ 查询:列出数据库中所有的查询;
- ◆ 两者都有:列出数据库中所有的数据表和查询。

(2) 将需要创建关系的表或查询添加到关系视图。

把"教师信息""开课信息""学生信息""选课信息""课程信息"添加到关系视图中,然后关闭"显示表"对话框,如图 2-26 所示。图中每个表的主键自动用粗体标识。

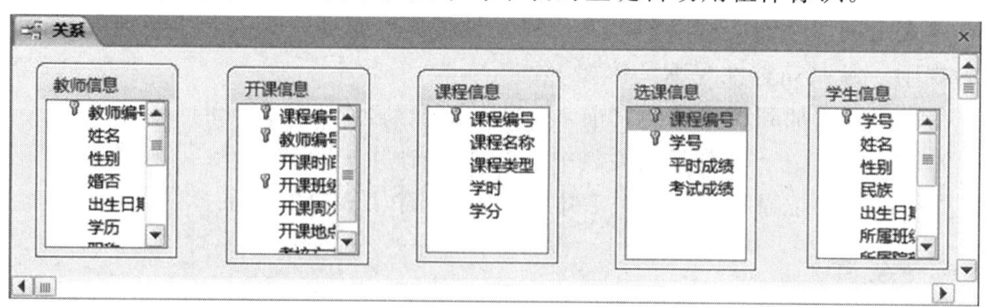

图 2-26　添加数据表后的关系视图

(3) 打开"编辑关系"对话框。

拖曳“学生信息”表的“学号”字段至“选课信息”表的“学号”字段上，当释放鼠标时，系统打开“编辑关系”对话框，如图 2-27 所示。

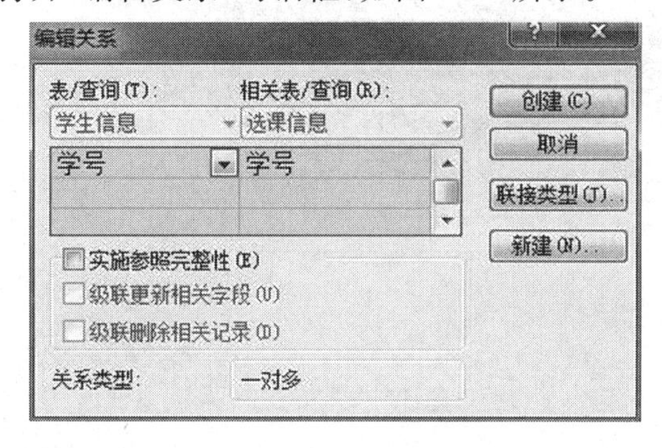

图 2-27　“编辑关系”对话框

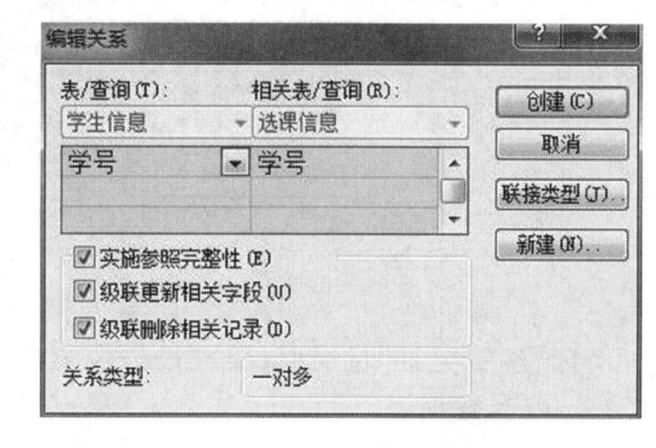

图 2-28　在“编辑关系”对话框中进行关系设置

(4) 进行关系设置。

在“编辑关系”对话框中选中“实施参照完整性”和“级联更新相关字段”复选框，即当更新主表中字段的内容时，同步更新相关表中相关内容。若选中“级联删除相关记录”复选框，当在删除主表中某条记录时，同步删除相关表中的记录，如图 2-28 所示。

(5) 选择联接类型。

单击【联接类型】按钮，可以根据实际需要选择联接的方式。本例选择系统默认设置。

(6) 创建“学生信息”与“选课信息”表间关系。

在“编辑关系”对话框中，单击【创建】按钮返回到关系视图，可见视图中两表之间有一条线将二者连接起来，表示已创建好表之间的关系，如图 2-29 所示。

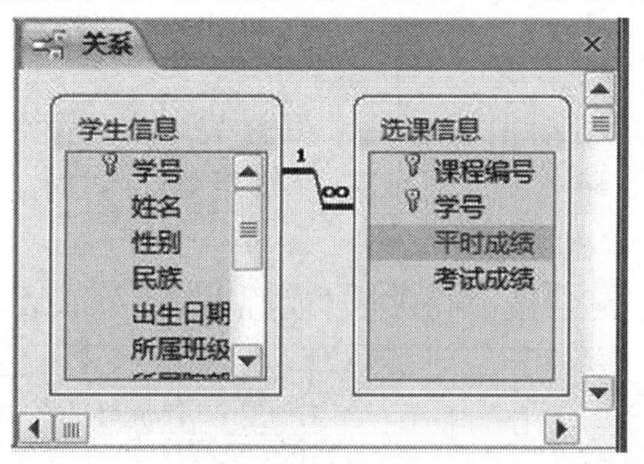

图 2-29　表间关系

Access 具有自动确定两个表之间联接关系类型的功能。在建立关系后，可以看到在两个表的相同字段之间出现了一条关系线，并且在“学生信息”表的一方显示“1”，在“选课信息”表的一方显示“∞”(只有当关系遵循参照完整性时，才会出现这些符号)，说明两个表之间是一对多关系，即“学生信息”表中的一条记录关联“选课信息”表中多条记录。其中，“1”方通常称为主表(或父表)，而“多”方则称为子表。

在建立关系的两个表中，“1”方表中的字段是主键，“∞”方表中的字段称为外键。

(7) 创建“教学管理”数据库中其余各表间关系。

用同样的方法创建“课程信息”与“选课信息”、“课程信息”与“开课信息”、“教师信息”与“开课信息”表的关系，如图 2-30 所示。

(8) 保存设定的关系。

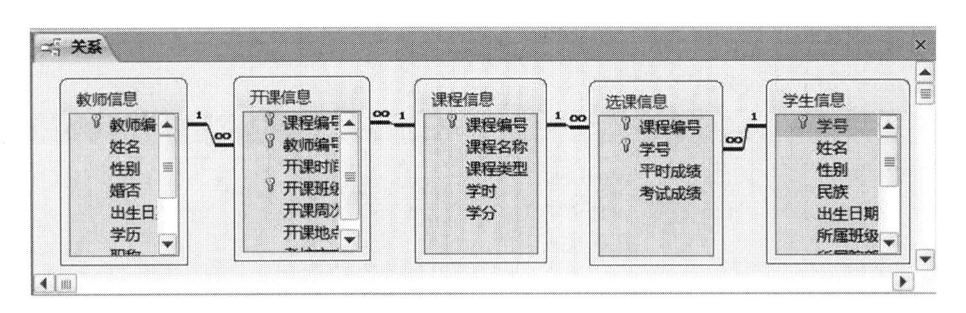

图 2-30　多表间关系

关闭“编辑关系”对话框，保存设定的关系。

（9）保存数据表。

2．编辑与删除表间关系

1）编辑表间关联

对已存在的关系，在关系视图中单击关系连线，连线会变粗，然后单击鼠标右键，从快捷菜单中选择“编辑关系”命令，或双击关系连线，系统会打开“编辑关系”对话框，从中可以对已有的关系进行修改。

2）删除表间关联

单击关系连线后按〈Delete〉键或单击鼠标右键，并从快捷菜单中选择“删除”命令，可删除表间的关联。

3．建立表关系的作用

创建表关系后，Access 可以实现以下功能：

（1）创建“查询”对象时可自动根据表关系设置关联，通过关联表创建“查询”对象。

（2）对关联表实施参照完整性，即当主表数据更新的同时会更新相关表，包括自动级联更新相关字段和自动级联删除相关记录。

（3）在数据表视图中，主表会显示相关表（或称子表、关联表），如图 2-31 所示。

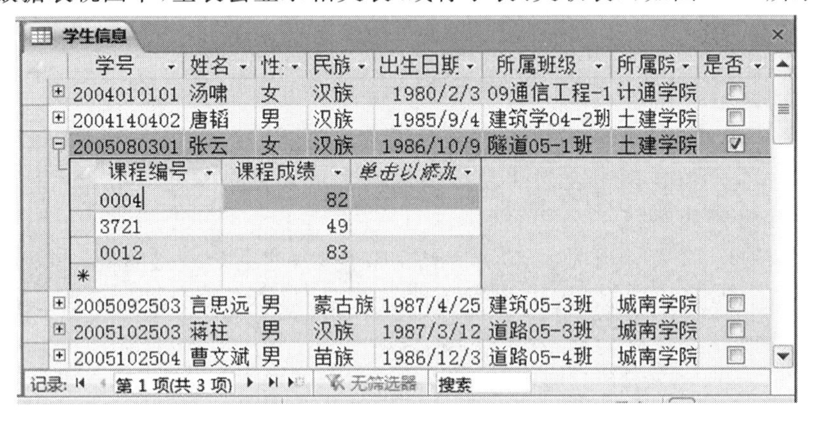

图 2-31　主表中显示子表

注意，在创建表间关系时，相关联的字段名可以不同，但数据类型必须相同。只有这样，才能实施参照完整性。另外，应该在输入数据前建立表间关系，这样既可以确保输入的数据满足完整性要求，又可避免由于已有数据违反参照完整性原则，而导致无法正常创建关系的情况发生。

2.2.6　向表中输入数据

创建表结构后，数据库的表仍是没有数据的空表，所以，创建“表”对象的另一个重要任务是向表中输入数据。

1. 认识数据表视图

输入数据的操作是在数据表视图中进行的，图 2-32 所示为数据表视图中的“学生信息”表。

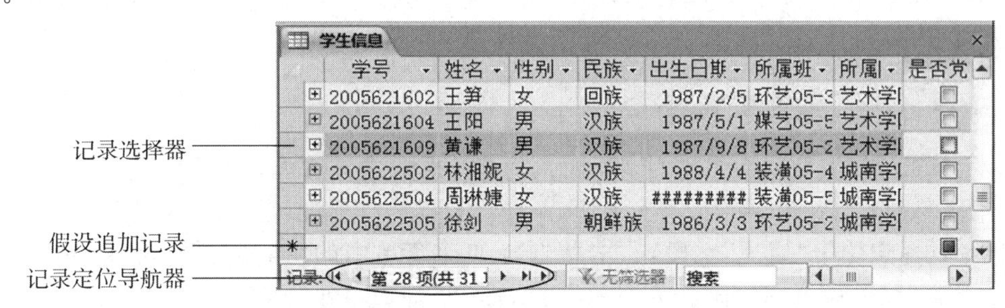

图 2-32　“学生信息”表的数据表视图

数据表视图的主要组件说明如下：

(1) 记录选择器：数据表视图最左边的一列灰色按钮，用于选定记录，其中深色块指示的为当前记录。

(2) 星号：出现在数据表视图最后 1 条记录选择器按钮上，用于表示这是一个假设追加记录。若以只读方式打开数据库，在数据表视图中不出现假设追加记录。

(3) 记录定位导航器：在数据表视图的底端，用于导航记录。

下面仍以“学生信息”表的数据录入为例进行说明。

2. 打开表

(1) 启动 Access，打开“教学管理 2010”数据库工作窗口。

(2) 在导航窗格中双击“学生信息”表名，即打开该表的数据表视图，如图 2-33 所示为数据表视图中的“学生信息”表。

图 2-33　空“学生信息”表的数据表视图

3. 输入“文本”型、“数字”型和“货币”型数据

由于文本、数字和货币字段的数据输入比较简单，在此不特别给出说明。

4. 输入"是/否"型数据

对"是/否"型字段，输入数据时显示一个复选框。选中表示输入了"是(-1)"，不选中表示输入了"否(0)"，如本例中的"是否党员"字段。

5. 输入"日期/时间"型数据

输入"日期/时间"型数据最简单的方式是按"年/月/日"格式输入日期，如"10/5/6"，然后将鼠标移到其他字段，系统会按之前定义的"格式"属性自动输入日期的完整值：若格式属性设置为"长日期"，则自动输入为"2010 年 5 月 6 日"；若格式属性设置为"短日期"，则自动输入为"2010/05/06"。如果该日期字段设置了"输入掩码"属性值，则系统会按输入掩码来规范输入格式，并按"格式"属性中的定义显示数据。

6. 输入"OLE"对象型数据

输入 OLE 对象类型的数据要使用"插入对象"的方式。例如，为"学生信息"表中的"照片"字段输入数据。

(1) 将光标定位于"照片"字段，右击并选择快捷菜单中的"插入对象"命令，或执行主窗口"插入|对象"菜单命令，打开"插入对象"对话框，如图 2-34 所示。

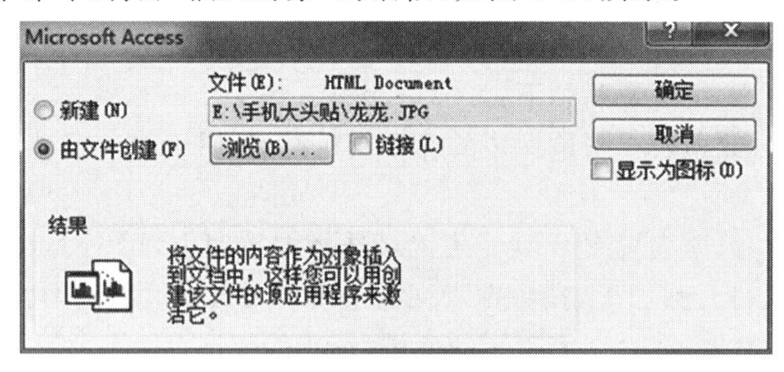

图 2-34 "插入对象"对话框

(2) 选择"由文件创建"选项，然后单击【浏览】按钮，在打开的"浏览"对话框中选择存放照片的路径和文件，从"浏览"对话框中返回到"插入对象"对话框，单击【确定】按钮，将所选的图片文件作为 OLE 对象保存在字段中。在数据表视图中看不到图片的原貌，必须在窗体视图中才能看到图片的原貌。

7. 输入"超链接"型数据

可以使用"插入超链接"对话框，实现超链接型字段的数据输入。例如，为"学生信息"表中的"E-mail"字段输入数据，方法如下所述：

在数据表视图中将光标定位在"E-mail"字段，单击鼠标右键，从快捷菜单中选择"超链接|编辑超链接"命令，打开"插入超链接"对话框，从中选择任一种链接方式即可。

8. 输入"查阅字段"型的数据

如果字段的内容取自一组固定的数据，就可以通过"查阅向导"工具为这个字段创建"查阅字段"类型。查阅字段会显示一组数据列表，用户可以从中选择输入，这可使数据的输入更快、更准确。如图 2-35 所示，“性别”字段和“所属院部”字段的输入都可以从各自的列表中进行选择。

根据“查阅字段”数据来源的不同，查阅字段分为“查阅列表”和“值列表”。

◆ 查阅列表：亦称查阅列。其查阅字段从他表或查询中获取数据。

◆ 值列表：查阅字段从用户创建字段时键入的值列表中获取数据。

“查阅字段”是通过“查阅向导”引导创建的，该向导只能应用在文本和数字类型的字段上。下面分别说明这两种创建方式。

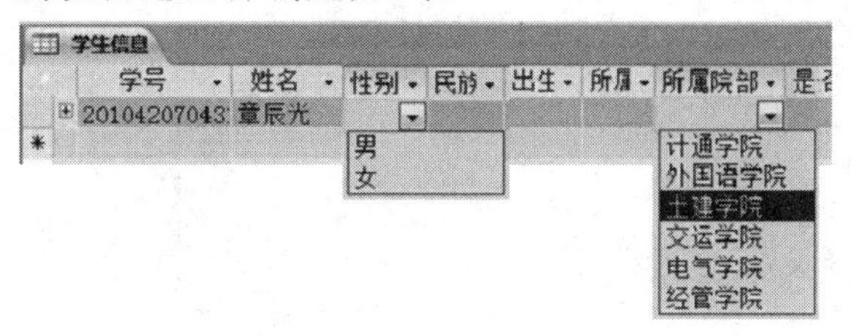

图 2-35　输入状态示意图

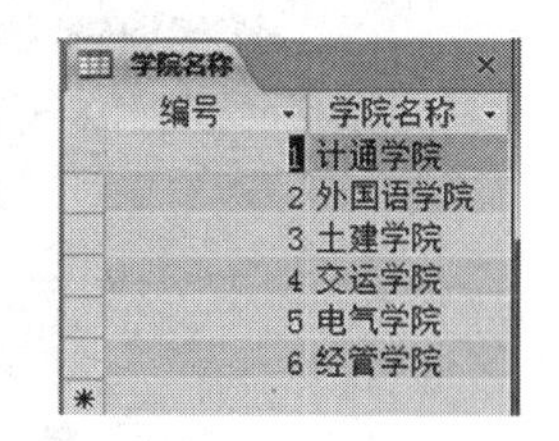

图 2-36　学院名称表

1）创建查阅列

查阅列所提供的数据来源于数据表或查询。设已有“学院名称”表如图 2-36 所示。然后按照下述操作步骤为“学生信息”表的“所属院部”字段创建查阅列。

（1）打开“学生信息”表的设计视图，在“所属院部”字段的“数据类型”下拉列表中选择“查阅向导”，同时会启动“查阅向导”的第 1 个对话框，如图 2-37 所示。选择“使用查阅字段获取其他表或查询中的值”选项，单击【下一步】按钮。

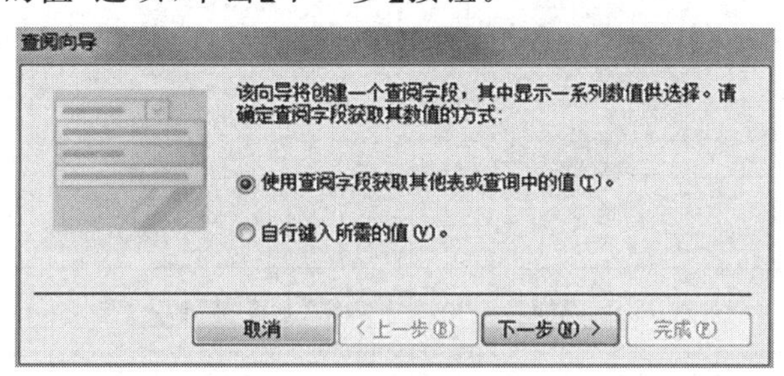

图 2-37　选择“查阅列”方式

（2）在“查阅向导”的第 2 个对话框中选择“学院名称”表为查阅列的数据源，如图 2-38 所示，单击【下一步】按钮。

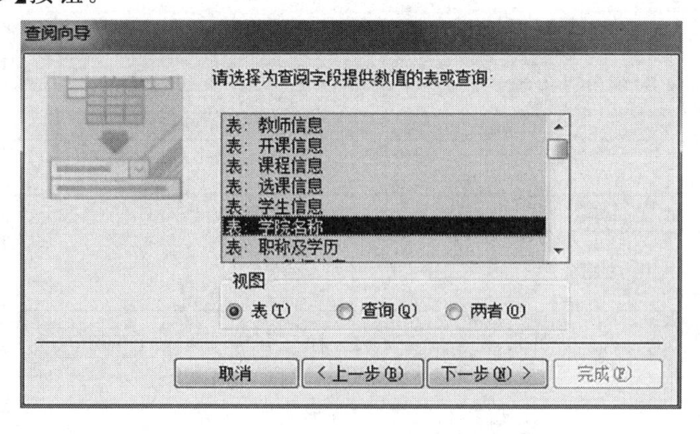

图 2-38　确定“查阅列”的数据源

(3) 在“查阅向导”的第 3 个对话框中，选择“学院名称”字段为查阅列提供数据，如图 2-39所示，单击【下一步】按钮。

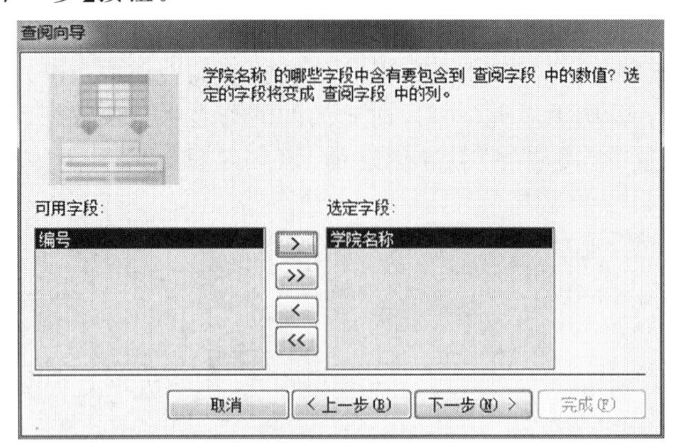

图 2-39 确定数据源中具体字段

(4) 继续完成“查阅向导”的提问，如图 2-40 至图 2-42 所示，当向导收集完所需的信息以后，就可完成“所属院部”字段查阅列的定义。

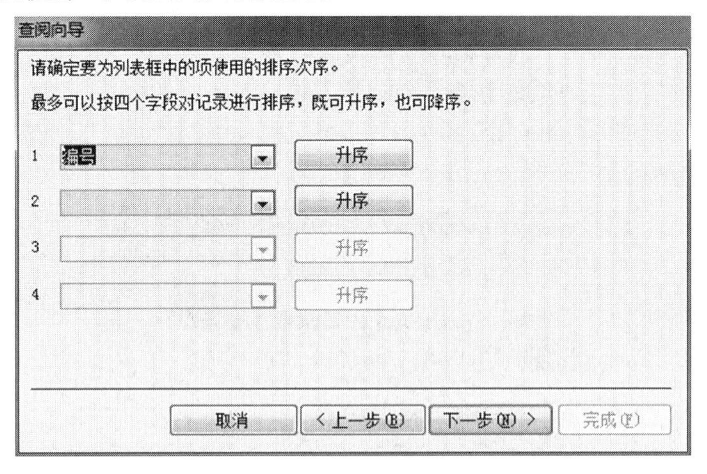

图 2-40 确定“查阅列”中各项排序方式

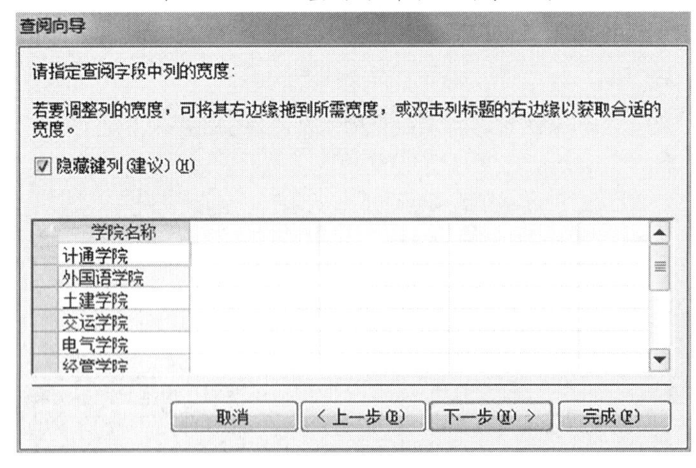

图 2-41 确定“查阅列”的宽度

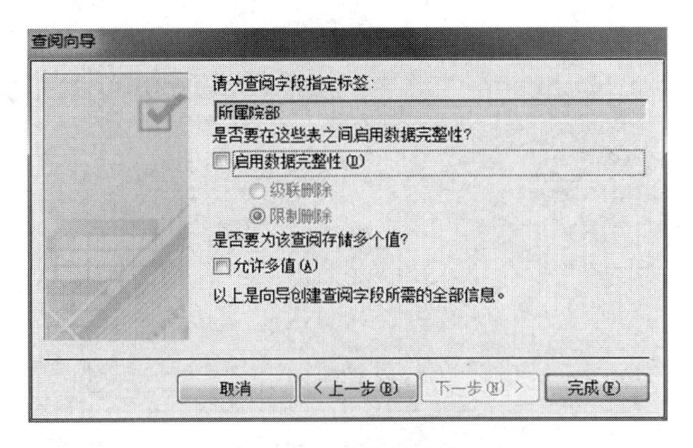

图 2-42　确定查阅字段的标签

（5）保存对"学生信息"表的修改。

类似地可以为"职称"和"学历"字段创建"查阅字段"。

2）创建值列表

值列表的作用与查阅列的作用类似，可以提供一个方便用户输入数据的值列表。不同之处是值列表中提供的数据是固定不变的，且数量也较少。下面以"性别"字段为例，说明创建值列表的操作步骤。

（1）打开"学生信息"表的设计视图，在"性别"字段的"数据类型"下拉列表中选择"查阅向导"。同时启动"查阅向导"第1个对话框，选择"自行键入所需的值"选项，如图2-43所示，单击【下一步】按钮。

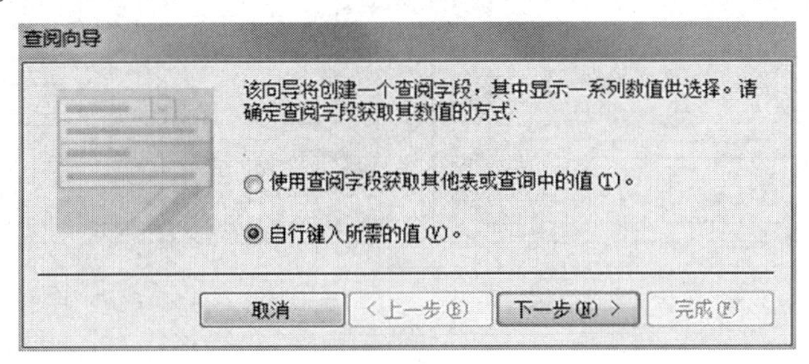

图 2-43　选择"值列表"方式

（2）在"查阅向导"的第2个对话框中确定值列表中的值，本例为"男""女"，如图2-44所示。

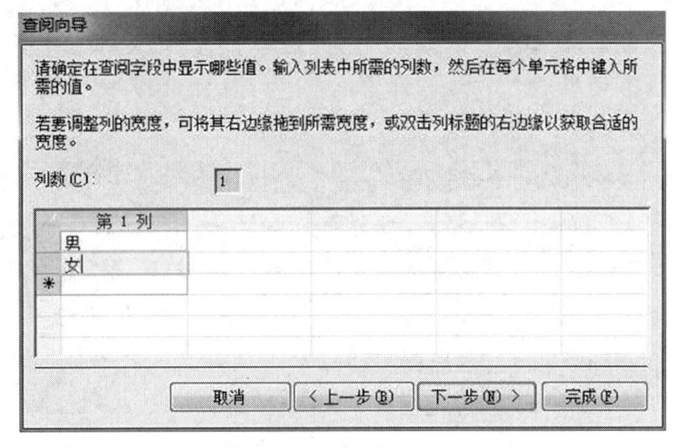

图 2-44　确定"值列表"中显示的值

(3) 单击【下一步】按钮，打开“查阅向导”最后 1 个对话框，如图 2-45 所示，完成值列表的设置。

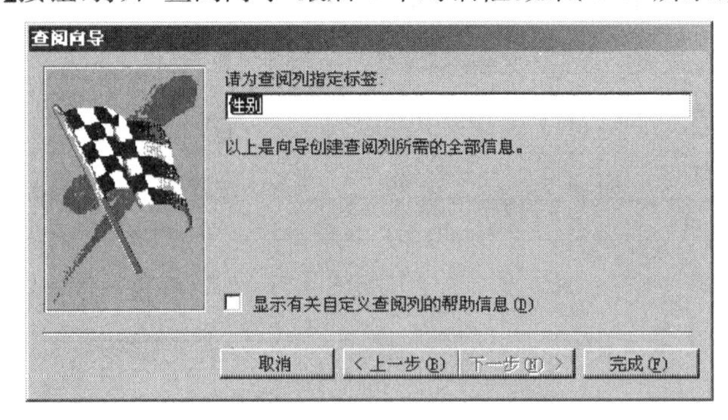

图 2-45 确定查阅字段的标签

在“学生信息”表的设计视图中，单击“性别”字段，在图中下半部分“字段属性”栏中选择“查阅”选项页，如图 2-46 所示，可以看到相应的属性设置，可在这里进行修改。如图 2-47所示是“所属院部”字段的相应属性。

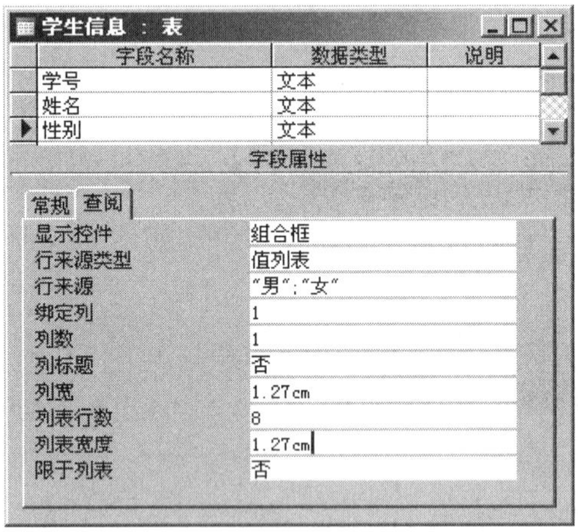

图 2-46 “性别”字段“查阅”栏

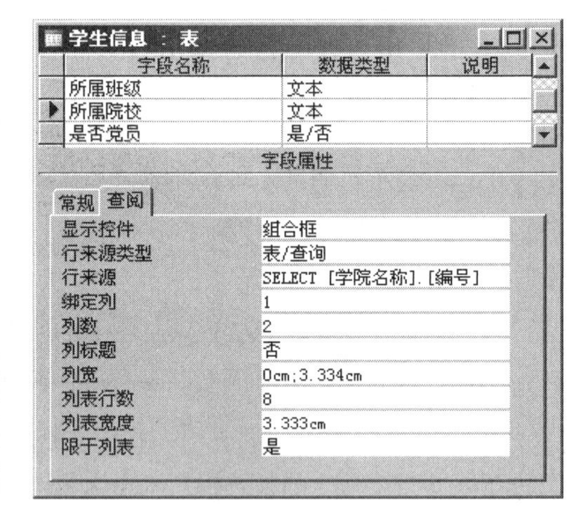

图 2-47 “所属院部”字段的“查阅”栏

9. 输入“计算”型数据

Access 2010 提供了“计算”数据类型，可以将计算结果保存在该类型的字段中。

【例 2-10】 在“教学管理 2010”数据库中有“选课信息”表，如图 2-48 所示。要求增加一个“总评成绩”字段，数据类型为“计算”，计算公式为：总评成绩＝平时成绩 * 30%＋考试成绩 * 70%。操作步骤如下：

课程编号	学号	平时成绩	考试成绩	单击以添加
0004	200414040224	60	30	
0004	200508030123	88	82	
0004	200509250306	60	48	
0004	200510250315	80	86	
0004	200510250427	90	77	
0004	200518030234	80	66	
0004	200518030421	90	96	
0004	200518250131	70	68	

图 2-48 “选课信息”表

(1) 打开“选课信息”表的数据表视图，单击“单击以添加”标识，在下拉列表中单击“计算字段|数字”命令，打开“表达式生成器”对话框。

(2) 在“表达式元素”列表中选择“选课信息”，在“表达式类别”列表中双击“平时成绩”；输入“ * 0.3＋”；在“表达式类别”列表中双击“考试成绩”；再输入“ * 0.7”，结果如图 2-49 所示。

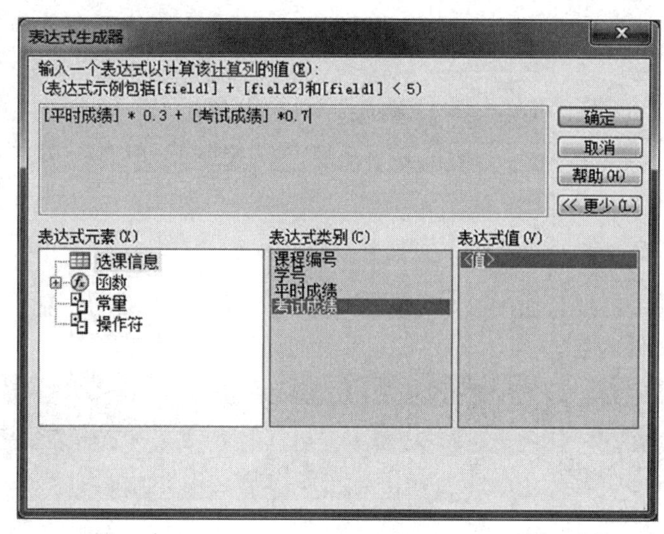

图 2-49　表达式生成器

(3) 单击【确定】按钮返回数据表视图，修改字段名为“总评成绩”。如图 2-50 所示，“总评成绩”字段值自动完成计算。

选课信息

课程编号	学号	平时成绩	考试成绩	总评成绩
0004	200414040224	60	30	39
0004	200508030123	88	82	83.8
0004	200509250306	60	48	51.6
0004	200510250315	80	86	84.2
0004	200510250427	90	77	80.9
0004	200518030234	80	66	70.2
0004	200518030421	90	96	94.2
0004	200518250131	70	68	68.6
0004	[illegible]	70	61	[illegible]

图 2-50　添加了“总评成绩”字段的“选课信息”表

(4) 切换到设计视图，可以进一步设计该字段的其他属性。

(5) 保存数据表。

10. 输入“附件”型数据

使用“附件”数据类型，可以将 Word 文档、演示文稿、图像等文件的数据添加到记录中。“附件”数据类型可以在一个字段中存储多个文件，而且这些文件的数据类型可以不同。

【例 2-11】　把“教师信息”表中“照片”字段名改为“个人信息”，再将其数据类型改为“附件”，最后为“个人信息”添加“简历.docx”和“照片.jpg”。

操作步骤如下：

(1) 打开“教师信息”表的设计视图，删除“照片”字段。

(2) 添加字段，名称为“个人信息”，“数据类型”属性为“附件”，“标题”属性为“个人信息”。如图 2-51 所示。

教师信息
字段名称
数据类型
说明
联系电话
文本
个人信息
附件
字段属性
常规
查阅
标题
个人信息
必需
否
字段名称最长可到 64 个字符(包括空格)。按 F1 键可查看有关字段名称的帮助。

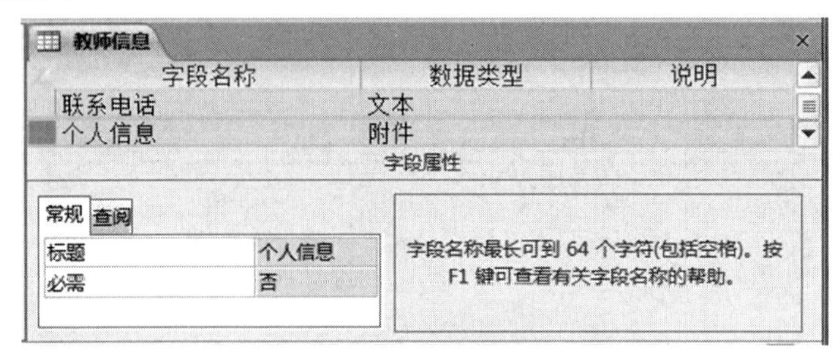

图 2-51　“教师信息”表的设计视图

(3) 切换至数据表视图，如图 2-52 所示。在“个人信息”网格中，显示内容为“(0)”，其中(0)表示附件中文件为空。

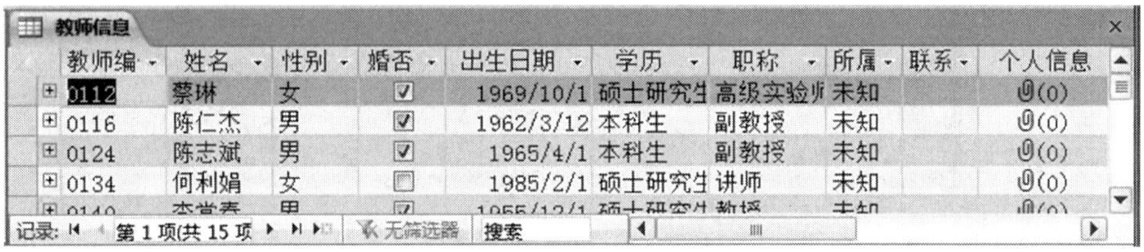

教师信息
教师编
姓名
性别
婚否
出生日期
学历
职称
所属
联系
个人信息
0112
蔡琳
女
1969/10/1
硕士研究生
高级实验师
未知
(0)
0116
陈仁杰
男
1962/3/12
本科生
副教授
未知
(0)
0124
陈志斌
男
1965/4/1
本科生
副教授
未知
(0)
0134
何利娟
女
1985/2/1
硕士研究生
讲师
未知
(0)
记录: 第 1 项(共 15 项
无筛选器
搜索

图 2-52　“教师信息”表的数据表视图

(4) 双击第一条记录的“个人信息”网格，打开“附件”对话框，如图 2-53 所示。

(5) 单击【添加】按钮，打开“选择文件”对话框，选择所需文件，依次将其添加到“附件”对话框，如图 2-54 所示。

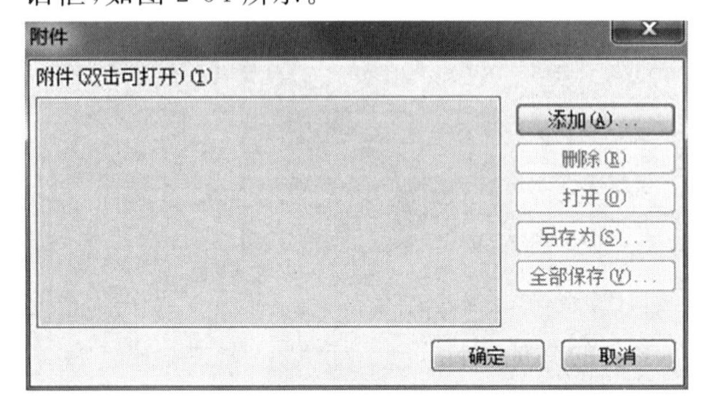

附件
附件(双击可打开)(I)
添加(A)...
删除(R)
打开(O)
另存为(S)...
全部保存(V)...
确定
取消

图 2-53　“附件”对话框之一

附件
附件(双击可打开)(I)
超.doc
超.jpg
添加(A)...
删除(R)
打开(O)
另存为(S)...
全部保存(V)...
确定
取消

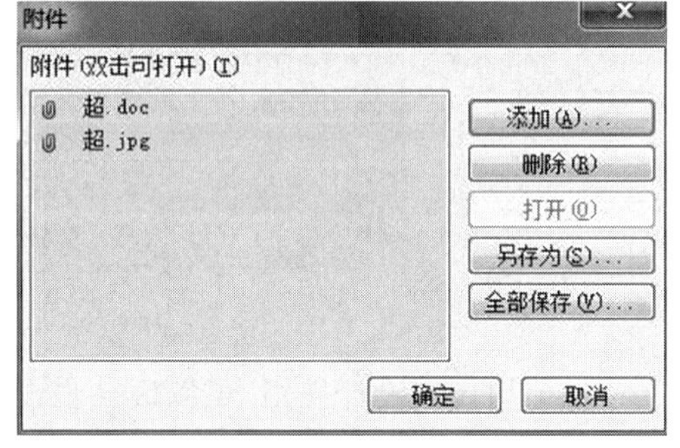

图 2-54　“附件”对话框之二

(6) 单击【确定】按钮返回到数据表视图，可以看到在“个人信息”网格中，显示内容为“(2)”，其中(2)表示附件中有两个文件。

附件中包含的信息仅在“窗体视图”中才能显示出来。

从图 2-54 所示“附件”对话框中可知：

①双击文件名可以打开及修改相应的文件。

②单击【删除】按钮可以从附件中删除相应的文件。

(7) 保存数据表。

2.3　维　护　表

如果要使一个数据库能够真实反映事物的特征，它的结构和记录就需要及时修改更新。因此，表的维护是数据库维护人员的一项日常工作，它可以使数据库更符合实际需求。

表的维护包括维护表结构和维护表内容两个部分。特别需要强调的是，为了使所做的数据维护生效，“保存”操作是必要的。

2.3.1　维护表结构

在使用数据表之前，应该认真考察表的结构，查看表的设计是否合理，然后才能向表中输入数据或者基于表创建其他的数据库对象。表是数据库的基础，对表结构的修改会对整个数据库产生较大的影响。例如，若修改了某个表的字段的属性，就可能使系统中与之相关的查询、窗体和报表不能正常工作。因此，对表结构的修改应该慎重，最好事先备份。

对表结构的修改是在表设计视图中进行的，主要包括添加字段、删除字段、改变字段顺序及更改字段属性。

1. 添加字段

在表中添加一个新字段，不会影响其他字段和现有数据库，但利用该表已创建的其他数据库对象，新字段不会自动加入，需要手工添加上去。

可以使用两种方法添加新字段：

◆ 在设计视图中添加。打开数据表的设计视图，在表网格区单击要插入新行的位置，然后单击“表格工具|设计”选项卡“工具”分组中的【插入行】按钮，在新行上输入新字段名，再设置数据类型等相关属性。

◆ 在数据表视图中添加。打开数据表的数据表视图，在字段名行单击要插入新字段的位置单击鼠标右键，然后在打开的快捷菜单中单击“插入字段”命令，然后再修改字段名、设置相关属性。

【例 2-12】 为“教师信息”表添加“参加工作时间”字段，设置为“短日期”格式，并限制输入不得大于当前日期。操作步骤如下：

(1) 在“教学管理 2010”数据库工作窗口的导航窗格中，右键单击“教师信息”表，执行快捷菜单中的“设计视图”命令，打开“教师信息”表的设计视图。

(2) 单击“字段选定器”确定插入位置，如图 2-55 所示。

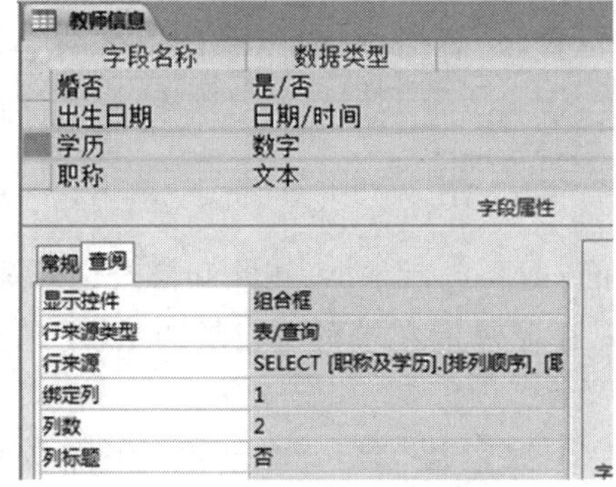

图 2-55　确定插入位置

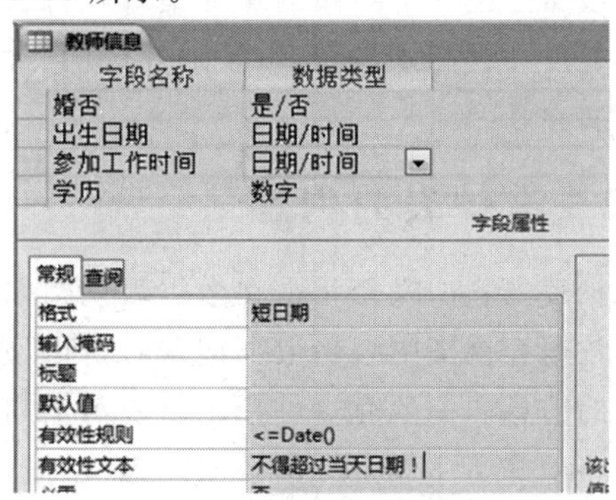

图 2-56　设置属性

(3) 右键单击打开快捷菜单,执行“插入行”命令,按题意添加字段并设置属性,如图2-56所示。

(4) 保存并关闭“教师信息”表的设计视图。

2. 删除字段

与添加字段类似,删除字段也有两种方法。

◆ 在设计视图中删除。打开数据表的设计视图,在表网格区单击要删除的字段行(鼠标单击字段选定器并拖动可连续多选;鼠标单击字段选定器,同时按住[Ctrl]键可不连续多选),然后单击“表格工具|设计”选项卡“工具”分组中的【删除行】按钮。

◆ 在数据表视图中删除。打开数据表的数据表视图,在字段名行单击要删除字段的位置,单击鼠标右键,然后在打开的快捷菜单中单击“删除字段”命令。

3. 移动字段的位置

移动字段位置的操作可以在设计视图中进行,也可以在数据表视图中进行,方法类似。下面仅介绍第一种方法的操作步骤:

(1) 在数据表设计视图中,单击要移动的“字段选定器”。

◆ 如果要选择一个字段,单击此字段行选择器以选中该行。

◆ 如果要选定相邻的连续多行(字段),可单击第1个字段所在的“记录选定器”,并拖动鼠标到选定范围的末尾(即最后1个要选的字段)再释放鼠标。

(2) 再次单击并拖动“记录选定器”把字段移动到新位置,释放鼠标。

4. 更改字段的数据类型

有些情况下,字段所设置的数据类型已不再适合需要,需要更改已经包含有数据的字段数据类型。在使用字段的“数据类型”列将当前数据类型转换为另一种类型之前,要事先考虑更改可能对整个数据库造成的影响,因此,在对包含数据的表进行数据类型的修改之前,应先做好表的备份工作。

在表设计视图中,可方便地修改字段的数据类型。

5. 修改字段的属性

字段属性是一个字段的特征集合,它们控制着字段如何工作。

在表设计视图中,通过字段属性区的“常规”与“查阅”选项卡,可以修改或重新设置字段的各项属性。

2.3.2 维护表的内容

维护表内容的操作均是在数据表视图中进行的,主要包括添加、删除和修改记录等操作。

在数据表视图中编辑数据记录时,可以通过观察记录最左端的“记录选定器”来获得有关记录的信息。一般有3种指示符表示不同的含义:

①当前记录指示符▓:在记录最左端出现一个深色块,表示当前用户正准备处理的

记录。

②编辑记录指示符✎:在记录最左端出现一个铅笔状标志,表示用户正在编辑修改该记录,并且尚未保存。

③新记录指示符*:在记录最左端出现一个星号,表示这是一个假设追加记录,通常是空的。

如图 2-57 所示,这是位于数据表视图左下方的“记录定位导航器”,其中包括“第一条记录”“上一条记录”“当前记录号”“下一条记录”“最后一条记录”和“新(空白)记录”等按钮,用这些按钮可以很方便地浏览并修改表中所有记录,尤其是对于拥有大量记录的数据表是非常有用的。

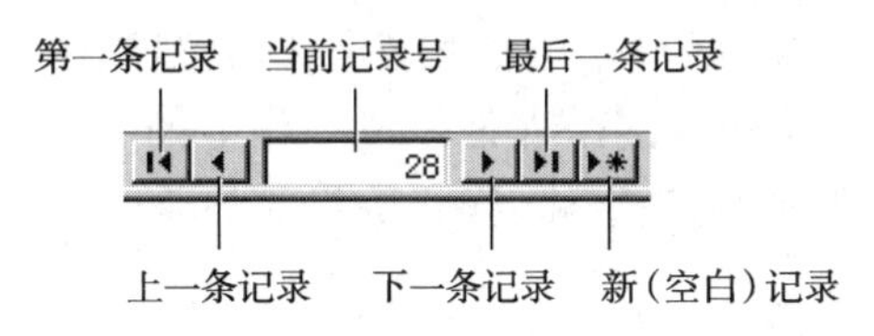

图 2-57　记录定位导航器

以“教师信息”表为例,说明对数据表进行添加、删除、修改和保存记录的操作。

1. 添加记录

添加新记录就是在表的末端增加新的一行。将光标定位到位于数据表末尾的新记录,使之成为当前记录的方法有以下 3 种:

◆ 鼠标直接单击最后 1 行的假定追加记录(该行首的标志为*)。

◆ 单击“记录定位导航器”上的【新(空白)记录】按钮。

◆ 单击“记录定位导航器”上的任一记录行,执行右键快捷菜单中的“新记录”命令。

无论采用哪一种方法,都会使数据表的最后 1 行成为当前记录行。所有的数据编辑操作都会是在当前记录中进行的,所以后续的修改操作都需要首先指定当前记录。

2. 删除记录

在 Access 数据库的数据表视图中,可以在任何时候删除表中的任意一条记录,但是记录一旦删除,就不能再恢复,所以在执行此项操作时,一定要慎重。删除记录的操作步骤如下:

(1) 选择记录使之成为当前记录。

(2) 右键打开快捷菜单,单击“删除记录”命令项,或直接按[Delete]键,将选中的记录删除。删除之前系统会弹出警示信息框,以确认删除记录的操作。

3. 修改记录

Access 数据表视图是一个全屏幕编辑器,只需将光标移动到所需修改的数据处就可以修改光标所在处的数据。在任何一个表格单元中,修改数据的操作如同在文本编辑器中编辑字符的操作。

用鼠标单击要修改的字段值,进行修改时,该记录选择器上出现✎,表示用户正在修改该记录，且未保存，按回车，或单击【保存】按钮，即可保存修改。

【例 2-13】 为“教师信息”表的每条记录，补充参加工作时间信息。操作步骤如下：

(1) 打开“教师信息”表的数据表视图，鼠标单击第一条记录的“参加工作时间”字段。

(2) 输入日期。

(3) 单击下一条记录的“参加工作时间”字段，重复步骤(2)。

(4) 输入完毕后，保存并关闭数据表视图。

2.3.3 修饰表的外观

对表设计的修改将导致表结构的变化，会对整个数据库产生影响。但如果只是针对“数据表”视图的外观形状进行修改，则只影响数据在数据表视图中的显示，而对表的结构没有任何影响。实际上，可以根据操作者的个人喜好或工作上的实际需求，自行修改“数据表”视图的格式，包括数据表的行高和列宽、字体、样式等格式的修改与设定。

1. 数据字体的设定

数据表视图中的所有字体(包括字段数据和字段名)设置，其默认值均为宋体、常规、11号字、黑色、无下划线。若需要更改数据表视图的数据显示字体等设置，可以在打开数据表视图以后，在“开始”选项卡“文本格式”分组中单击相应的命令按钮。

2. 设置行高和列宽

在数据表视图中设置数据表的行高和列宽，分别有两种不同的方式：

1) 行高设置

◆ 手动调节行高。将鼠标在记录选择器的任意两个记录的交界处移动，当鼠标呈“✚”形状时按住鼠标左键不放上下拖曳，可改变表的行高。

◆ 设定行高参数。将鼠标右击“记录选定器”打开快捷菜单，执行其中的“行高”命令，打开“行高”对话框主菜单中“格式|行高”命令，在“行高”对话框中设定行高参数，为数据表指定行高，如图 2-58 所示。

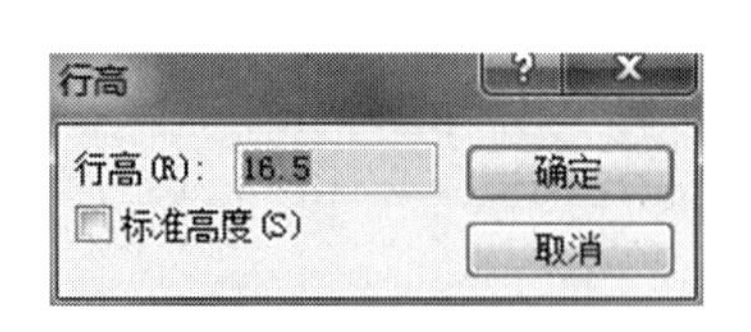

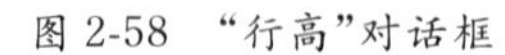
图 2-58 “行高”对话框

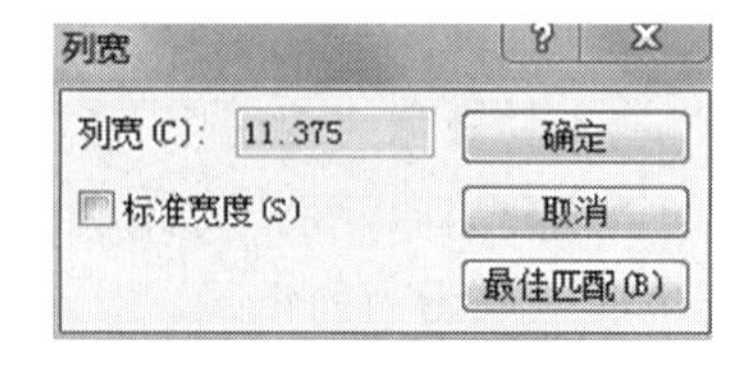

图 2-59 “列宽”对话框

注意：数据表视图中的所有行均采用同一个行高参数，无论采用上述方法中的哪一种方法进行操作，一旦设定行高参数，整个数据表的所有行高均为同一数值。

2) 列宽设置

◆ 手动调节列宽。将鼠标移至表中“字段选定器”上任意两个字段名的交界处，当鼠标呈左右双箭头形状时按住鼠标左键不放左右拖曳，可改变表的列宽。

◆ 设定列宽参数。将鼠标右击“字段选定器”打开快捷菜单，执行其中的“字段宽度”命令,打开"列宽"对话框,在"列宽"对话框中设定列宽参数,为数据表指定列宽,如图 2-59 所示。

注意:采用上述两种方式的任一种所设定的列宽参数,仅对数据表视图中的指定列有效。

3. 表格样式的设定

数据表视图的默认表格样式为浅色底、黑字、银白色表格线构成的、具有平面网格效果的数据表形式。可以根据需要改变网格的显示效果,可以选择表格线的显示方式和颜色,也可以改变表格的背景颜色。设置数据表格式的操作步骤如下:

(1) 打开表的数据表视图。

(2) 在"开始"选项卡的"文本格式"分组中,单击【网格线】按钮,从弹出的下拉列表中选择不同的网格线,如图 2-60 所示。

(3) 单击"文本格式"分组右下角的【设置数据表格式】按钮 ,打开"设置数据表格式"对话框,如图 2-61 所示,可在其中进行相应设置。

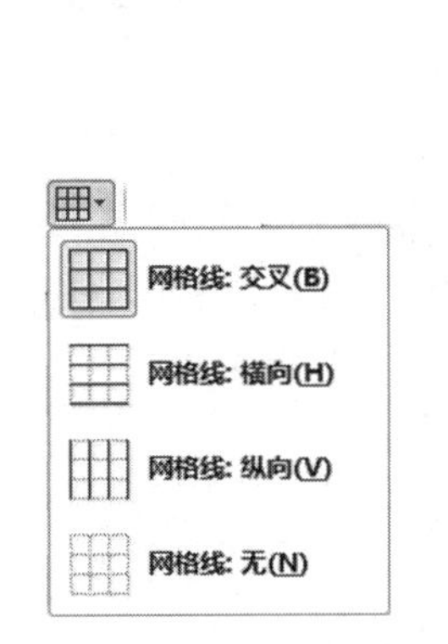

图 2-60　【网格线】按钮下拉列表

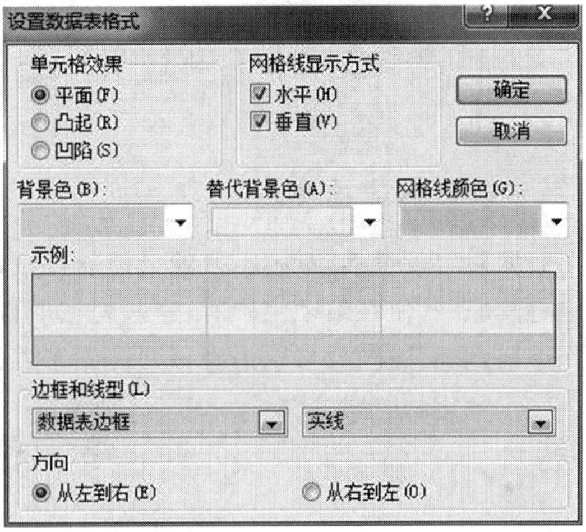

图 2-61　"设置数据表格式"对话框

4. 隐藏列与取消隐藏列

如果数据表具有很多字段,以至于屏幕宽度不够显示其全部字段,虽然可以通过拖动水平滚动条的方式左右移动来观察各个字段的数据。但是如果其中有些字段根本就不需要显示,就可以将这些字段设置为隐藏列。隐藏列的含义是令数据表中的某一列或某几列数据不可视。设置隐藏列操作步骤如下:

(1) 选择需要隐藏的一列或连续多列。单击字段选定器的某个字段名称可选定该列;单击字段选定器的某个字段名称并拖动鼠标可选择连续多列(如果所需列不相邻,可先移动到使其相邻)。

(2) 右键单击选定列打开快捷菜单,或者在"开始"选项卡"记录"分组中单击【其他】按钮打开下拉列表,从中选择"隐藏字段"命令。

注意:某列数据不可视并不是该列数据被删除了,它依然存在,只是被隐藏起来看不见而已。

如果需将已经隐藏的列重新可见，可以在如图 2-62 所示的列表中单击“取消隐藏字段”命令，打开“取消隐藏列”对话框，如图 2-63 所示，然后指定需要取消的隐藏列，即可使得已经隐藏的列恢复原来设定的宽度。

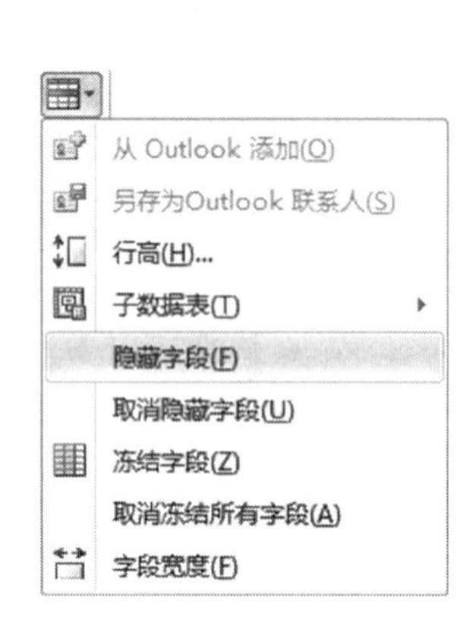

图 2-62 【其他】按钮下拉列表

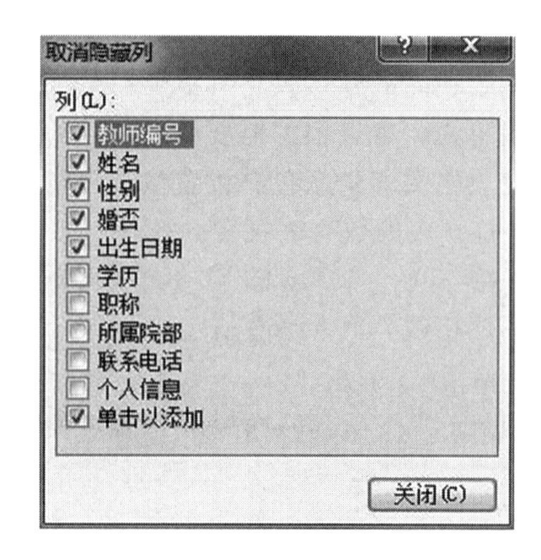

图 2-63 “取消隐藏列”对话框

5. 冻结列与取消冻结列

如果数据表字段很多，有些字段就只能通过滚动条才能看到。若想总能看到某些列(字段)，可以将其冻结，使在滚动字段时，这些列在屏幕上固定不动。冻结列的操作方法与隐藏列的操作类似，取消冻结列与取消隐藏列的操作类似。

2.4 操 作 表

在数据表创建完成后，可以对表中的数据进行查找、替换、排序和筛选等操作，以便更有效地查看数据记录。

2.4.1 查找数据

数据表中存储着大量的数据，当用户需要在数据库中查找所需要的特定信息或替换某个数据时，必须选择有效的操作方法。Access 提供了字段的查找和替换功能，可借助这些功能来实现快速查找或替换。

1. 通过定位导航器查找记录

如果已知要查找数据所在的记录号，就可通过定位导航器查找。例如，要查找“教师信息”表的第 8 条记录，可在记录定位导航器中的记录编号框中输入记录号“8”，按回车[Enter]键，光标即可定位在第 8 条记录上，如图 2-64 所示。

教师信息

教师编	姓名	性别	婚否	出生日期	学历	职称
0145	李建华	女	☐	1966/9/1	博士研究生	教授
0140	李常春	男	☑	1955/12/1	硕士研究生	教授
0162	李小顺	男	☐	1965/1/1	博士研究生	教授
0169	汤英	女	☑	1969/3/1	硕士研究生	副教授
0180	王成炎	男	☐	1960/9/1	本科生	讲师
0182	王峻峰	男	☐	1972/9/1	硕士研究生	副教授

记录: 8　无筛选器　搜索

图 2-64　通过定位导航器查找

2. 通过“查找”对话框查找指定内容

如果不知道要查找数据所在的记录号，可以使用“查找”对话框进行查找。

【例 2-14】 查找“教师信息”表中职称为教授的教师记录，操作方法如下：

(1) 打开“教师信息”表的数据表视图，单击“职称”字段列的字段名行(字段选定器)。

(2) 单击“开始”选项卡“查找”分组中的【查找】按钮，打开“查找和替换”对话框，如图 2-65所示。

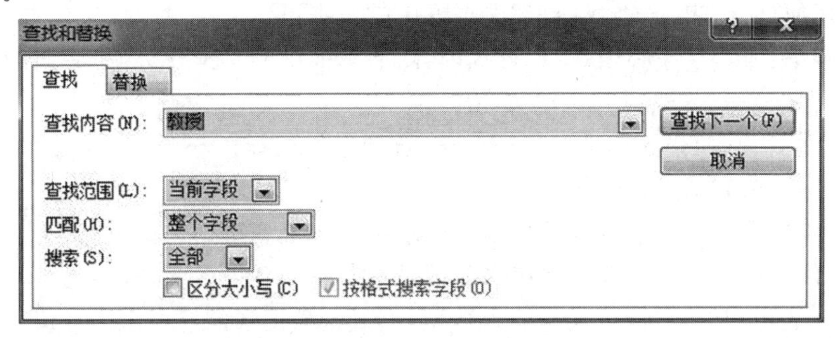

图 2-65　“查找和替换”对话框

(3) 在对话框的“查找内容”中输入“教授”，单击【查找下一个】按钮进行查找。连续单击【查找下一个】按钮，可以将全部指定的内容查找出来。

通过“匹配”和“搜索”列表框可进一步设置查找范围，适当选择查找范围等选项，可以使查找更有效率。

在指定查找内容时，如果希望在只知道部分内容的情况下对数据表进行查询，或者按照特定的要求查找记录，可以使用通配符。在“查找和替换”对话框中，可以使用如表 2.9 所示的通配符。

表 2.9　通配符使用说明

字符	用途	示例
*	通配任意个数的字符	wh * 可以匹配以 wh 开头的任意字符串
?	通配任意单个字符	b? 可以匹配以 b 开头、长度为两个字符的字符串
[ ]	通配方括号内任意单个字符	b[ae]ll 可以匹配 ball 和 bell
!	通配任意不在方括号内的字符	b[! ae]ll 不能匹配 ball 和 bell，可以匹配 bill、boll 等

续表

字符	用途	示例
-	通配范围内的任意一个字符	b[a-e]d 可以匹配 bad、bbd、bcd、bdd、bed，不能匹配 bfd、bhd 等
#	通配任意单个数字字符	1#3 可以匹配 103、123、193 等，不能匹配 1s3、1$3 等

若查找的字符本身包括星号（*）、问号（?）、左方括号（[）时，必须将这个符号放到方括号内。例如查找字符串“**点灯”，应在“查找内容”输入框中输入“[*][*]点灯”。

如图 2-65 所示对话框中部分选项的含义如下所述：

①“查找范围”下拉列表：选择在当前列（字段）里进行查找，或者在整个数据表范围内进行查找。

②“匹配”下拉列表：描述匹配条件，有 3 个字段匹配选项可供选择：

◆ 整个字段：表示字段内容必须与“查找内容”文本框中的文本完全符合。

◆ 字段任何部分：表示“查找内容”文本框中的文本可位于字段中任何位置。

◆ 字段开头：表示字段必须是以“查找内容”文本框中的文本开头，但后面的文本可以是任意的。

③“搜索”下拉列表：描述搜索范围，有 3 个选项可供选择：

◆ 全部：该选项表示搜索全部记录。

◆ 向上：该选项表示搜索范围是从当前记录逐条向上到第 1 条记录。

◆ 向下：该选项表示搜索范围是从当前记录逐条向下到最后 1 条记录。

在 Access 表中，某些字段可能未输入数据，那么这条记录的字段值为空值。空值与空字符串的含义是不同的：空值是还没有值，字段中允许使用“Null”来说明尚未存储数据；而空字符串是用双引号括起来的零个字符，其长度为 0。要想查找空值应在“查找内容”列表框中输入“Null”，而查找空字符串则在“查找内容”列表框中什么都不用输入。

以“学生信息”表为例，“查找和替换”对话框中各项的描述实例如表 2.10 所示。

表 2.10　“查找和替换”中各项的描述实例

用户要求	“查找和替换”对话框中各参数			
	查找内容	查找范围	匹配	搜索
查找“王”姓同学的记录	王	姓名	字段开头	全部
从当前记录起，查找第 1 位“蒙古族”同学的记录	蒙古族	民族	整个字段	向下

2.4.2　替换数据

如果需要修改表中多处相同的数据，逐个修改既麻烦又费时间，还容易遗漏。使用“替换”功能可以自动查找所有需要修改的相同数据并可用新的数据替换它们，如图 2-66 所示。如果一次替换一个，可依次单击【查找下一个】和【替换】按钮（也可根据需要跳过替换操作）；

如果一次替换查找到的全部指定内容,可单击【全部替换】按钮。

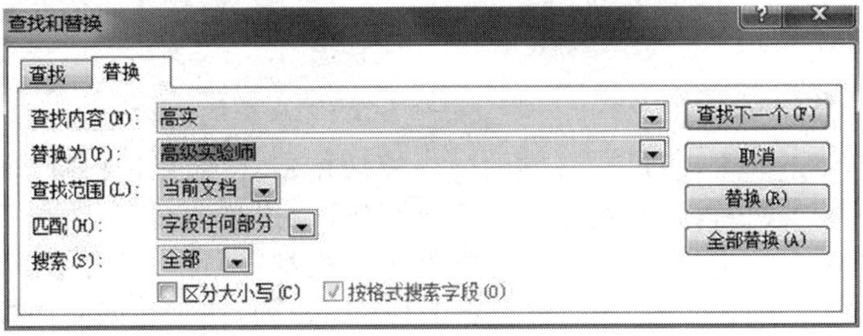

图 2-66　"查找和替换"对话框

在"查找和替换"对话框中,如果知道要查找的部分内容,可使用" * ""?""[]""#"等通配符进行相似内容的查找和替换。

2.4.3　排序记录

数据表中的记录通常是按照输入时的先后顺序排列的,但使用表中的数据时,可能希望数据能按一定的要求来排列。例如,学生成绩可以按分数的高低排序,年龄可以按出生日期排序,学生信息可以按学号排序,也可以按院系、班级排序等。如果要使记录按照某个字段的值进行有规律的排列,可设置该字段的值以"升序"或"降序"的方式来重排表中的记录。

Access 可根据某一字段的值对记录进行排序,也可以根据几个字段的组合对记录进行排序。但是应该注意,排序字段的类型不能是备注、超链接、附件和 OLE 对象类型。

1. 排序的规则

排序要有一个排序的规则。Access 是根据当前表中一个或多个字段的值对整个表中的记录进行排序的,排序分为升序和降序两种方式,不同的数据类型比较大小的规则是不一样的。

(1) 数字型数据:按数值的大小排序。

(2) 文本型数据:

◆ 英文:按英文字母顺序排序;

◆ 中文:按拼音字母的顺序排序;

◆ 其他:按其 ASCII 码值的大小排序。

(3) 日期和时间型数据:按日期的先后顺序排序。

(4) 备注、超链接、附件和 OLE 对象型数据不能排序。

2. 单字段排序

按单字段排序可以在数据表视图中进行。先单击要作为排序依据的字段,然后进行下列操作之一:

◆ 单击"开始"选项卡"排序和筛选"分组中的【升序】或【降序】按钮。

◆ 鼠标右键单击,从快捷菜单中选择"升序"或"降序"命令。

◆ 单击字段名旁边的下拉箭头,在打开的列表中选择"升序"或"降序"命令。

若要将记录恢复到原来的顺序,单击"开始"选项卡"排序和筛选"分组中的"清除所有排序"命令。

【例 2-15】　将"教师信息"表中的记录按出生日期升序排列。

(1) 在"教学管理 2010"数据库工作窗口中打开"教师信息"表的数据表视图。

(2) 选中“出生日期”字段,鼠标右键单击,从快捷菜单中选择“升序”命令。

(3) 单击 Access 窗口标题栏的【保存】按钮,将所作的操作结果保存。

3. 多字段排序

如果要将两个以上的字段排序,排序的优先权从左到右,即先根据第 1 个字段进行排序,当第 1 个字段有相同值时,再按照第 2 个字段进行排序,依此类推。

对两个不相邻的字段进行排序时,先对第 2 个字段排序操作,再对第 1 个字段排序操作。

【例 2-16】 将“教师信息”表中的记录按性别升序排列,性别相同时则按学历升序排列。

操作步骤如下:

(1) 打开“教师信息”表的数据表视图。

(2) 单击“学历”字段名旁的下拉箭头,在列表中单击“升序”命令。

(3) 再单击“性别”字段名旁的下拉箭头,在列表中单击“升序”命令。此时的数据表效果如图 2-67 所示。

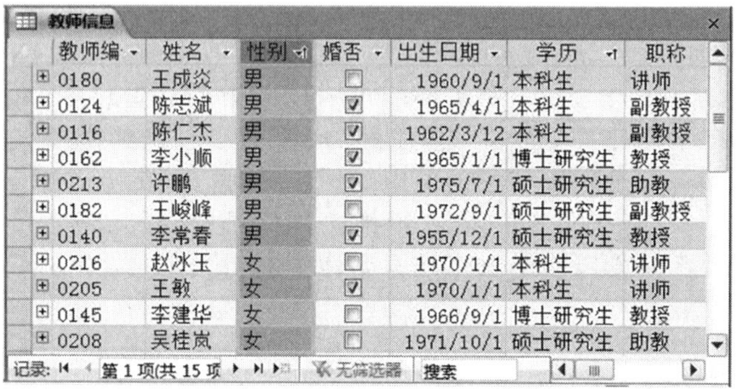

教师信息

教师编	姓名	性别	婚否	出生日期	学历	职称
0180	王成炎	男	☐	1960/9/1	本科生	讲师
0124	陈志斌	男	☑	1965/4/1	本科生	副教授
0116	陈仁杰	男	☑	1962/3/12	本科生	副教授
0162	李小顺	男	☑	1965/1/1	博士研究生	教授
0213	许鹏	男	☑	1975/7/1	硕士研究生	助教
0182	王峻峰	男	☐	1972/9/1	硕士研究生	副教授
0140	李常春	男	☑	1955/12/1	硕士研究生	教授
0216	赵冰玉	女	☐	1970/1/1	本科生	讲师
0205	王敏	女	☑	1970/1/1	本科生	讲师
0145	李建华	女	☐	1966/9/1	博士研究生	教授
0208	吴桂岚	女	☐	1971/10/1	硕士研究生	助教

记录: 第 1 项(共 15 项　无筛选器　搜索

图 2-67　多字段排序后的效果图

(4) 将所完成的操作结果保存。

注意:对多字段排序时,还可以使用“高级筛选/排序”操作。

4. 保存排序顺序

改变记录的排序后,应保存排序操作结果,以后再打开数据库时将按该排序显示。

2.4.4 筛选记录

在数据表视图中,可以利用筛选只显示出满足条件的记录,将不满足条件的记录隐藏起来,方便用户作重点查看。Access 提供了 5 种筛选记录的方法:

◆ 按窗体筛选:按照表中字段的下拉列表框中的选项筛选记录。与 Excel 工作表的筛选操作是一样的。

◆ 按选定内容筛选:显示与所选记录字段中的值相同的记录。

◆ 内容排除筛选:显示与所选记录字段中的值不相同的记录。

◆ 高级筛选/排序:除筛选外,可规定一个复合排序,以不同的顺序(升序或降序)对两个或多个字段排序。

◆ 输入筛选:显示快捷菜单输入框,直接输入筛选准则。

1. 按选定内容筛选

按选定内容筛选是应用筛选的最简单和快速的方法,可以选择数据表的部分数据建立筛选准则,Access 将只显示与所选数据匹配的记录。具体操作步骤如下:

(1) 打开数据表的数据表视图。

(2) 选择记录中要参加筛选的一个字段中的全部或部分内容。

(3) 单击“开始”选项卡“排序和筛选”分组中的【选择】按钮。

(4) 如果有多个选定内容,可重复(2)、(3)步。

【例 2-17】 在“教师信息”表中,筛选出“学历”为“本科生”的教师信息。

操作步骤如下:

(1) 打开“教师信息”表的数据表视图。

(2) 在学历列选择“本科生”网格。

(3) 单击“开始”选项卡“排序和筛选”分组中的【选择】按钮,打开如图 2-68 所示列表。

(4) 选择列表中的“等于本科生”选项,筛选结果显示如图 2-69 所示。

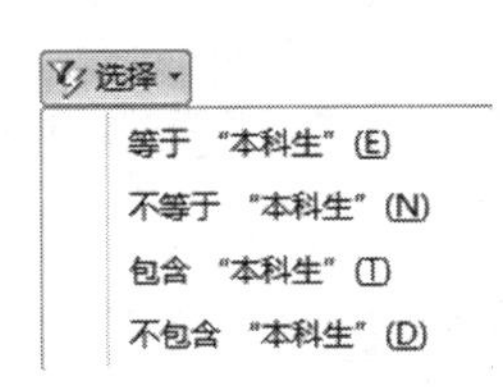

图 2-68 【选择】按钮下拉列表

教师编	姓名	性别	学历	婚否	出生日期	职称
0216	赵冰玉	女	本科生	☐	1970/1/1	讲师
0205	王敏	女	本科生	☑	1970/1/1	讲师
0180	王成炎	男	本科生	☐	1960/9/1	讲师
0124	陈志斌	男	本科生	☑	1965/4/1	副教授
0116	陈仁杰	男	本科生	☑	1962/3/12	副教授

记录: 第 1 项(共 5 项) 已筛选 搜索

图 2-69 筛选结果显示

2. 使用筛选器

筛选器提供了一种灵活的筛选方式,它将选定的字段列中所有不重复的值以列表的形式显示出来,供用户选择。除 OLE 对象和附件对象类型字段外,其他类型的字段均可以应用筛选器。

【例 2-18】 在“教师信息”表中筛选出学历为“博士研究生”的教师记录。

操作步骤如下:

(1) 打开“教师信息”表的数据表视图,单击“学历”字段中的任一位置。

(2) 单击“开始”选项卡“排序和筛选”分组中的【筛选器】按钮,打开列表如图 2-70 所示。

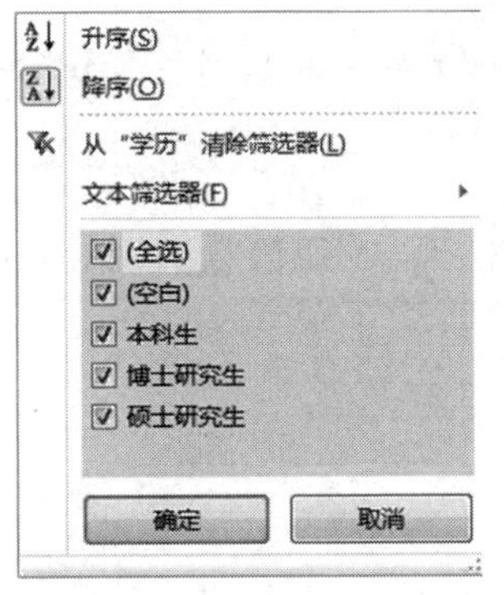

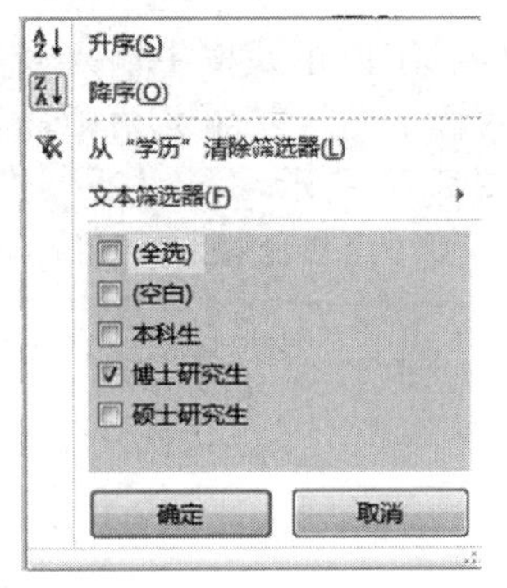

图 2-70 【筛选器】按钮下拉列表 图 2-71 筛选选择示意

(3) 取消“全选”复选框，选中“博士研究生”筛选框，如图 2-71 所示。单击【确定】按钮，系统将显示筛选结果。

3. 高级筛选/排序

高级筛选/排序可以应用于一个或多个字段的复合条件筛选，它是最灵活和最全面的一种筛选工具，其操作与多字段排序相似，所不同的是在筛选视图中，除了指定筛选字段之外，还要将筛选条件输入到“条件”行，如果要按照多个条件进行筛选，要将其他条件输入到“或”行中。

【例 2-19】 在“教师信息”表中，筛选出所有 60 年代出生的男教师，并按“学历”升序排列。

操作步骤如下：

(1) 打开“教师信息”表的数据表视图。

(2) 单击“开始”选项卡“排序和筛选”分组中的【高级】按钮，打开下拉列表，如图 2-72 所示。

(3) 单击列表中“高级筛选/排序”命令，打开“筛选”视图，如图 2-73 所示。

(4) 在“筛选”视图的列表字段显示区“教师信息”表中，依次双击“性别”“出生日期”和“学历”字段，将它们添加到“筛选”视图的设计网格区的“字段”行中。

图 2-72 【高级】下拉列表

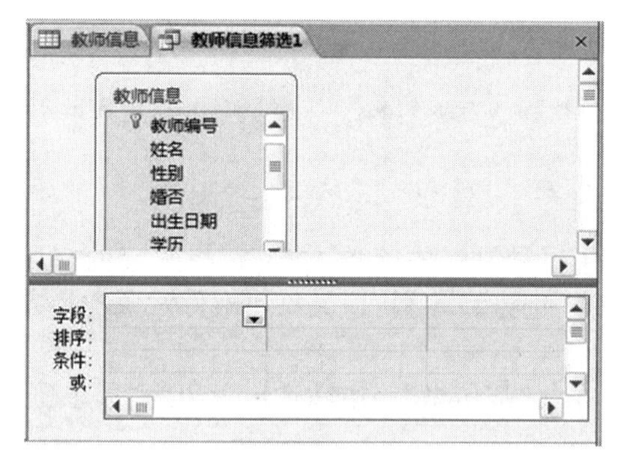

图 2-73 “筛选”视图

(5) 在“筛选”视图的设计网格区中设置筛选条件：

①在“性别”字段“条件”单元格中输入："男"；

②在“出生日期”字段单元格中输入：" Between #1960/1/1# And #1969/12/31# "；

③在“学历”字段的“排序”单元格中选择“升序”。

筛选设置如图 2-74 所示。

(6) 单击【切换筛选】命令按钮，系统自动切换到“教师信息”数据表视图，可见筛选结果如图 2-75 所示。

(7) 保存筛选结果。

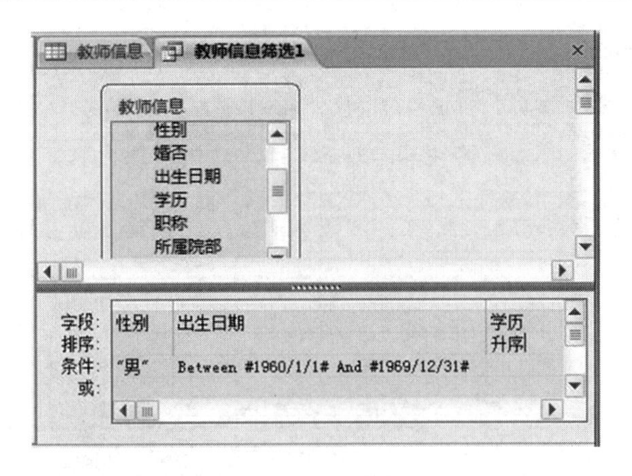

图 2-74　筛选设置结果

教师编	姓名	性别	婚否	出生日期	学历
0162	李小顺	男	☑	1965/1/1	博士研究生
0180	王成炎	男	☐	1960/9/1	本科生
0124	陈志斌	男	☑	1965/4/1	本科生
0116	陈仁杰	男	☑	1962/3/12	本科生

记录: 第 1 项(共 4 项)　已筛选　搜索

图 2-75　高级筛选效果

4. 按窗体筛选

按窗体筛选记录时，Access 将数据表变成一条空记录，并且每个字段都是一个下拉列表，可以从每个下拉列表选取一个值作为筛选内容。如果选择两个以上值，可以通过窗体底部的“或”标签来确定两个字段值之间的关系。

【例 2-20】　使用按窗体筛选方法，在“学生信息”表中筛选出“经管学院”的男生。

(1) 打开“学生信息”表的数据表视图。

(2) 单击“开始”选项卡“排序和筛选”分组中的【高级】筛选选项按钮，在打开的列表中单击“按窗体筛选”命令，打开“按窗体筛选”视图如图 2-76 所示。

(3) 将光标移到“所属院部”字段网格，然后单击右边的下拉按钮，在列表中选择“经管学院”选项；将光标移到“性别”字段网格，然后下拉列表中选择“男”选项，如图 2-76 所示。

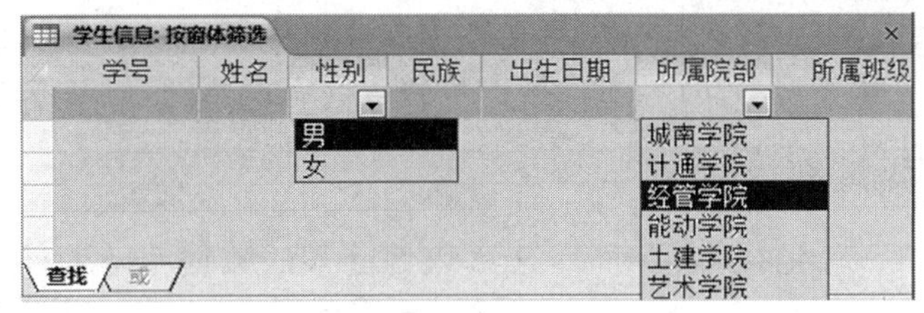

图 2-76　“按窗体筛选”视图

(4) 单击“开始”选项卡“排序和筛选”分组中的【切换筛选】按钮，可看到按两个条件筛选出来的记录，如图 2-77 所示。

图 2-77 “按窗体筛选”效果

(5) 保存“学生信息”表的筛选结果。

2.5 数据的导入与导出

使用数据的导入、导出和链接功能,可以将外部数据源如其他 Access 数据库、文本文件、Excel、FoxPro、ODBC、SQL Server 数据库等的数据,直接添加到当前的 Access 数据库中,或者将 Access 数据库中的对象复制到其他格式的数据文件中。

2.5.1 导入数据

使用导入操作可以将外部数据源数据变为 Access 格式。从外部获取数据库所需数据有两个不同的概念:从外部导入数据;从外部链接数据。何时该应用何种获取外部数据的方式,需根据具体应用的实际需求而定。

1. 从外部导入数据

从外部获取数据后形成自己数据库中的数据“表”对象,并与外部数据源断绝联结,这意味着当导入操作完成以后,即使外部数据源的数据发生了变化,也不会再影响已经导入的数据。

【例 2-21】 为“教学管理 2010”数据库中导入一个新表“考生成绩详表”,数据来源为“考生成绩详表. xlsx”。操作步骤如下:

(1) 打开“教学管理 2010”数据库工作窗口。

(2) 选择导入文件。选择“外部数据”选项卡“导入并链接”分组双击【Excel】按钮,在打开的“获取外部数据”对话框中,如图 2-78 所示选择需要导入的文件类型及文件名。本例选择 Excel 电子表格文件“考生成绩详表”。

(3) 单击【确定】按钮,启动“导入数据表向导”,逐步完成导入,在最后一个导入对话框中命名新表名为“机试成绩”。导入完成后可在数据库窗口中看到一个新添加的表。

由于导入外部数据类型不同,导入的操作步骤也会有所不同,但基本方法是类似的。

2. 从外部链接数据

在数据库中形成一个链接“表”对象,这意味着链入的数据将随着外部数据源数据的变动而变动。

从外部数据源链入数据的操作与上述的导入数据操作非常相似,同样是在向导的引导下完成。而且链入向导的形式与操作也都与导入向导非常相似,仍以上例进行说明,仅需要在图 2-78 对话框中选择第三个选项“通过创建链接表来链接到数据源”,便可在当前数据库中建立一个与外部数据链接的表。

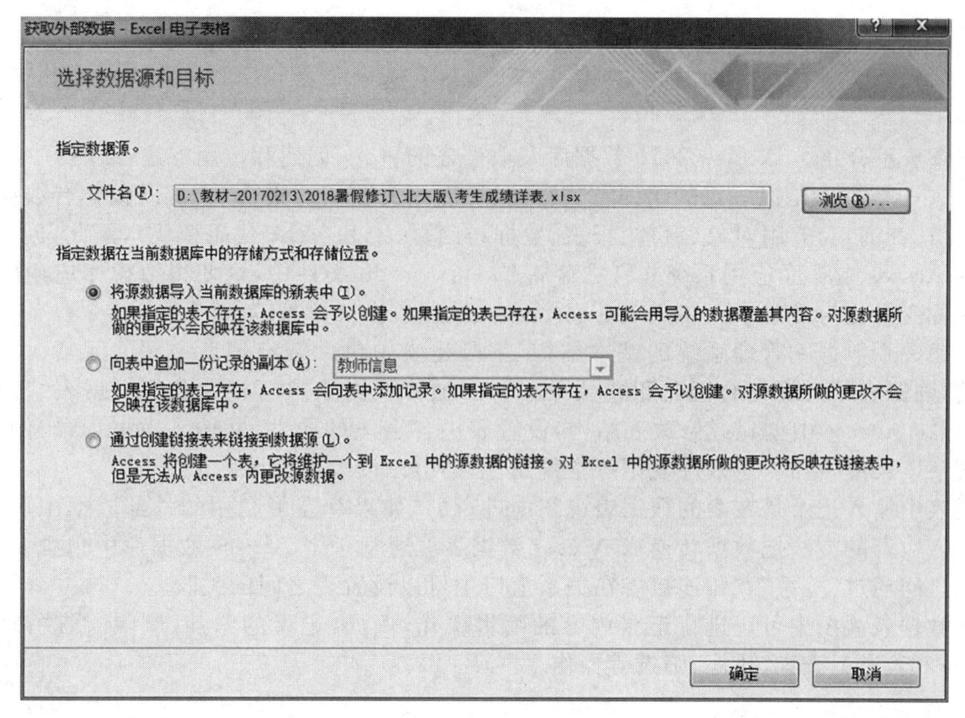

图 2-78　“获取外部数据”对话框

与导入形成的“数据表”对象不同，在 Access 数据库内通过链接对象对数据所做的任何修改，实质上都是在修改外部数据源中数据。同样，在外部数据源中对数据所做的任何改动也都会通过该链接对象直接反映到 Access 数据库中来。

导入表与链接表的差别，从数据库窗口中的图标中也可区分：链接表图标是 ，而导入表即是数据表，其图标是 。

若要取消链接，只需在数据库窗口中删除链接表即可。删除链接表并不影响外部数据表本身。

2.5.2　导出数据

导出数据是将 Access 数据库中的表、查询或报表复制到其他格式的数据文件中。

在数据库工作窗口中，选定某个数据表，选择功能区“外部数据”选项卡“导出”分组中的相应命令按钮，如图 2-79 所示，在打开的“导出”对话框中选择文件的类型、文件的存储位置及文件名称即可。

通过数据的导入/导出功能，Access 能够与 Office 组件中的应用程序交换数据，实现数据共享。

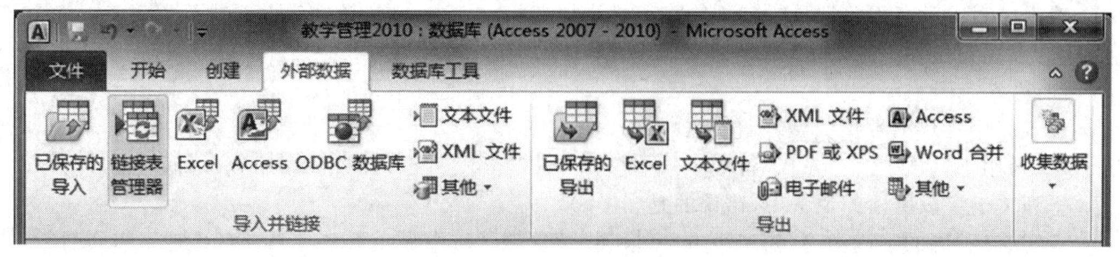

图 2-79　功能区“外部数据”选项卡

本章小结

本章着重介绍了 Access 2010 数据库及数据表的概念、创建和使用方法。

Access 数据库是以一定的组织方式存储、管理相关数据的集合，它可以包含有数据对象（表、索引、查询）和应用对象（窗体、报表、数据访问页、宏和 VBA 代码模块），因此，创建一个完整的 Access 数据库应用系统并将之存储在一个.accdb 文件中，这使得数据库应用的创建和发布都变得更为简单了。

表是关系数据库管理系统的基本结构，字段是表中包含特定信息主题的元素。在创建表之前，确保表结构设计合理是很重要的，因此，通常要对表进行规范化。根据表结构的设计，可以在 Access 中创建或修改表结构，设置表中各字段的属性，并输入数据记录，例如，可以设置字段长度、格式、有效性规则等常规属性，还可以设置查阅属性。

向表中输入记录是在表的数据表视图中进行的，如果存在可利用的外部数据源，也可以通过导入数据的方法把数据转换成 Access 数据表。通常一个 Access 数据库中包含多个表，这些表之间通过“关系”互相连接。在关系窗口中可以设置表之间的关联。

在数据表视图中可以进行记录内容的编辑操作，例如，记录的添加、删除、修改；表的外观修饰；对表进行查询、排序、筛选等操作。

习　题　2

一、选择题

1. 邮政编码是由 6 位数字组成的字符串，为邮政编码设置输入掩码，正确的是（　　）。
   A. 000000　　B. 999999　　C. CCCCCC　　D. LLLLLL
2. 如果字段内容为声音文件，则该字段的数据类型应定义为（　　）。
   A. 文本　　B. 备注　　C. 超级链接　　D. OLE 对象
3. 能够使用“输入掩码向导”创建输入掩码的数据类型是（　　）。
   A. 文本和货币　　B. 数字和文本
   C. 文本和日期/时间　　D. 数字和日期/时间
4. 有关空值，以下叙述正确的是（　　）。
   A. 空值等同于空字符串　　B. 空值表示字段还没有确定值
   C. 空值等同于数值 0　　D. 不支持空值
5. 要求主表中没有相关记录时就不能将记录添加到相关表中，则应该在表关系中设置（　　）。
   A. 参照完整性　　B. 有效性规则
   C. 输入掩码　　D. 级联更新相关字段
6. Access 中提供的数据类型，不包括（　　）。
   A. 通用　　B. 备注　　C. 货币　　D. 日期/时间
7. 下列关于字段属性的说法中，错误的是（　　）。
   A. 选择不同的字段类型，窗口下方“字段属性”选项区域中显示的各种属性名称是不相同的
   B. “必需”属性可以用来设置该字段是否一定要输入数据，该属性只有“是”和“否”两种选择

C. 默认值的类型与对应字段类型可以不一致

D. “允许空字符串”属性可用来设置该字段是否可接受空字符串，该属性只有“是”和“否”两种选择

8. 下列关于表的格式的说法中，错误的是(　　)。

A. 字段在数据表中的显示顺序是由用户输入的先后顺序决定的

B. 用户可以同时改变一列或同时改变多列字段的位置

C. 在数据表中，可以为某个或多个指定字段中的数据设置字体格式

D. 在 Access 中，只可以冻结列，不能冻结行

9. 下列关于数据编辑的说法中，正确的是(　　)。

A. 表中的数据有两种排列方式，一种是升序排序，另一种是降序排序

B. 可以单击“升序排列”或“降序排列”按钮，为两个不相邻的字段分别设置升序和降序排列

C. “取消筛选”就是删除筛选窗口中所作的筛选条件

D. 将 Access 表导出到 Excel 数据表时，Excel 将自动应用源表中的字体格式

10. 下面不属于 Access 提供的数据筛选方式是(　　)。

A. 按选定内容筛选　　B. 按内容排除筛选

C. 按数据表视图筛选　　D. 高级筛选、排序

11. 可以设置为索引的字段是(　　)。

A. 备注　　B. 超级链接　　C. 主关键字　　D. OLE 对象

12. “教学管理”数据库中有学生表、课程表和选课表，为了有效地反映这 3 张表中数据之间的联系，在创建数据库时应设置(　　)。

A. 默认值　　B. 有效性规则　　C. 索引　　D. 表之间的关系

13. 在 Access 数据库中，为了保持表之间的关系，要求在主表中修改记录时，子表相关记录随之改变。为此需要定义参照完整性关系的(　　)。

A. 级联更新相关字段　　B. 级联删除相关字段

C. 级联修改相关字段　　D. 级联插入相关字段

14. 在 Access 数据库的表设计视图中，不能进行的操作是(　　)。

A. 修改字段类型　　B. 设置索引

C. 增加字段　　D. 删除记录

15. 以下关于 Access 表的叙述中，正确的是(　　)。

A. 表一般包含 1～2 个主题的信息

B. 表的数据表视图只用于显示数据

C. 表设计视图主要是设计表的结构

D. 在表的数据表视图中不能修改字段名称

16. 一个关系数据库的表中有多条记录，记录之间的相互关系是(　　)。

A. 前后顺序不能任意颠倒，一定要按照输入的顺序排列

B. 前后顺序可以任意颠倒，不影响库中的数据关系

C. 前后顺序可以任意颠倒，但排列顺序不同，统计处理结果可能不同

D. 前后顺序不能任意颠倒，一定要按照关键字值的顺序排列

17. 在数据表视图中，不能(　　)。

A. 修改字段的类型　　B. 修改字段的名称

C. 删除一个字段　　D. 删除一条记录

18. 数据类型是(　　)。

A. 字段的另一种说法

B. 决定字段能包含哪类数据的设置

C. 一类数据库应用程序

D. 一类用来描述 Access“表向导”允许从中选择的字段名称

19. 排序时如果选取了多个字段，则输出结果是(　　)。
    A. 按设定的优先次序进行排序
    B. 按最右边的列开始排序
    C. 按从左向右优先次序进行排序
    D. 无法进行排序
20. 要在查找表达式中使用通配符通配一个数字字符，应选用的通配符是(　　)。
    A. *　　B. ?　　C. !　　D. #
21. 如果要在已建立的"职工"表的数据视图中直接显示出姓"李"的记录，应使用 Access 提供的(　　)。
    A. 筛选功能　　B. 排序功能　　C. 查询功能　　D. 报表功能

二、填空题

1. 如果表中一个字段不是本表的主关键字，而是另外一个表的主关键字或候选关键字，这个字段称为__________。
2. 某文本型字段的值只能是字母且不允许超过 4 个，则正确的输入掩码是__________。
3. 表的设计视图分为上下两部分，上部分是__________，下部分是字段属性区。
4. 在数据表视图下向表中输入数据，在未输入数值之前，系统自动提供的数值字段的值是__________。
5. Access 提供了两种字段数据类型保存文本或文本和数字组合的数据，这两种数据类型是__________和__________。

第3章　查　　询

查询是关系数据库中的一个重要概念，利用查询可以让用户根据选择条件对数据库进行检索，筛选出一组满足指定条件的记录，从而构成一个新的数据集合，以方便用户对数据库进行查看和分析。本章从查询的种类与应用着手，对查询的建立方法、查询条件、查询设计、SQL 查询以及查询操作进行详细介绍。

本章主要内容：

- 查询的功能与类型
- 查询的创建与设计方法
- 操作查询及 SQL 查询的方法
- 使用查询操作表或表数据

3.1 "查询"对象概述

"查询"对象是用来对表中数据进行加工并输出信息的数据库对象。它以一个或多个"表"及"查询"对象为基础，重组并加工这些"表"及"查询"对象中的数据，提供一个新的数据集合，如图3-1所示。

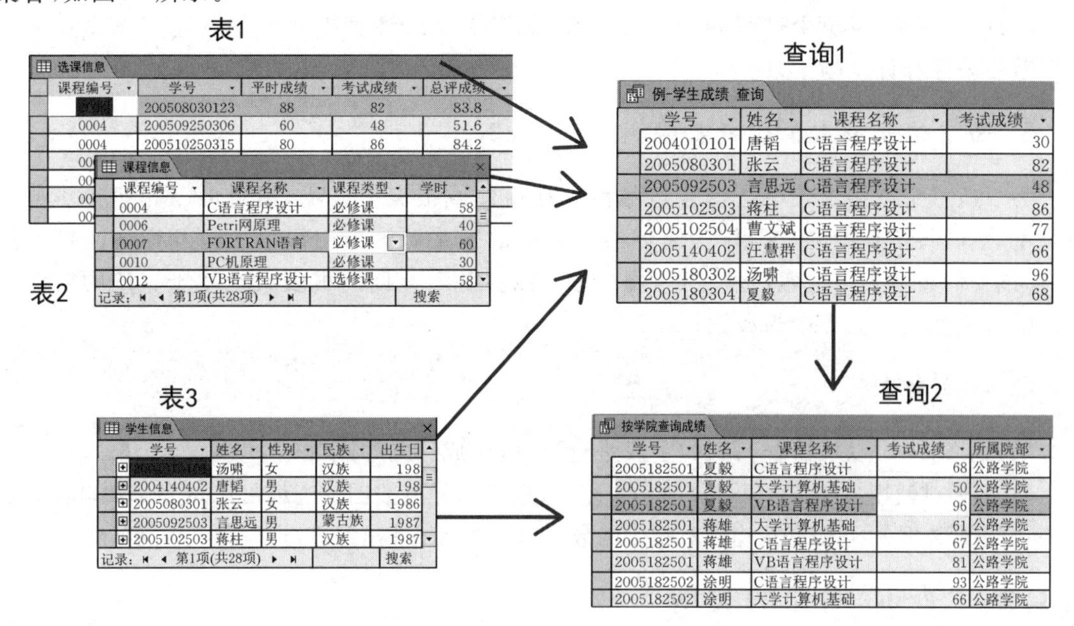

图 3-1　"查询"对象的数据来源

3.1.1 “查询”对象的功能

“查询”对象的功能主要有如下几个方面。

1. 选择字段

以一个或多个表或查询为数据源，指定需要的字段，按照一定的准则将需要的数据集中在一起，为这些字段提供一个动态的数据表（“动态”表示这不是一个实际存在的数据表，只是在使用该“查询”对象时才存在）。“查询”对象在运行时从提供数据的表或其他“查询”对象中提取字段，并在数据表视图中将它们显示出来。“查询”对象只是一个数据表的结构框架，其中的数据会随着相关表数据的更新而更新。例如，对于“学生信息”表，可以只选择“学号”“姓名”“性别”“所属班级”字段建立一个“查询”对象。

2. 选择记录

“查询”对象还可以根据指定的条件查找数据表中的记录，只有符合条件的记录，才能在查询结果中显示。例如，可以基于“教师信息”表创建一个“查询”对象，只显示职称为“副教授”的教师信息。

3. 编辑记录

“查询”对象可以一次编辑多个表中的记录，可以修改、删除及追加表中的记录。

4. 实现计算

可以在“查询”对象中进行各种统计计算，如计算某门课的平均成绩。还可以建立一个计算字段来保存计算的结果。

5. 为窗体或报表提供数据源

为了从一个或多个表中选择合适的数据在窗体或报表中显示，用户可以先建立一个选择查询，然后将该查询的数据作为窗体或报表的数据来源。当用户每次打开窗体或打印报表时，该查询将从表中检索最新数据，用户也可以在基于查询的报表或在基于查询的窗体上直接输入或修改数据源中的数据。

6. 建立新表

“查询”对象可以根据查询到的字段进行计算，生成新的数据表。

总之，通过使用“查询”对象，可以检索、组合、重用和分析数据。查询可以从多个数据源（表、查询）中检索数据，也可以作为窗体和报表的数据源。查询不能离开表，它存在于表的基础之上。

3.1.2 “查询”对象的类型

Access 2010 提供了多种不同类型的查询方式，以满足对数据的多种不同需求。根据对数据源的操作和结果的不同分为 5 类：选择查询、参数查询、交叉表查询、操作查询和 SQL 查询。

1. 选择查询

选择查询是最常见的查询类型，它可以指定查询准则（即查询条件），从一个或多个表，或其他“查询”对象中检索数据，并按照所需的排列顺序将这些数据显示在数据表视图中。图 3-2 所示的查询数据分别来自于“学生信息”表、“课程信息”表和“选课信息”表。使用选择查询还可以将数据分组、求和、计数、求平均值以及进行其他类型汇总计算。

选择查询用得最多，因为它可以提供来自多个表中的数据以及加工的数据，还可作为其他查询的基础。

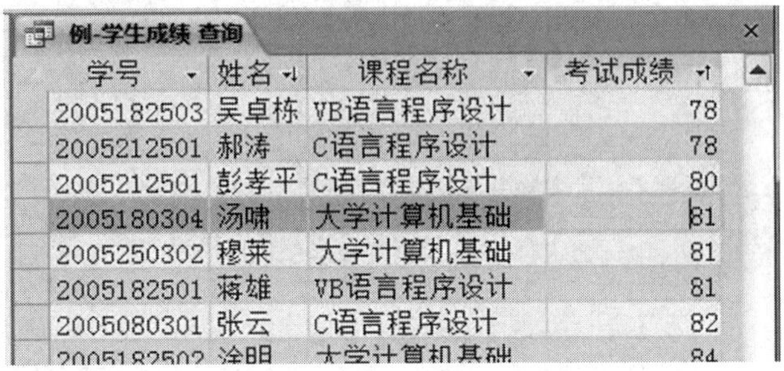

例-学生成绩 查询

学号	姓名	课程名称	考试成绩
2005182503	吴卓栋	VB语言程序设计	78
2005212501	郝涛	C语言程序设计	78
2005212501	彭孝平	C语言程序设计	80
2005180304	汤啸	大学计算机基础	81
2005250302	穆莱	大学计算机基础	81
2005182501	蒋雄	VB语言程序设计	81
2005080301	张云	C语言程序设计	82
2005182502	涂明	大学计算机基础	84

图 3-2　学生成绩选择查询

2. 参数查询

参数查询利用系统对话框，提示用户输入查询参数，按指定形式显示查询结果。它提高了查询的灵活性，实现了随机的查询需求。执行参数查询时，系统会显示一个设计好的对话框，用户可以把检索数据的条件或要插入字段的值输入到这个对话框中。例如，设计一个参数查询以提示用户输入两个日期，Access 将检索指定数据源在这两个日期之间的日期所对应的所有数据。

3. 交叉表查询

交叉表查询类似于 Excel 的数据透视表，利用表中的行和列以及交叉点信息，显示来自一个或多个表的统计数据，在行与列交叉处显示表中某字段的统计值（总计、计数及平均值等），在数据表视图中可显示两个分组字段：一组字段名来自指定数据源（表或查询）字段的值，作为查询显示字段的标题，列在数据表的上部；另外一组分组字段同样来自指定数据源（表或查询）字段的值，是统计数据的依据，列在数据表的左侧，在数据表行和列交叉点显示对应字段的统计值。如图 3-3 所示为交叉表查询提供的不同院系 3 门课程的平均成绩，查询的数据源是“学生成绩 查询”查询，如图 3-4 所示。

学生成绩查询_交叉表

所属院部	C语言程序设计	VB语言程序设计	大学计算机基础
城南学院	70.3333333333333	73.6666666666667	86.3333333333333
公路学院	70.75	80.25	63.25
能动学院	99	67	63
汽机学院	75	79	86.6666666666667
土建学院	74	71	78

图 3-3　交叉表查询

学生成绩 查询

姓名	所属院部	课程名称	考试成绩
唐韬	土建学院	C语言程序设计	30
张云	土建学院	C语言程序设计	82
言思远	城南学院	C语言程序设计	48
蒋柱	城南学院	C语言程序设计	86
曹文斌	城南学院	C语言程序设计	77
汪慧群	土建学院	C语言程序设计	66
汤啸	土建学院	C语言程序设计	96
夏毅	公路学院	C语言程序设计	68

图 3-4　学生成绩查询

4. 操作查询

操作查询与选择查询相似，都需要指定查询条件。但选择查询是检索符合选定条件的一组记录，而操作查询可以对检索到的记录进行编辑等操作。“操作查询”对象有以下 4 种：

- ◆ 生成表查询：运行查询可以生成一个新表。
- ◆ 追加查询：运行查询可在表的末尾追加一组新记录。
- ◆ 更新查询：运行查询可更新表中一条或多条记录。
- ◆ 删除查询：运行查询可删除表中一条或多条记录。

5. SQL 查询

SQL 查询是查询、更新和管理关系数据库的高级方式，是用结构化查询语言(Structured Query Language)创建的查询。

3.1.3　查询视图

查询视图共有以下 5 种：

1. 设计视图

“设计”视图就是“查询设计器”，通过该视图可以设计除 SQL 查询之外的任何类型的查询。

2. 数据表视图

“数据表”视图是查询的数据浏览器，通过该视图可以查看查询运行结果。

3. SQL 视图

SQL 视图是按照 SQL 语法规范显示查询,即显示查询的 SQL 语句,此视图主要用于 SQL 查询。

4. 数据透视表视图

在这种视图中,可以更改查询的版面,从而以不同方式观察和分析数据。

5. 数据透视图视图

这种视图与数据透视表视图类似,也可以更改查询的版面。

3.1.4 查询准则

用户的查询经常需要指定一定的条件,这就需要设置准则来实现。查询准则也称为查询条件,是一个表达式,由运算符、常量、字段值、函数以及字段名和属性等的组合,能够计算出一个结果。

1. 准则中的运算符及表达式

运算符是组成准则的基本元素。Access 提供了算术运算符、关系运算符、逻辑运算符和特殊运算符等。

1) 算术运算符

算术运算符及表达式举例如表 3.1 所示。

表 3.1 算术运算符

运算符	功能	表达式举例	含义
+	加法运算	[小计]+[销售税]	求两个字段值的和
-	减法运算,或表示负值	[价格]-[折扣]	求两个字段值的差
*	乘法运算	[数量]*[价格]	求两个字段值的乘积
/	除法运算	[总计]/[数据项计数]	求平均值
\	整除法(结果只取整数部分)	121\6	结果为 20
Mod	整除取余数	121 Mod 6	结果为 1
^	指数运算	5^3	计算 5 的立方,结果为 125

在表达式中使用对象、集合或属性时,可通过使用“[标识符]”形式引用该元素,“标识符”可以是对象名称、集合名称或属性名称等,如表 3.1 中的表达式举例,又如计算学生总评成绩的表达式为:学生总评成绩=[考试成绩]*0.7+[平时成绩]*0.3,其中“考试成绩”和“平时成绩”均为字段名。

2) 关系运算符

用关系运算符连接的两个表达式构成关系表达式,结果为一个逻辑值 True、False 或者

Null,关系运算符及表达式举例如表 3.2 所示。

表 3.2 关系运算符

运算符	功能	表达式举例	含义
＜	小于	＜＃2010-3-10＃	2010-3-10 之前的日期
＜＝	小于等于	＜＝100	小于等于 100 的数
＞	大于	＞234	大于 234 的数
＞＝	大于等于	＞＝＃2010-3-10＃	2010-3-10 当天或之后日期
＝	等于	＝"HALL"	值为 HALL
＜＞	不等于	＜＞100	不等于 100

3）连接运算符

可以使用连接运算符将两个文本值合并成一个值,如表 3.3 所示。

表 3.3 连接运算符

运算符	功能	表达式举例	结果
&	强制两个表达式作字符串连接	"abc" & 123	abc123
＋	将两个字符串合并为一个字符串	"abc" ＋"123"	abc123

注意:"＋"运算符要求两边的操作数都是字符串。

4）逻辑运算符

逻辑运算符主要用于连接两个关系表达式,对表达式进行真、假判断,如表 3.4 所示。

表 3.4 逻辑运算符

运算符	功能	表达式举例	含义
Not	逻辑非	[性别]＝Not "男"	查找非男性的记录
And	逻辑与	[性别]＝"女" And [职称]＝"教授"	查找女教授
Or	逻辑或	[职称]＝"讲师" Or [职称]＝"实验师"	查找职称为讲师或实验师的记录

5）其他运算符

其他的 Access 运算符与比较运算有关,这些运算符根据字段中的值是否符合这个运算符的限定条件返回 True 或 False,如表 3.5 所示。

表 3.5 其他运算符

运算符	功能	表达式举例	含义
Between … And …	指定取值范围	Between 60 And 100	表示 60～100 之间的数值含 60 及 100
In( )	按列表中的值查找	In("党员","团员")	查找党员或团员
Is Null Is Not Null	判断某一值是否为 Null 值	Is Null Is Not Null	该字段是否为空 该字段是否不为空

续表

运算符	功能	表达式举例	含义
Like	查找匹配的文字,可与以下4个字符模式配合使用: ①“*”匹配0或多个字符; ②“?”匹配一个字符; ③“#”匹配一个数字; ④“[ ]”匹配一个字符范围	Like "李*" Like "Access????"	以“李”开头的所有字符串 以Access开头后面跟4个任意字符的字符串

2. 准则中的标准函数

表达式不但可以使用数学运算符,还可以使用Access 2010内置函数。系统提供了大量标准函数,如数值函数、字符函数、日期时间函数和统计函数等。这些函数为用户设计查询条件提供了极大的便利,也为进行统计计算、实现数据处理提供了有效的方法。常用函数请参见附录A,在此仅简单介绍常用的统计函数。

1) 求和函数

格式:**Sum(〈字符串表达式〉)**

功能:返回字段中值的总和。

说明:“字符串表达式”可以是一个字段名(数值类型),或者是含有数值类型字段的表达式。

例如,显示“运费”字段中各值的总和,即为Sum(运费);显示“单价”字段和“数量”字段乘积的总和,即为Sum(单价*数量)。

2) 求平均函数

格式:**Avg(〈字符串表达式〉)**

功能:求数值类型字段的平均值。

说明:“字符串表达式”可以是一个字段名(数值类型),或者是含有数值类型字段的表达式。Avg不计算任何Null值字段。

例如,可以使用Avg计算“运费”字段的平均值,即为Avg(运费)。

3) 统计记录个数函数

格式:**Count(〈字符串表达式〉)**

功能:统计记录个数。

说明:“字符串表达式”可以是一个字段名。Count函数不统计包含Null值字段的记录,但用格式Count(*)时,将统计所有记录的个数,包括有Null值字段的记录。

例如,根据“姓名”字段名统计学生人数,即为Count(姓名)。

4) 最大、最小值函数

格式:**Max(〈字符串表达式〉)**

Min(〈字符串表达式〉)

功能:返回一组指定字段中的最大、最小值。

说明:“字符串表达式”可以是一个字段名(数值类型),或者是含有数值类型字段的表达式。

例如,有一个“成绩”字段,可以用Max(成绩)求该字段中的最大值,用Min(成绩)求该字段中的最小值。

在查询条件设计过程中，灵活运用以上这些函数与表达式，对于增强查询的功能，丰富查询的应用非常重要。

3. 常用查询准则举例

1）以数值为查询条件

如表 3.6 所示。

表 3.6　以数值为查询条件示例

字段名	条件描述	功能
考试成绩	<60	查询成绩小于 60 分的记录
	Between 80 And 89	查询成绩在 80 分数段的记录
	>=80 And <90	查询成绩在 80 分数段的记录
年龄	Not 70	查询年龄不为 70 岁的记录
	20 Or 21	查询年龄为 20 或 21 岁的记录

2）以文本值为查询条件

如表 3.7 所示。使用文本值作为查询条件可以限定查询的文本范围。

表 3.7　以文本值为查询条件示例

字段名	条件描述	功能
职称	"教授"	查询职称为“教授”的记录
	Right([职称],2)="教授"	查询职称为“教授”或“副教授”的记录
	"教授"Or "副教授"	
	InStr([职称],"教授")=1 Or InStr([职称],"教授")=2	
	InStr([职称],"教授")<>0	
	InStrRev([职称],"教授")<>0	
姓名	In("张三", "李四")	查询姓名为“张三”或“李四”的记录
	"张三" Or "李四"	
	Not "张三"	查询姓名不为“张三”的记录
	Left([姓名],1)="张"	查询姓“张”的记录
	Like "张*"	
	InStr([姓名],"张")=1	
	Len([姓名])=2	查询姓名为两个字的记录
课程名称	Right([课程名称],2)="基础"	查询课程名称最后两个字符为“基础”的记录
学生编号	Mid([学生编号],5,2)="08"	查询学生编号第 5 和第 6 位字符是“08”的记录
	InStr([学生编号],"08")=5	

查找职称为“教授”的记录，查询准则可以表示为：="教授"，但为了输入方便，允许省略“=”，而直接表示为"教授"。输入时如果没有加上双引号，则 Access 会自动加上双引号。

3）以日期值为查询条件

使用日期值作为查询条件可以限定查询的时间范围，如表 3.8 所示。应注意将日期常量使用“＃”号括起来。

表 3.8 以日期值为查询条件示例

字段名	条件描述	功能
出生日期	Between ＃1980/1/1＃ And ＃1989/12/31＃	查询 80 后记录
	＞＃1980/1/1＃and＜ ＃1989/12/31＃	
	Year([出生日期])＝1992	查询 1992 年出生的记录
	＜Date()－15	查询 15 天前出生的记录
	Between Date() And Date()－15	查询最近 15 天内出生的记录
	Year([出生日期])＝1992 And Month([出生日期])＝3	查询 1992.3 出生的记录
	Year([出生日期])＞＝1990	查询 1990 以后出生的记录

4）以字段的部分值为查询条件

使用字段的部分值作为查询条件可以限定查询范围，如表 3.9 所示。

表 3.9 以字段的部分值为查询条件示例

字段名	条件描述	功能
课程名称	Like "*程序设计"	查询课程名称以“程序设计”结尾的记录
	Right([课程名称],4)＝ "程序设计"	
	InStr([课程名称], "程序设计")＝1	查询课程名称以“程序设计”开头的记录
	Like "*程序设计*"	查询课程名称中包含“程序设计”的记录

5）以空字符或空字符串为查询条件

空值是使用 Null 或空白来表示字段的值；空字符串是用双引号括起来的字符串，且双引号之间没有空格。查询条件示例如表 3.10 所示。

表 3.10 以空字符或空字符串为查询条件示例

字段名	条件描述	功能
姓名	Is Null	查询姓名为空值的记录
	Is Not Null	查询姓名值非空的记录
	""	查询姓名为空的记录

注意：在描写查询准则时字段名必须用方括号括起来，而且数据类型应与对应字段的类型一致，否则会出现数据类型不匹配的错误。

3.2 创建选择查询

选择查询是最常用的查询类型，它从一个或多个表中检索数据，并以表格的形式显示这些数据。执行一个选择查询时，需要从指定的数据源中搜索数据，数据源可以是表或其他的查询（即以视图方式显示的动态集）。

3.2.1 使用向导创建查询

查询向导可帮助用户创建简单查询、交叉表查询、查找重复项查询或者查找不匹配项查询。

使用“查询向导”创建查询与使用其他向导创建对象类似，需要 3 个步骤：启动向导，回答向导提问，自动创建对象。

【例 3-1】 以“教学管理 2010”数据库中的“学生信息”表、“课程信息”表和“选课信息”表为数据源，利用向导创建学生成绩明细查询。

操作步骤如下：

（1）启动向导。

①在“教学管理 2010”数据库工作窗口中，单击“创建”选项卡“查询”分组中的【查询向导】按钮，打开“新建查询”对话框，如图 3-5 所示。

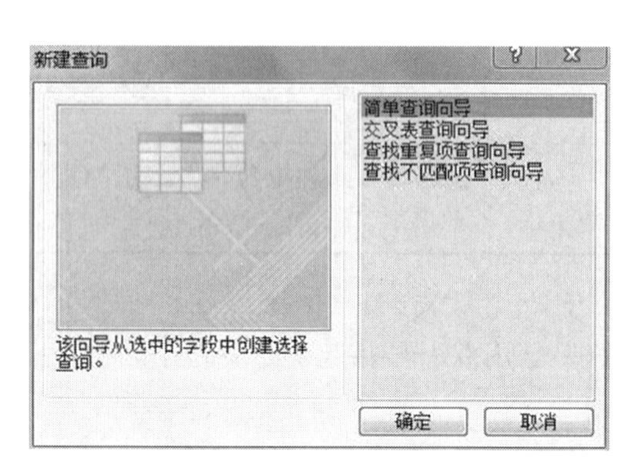

图 3-5 “新建查询”对话框

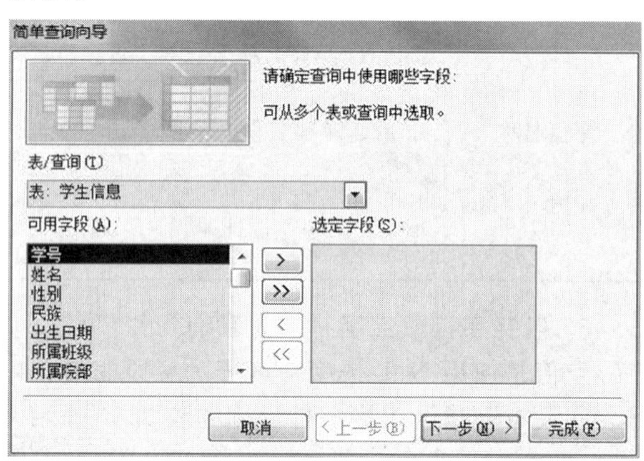

图 3-6 “简单查询向导”第 1 个对话框(a)

②选择“简单查询向导”，单击【下一步】按钮，打开“简单查询向导”的第 1 个对话框，如图 3-6所示。

（2）回答向导提问。

①在图 3-6 对话框的“表/查询”下拉列表中选择新建查询所基于的源表，本例选择“表：学生信息”，则“学生信息”表中的所有字段将出现在“可用字段”列表框中。

②在“可用字段”列表框中双击需要查询的字段“学号”，将其添加到“选定字段”列表框中；或通过“可用字段”和“选定字段”两个列表框中间的一组按钮进行字段的选取操作。例如，在“可用字段”列表框中选择“姓名”字段，然后单击 > 按钮，可将该字段添加到对话框右

侧的"选定字段"列表框中。重复(1)和(2)操作,依次将"课程信息"表的"课程名称"字段和"选课信息"表的"考试成绩"字段添加到"选定字段"列表框中,如图 3-7 所示。

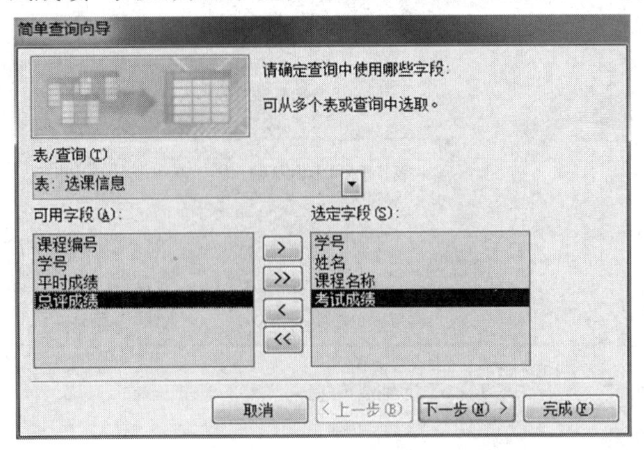

图 3-7　"简单查询向导"第 1 个对话框(b)

③单击【下一步】按钮,打开向导第 2 个对话框如图 3-8 所示,选择使用"明细"或使用"汇总"。明细查询可以显示每一条记录的每个字段,汇总查询可以计算字段的总值、平均值、最小值、最大值和记录数等。本例采用默认设置,选择"明细(显示每个记录的每个字段)"选项。

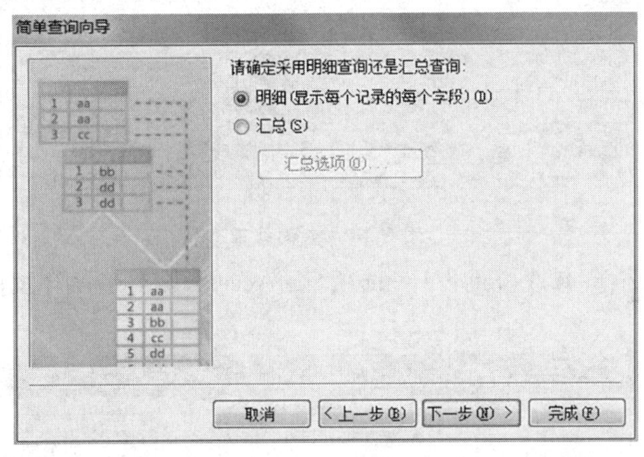

图 3-8　"简单查询向导"第 2 个对话框

④单击【下一步】按钮,打开向导最后一个对话框,如图 3-9 所示。在文本框中输入"查询"对象名称"例-学生成绩 查询",并选择"打开查询查看信息"选项,单击【完成】按钮。

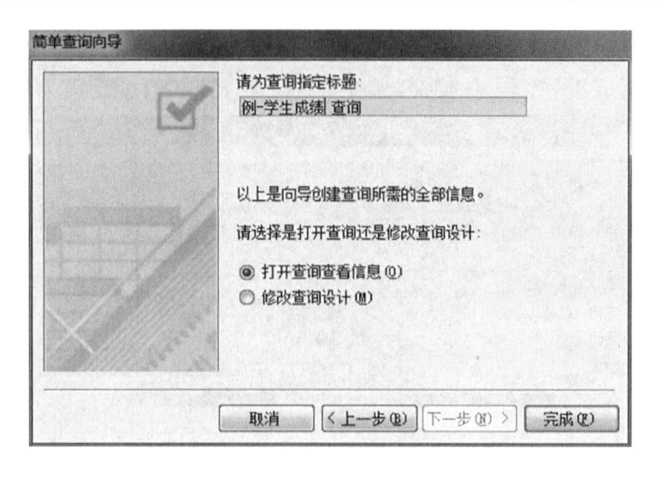

图 3-9　“简单查询向导”第 3 个对话框

(3) 自动创建查询。

向导在获得所有需要的信息后，就自动创建“查询”对象，并用数据表视图显示查询结果，如图 3-10 所示。

例-学生成绩 查询

学号	姓名	课程名称	考试成绩
200521250116	彭孝平	大学计算机基础	77
200521250135	郝涛	大学计算机基础	87
200521250229	封卫国	大学计算机基础	96
200523190326	洪鹏程	大学计算机基础	63
200525030206	穆莱	大学计算机基础	81
200509250306	言思远	VB语言程序设计	86
200510250315	蒋柱	VB语言程序设计	40
200510250427	曹文斌	VB语言程序设计	95

记录: 第 11 项(共 44 项)　无筛选器　搜索

图 3-10　查询结果

若在第(2)④步选择“修改查询设计”选项，则 Access 自动用设计视图打开新建查询，如图 3-11 所示。

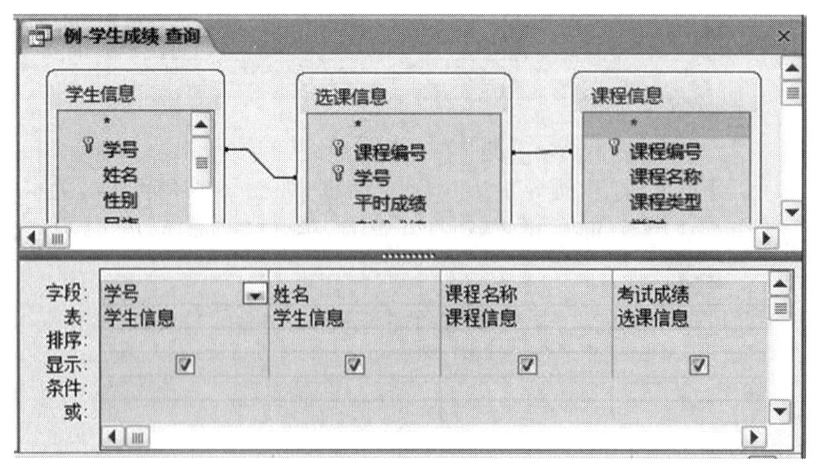

图 3-11　用设计视图打开新建查询

【例 3-2】 利用向导创建院系成绩汇总查询。在“教学管理 2010”数据库中，利用“学生信息”表、“选课信息”表和“课程信息”表中的有关字段，创建各院 3 门课程的成绩汇总。

操作步骤如下：

(1) 启动向导。

①在“教学管理 2010”数据库工作窗口中，单击“创建”选项卡“查询”分组中的【查询向导】按钮，打开“新建查询”对话框，如图 3-5 所示。

②选中“简单查询向导”选项，单击【确定】按钮，打开 “简单查询向导”的第 1 个对话框，如图 3-6 所示。

(2) 回答向导提问。

①在“表/查询”下拉列表中选择“表:学生信息”选项，添加“学生信息”表中的“所属院部”字段到“选定字段”列表框中；类似操作，选择“表:课程信息”的“课程名称”字段、选择“表:选课信息”的“考试成绩”字段到“选定字段”列表框中，如图 3-12 所示。

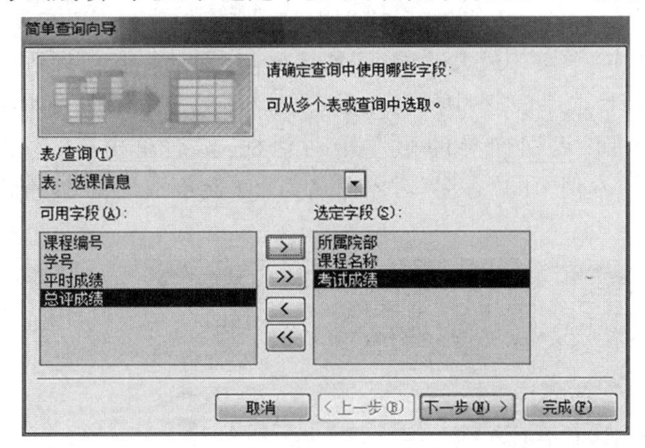

图 3-12 “简单查询向导”第 1 个对话框

注意:汇总查询必须包含用于分组数据的字段和汇总的字段，本例用于分组数据的字段为“所属院部”。

②单击【下一步】按钮，打开向导的第 2 个对话框，如图 3-13 所示，本例选择“汇总”选项。

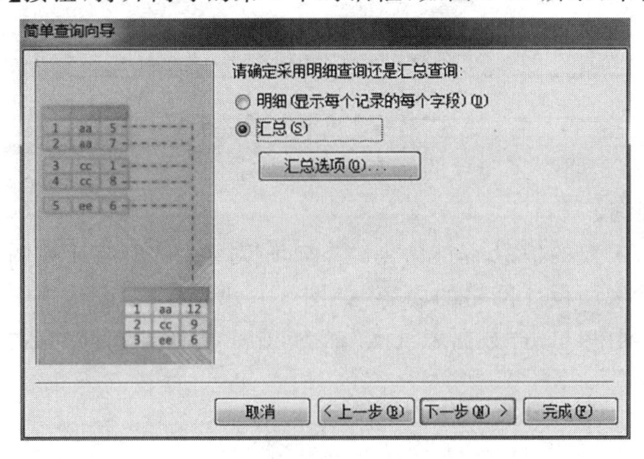

图 3-13 “简单查询向导”第 2 个对话框

③单击【汇总选项】按钮，打开汇总选项对话框，如图 3-14 所示。

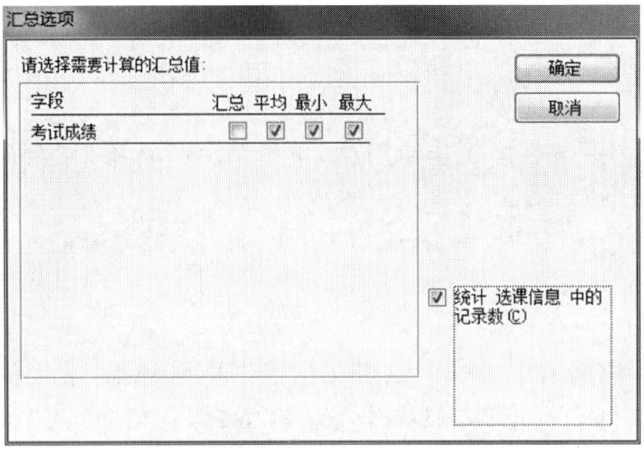

图 3-14　“汇总选项”对话框

④在对话框中选中“平均”“最大”“最小”复选框，分别计算各门课程的平均成绩，并查找最大/小值。选中“统计 选课信息 中的记录数”复选框，为分组添加一列，提供记录计数。

⑤单击【确定】按钮，返回向导的第 2 个对话框，然后单击【下一步】按钮，显示类似图 3-15所示的对话框，本例中的“查询”对象命名为“例-院部成绩汇总 查询”，并且选择“修改查询设计”项。

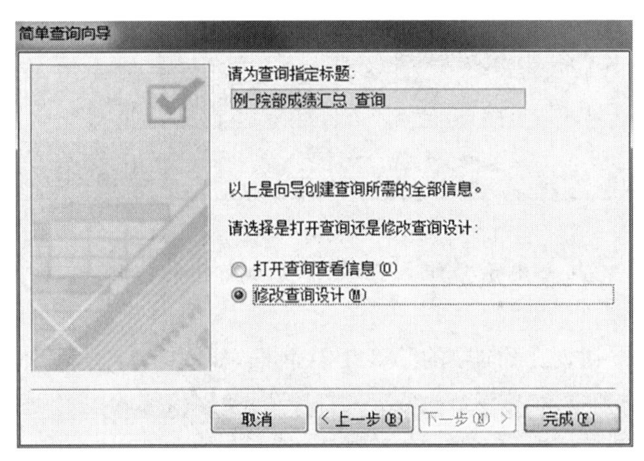

图 3-15　“简单查询向导”第 3 个对话框

⑥单击【完成】按钮，回答完向导的所有提问。

(3) 自动创建查询。

向导在获得所有需要的信息后自动创建“查询”对象，并用设计视图显示汇总查询设计结果。适当修改设计视图设计网格的内容，如图 3-16 所示。在设计视图中右键单击查询对象页名称，打开快捷菜单，单击“数据表视图”命令，显示切换到查询的数据表视图，如图 3-17 所示。

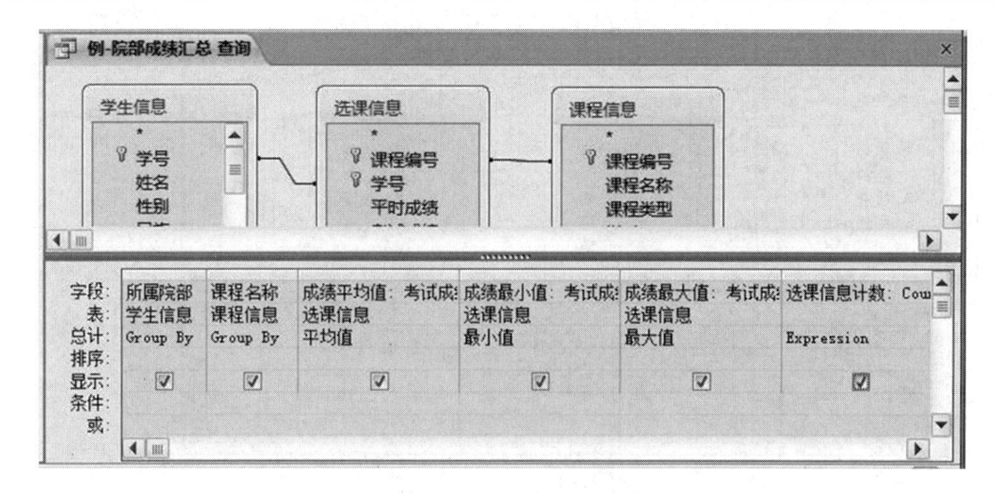

图 3-16　用设计视图显示查询

例-院部成绩汇总 查询

所属院部	课程名称	成绩平均值	成绩最小值	成绩最大值	选课信息计
城南学院	C语言程序设计	71.9	48	93	
城南学院	VB语言程序设计	77.9	40	96	
城南学院	大学计算机基础	77.2	50	96	
能动学院	C语言程序设计	99	99	99	
能动学院	VB语言程序设计	67	67	67	
能动学院	大学计算机基础	63	63	63	
土建学院	C语言程序设计	74	30	96	
土建学院	VB语言程序设计	71	46	91	
土建学院	大学计算机基础	78	72	81	

记录: 第 1 项(共 9 项)　无筛选器　搜索

图 3-17　在数据表视图中显示查询结果

3.2.2　在设计视图中创建查询

使用“简单查询向导”创建查询有很大的局限性，它只能建立简单的查询，但实际应用中经常要用到带条件的复杂查询。使用查询设计视图不仅可以自行设置查询条件，创建基于单表或多表的不同选择查询，还可以对已有的查询进行修改。

查询有 5 种视图，分别是设计视图、数据表视图、SQL 视图、数据透视表视图和数据透视图视图。右键单击查询名称(在设计视图或数据表视图等某个查询视图中)打开快捷菜单，可选择 5 种视图之一。在设计视图中既可以创建如选择查询之类的简单查询，也可以创建像“参数查询”之类的复杂查询。

1. 认识查询设计视图

查询设计视图的窗口分为上下两部分，如图 3-18 所示，上半区是“字段列表区”，包含所有的数据源(表或查询)；下半区是“设计网格区”，用来指定具体的查询字段、查询条件等。

1) 查询网格中的组件(行)

①字段：选择查询中要包含的表字段名称。可由字段列表区中拖曳而至，也可从下拉列

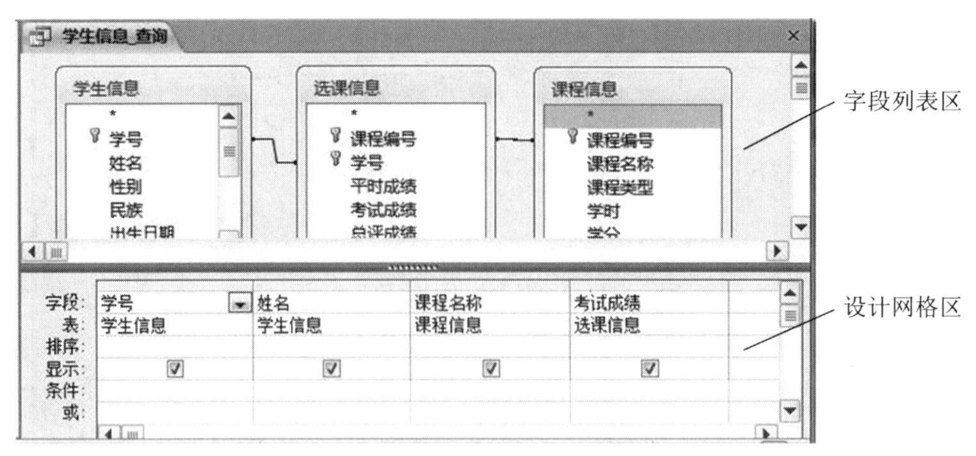

图 3-18　查询设计视图

表中选择。

②表：显示与查询字段对应的来源表名称。如先确定字段，则系统自动弹出对应的数据源表；也可先从下拉列表中选择数据源表，然后再从中选择字段。

③排序：定义字段的排序方式。

④显示：设置是否在数据表视图中显示所选字段，用于确定相关字段是否在动态集中出现（有时字段仅用于构成查询条件，不需要显示）。

⑤条件：设置字段的查询条件。

⑥或：用于设置多条件之间的“或”条件，以多行的形式出现。

2）“查询工具|设计”选项卡

在查询设计视图状态下，Access 功能区显示为“查询工具|设计”选项卡，如图 3-19 所示，包括 4 个分组，功能简要说明如表 3.11 所示。

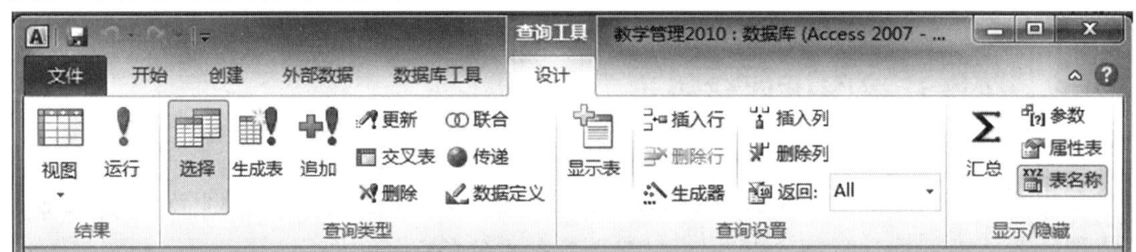

图 3-19　“查询工具|设计”选项卡

表 3.11　“查询工具|设计”选项卡分组说明

分组名称	功能说明
结果	可以在查询的 5 个视图之间切换，也可以执行查询
查询类型	单击可以选择不同的查询类型，如选择查询、交叉表查询、生成表查询、更新查询、追加查询和删除查询等
查询设置	单击可以选择打开“显示表”对话框，并可以对设计网格区中的“行”或“列”进行插入或删除操作
显示/隐藏	单击可以选择对其中的组件进行“显示”或“隐藏”，如显示或隐藏“属性表”

3）显示表对话框

在“创建”选项卡“查询”分组中单击【查询设计】按钮，系统打开查询设计视图的同时，会弹出“显示表”对话框，列出当前数据库中能够为查询提供原始数据的所有的表和查询，如图 3-20 所示，各选项卡说明如下：

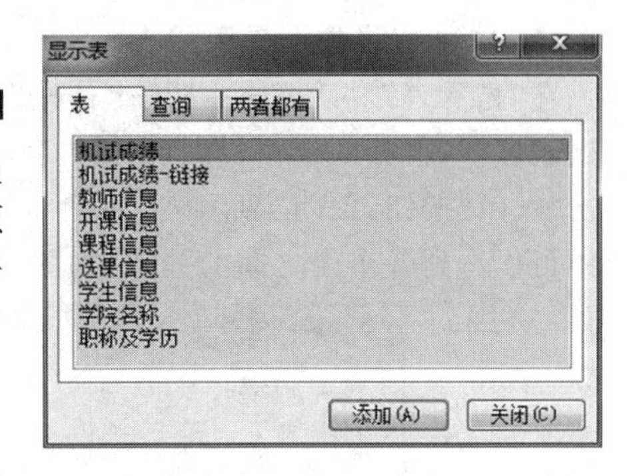

图 3-20 “显示表”对话框

①表：列出当前数据库中所有的数据表。

②查询：列出当前数据库中所有的查询。

③两者都有：列出当前数据库中所有的数据表和查询。

若在关闭“显示表”对话框后还需添加数据源，可在查询设计视图的查询显示区内右击鼠标，在随之弹出的快捷菜单上单击“显示表”命令，或在“查询工具|设计”选项卡“查询设置”分组中，单击【显示表】按钮，均可打开“显示表”对话框。

2. 创建查询

在查询设计视图中创建查询，首先应在打开的“显示表”对话框中选择查询所依据的表或查询，并将其添加到查询设计视图中，如果选择多个表，多个表之间应先建立关联。

【例 3-3】 通过多个表创建选择查询。在“教学管理 2010”数据库中，利用“学生信息”表、“选课信息”表和“课程信息”表创建一个具有“学号”“姓名”“所属班级”“课程名称”和“课程成绩”字段的查询，查询条件是“土建学院”，按“学号”升序排序。

操作步骤如下：

(1) 打开查询设计视图。

打开“教学管理 2010”数据库工作窗口，单击“创建”选项卡“查询”分组的【查询设计】按钮，打开查询设计视图，同时系统自动弹出“显示表”对话框，列出当前数据库中所有的表和查询，如图 3-21 所示，查询默认名称为“查询 1”。

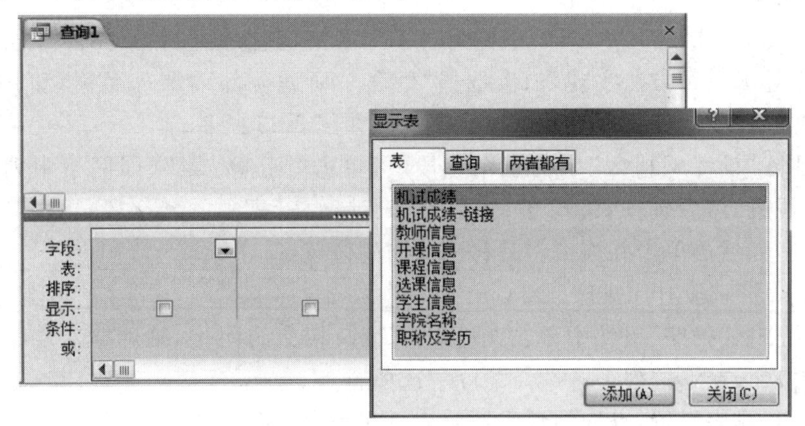

图 3-21 查询设计视图与“显示表”对话框

(2) 添加提供数据来源的表。

在"显示表"对话框选中"学生信息"表,单击【添加】按钮或直接双击表名,将其添加到字段列表区中,再分别选择"课程信息"表和"选课信息"表,添加到字段列表区中。选择完毕,单击"关闭"按钮,关闭"显示表"对话框。此时,所有加入的表都会显示在"字段列表区"中,从中可以看到各个表之间的关系,如图 3-22 所示。

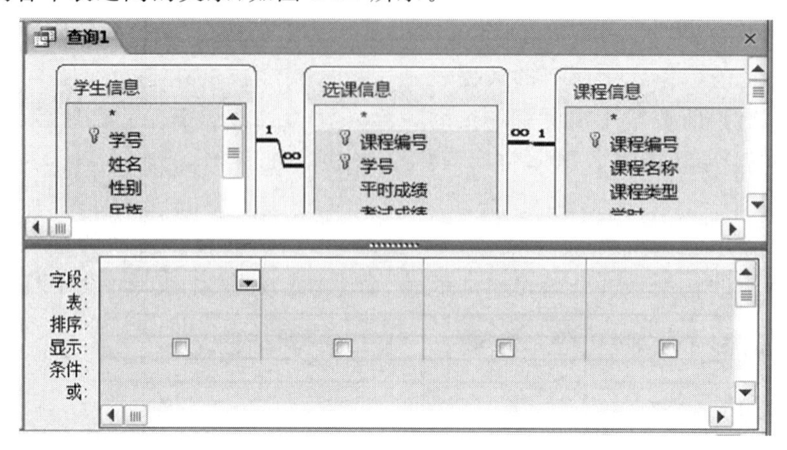

图 3-22　为查询添加数据源

(3) 选择字段。

从"学生信息"表中选择查询的字段,如"学号"字段,添加到设计网格区。该操作的执行方式有以下 4 种:

◆ 单击"字段列表区"中"学生信息"表的"学号"字段,将其拖动到"设计网格区"的"字段"组件的第 1 个网格中。

◆ 在"字段列表区"的"学生信息"表内直接双击"学号"字段,该字段自动出现在"设计网格区"的"字段"组件的第 1 个网格中。

◆ 单击"设计网格区"的"字段"组件的第 1 个网格,然后单击网格右端出现的【下拉】按钮,在下拉列表中选择"学号"字段。

◆ 单击"设计网格区"中"字段"组件的第 1 个网格,直接输入字段名称"学号"。

不论用上述哪一种方法实现,依次选择"姓名""所属院部""课程名称"和"考试成绩"等字段,分别添加到"设计网格区"的"字段"组件中,如图 3-23 所示。

如果要删除"设计网格区"中的某个字段,可单击"列选定器"(即网格中列的顶部小区域)选中该字段列,然后按[Delete]键;要移动"设计网格区"中的某字段,单击其"列选定器"选中该字段列,然后再单击并拖曳将其移到适当的位置。

(4) 按"学号"字段升序排序。

在设计网格区"排序"组件中单击与"学号"字段相交的网格,则网格右端出现【下拉】按钮▾,单击该按钮,在下拉列表中选择"升序"选项。

如果不进行排序设置,查询结果将按照记录在表中的存储顺序显示。

(5) 设置查询条件。

查询条件通常是一个关系或逻辑表达式。在"设计网格区"的"条件"组件中进行设置,

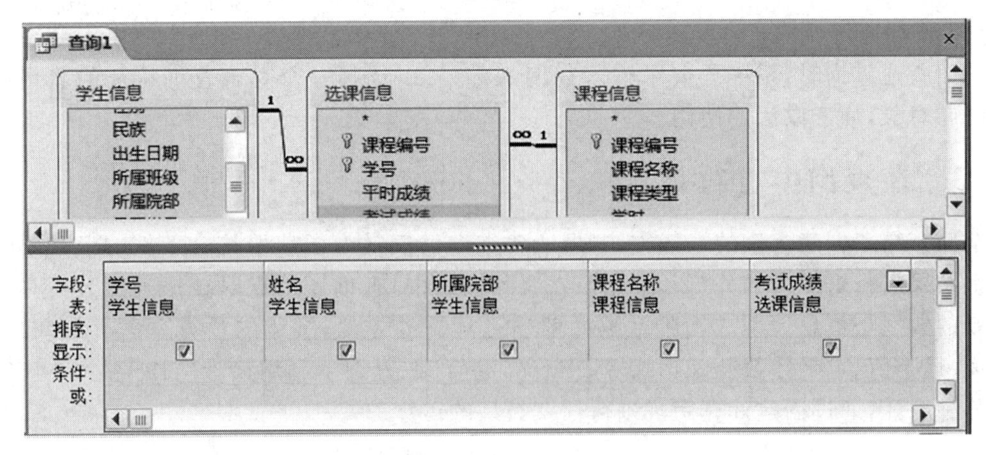

图 3-23 添加字段至设计网格区

执行下列操作之一，为“所属院部”字段添加查询条件，如图 3-24 所示。

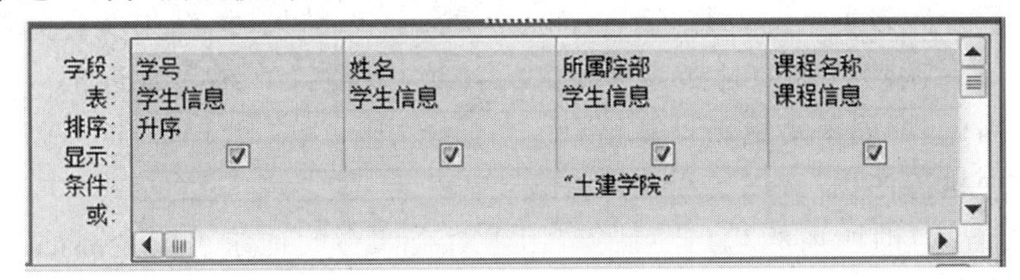

图 3-24 进行排序和查询条件的设置

①在“所属院部”字段的“条件”网格中直接输入查询条件表达式“土建学院”。

②在“所属院部”字段的“条件”组件网格中右击鼠标，在弹出的快捷菜单中选择“生成器”命令。通过组合各种运算符、函数生成条件表达式。

③单击数据库工作窗口功能区的“查询工具|设计”选项卡“查询设置”分组中的“生成器”按钮，打开“表达式生成器”对话框，通过组合各种运算符、函数生成条件表达式。

注意：对不同的字段要设置多个条件时，同一行不同字段中的条件是“与(And)”的关系；同一字段不同行上的条件是“或(Or)”的关系。因此，若行和列同时存在条件，行比列优先。

(6) 预览/运行查询。

设置完毕之后，可单击功能区“查询工具|设计”选项卡“结果”分组中的【视图】按钮或单击【运行】按钮，执行所创建的查询，在数据表视图中预览查询结果，如图 3-25 所示。根据显示的结果，判断所做的查询设置是否正确，如果存在问题可再次单击工具栏上的【视图】按钮，切换到查询设计视图，对其进行修改。

查询1

学号	姓名	所属院部	课程名称	考试成绩
200414040224	唐韬	土建学院	C语言程序设计	3
200508030123	张云	土建学院	C语言程序设计	8
200518030234	汪慧群	土建学院	VB语言程序设计	9
200518030234	汪慧群	土建学院	大学计算机基础	7
200518030234	汪慧群	土建学院	C语言程序设计	6
200518030421	罗峥鑫	土建学院	VB语言程序设计	4
200518030421	罗峥鑫	土建学院	大学计算机基础	8
200518030421	罗峥鑫	土建学院	C语言程序设计	9

记录: 第 2 项(共 11 项 无筛选器 搜索

图 3-25 学生成绩查询运行结果

(7) 保存查询

关闭所建查询时,系统会要求输入查询名称,可以选择一个符合查询特征的名字,以保存“查询”对象,便于以后的使用。

3.2.3 在查询中进行计算

前面介绍了创建查询的一般方法,但所建查询仅仅是为了获取符合条件的记录,并没有对查询结果进行更深入的分析和利用。在实际应用中,查询还可以对数据进行分析和加工,生成新的数据与信息。生成新的数据一般通过计算的方法,常用的计算方法有求和、计数、求最大/最小值、求平均数及表达式等。Access 允许在查询中利用设计网格中的“总计”组件进行各种统计,通过创建计算字段进行任意类型的运算。

1. 了解查询计算功能

在查询中执行许多类型的计算,而在字段中显示计算结果时,结果实际并不存储在基础表中。Access 在每次执行查询时都将重新进行计算,以使计算结果永远都以数据库中最新的数据为准。因此,不能手动更新计算结果。

要在查询中执行计算,可以使用如下方式:

◆ 预定义计算:即所谓的“总计”计算,用于对查询中的记录组或全部记录进行总和、平均值、计数、最小值、最大值、标准差计算。

◆ 自定义计算:使用一个或多个字段中的数据在每个记录上执行数值、日期和文本计算。对于这类计算,需要直接在设计网格区中创建新的计算字段,方法是将表达式输入到设计网格区中的空“字段”网格中。

注意:计算字段是在查询中定义的字段,显示表达式的结果而非显示存储的数据。每当表达式中的值改变时,就重新计算一次该值。

2. 总计查询

在建立查询时,可能更关心记录的统计结果而不是记录本身。

建立总计查询时,需要在查询设计视图中单击“查询工具|设计”选项卡“显示与隐藏”分组中的【汇总】按钮Σ,Access 将在设计网格区中添加“总计”组件,如图 3-26 所示。在总计行的网格中,通过下拉列表可列出“分组”“总计”“平均值”等 12 个总计项,共分为 4 类:分组、总计函数、表达式和限制条件。

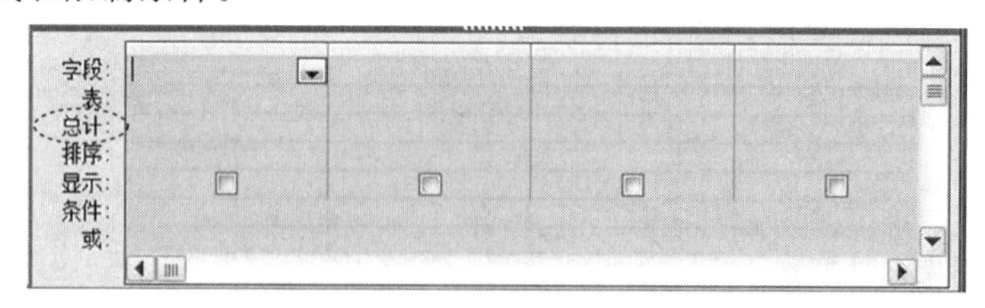

图 3-26 “总计”组件

①分组(Group By):定义要执行计算的组。

②总计函数:定义计算类型。可用的总计函数如表 3.12 所示。

③表达式(Expression):创建表达式中包含统计函数的计算字段。

④限制条件(Where):制定不用于分组的字段准则。

表 3.12 总计函数

函数名称	显示名称	功能
Sum	合计	计算组中该字段所有值的和
Avg	平均值	计算组中该字段的算术平均值
Min	最小值	返回组中字段的最小值
Max	最大值	返回组中字段的最大值
Count	计数	返回非空值数的统计数
StDev	标准差	计算组中该字段所有值的统计标准差
First	第 1 条记录	返回该字段的第 1 个值
Last	最后 1 条记录	返回该字段的最后 1 个值

3. 分组总计查询

在实际应用中,不仅需要对所有的记录进行统计,还需要将记录分组,对每个组的数据进行统计。设置方法是:在设计视图中,把要进行分组的字段的“总计”网格选择为“分组”,把要进行计算的每个字段的“总计”网格选择为相应的总计函数,就可以实现分组统计查询了。

【例 3-4】 在“教学管理 2010”数据库中,利用“学生信息”表统计男女生的人数。

操作步骤如下:

(1) 在“教学管理 2010”数据库工作窗口,单击“创建”选项卡“查询”分组的【查询设计】按钮,打开查询设计视图及“显示表”对话框,列出当前数据库中所有的表和查询。

(2) 将“学生信息”表作为源表添加至字段列表区后,关闭“显示表”对话框。

(3) 单击“查询工具|设计”选项卡“显示/隐藏”分组中的【汇总】按钮Σ,添加总计组件。

(4) 添加“性别”字段至设计网格区的“字段”行的网格中,在对应“总计”网格中选择“分组”选项。

(5) 添加“学号”字段至设计网格区的“字段”行的网格中,在对应“总计”网格中选择“计数”选项(即 Count 函数),如图 3-27 所示。

(6) 保存查询,设置查询名称为“例-分组计数 查询”,执行查询结果如图 3-28 所示。

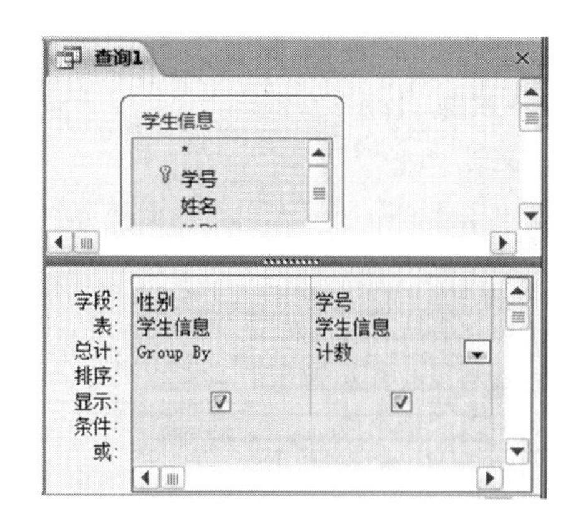

图 3-27　分组统计查询设计

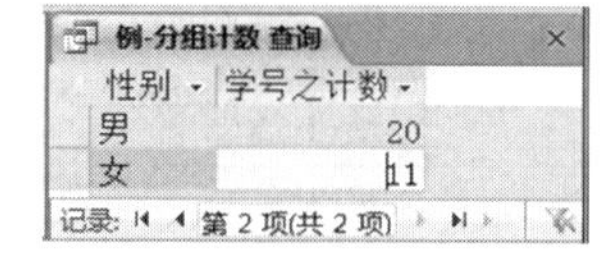

图 3-28　分组统计查询结果

无论是一般统计还是分组统计，显示统计结果的字段名往往可读性比较差，如本例显示统计结果的字段名为"学号之计数"。事实上，Access 允许重新命名查询字段，方法有以下两种：

◆ 在设计网格中直接命名。

◆ 利用属性表对话框命名。

将上例显示的字段名"学号之计数"改为"人数"。操作步骤如下：

(1) 用设计视图打开"例-分组计数 查询"，如图 3-29 所示。

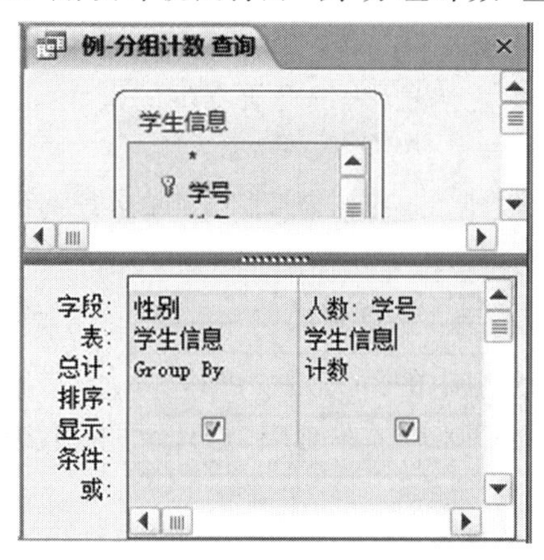

图 3-29　分组统计查询设计

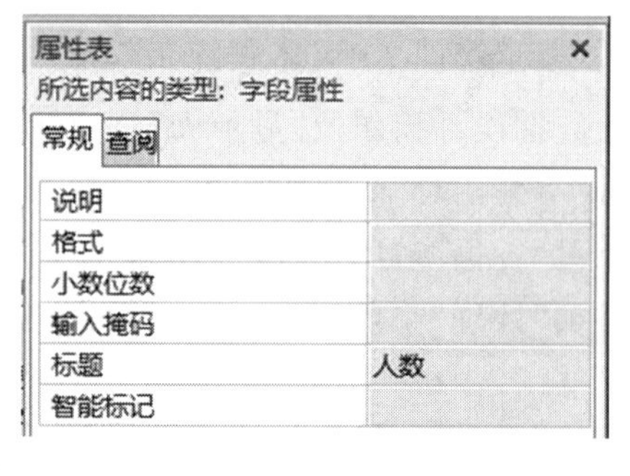

图 3-30　属性表对话框

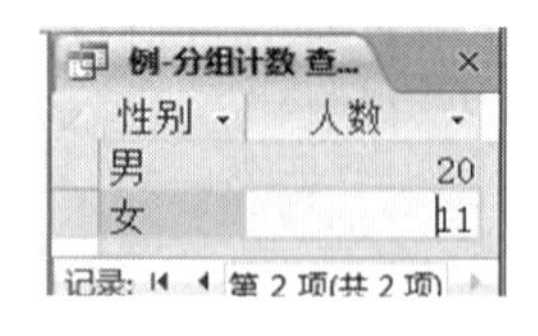

图 3-31　分组统计查询结果

(2) 把第 2 列"字段"网格中的"学号"改为"人数:学号"(注意此处冒号是为半角的)。或者将光标定位在第 2 列"字段"网格中，单击右键打开快捷菜单，单击其中的"属性"选项，打开"属性表"对话框，如图 3-30 所示，设置"标题"为"人数"。

(3) 切换到数据表视图，查询显示结果如图 3-31 所示。

4. 添加计算字段

当要统计的数据在表中没有相应的字段，或者用于计算的数据来自于多个字段时，应该在设计网格中添加一个"计算字段"。"计算字段"是指根据一个或多个表中的一个或多个字段,并使用表达式建立的新字段。

【例 3-5】 分别统计各个学院各门课程的平均成绩。

操作步骤如下：

(1) 在查询设计视图中添加“学生信息”“选课信息”及“课程信息”表作为数据源。

(2) 单击“查询工具|设计”选项卡“显示/隐藏”分组中的【汇总】按钮Σ,添加总计组件。

(3) 选择查询及分组字段。分别从数据源中添加“所属院部”“课程名称”字段至“设计网格”中,并为这两个字段对应的“总计”网格选择“分组”选项。

(4) 添加计算字段。在查询设计网格的第 1 个空白列的“字段”网格中输入“平均成绩:Avg([选课信息]! [考试成绩])”,其中“平均成绩”是要生成的字段名称,“Avg([选课信息]! [考试成绩])”为该字段的计算表达式,表示根据分组来计算“选课信息”表的“考试成绩”字段的平均值,在“总计”网格中选择表达式(Expression),设置结果如图 3-32 所示。

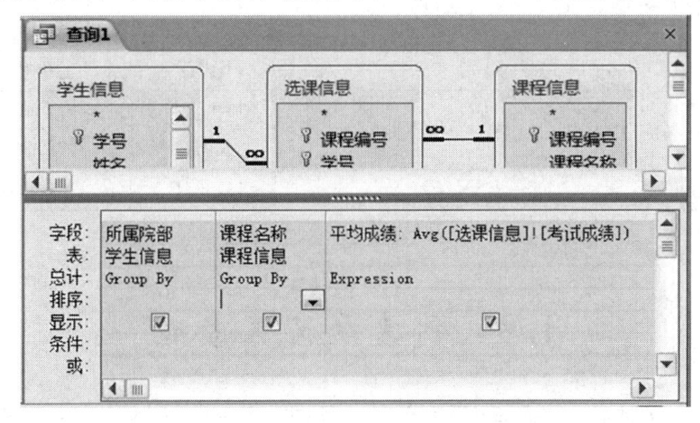

图 3-32 添加计算字段的设置界面

(5) 保存查询,名称为“例-添加计算字段 查询”,执行查询结果如图 3-33 所示。

例-添加计算字段 查询

所属院部	课程名称	平均成绩
城南学院	C语言程序设计	71.9
城南学院	VB语言程序设计	77.9
城南学院	大学计算机基础	77.2
能动学院	C语言程序设计	99
能动学院	VB语言程序设计	67
能动学院	大学计算机基础	63
土建学院	C语言程序设计	74
土建学院	VB语言程序设计	71
土建学院	大学计算机基础	78

记录: 第 3 项(共 9 项) 无筛选器 搜索

图 3-33 “例-添加计算字段 查询”查询运行结果

在表达式中可通过使用“[标识符]”形式引用该元素。例如描述“学号”字段的表达式为:[学号],但要区别描述“学生信息”表和“选课信息”表中的学号字段,就需要用到感叹号运算符(!),如[学生信息]! [学号]、[选课信息]! [学号]。

本例中使用的 Avg 函数是计算组中字段(考试成绩)的算术平均值,“平均成绩”是新加的字段。新加字段中引用的字段要注明其数据源,且数据源和引用字段应使用方括号括起来,并用半角感叹号“!”作为分隔符。

“!”符号是一种对象运算符,用来指示随后将出现的对象或者控件。Access 提供了两种对象运算符,如表 3.13 所示。应用示例见表 3.14。

表 3.13 对象运算符

运算符	含义	示例
!	引用某个对象或者控件,该对象或者控件由用户定义	指示随后将出现的对象或者控件
.	引用对象的属性或者方法,该属性或者方法由 Access 定义	指示随后将出现的属性或者方法

表 3.14 对象运算符应用示例

运算符	示例	示例含义
!	Forms! [输入学生信息]	引用已打开的名为“输入学生信息”的窗体
	Forms! [输入学生信息]! [学生编号]	引用已打开的名为“输入学生信息”的窗体上名为“学生编号”的控件
	[学生信息]! [姓名]	引用“学生信息”表中的“姓名”字段
.	Forms! [输入学生信息]! [学生姓名]. Text	引用已打开的名为“输入学生信息”的窗体上名为“学生姓名”控件的 Text 属性
	DoCmd. Close	引用 VBA 中的 Close 方法

3.3 创建交叉表查询

交叉表查询以一种独特的概括形式返回一个表内的总计数字,这种概括形式其他查询无法完成。由于这些分类数据是以一种紧凑的、类似电子表格的形式来显示数据的,故对基于许多记录数字字段的总和进行数据分析和创建图形或者图表极为有用。

交叉表查询是一种常用的统计性表格,它显示来自于表中某个字段的总计值(包括总和、平均值、计数或其他类型的总计值的计算),并将它们分组,一组为行标题,显示在数据表的左侧,另一组为列标题,显示在数据表的顶端,然后在数据表行和列的交叉位置处显示表中某个字段的各种计算值,需要为该字段指定一个总计项,如 Sum、Avg 和 Count 等。对于交叉表查询,只能指定一个总计类型的字段。

可以使用向导或查询设计视图来创建交叉表查询。在设计视图中,需要指定要作为列标题的字段值;指定将作为行标题的字段值;并指定求和、求平均值、计数或其他计算的字段。

3.3.1 使用向导创建交叉表查询

使用“交叉表查询向导”创建查询时,数据源只能来自于一个表或一个查询,如果要包含多个表中的字段,就需要首先创建一个含有全部所需字段的“查询”对象,然后再用这个查询作为数据源创建交叉表查询。

【例 3-6】 创建一个交叉表,按所属院部来统计学生每门课程的平均成绩。在建立该交叉表查询时,交叉表的左边第 1 列显示各院部名称,顶行显示各课程名称,在行与列的交叉处显示相应学生的考试成绩的平均值,查询运行效果参考图 3-3 所示。

由于交叉表所需数据分别来自三个数据表:学生信息表(所属院部)、选课信息表(考试成绩)以及课程信息表(课程名称),所以有必要先创建一个能集中交叉表所需数据(字段)的查询,然后再将这个查询作为数据源创建交叉表。

假设已建立"学生成绩 查询"对象,如图 3-34 所示。创建交叉表的操作步骤如下:

学生成绩 查询

姓名	所属院部	考试成绩	课程名称
郝涛	城南学院	78	C语言程序设计
封卫国	城南学院	67	C语言程序设计
洪鹏程	能动学院	99	C语言程序设计
穆莱	土建学院	96	C语言程序设计
言思远	城南学院	95	大学计算机基础
蒋柱	城南学院	74	大学计算机基础
曹文斌	城南学院	90	大学计算机基础

记录: 第 11 项(共 44 项) 无筛选器 搜索

图 3-34 "学生成绩 查询"对象

(1) 启动向导。

①打开"教学管理 2010"数据库工作窗口,单击"创建"选项卡"查询"分组中的【查询向导】按钮,打开"新建查询"对话框。

②选择"交叉表查询向导"选项,然后单击【确定】按钮启动向导,如图 3-35 所示。

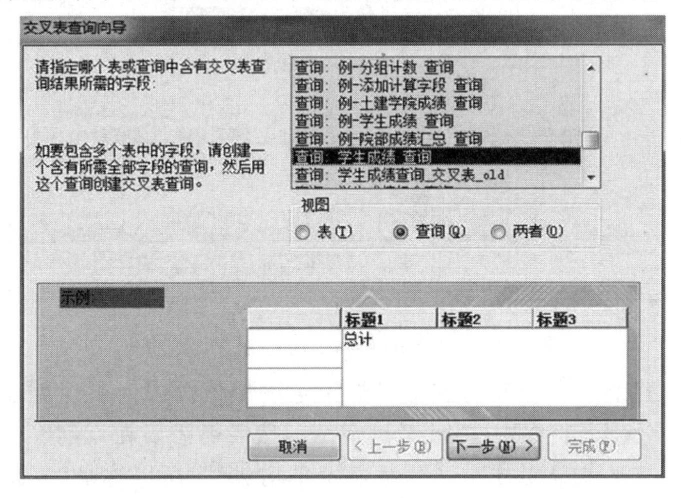

图 3-35 确定数据源

(2) 回答向导问题。

①确定查询数据源。在图 3-35 所示的"交叉表查询向导"的第 1 个对话框中,在"视图"选项组中选择"查询"选项,这时对话框上部的列表框中显示"教学管理 2010"数据库中所有查询的名称,从中选择"学生成绩 查询"。

②确定行标题。单击【下一步】按钮打开向导第 2 个对话框,选择"所属院部"字段作为交叉表的行标题,如图 3-36 所示。从对话框下方的"示例"窗口中可以预览设置效果。

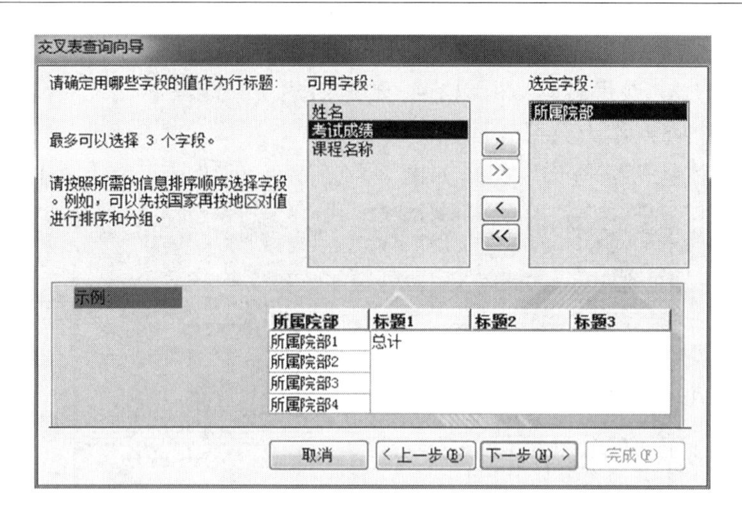

图 3-36　确定行标题

③确定列标题。单击【下一步】按钮打开向导第 3 个对话框，选择“课程名称”作为列标题的字段，如图 3-37 所示。

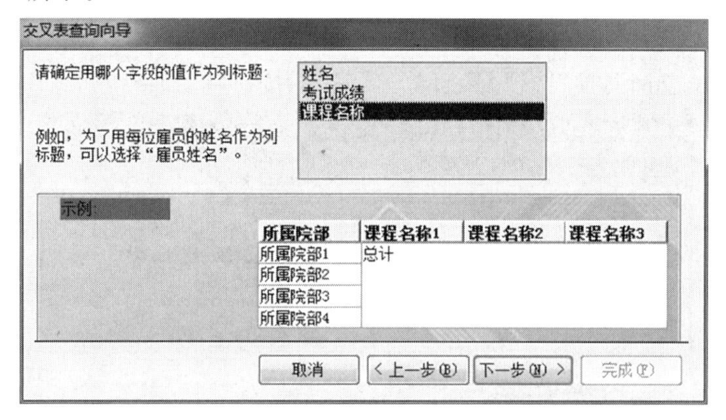

图 3-37　确定列标题

④单击【下一步】按钮，为行和列的交叉点指定一个值。因为要计算显示学生选课的成绩平均值，所以在“字段”列表框中选择“考试成绩”，然后还需要在“函数”列表框中选择一个总计函数，由于所建交叉表需要按不同院系显示平均成绩，所以选择“平均值”函数；取消选中“是，包括各行小计”复选框，如图 3-38 所示。

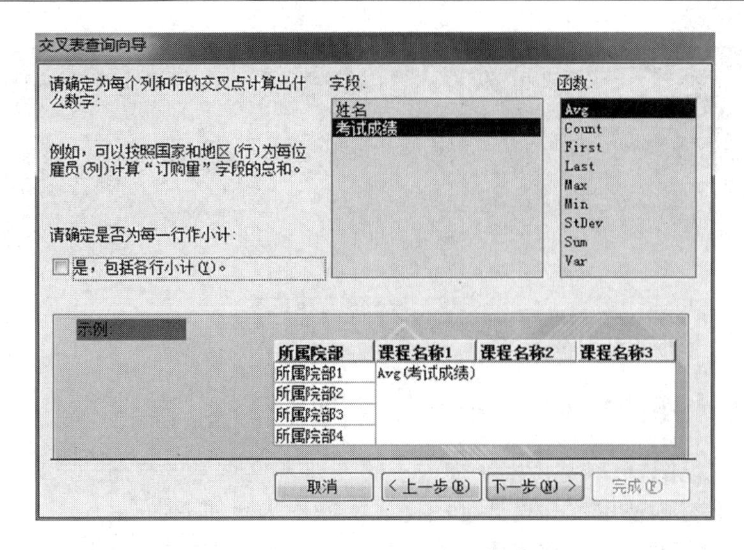

图 3-38 确定行列交叉点的表达式

⑤单击【下一步】按钮，在如图 3-39 所示的"交叉表查询向导"的最后一个对话框中，将新建查询命名为"学生成绩查询_交叉表"，并选择默认选项"查看查询"。最后单击【完成】按钮，结束回答问题。

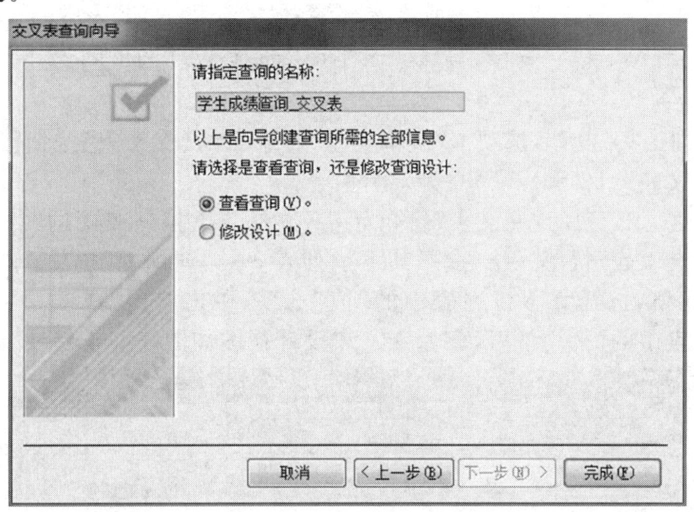

图 3-39 确定查询对象名称

(3) 自动创建交叉表查询。

向导在获得所有需要的信息后自动创建"查询"对象，并在数据表视图中显示交叉表查询结果，如图 3-3 所示。

设置成绩显示的小数位数。切换至新建交叉表的设计视图，在"查询设计|设计"选项卡的"显示/隐藏"分组中，单击【属性表】按钮，打开"属性表"窗格，设置交叉表查询的"考试成绩"字段的"格式"属性为"标准"，"小数位数"属性为"1"，再次运行查询，结果如图 3-40 所示。

学生成绩查询_交叉表

所属院部	C语言程序设计	VB语言程序设计	大学计算机基础
城南学院	70.3	73.7	86.3
公路学院	70.8	80.3	63.3
计通学院	87.0	85.0	80.0
能动学院	99.0	67.0	63.0
汽机学院	75.0	79.0	86.7
土建学院	74.0	71.0	78.5

图 3-40　交叉表查询结果

(4) 保存新建查询及其设置。

3.3.2　在设计视图中创建交叉表查询

使用查询设计视图,可以基于多个表或查阅创建常见交叉表查询。

仍以【例 3-6】为例,使用查询设计视图完成的操作步骤如下:

(1) 打开“教学管理 2010”数据库工作窗口,单击“创建”选项卡“查询”分组中的【查询设计】按钮,打开查询设计视图,同时显示“显示表”对话框。

(2) 在“显示表”对话框中,把“学生信息”表、“课程信息”表和“选课信息”表分别添加到字段列表区中,选择完毕后,关闭“显示表”对话框。

(3) 依次双击“学生信息”表中的“所属院部”字段、“课程信息”表中的“课程名称”字段和“选课信息”表中的“考试成绩”字段,将这 3 个字段添加到设计网格区“字段”行的第 1 列至第 3 列。

(4) 单击“查询工具|设计”选项卡“查询类型”分组中的【交叉表】按钮,此时设计网格区将增加一个“交叉表”组件和一个“总计”组件。

(5) 单击“所属院部”列的“交叉表”行单元格,选择其下拉列表中的“行标题”选项;单击“课程名称”列的“交叉表”行单元格,选择其下拉列表中的“列标题”选项;单击“考试成绩”列的“交叉表”行单元格,选择其下拉列表中的“值”选项;单击“考试成绩”列的“总计”行单元格,选择其下拉列表中的“平均值”函数。交叉表设计视图如图 3-41 所示。

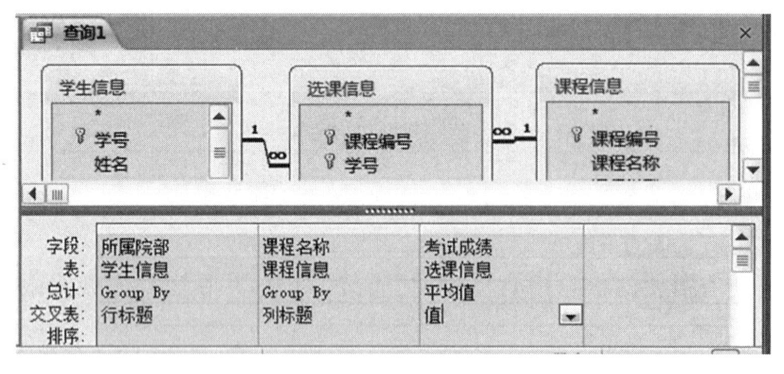

图 3-41　查询设计视图

(6) 查询设置完毕之后,可单击工具栏上的【视图】按钮或单击【运行】按钮 !,执行所创建的查询,在数据表视图中预览查询结果,结果与图 3-40 所示相同。

(7) 命名保存所建的查询。

3.4 创建参数查询

参数查询是一种可以重复使用的查询，每次使用时都可以改变其准则。每当运行一个参数查询时，Access 2010 都会显示一个对话框，提示用户输入新的准则。将参数查询作为窗体和报表的基础是非常方便的。

设置参数查询在很多方面类似于设置选择查询。可以使用“查询向导”，先从要包括的表和字段开始，然后在设计视图中添加查询条件；也可以直接到设计视图中设置查询条件。

可以建立单参数查询，也可建立多参数查询。

3.4.1 单参数查询

创建单参数查询，就是设定一个字段作为查询区域，当查询被执行时，Access 会弹出一个对话框，接收用户输入参数（新的查询准则），查询结果会显示设定字段中与该参数值相匹配的所有记录。特别说明的是，这个对话框中用于接收参数的控件是文本框，因而用户输入的参数均被看作字符型数据。所以当这个参数出现在条件表达式中时，设计者要考虑数据类型的匹配问题，如果不兼容，需要进行强制类型转换。

例如有一个名为“test”的查询，功能是查找已借书未还超过 N 天的读者姓名、借书日期和已借天数，即查询条件是：①“还书日期”字段值是空的；②借书日期距今（Date()－[借书日期]）超过 N 天。其中②的条件表达式为“＞Val([输入天数])”，表示将“输入参数值”对话框获得的字符型数据（即用户输入的天数）转换成数值型数据，再进行比较运算。“test”查询的设计视图如图 3-42 所示。

test

字段:	姓名	借书日期	还书日期	已借天数: Date()-[借书日期]
表:	读者信息	借书登记	借书登记	
排序:				
显示:	☑	☑	☐	☑
条件:			Is Null	>Val([输入天数])
或:				

图 3-42 参数查询条件表达式

【例 3-7】 建立一个查询，可根据指定的参加工作年份，显示“教师信息”表中的教师编号、姓名及职称。操作步骤如下：

(1) 单击“创建”选项卡“查询”分组中的【查询设计】按钮，打开查询设计视图，将“教师信息”表添加到字段列表区，再将表中的“教师编号”“姓名”和“职称”字段添加到设计网格区的“字段”组件中。

(2) 在设计网格区“字段”组件的空白网格中，输入计算表达式“Year([参加工作时间])”。然后，在该字段的“条件”组件网格中输入表达式“Val ([请输入年份:])”，并取消该字段的“显示”属性。设置完成的查询设计视图，如图 3-43 所示，其中表达式“Year([参加工作时间])”的返回值是“参加工作时间”字段值的年份值，表达式“Val ([请输入年份:])”将“输入参数值”对话框所获得的字符数据转换成数值型。

(3) 单击“查询工具|设计”选项卡“结果”分组中的【运行】按钮，弹出“输入参数值”对

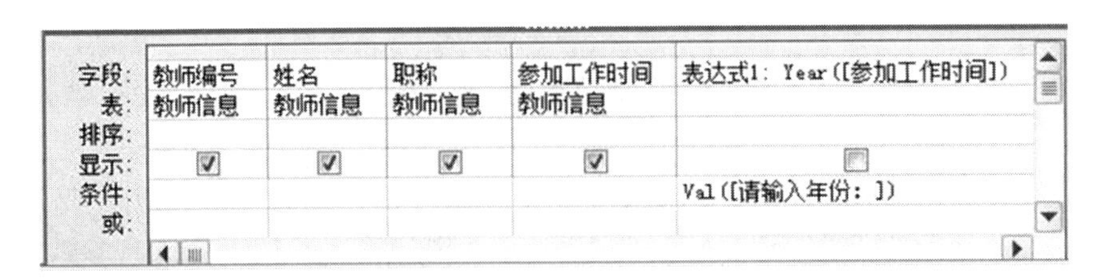

图 3-43 设置单参数查询

话框，如图 3-44 所示，本例中输入“1992”，单击【确定】按钮，即显示出所有 1992 年参加工作的教师信息。

(4) 命名并保存所建查询，以后每次运行该查询时，都将出现如图 3-44 所示对话框。

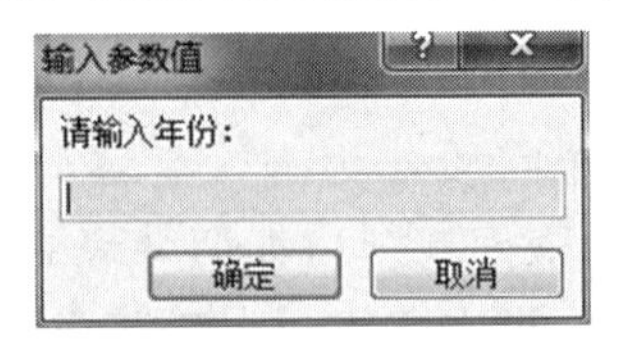

图 3-44 输入查询参数值

3.4.2 多参数查询

一个参数可视为一组条件，若想针对多组条件设置查询，可创建“多参数查询”。

【例 3-8】 以“学生信息”表、“课程信息”表和“选课信息”表为数据源，查询某门课程中某个分数段的学生成绩情况。

操作步骤如下：

(1) 打开查询设计视图，将“学生信息”“选课信息”和“课程信息”添加到字段列表区。

(2) 依次将“学生信息”表中的“学号”和“姓名”字段，“课程信息”表中的“课程名称”和“课程编号”字段，“选课信息”表中的“考试成绩”字段，依次添加到设计网格区“字段”组件行的第 1 列至第 5 列。

(3) 在“课程编号”字段的“条件”组件网格中输入“[请输入课程编号]”，并取消该字段的“显示”属性。然后，在“课程成绩”字段的“条件”组件网格中输入“Between Vall [输入起始分数] And Vall[输入终止分数]”，并在“排序”组件网格中选择“降序”，设置完成后的查询视图如图 3-45 所示。

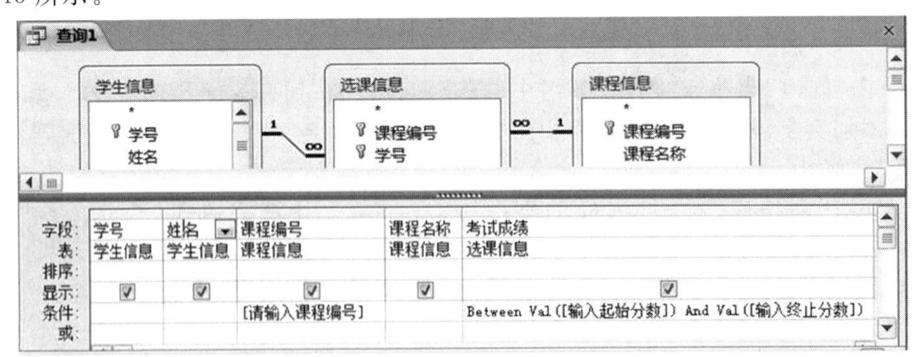

图 3-45 设置多参数查询

（4）单击工具栏中的【视图】按钮▦，或单击工具栏中的【运行】按钮❗，系统将依次显示输入课程编号和查询分数段的“输入参数值”对话框，可以根据需要输入参数，如输入“0004”（为C程序设计的课程编号），查询60～80分的分数段，如图3-46所示。预览查询结果如图3-47所示。

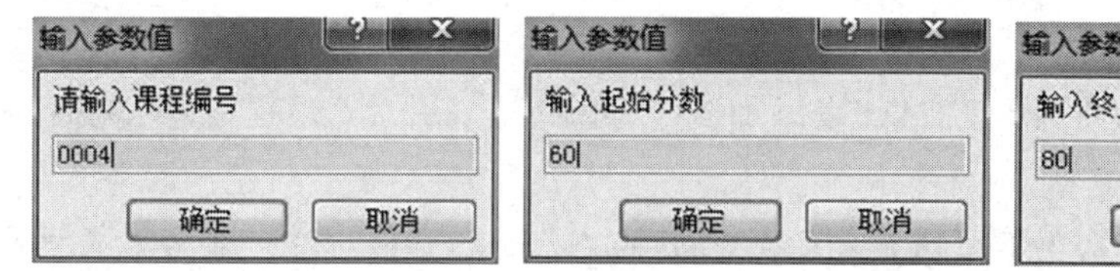

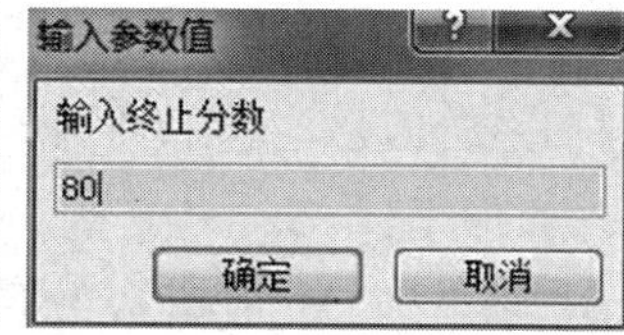

图3-46 输入参数查询值

查询1

学号	姓名	课程名称	考试成绩
200521250116	彭孝平	C语言程序设计	80
200521250135	郝涛	C语言程序设计	78
200510250427	曹文斌	C语言程序设计	77
200518250131	夏毅	C语言程序设计	68
200521250229	封卫国	C语言程序设计	67

记录：第1项(共8项) 无筛选器 搜索

图3-47 按课程编号和分数段查询结果

（5）保存查询，设置“查询”对象名称为“例-按课程及分数段 查询”。

思考：修改【例3-7】，要求在一个年代期间，查询相关教师信息，创建多参数查询。

3.5 创建操作查询

操作查询用于对数据库进行复杂的数据管理操作，用户可以根据自己的需要利用查询创建一个新的数据表以及对数据表中的数据进行增加、删除和修改等操作。也就是说，操作查询不像选择查询那样只是查看、浏览满足检索条件的记录，而是可以对满足条件的记录进行更改。

操作查询共有4种类型：生成表查询、更新查询、追加查询和删除查询。所有查询都将影响到表，其中，生成表查询在生成新表的同时，也生成新表数据；而删除查询、更新查询和追加查询只修改表中的数据。

操作查询的基本创建过程如下：

（1）创建普通查询（选择查询或参数查询）。

（2）在设计视图中将所建普通查询修改定义为所需操作查询。

（3）切换到数据表视图，预览由普通查询查找到的数据。

（4）保存并运行所建操作查询。

3.5.1 生成表查询

运行“生成表查询”可以使用从一个或多个表中提取的全部或部分数据来新建表，这种由表产生查询，再由查询来生成表的方法，使得数据的组织更加灵活、使用更加方便。生成表查询所创建的表，继承源表的字段数据类型，但并不继承源表的字段属性及主键设置。

生成表查询可以应用在很多方面，可以创建用于导出到其他 Access 数据库的表、表的备份副本或包含所有旧记录的历史表等。

【例 3-9】 以“课程信息”表为依据，查询课程类型为必修课的课程，并生成新表。

操作步骤如下：

(1) 创建普通查询。

①打开查询设计视图，将“课程信息”表添加到字段列表区，并将“课程信息”表中的所有字段设为查询字段。

②在“课程类型”字段对应的“条件”文本框中输入“必修课”，取消“显示”复选项，如图 3-48所示。

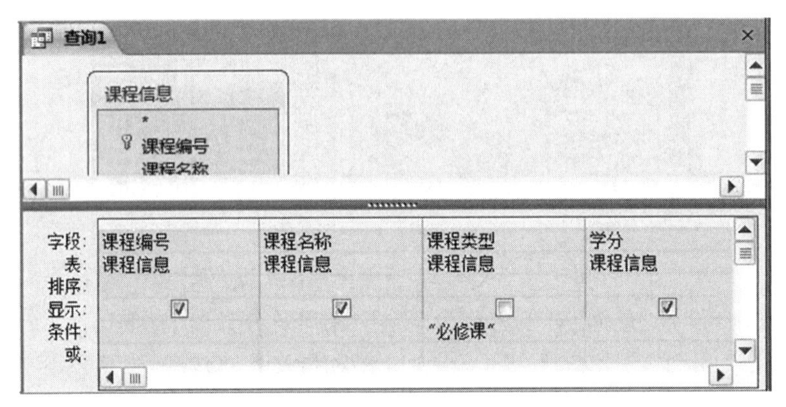

图 3-48　设置查询条件

(2) 定义“生成表查询”。

①单击“查询工具|设计”选项卡“查询类型”分组中的【生成表】按钮，打开如图3-49所示的“生成表”对话框。

图 3-49　“生成表”对话框

②输入新表的名称为“例-必修课”，并选择保存到当前数据库中，单击【确定】按钮，完成表名称的设置。

(3) 预览由普通查询查找到的数据。

①单击“结果”分组中的【视图】按钮，然后在数据表视图中浏览查找到的数据。如图 3-50 所示。

②确认结果正确，转到第(4)步，否则回到设计视图中修改并重复第(3)①步。

(4) 命名、保存并运行。

①在数据表视图的查询名称标识上单击右键，在打开的快捷菜单中执行“设计视图”命

课程编号	课程名称	学分
0004	C语言程序设计	2
0006	Petri网原理	1.5
0007	FORTRAN语言	2
0010	PC机原理	1.5
0013	保险学	2.5
0066	编译原理	2
0079	操作系统	2
0087	城市规划原理	2

图 3-50 在数据表视图中浏览查找到的数据

令,切换至设计视图。

②在“结果”分组中单击【运行】按钮❗,打开如图 3-51 所示的提示框,单击【是】按钮。

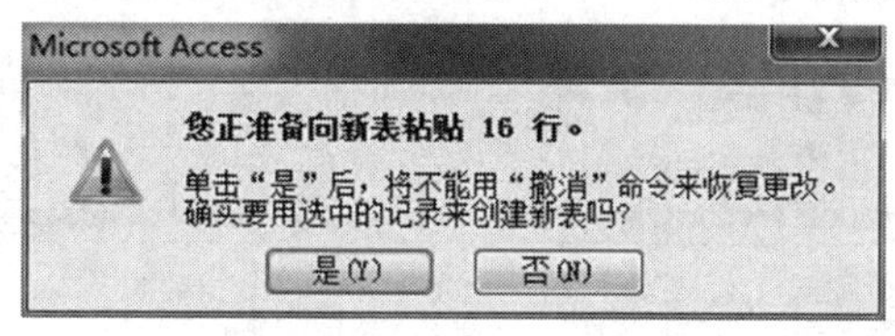

图 3-51 粘贴确认

③关闭查询,本例以“例-必修课 查询”为名保存对该查询所作的修改。此时,可从导航窗格的“表”对象列表和“查询”对象列表中分别看到新生成的表和查询,如图 3-52(a)和图 3-52(b)所示。

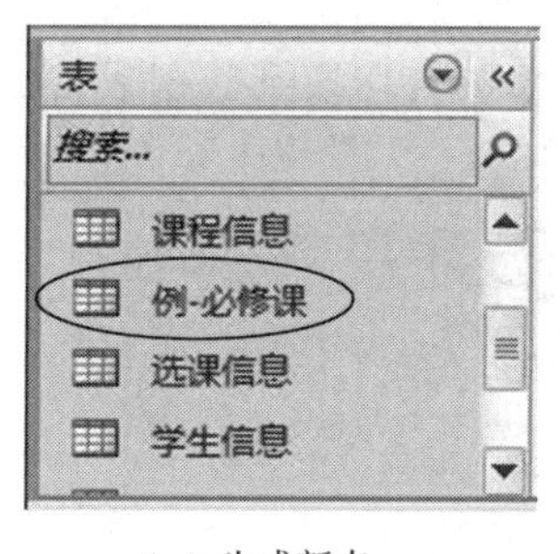

(a) 生成新表

(b) 生成新查询

图 3-52 生成新表及新查询

思考:生成表查询中的查询字段与将要生成的新表中的字段,是怎样的关系?

3.5.2 删除查询

要使数据库发挥更好的作用,就要对数据库中的数据经常进行整理。整理数据的操作之一就是删除无用的或坏的数据。前面介绍的在表中删除数据方法只能手动删除表中记录或字段的数据,非常麻烦。

删除查询可以通过运行查询自动删除一组记录,而且可以删除一组满足相同条件的记录。删除查询可以只删除一个表内的记录,也可以删除在多个表内利用表间关系相互关联的表间记录。

【例 3-10】 创建一个删除查询,删除“教师信息”表中 1950 年前出生的记录。

操作步骤如下：

(1) 创建普通查询。

①打开查询设计视图，将“教师信息”表添加到字段列表区。

②在设计网格区添加“教师信息”表中的“教师编号”“姓名”“性别”和“出生日期”字段。

③在“出生日期”字段对应的“条件”网格中输入“＜＃1950/1/1＃”。

(2) 定义“删除查询”。

执行“查询工具|设计”选项卡“查询类型”分组中的【删除】按钮，此时查询设计视图如图 3-53 所示，在设计网格区添加了一个“删除”组件。

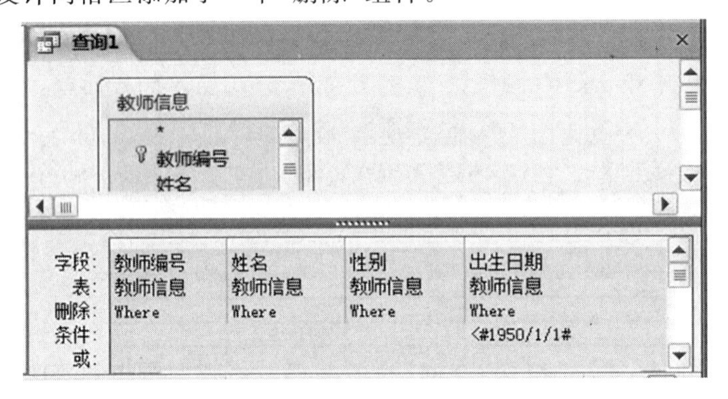

图 3-53　设置查询字段和条件

(3) 预览要删除的数据。

①单击“结果”分组中的【视图】按钮，此时系统会切换到数据表视图，把满足删除条件的记录显示在数据表中以便用户审查，如图 3-54 所示。

教师编号	姓名	性别	出生日期
0302	欧阳立	男	1948/10/1
0315	雪纯	女	1948/12/1

记录：第 1 项(共 2 项)　无筛选器　搜索

图 3-54　在数据表视图中显示要删除的记录

②在数据表视图的查询名称标识上单击右键，在打开的快捷菜单中执行“设计视图”命令，切换至设计视图。若预览结果无误，就进行下一步，否则修改后再预览。

(4) 运行并保存。

①在“结果”分组中单击【运行】按钮，打开如图 3-55 所示的提示框，单击【是】按钮。

②单击【是】按钮，将从“教师信息”表中永久删除查询到的这两条记录。

③命名并保存删除查询。

本例以“例-指定删除 查询”为名保存对该查询所作的设计。此时，可从导航窗格的“查询”对象列表中看到新生成的查询。

注意：使用删除查询删除记录之后，就不能撤销这个操作了。因此，在执行删除查询之前，应该先预览即将被删除的数据，也可以在实施删除操作之前，先备份数据以防误操作。

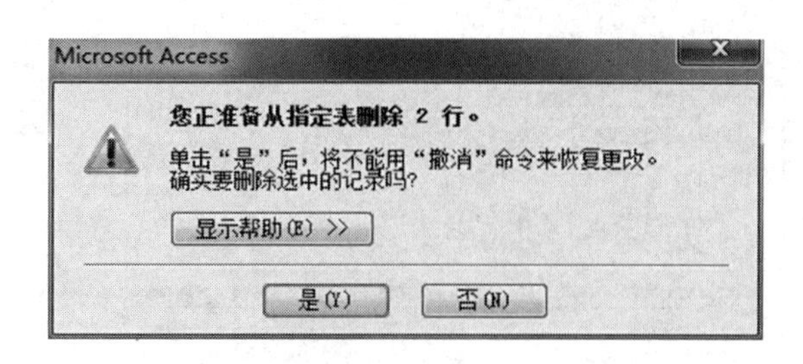

图 3-55 删除确认

3.5.3 更新查询

更新查询用于修改表中已有记录的数据。创建更新查询首先要定义查询准则，找到目标记录，还需要提供一个表达式，用表达式的值去替换原有的数据。

【例 3-11】 创建一个更新查询，将所有土建学院 05 级学生的所属院部改为"土木与建筑学院"。

操作步骤如下：

(1) 创建普通查询。

①打开查询设计视图，将"学生信息"表添加到字段列表区。

②在设计网格中添加"学生信息"表中的"学号""所属院部"字段。

③在"学号"字段对应的"条件"网格中输入"Left([学生信息]! [学号],4)="2005""，表示查询条件是学号的头 4 位必须为"2005" ，如图 3-56 所示。

④在"所属院部"字段的"条件"网格中输入"土建学院"，如图 3-56 所示。

(2) 定义"更新查询"。

①执行"查询工具|设计"选项卡"查询类型"分组中的【更新】按钮，此时查询设计视图的设计网格区添加了一个"更新到"组件。

②在"所属院部"字段对应的"更新到"网格中输入"土木与建筑学院"，如图 3-57 所示。

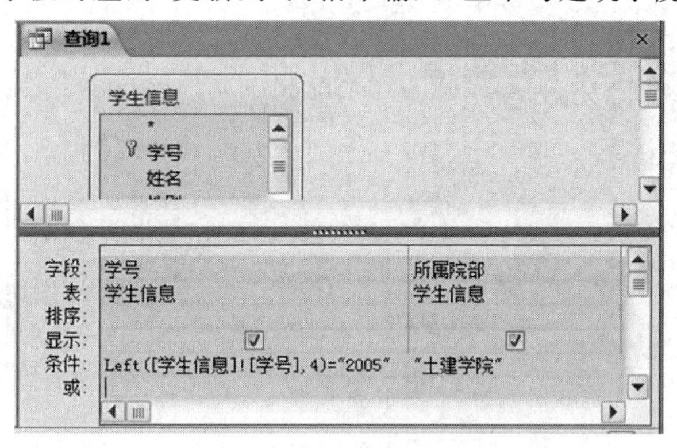

图 3-56 查询设计视图—添加查询字段

(3) 预览待更新的数据。

切换到数据表视图，检查将被替换的数据是否设置正确，然后切换回到设计视图。

(4) 保存并运行。

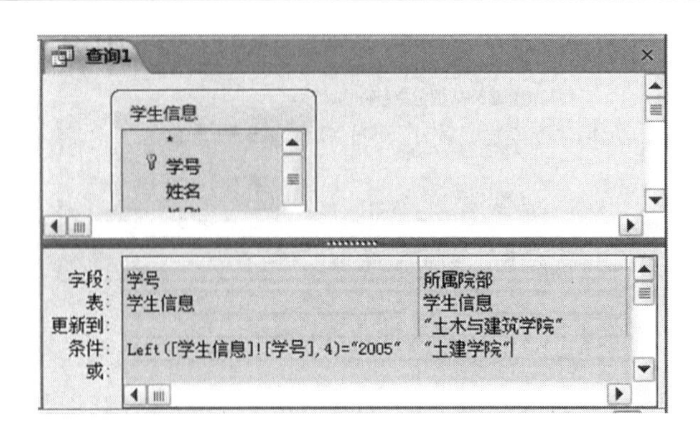

图 3-57　查询设计视图—输入查询条件及更新内容

①单击 Access 窗口标题栏上快捷工具【保存】按钮，在"保存"对话框中输入查询名称"例-字段修改 查询"。

②在"结果"分组中单击【运行】按钮，由于查询的结果要修改源数据表中的数据，因此系统自动弹出一个提示信息框，提示用户将要更新记录，如图 3-58 所示。

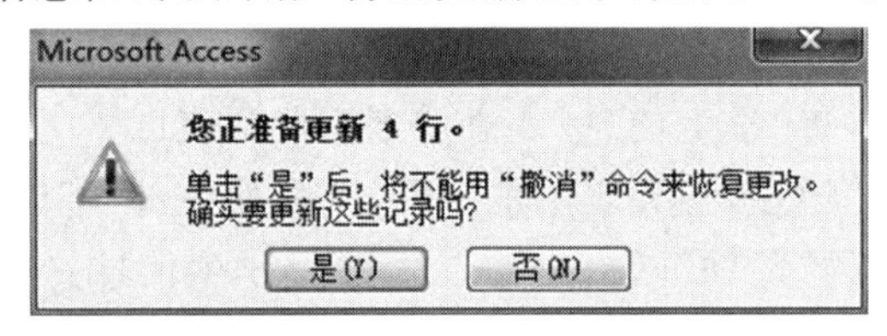

图 3-58　更新确认

③单击【是】按钮执行更新查询。可以通过打开源数据表"学生信息"来查看执行结果，如图 3-59 所示。

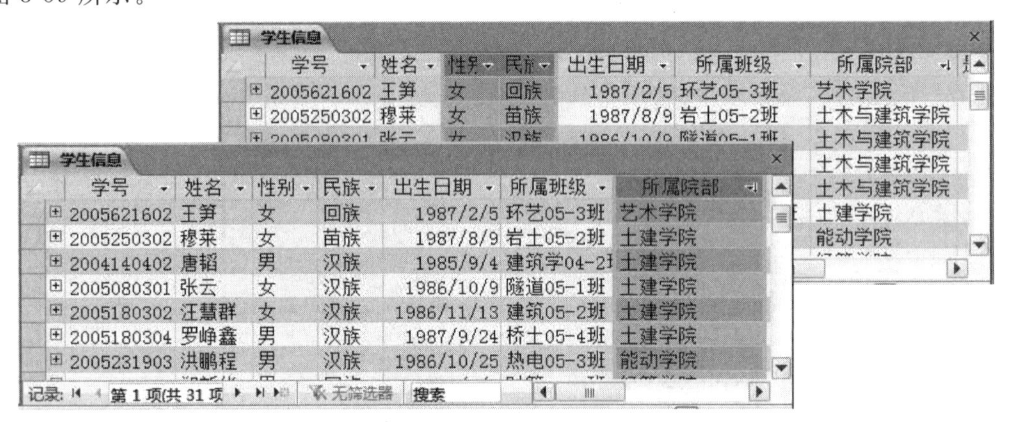

图 3-59　运行"更新查询"前、后的数据表对比

思考：若需利用本查询将用户输入的任意所属院部进行批量更名操作，应如何修改设计?

3.5.4　追加查询

如果希望将某个表中符合一定条件的记录添加到另一个表中，可使用追加查询。追加查询可将查询的结果追加到其他表中。

【例 3-12】 设已建立“补考表”，如图 3-60 所示。要求创建一个追加查询，将“教学管理2010”数据库中需补考的学生相关信息追加到“补考表”表中。

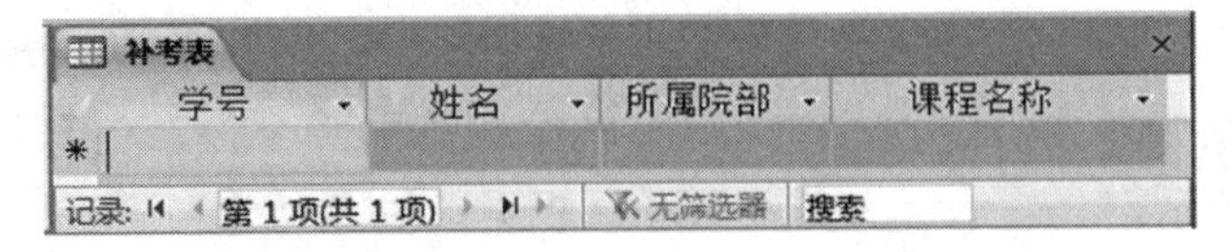

图 3-60 补考表的数据表视图

操作步骤如下：

(1) 创建普通查询。

①在查询设计视图中，将“学生信息”“选课信息”和“课程信息”表添加到字段列表区中。

②在设计网格区中添加“学号”“姓名”“所属院部”“课程名称”和“考试成绩”字段，其中前 4 个字段中的信息将追加到“补考表”中，“考试成绩”字段将要作为追加的条件字段。

③在“考试成绩”字段对应的“条件”网格中输入“＜60”。

(2) 定义“追加查询”。

①执行“查询|追加查询”菜单命令，或者单击工具栏的【查询类型】按钮的下拉箭头，选择下拉列表中的“追加查询”选项，在打开的“追加”对话框中输入表名称为“补考表”，如图 3-61所示。

图 3-61 “追加”对话框

②单击【确定】按钮返回到设计视图，此时设计网格区增加了“追加到”行。

③在“学号”“姓名”“所属院部”“课程名称”字段对应的“追加到”网格中选择“补考表”表的相应字段，如图 3-62 所示。

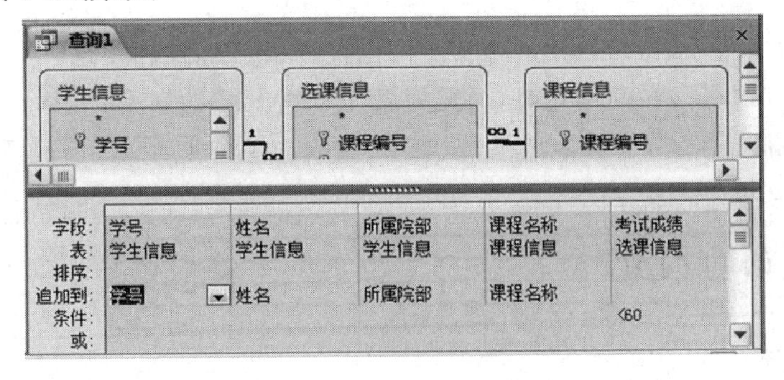

图 3-62 追加查询的设计视图

(3) 预览待追加数据。

切换到数据表视图检查要追加的数据是否正确，然后返回到设计视图。

（4）保存并运行。

①单击 Access 窗口标题栏上快捷工具【保存】按钮，在“保存”对话框中输入查询名称“例-补考名单 查询”。

②在“结果”分组中单击【运行】按钮，系统自动弹出一个提示信息框，提示用户将要追加记录，如图 3-63 所示。

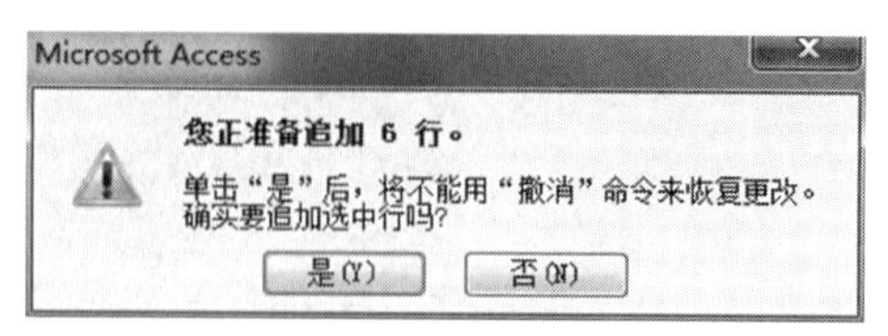

图 3-63 追加确认

③单击【是】按钮执行追加查询。可以通过打开数据表“补考表”来查看执行结果，如图 3-64所示。

补考表

学号	姓名	所属院部	课程名称
200414040224	唐韬	土建学院	C语言程序设计
200509250306	言思远	城南学院	C语言程序设计
200510250315	蒋柱	城南学院	VB语言程序设计
200518030421	罗峥鑫	土建学院	VB语言程序设计
200518250131	夏毅	城南学院	大学计算机基础

记录：第 1 项(共 6 项) 无筛选器 搜索

图 3-64 执行追加查询后的表

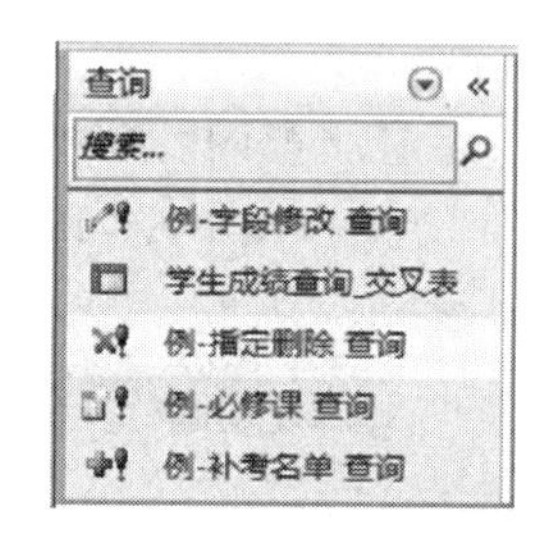

图 3-65 导航窗格中的“查询”对象

操作查询与前面介绍的选择查询、交叉表查询和参数查询有所不同。操作查询不仅选择表中数据，还对表中数据进行修改。由于运行一个操作查询时，可能会对数据库中的表进行大量的修改，因此为了避免因误操作引起的不必要的改变，Access 在导航窗格中，将每个操作查询图标的后面显示了一个感叹号，如图 3-65 所示，以引起用户的注意。

3.6 创建 SQL 查询

SQL 是 Structured Query Language（结构化查询语言）的缩写，是在数据库系统中应用广泛的数据库查询语言。在使用它时，只需要发出“做什么”的命令，“怎么做”是不用使用者考虑的。SQL 功能强大、简单易学、使用方便，已经成为了数据库操作的基础，并且现在几乎所有的数据库均支持 SQL。

3.6.1 SQL 语言简介

1. SQL 概述

SQL 是一种数据库子语言，语句可以被嵌入到另一种语言中，从而使其具有数据库存取功能。SQL 不是严格的结构式语言，它的语法更接近英语语句，因此易于理解。SQL 还是一种交互式查询语言，允许用户直接查询存储数据。利用这一交互特性，用户可以在很短的时间内回答相当复杂的问题,而同样的问题若让程序员编写代码实现,则可能要花费很长的时间。

SQL 语言之所以能够为用户和业界所接受,并成为国际标准,是因为它是一个综合的、功能极强同时又简捷易学的语言。主要特点包括:

1)综合统一

数据库系统的主要功能是通过数据库支持的数据语言来实现的。

SQL 语言集数据查询(Data Query)、数据操纵(Data Manipulation)、数据定义(Data Definition)和数据控制(Data Control)功能于一体,语言风格统一,可以独立完成数据库生命周期中的全部活动,包括定义关系模式、插入数据、建立数据库、查询、更新、维护、数据库重构、数据库安全性控制等一系列操作要求,为数据库应用系统的开发提供了良好的环境。用户在数据库系统投入运行后,还可根据需要随时地逐步地修改模式,且并不影响数据库的运行,从而使系统具有良好的可扩展性。

2)高度非过程化

SQL 语言进行数据操作,只要提出“做什么”,而无须指明“怎么做”,因此无需了解存取路径、存取路径的选择等,SQL 语句的操作过程由系统自动完成。这不但大大减轻了用户负担,而且有利于提高数据独立性。

3)面向集合的操作方式

SQL 语言采用集合操作方式,不仅操作对象、查找结果可以是元组的集合,而且一次插入、删除、更新操作的对象也可以是元组的集合。

4)以统一的语法结构提供两种使用方式

SQL 语言既是自含式语言,又是嵌入式语言。作为自含式语言,它能够独立地用于联机交互的使用方式,用户可以在终端键盘上直接键入 SQL 命令对数据库进行操作;作为嵌入式语言,SQL 语句能够嵌入到高级语言(如 C 语言、FORTRAN 语言)程序中,供程序员设计程序时使用。而在两种不同的使用方式下,SQL 语言的语法结构基本上是一致的。这种以统一的语法结构提供两种不同的使用方式的做法,为用户提供了极大的灵活性与方便性。

SQL 语言功能极强,但由于设计巧妙,语言十分简捷,完成核心功能只用 9 个动词,如表 3.15所示。

表 3.15 SQL 的动词

SQL 功能	动词
数据定义	CREATE,DROP,ALTER
数据操纵	INSERT,UPDATE,DELETE
数据查询	SELECT
数据控制	CRANT,REVOTE

2. SQL 查询及其语句

查询是 SQL 的核心,常用的 SQL 语句包括 SELECT,INSERT,UPDATE,DELETE,CREATE 以及 DROP 等。而其中用于表达 SQL 查询的 SELECT 语句,则是功能最强也是最为复杂的 SQL 语句，它从数据库中检索，并将查询结果提供给用户。它能够实现数据的选择、投影和连接运算，并能够完成筛选字段重命名、分类汇总、排序和多数据源数据组合等具体操作。

SELECT 语句可以有 6 个子句，其完整的语法结构如下：

```
SELECT [ALL|DISTINCT|TOP n] * |<字段列表>[,<表达式> AS<标识符>]
FROM <表名 1>[,<表名 2>]…
[WHERE <条件表达式>]
[GROUP BY <字段名> [HAVING <条件表达式>]]
[HAVING <内部函数表达式>]
[ORDER BY <字段名> [ASC|DESC]];
```

语句功能：从指定的基本表中，创建一个由指定范围内、满足条件、按某字段分组、按某字段排序的指定字段组成的新记录集。

符号说明如表 3.16 所示，命令子句及参数说明如表 3.17 所示。

表 3.16　符号说明

<table>
<tr><th>符号</th><th>功能说明</th></tr>
<tr><td>〈 〉</td><td>必选项，表示在实际语句中要使用实际的内容加以替代</td></tr>
<tr><td>[ ]</td><td>可选项，表示可按实际情况加以选择，也可以不选择</td></tr>
<tr><td>|</td><td>表示“或”，可在多个选项中选择其一</td></tr>
</table>

表 3.17　命令子句及参数说明

命令子句及参数	功能说明
ALL	查询结果是满足条件的全部记录。默认值为 ALL
DISTINCT	查询结果是不包含重复行的所有记录
TOP n	查询结果是前 n 条记录。n 是整数
*	查询结果包含所有的字段
〈字段列表〉	列表中各项可以是字段名、常数或系统内部的函数，用“，”分隔
〈表达式〉AS〈标识符〉	表达式可以是字段名、也可以是一个计算表达式。AS〈标识符〉是为表达式指定的新的字段名
FROM〈表名 1〉	说明查询的数据源，可以是单个表也可以是多个表
WHERE〈条件表达式〉	说明查询的条件，条件表达式可以是关系表达式，也可以是逻辑表达式。查询结果是满足〈条件表达式〉的记录集
GROUP BY〈字段名〉	用于对检索结果进行分组，查询结果是按〈字段名〉分组记录集
HAVING〈条件表达式〉	必须跟随 GROUP BY 使用，用来限定分组必须满足的条件
ORDER BY〈字段名〉	用于对检索结果进行排序，查询结果按〈字段名〉排序
ASC	升序。必须跟随 ORDER BY 使用
DESC	降序。必须跟随 ORDER BY 使用

3. SELECT 语句简单应用举例

1）检索表中所有记录和所有字段

【例 3-13】 查询并显示“教师信息”表中所有记录的全部情况。其命令为：

```
SELECT *  FROM 教师信息;
```

2）检索表中所有记录的指定字段

【例 3-14】 查询并按学历升序显示“教师信息”表中所有记录的姓名、出生日期、学历和职称情况。其命令为：

```
SELECT 姓名,出生日期,学历,职称 FROM 教师信息 ORDER BY 学历 ASC
```

3）检索表中满足条件的记录的指定字段

【例 3-15】 在“教师信息”表中查询姓“王”的教师，并按照“姓名”字段升序排列，显示教师编号、姓名、参加工作时间及职称情况。其命令为：

```
SELECT 教师编号,姓名,参加工作时间,职称
FROM 教师信息
WHERE 姓名 LIKE '王* '
ORDER BY 姓名 ASC
```

4）用新字段显示表中计算结果

【例 3-16】 计算“教师信息”表中各类学历的人数分布情况。其命令为：

```
SELECT 学历,COUNT(教师编号) AS 人数 FROM 教师信息 GROUP BY 学历
```

3.6.2 查询与 SQL 视图

在 Access 中，创建和修改查询最方便的方法是使用查询设计视图。但不论是用查询向导还是用设计视图创建一个查询时，都是构造了一个等价的 SQL 语句。任何一个查询都对应着一条 SQL 语句，可以说“查询”对象的实质是一条 SQL 语句。例如，已经创建的“例-按入职时间查询教师信息”的设计视图和其相应的“SQL 视图”如图 3-66 和图 3-67 所示。

图 3-66 是查询的设计视图，它反映了“例-按入职时间查询教师信息”查询的设计情况，其中查询的数据源是“教师信息”表，查询要显示的字段是“教师编号”“姓名”“职称”以及用户输入的入职年份。查询的条件是：“参加工作时间”字段中的年份匹配用户查询的入职年份。图 3-67 是该查询的 SQL 视图，视图中显示了一个 SELECT 语句，该语句给出了查询需要显示的字段、数据源以及查询条件。两种视图设置的内容是一样的，因此它们是等价的。

要修改该查询，既可以在 SQL 视图中直接修改相关命令参数，也可以在设计视图中进行修改。

打开“SQL 视图”的方法是：先打开查询设计视图，然后在“查询工具|设计”选项卡“结果”分组中单击【视图】按钮的下拉箭头，在下拉列表中选择“SQL 视图”项。

3.6.3 创建 SQL 特定查询

在 Access 中某些 SQL 查询不能在“查询”对象的设计网格中创建，这些查询称为 SQL 特定查询，包括联合查询、传递查询、数据定义查询和子查询。

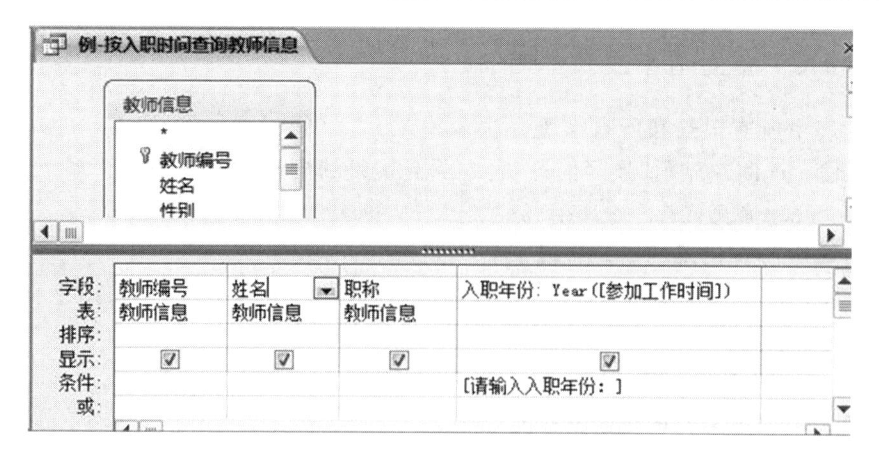

图 3-66　设计视图

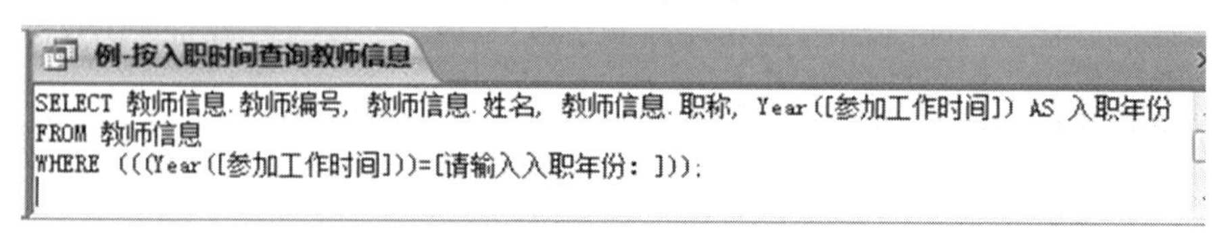

图 3-67　SQL 视图

1. SQL 特定查询的功能

1）联合查询

联合查询将两个或多个表或查询中的对应字段合并到查询结果的一个字段中。使用联合查询可以合并两个表中的数据。并可以根据联合查询创建“生成表查询”以生成一个新表。

2）传递查询

传递查询使用服务器能接受的命令且直接将命令发送到 ODBC 数据库，如 Microsoft SQL Server。使用传递查询可以不必链接到服务器上的表而直接使用它们。

3）数据定义查询

数据定义查询，用以创建、删除或更改表，或者用于创建数据库的索引。

4）子查询

子查询由另一个选择查询或者操作查询之内的 SELECT 语句组成。用户可以在查询设计网格的“字段”行输入这些语句来定义新字段，也可在“条件”行来定义字段的条件。

2. 创建 SQL 特点查询的基本操作

(1) 对于联合查询、传递查询、数据定义查询，必须直接在“SQL”视图中创建 SQL 语句。

基本方法：在查询设计视图状态下，单击“查询工具|设计”选项卡“查询类型”分组中的相应命令按钮(如图 3-68 所示)打开相应的 SQL 视图，通过在 SQL 视图中输入相应的 SQL 命令完成查询的创建。

(2) 对于子查询，则要在查询设计网格的“字段”行或者“条件”行中输入 SQL 语句。

基本方法：在查询设计视图状态下，鼠标右击“字段”行相应单元格或鼠标右击“条件”行

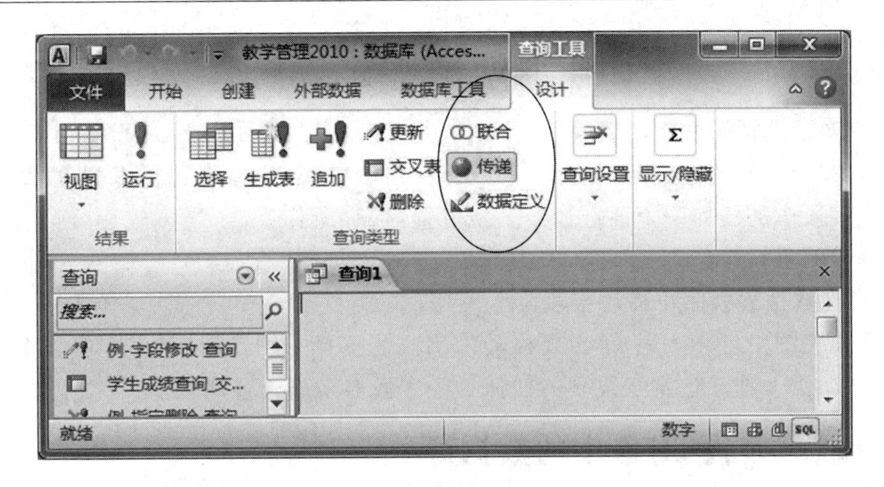

图 3-68　SQL 特定查询类型命令按钮及查询设计窗口

相应单元格，在快捷菜单中单击“显示比例”菜单命令，打开“显示比例”窗口，通过在其中输入相应的 SQL 命令创建子查询。

3.7　编辑和使用查询

建立查询后，可以运行查询，也可以在查询设计视图中编辑已经建立的查询。

3.7.1　运行已创建的查询

在创建查询时，用户可以通过单击“查询工具|设计”选项卡“结果”分组中的【运行】按钮 ！，看到查询的结果。

在创建后，如果要查看查询的结果，可以通过以下两种方法来实现：

◆ 在导航窗格的查询列表中，双击要运行的查询。

◆ 在导航窗格的查询列表中，选择要运行的查询，再单击右键快捷菜单中的“打开”命令即可。

3.7.2　编辑查询中的字段

1. 添加字段

可以使用以下两种方法为“查询”对象添加字段：

◆ 从查询设计视图的字段列表区中选择数据源（表或查询），将其中所需字段拖拽至设计网格区“字段”组件的网格中。

◆ 首先单击设计网格区的“表”组件的空白的网格，打开其下拉列表，从中选择源表，再从对应“字段”组件的网格的下拉列表中选择字段。

2. 删除字段

打开查询设计视图，在设计网格区域中，单击列选择器，然后按[Delete]键。

3. 移动字段

1）在查询设计视图中移动字段

在设计网格区单击列选择器选择一列，也可以拖动列选择器来选择多列，然后再次单击并拖动选定字段中的任何一个列选择器至新位置，保存所作修改，当再次运行该查询时可以看到本次修改效果。

2）在查询数据表视图中移动字段

在数据表视图中打开查询，单击要移动的字段名选择一列，或拖过多个字段名以选择多列，然后再次单击并拖动选定字段中的任何一个字段名至新位置即可。

3.7.3　编辑“查询”对象中的数据源

在查询设计视图中可以添加或者删除“查询”对象的数据源。

1. 添加表或查询

单击“查询工具|设计”选项卡“查询设置”分组中的【显示表】按钮，或右键单击字段列表区打开快捷菜单，执行“显示表”菜单命令，在弹出的“显示表”对话框中可以添加表或查询。

2. 删除表或查询

在查询设计视图的字段列表区中，可单击要删除的表或查询，再按[Delete]键来删除查询的数据源；也可以右键单击要删除的表或查询打开快捷菜单，执行其中的“删除表”菜单命令。

3.7.4　排序查询的结果

有时需要对查询的结果进行排序，方便对数据的查看和分析。

在查询设计视图的设计网格区中，通过设置查询设计网格区的“排序”组件的顺序可以实现对查询结果的排序。在对多个字段排序时，首先在设计网格区排序组件的网格上设置要执行排序时的字段顺序。多个字段排序时Access遵循从左至右的优先原则，如图3-69所示，查询结果首先按成绩进行降序排列，成绩相同时再按学号的升序排列。

如果仅对单个字段进行排序，还可以在数据表视图中打开查询，用以下3种方式之一进行排序：

◆ 单击作为排序字段的任意网格，执行“开始”选项卡“排序和筛选”分组中的【升序】按钮或者【降序】按钮完成排序。

◆ 单击字段名称旁的下拉箭头，在打开的列表中选择“升序”或者“降序”项完成排序。

◆ 右击作为排序字段的任意网格，打开快捷菜单，从中选择“升序”或者“降序”命令完成排序。

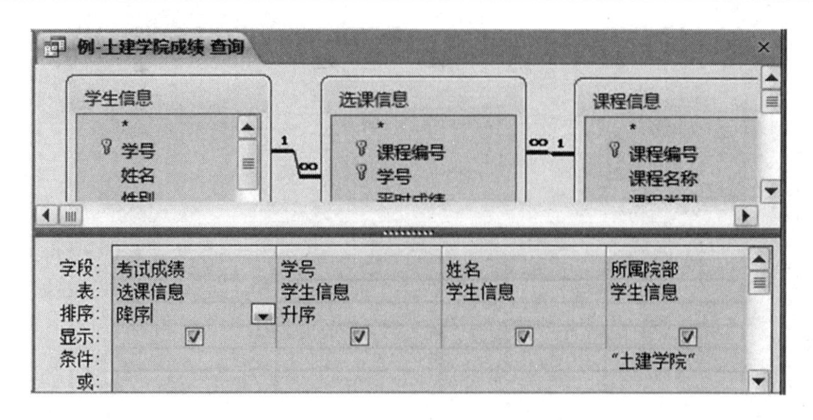

图 3-69 多字段排序设置

本章小结

查询的主要目的是通过某些条件的设置,从表中选择所需要的数据,因此,使用查询需要了解查询和数据表的关系。

查询实际上就是将分散存储在表中的数据按一定的条件重新组织起来,形成一个动态的数据记录集合。这个记录集合在数据库中并没有真正存在,只是在运行查询时从查询源表的数据中创建,数据库只是保存查询的方式,当关闭查询时,动态数据集会自动消失。正是这个特性提供了查询灵活方便的数据操纵能力。

Access 支持 5 种查询方式:选择查询、交叉表查询、参数查询、操作查询和 SQL 查询。选择查询是最常见的查询类型,它从一个或多个表中检索数据。用户也可以使用选择查询来对记录进行分组,并且对记录作总计、计数、求平均值以及其他类型的总和计算。交叉表查询可以计算并重新组织数据结构,这样可以更加方便地分析数据。交叉表查询计算数据的总计、计数、平均值以及其他类型的总和。参数查询在执行时显示对话框,以提示用户输入信息。操作查询是指通过执行查询对数据表中的记录进行更改。操作查询分为 4 种:生成表查询、删除查询、更新查询和追加查询。SQL 查询是用户使用 SQL 语句创建的查询,用户可以用结构化查询语言(SQL)来查询、更新和管理 Access 数据库。

使用查询向导来创建选择查询和交叉表查询方便快捷,但是缺乏灵活性。查询设计视图可以实现复杂条件和需求的查询设计,这是本章学习和掌握的重点。

习 题 3

一、选择题

1. 下列 SQL 查询语句中,与题图 3-1 查询设计视图所示的查询结果等价的是( )。

   A. SELECT 姓名,性别,所属院部,备注 FROM 学生信息

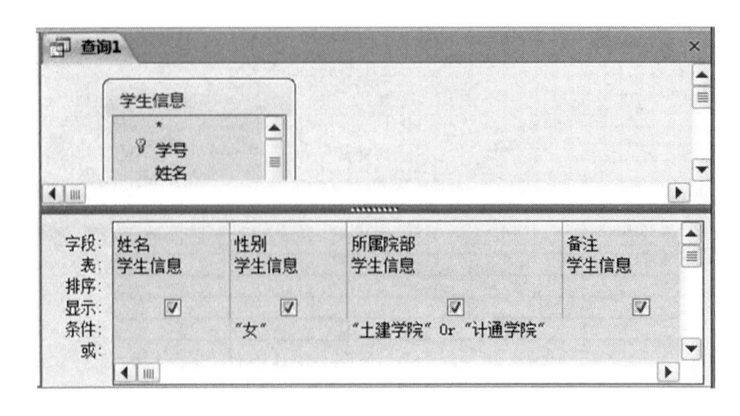

题图 3-1

WHERE 性别="女"AND 所属院部 IN（"土建学院"，"计通学院"）

B. SELECT 姓名，备注 FROM 学生信息
WHERE 性别="女"AND 所属院部 IN（"土建学院"，"计通学院"）

C. SELECT 姓名，性别，所属院部，备注 FROM 学生信息
WHERE 性别="女"AND 所属院部="土建学院"OR 所属院部="计通学院"

D. SELECT 姓名，备注 FROM 学生信息
WHERE 性别="女"AND 所属院部="土建学院"OR 所属院部="计通学院"

2. 若在数据库中已有同名表，要通过查询覆盖原来的表，应使用的查询类型是（　　）。

A. 删除　　B. 追加　　C. 生成表　　D. 更新

3. 条件"Not 工资额>2000"的含义是（　　）。

A. 选择工资额大于 2000 的记录

B. 选择工资额小于 2000 的记录

C. 选择除了工资额大于 2000 之外的记录

D. 选择除了字段工资额之外的字段，且大于 2000 的记录

4. 将表 A 的记录添加到表 B 中，要求保持表 B 中原有的记录。可以使用的查询是（　　）。

A. 选择查询　　B. 生成表查询　　C. 追加查询　　D. 更新查询

5. 在 Access 中，"查询"对象的数据源可以是（　　）。

A. 表　　B. 查询　　C. 表和查询　　D. 表、查询和报表

6. 如果在查询的条件中使用了通配符"[ ]"，它的含义是（　　）。

A. 通配任意长度的字符　　B. 通配不在括号内的任意字符

C. 通配方括号内列出的任一单个字符　　D. 错误的使用方法

7. 在 Access 中已经建立了"工资"表，表中包括"职工号""所在单位""基本工资"和"应发工资"等字段，如果要按单位统计应发工资总数，那么在查询"设计"视图的"所在单位"的"总计"行和"应发工资"的"总计"行中分别选择的是（　　）。

A. Sum，Group By　　B. Count，Group By

C. Group By，Sum　　D. Group By，Count

8. 在创建交叉表查询时，列标题字段的值显示在交叉表的位置是（　　）。

A. 第 1 行　　B. 第 1 列

C. 上面若干行　　D. 左面若干列

9. 在 Access 中已经建立了"学生"表，表中有"学号""姓名""性别"和"入学成绩"等字段。执行如下

SQL 命令：

SELECT 性别，Avg(入学成绩) FROM 学生 GROUP BY 性别

其结果是(　　)。

A. 计算并显示所有学生的性别和入学成绩的平均值

B. 按性别分组计算并显示所有学生的性别和入学成绩的平均值

C. 计算并显示所有学生的入学成绩的平均值

D. 按性别分组计算并显示所有学生的入学成绩的平均值

10. 题图 3-2 显示的是查询设计视图的“设计网格”部分，从所显示的内容中可以判断出该查询要查找的是(　　)。

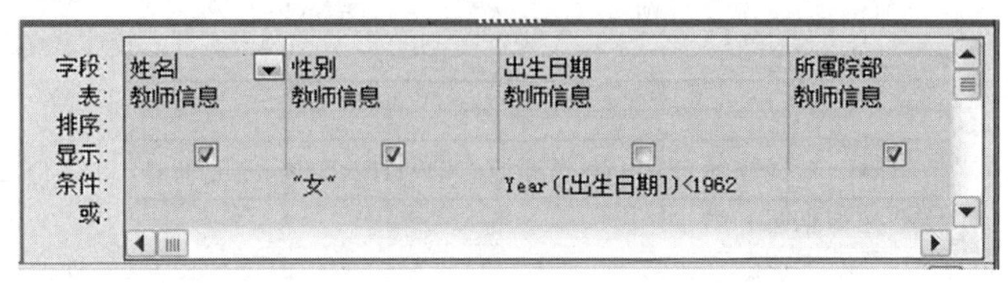

题图 3-2

A. 女性且 1962 年以前出生的记录　　B. 女性且 1962 年以后出生的记录

C. 女性或者 1962 年以前出生的记录　　D. 女性或者 1962 年以后出生的记录

11. 以“教师信息”表为数据源创建查询，计算各院部不同性别的总人数和各类职称人数，并显示如题图 3-3所示的结果，其正确的设计是(　　)。

教师信息_交叉表

所属院部	性别	总人数	副教授	高级实验	讲师	教授	助教
计通学院	男	4	1			1	2
计通学院	女	5	1	1	1		2
土建学院	男	4	2		1	1	
土建学院	女	4	1		2	1	

记录: 第 4 项(共 4 项)　无筛选器　搜索

题图 3-3

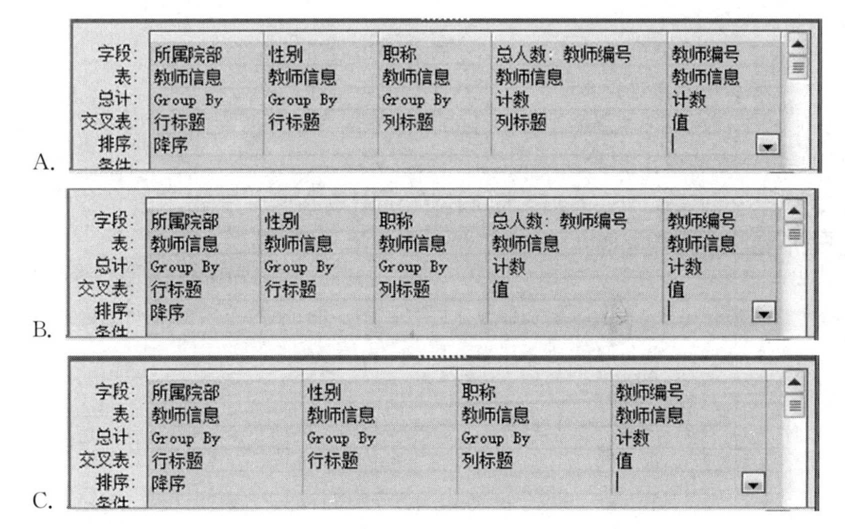

D.

字段:	所属院部	性别	职称	总人数: 教师编号	教师编号
表:	教师信息	教师信息	教师信息	教师信息	教师信息
总计:	Group By	Group By	Group By	计数	计数
交叉表:	行标题	行标题	列标题	行标题	值
排序:	降序				
条件:					

12. 题图 3-4 是使用“查询设计器”完成的查询，与该查询等价的 SQL 语句是(　　)。

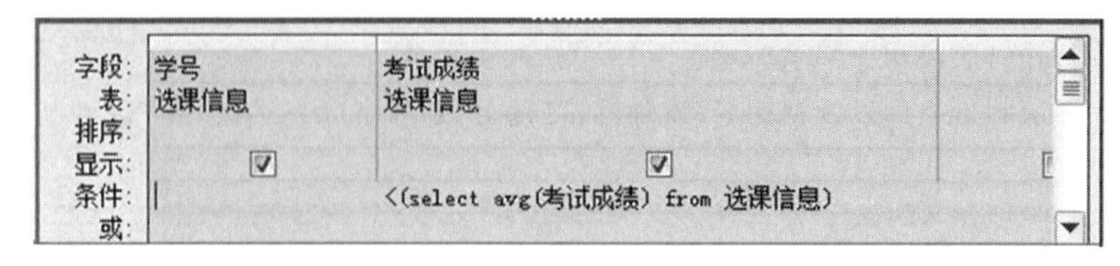

字段:	学号	考试成绩
表:	选课信息	选课信息
排序:		
显示:	☑	☑
条件:		<(select avg(考试成绩) from 选课信息)
或:		

题图 3-4

A. SELECT 学号，考试成绩 FROM 选课信息 WHERE 考试成绩＜(SELECT Avg (考试成绩) FROM 选课信息)

B. SELECT 学号 WHERE 考试成绩＞(SELECT Avg(考试成绩)FROM 选课信息)

C. SELECT 考试成绩 Avg(考试成绩)FROM 选课信息

D. SELECT 考试成绩＞(SELECT Avg 考试成绩)FROM 选课信息

13. 题图 3-5 所示的查询返回的记录是(　　)。

字段:	学号	总评成绩	
表:	选课信息	选课信息	
排序:			
显示:	☑	☑	☐
条件:		Not 80	
或:		Not 90	

题图 3-5

A. 不包含 80 分和 90 分　　B. 不包含 80 分至 90 分数段

C. 包含 80 分至 90 分数段　　D. 所有记录

14. 排序时如果选取了多个字段，则输出结果是(　　)。

A. 按设定的优先次序依次进行排序　　B. 按最右边的列开始排序

C. 按从左向右优先次序依次进行排序　　D. 无法进行排序

15. 关于 SQL 查询，以下说法中不正确的是(　　)。

A. SQL 查询是用户使用 SQL 语句创建的查询

B. 在查询设计视图中创建查询时，Access 将在后台构造等效的 SQL 语句

C. SQL 查询可以用结构化的查询语言来查询、更新和管理关系数据库

D. SQL 查询更改之后，可以在设计视图中所显示的方式显示，也可以从设计网格中进行创建

16. 在一个 Access 的表中有字段“专业”，要查找包含“信息”两字的记录，正确的条件表达式是(　　)。

A. =Left([专业],2)="信息"　　B. Like "*信息*"

C. ="信息"　　D. Mid([专业],1,2)="信息"

17. 假设学生表中有一个“姓名”字段，查找姓“刘”的记录的准则是(　　)。

A. "刘"　　B. Not "刘"

C. Like "刘"　　D. Left([姓名],1)= "刘"

18. 利用表中的行和列来统计数据的查询是(　　)。

A. 选择查询　　B. 操作查询

C. 交叉表查询　D. 参数查询

19. 查询最近 30 天的记录应使用(　　)作为准则。

A. Between Date() And Date()－30　B. <＝Date()－30

C. Between Date()－30 And Date()　D. <Date()－30

20. 设图书表中有一个时间字段,查找 2006 年出版的图书的准则是(　　)。

A. Between ＃2006-01-01＃ And ＃2006-12-31＃

B. Between "2006-01-01" And "2006-12-31"

C. Between "2006.01.01" And "2006.12.31"

D. ＃2006-01-01＃ And ＃2006-12-31＃

21. 设 stud 是学生关系,sc 为学生选课关系,sno 是学号字段,sname 是姓名字段,cno 是课程号,执行下面的 SQL 语句的查询结果是(　　)。

Select sname From stud , sc Where stud.sno＝sc.sno and sc.cno＝"C1"

A. 选出选修 C1 课程的学生信息　B. 选出选修 C1 课程的学生姓名

C. 选出 stud 中学号与 sc 中学号相等的信息　D. 选出 stud 和 sc 中的一个关系

二、填空题

1. 在学生成绩表中,如果需要根据输入的学生姓名查找学生的成绩,那么需要使用的是______查询。

2. 如果要将某表中的若干记录删除,应该创建______查询。

3. 创建交叉表查询时,必须对行标题和______进行分组(Group By)操作。

4. 在查询设计视图中,设计查询准则的相同行之间是______的关系,不同行之间是______的关系。

5. SQL 查询就是用户使用 SQL 语句创建的查询。SQL 查询主要包括联合查询、传递查询、______和子查询等。

6. 根据对数据源操作方式和结果的不同,查询可以分为 5 类:选择查询、交叉表查询、参数查询、______和 SQL 查询。

第4章 窗　体

Access 数据库中的另一个重要对象就是窗体。作为控制数据访问的用户界面，窗体使得用户与 Access 之间产生了连接。利用“窗体”对象可以设计友好的用户操作界面，避免直接让用户使用和操作数据库，使数据输入和数据查看更加容易和安全。

本章主要内容：

- 窗体的功能及结构
- 创建窗体的方法
- 窗体的简单应用
- 窗体的完善及修饰

4.1 窗体概述

窗体是 Access 数据库应用系统的界面，用户可以通过窗体对数据库中的数据进行管理和维护，并通过窗体对数据库检索而得到有用的信息。同时，这样的数据库操作、管理机制也是对数据安全的一种基本保障。

4.1.1 窗体的功能

窗体主要有以下功能：

1. 显示和编辑数据库中的数据

大多数用户并非数据库的创建者，使用窗体可以更方便、更友好地显示和编辑数据库中的数据。图 4-1 所示为一个表格式窗体，提供数据库维护界面。这种提供用户输入界面的窗体，是最常用的窗体模式。

2. 显示提示信息

通过窗体可以显示关于一个数据库的某种消息（如解释或警告信息），为数据库的使用提供说明，或者为排错提供帮助，或者及时告知用户即将发生的事情。例如，在用户进行删除记录的操作时，可显示一个提示对话框窗口，要求用户进行确认，如图 4-2 所示。

3. 控制程序运行

通过窗体可以将数据库的其他对象联结起来，并控制这些对象进行工作。如图 4-3 所示的启动窗体，这个窗口包含了几个命令按钮，可以完成系统功能的切换，简化了启动数据库

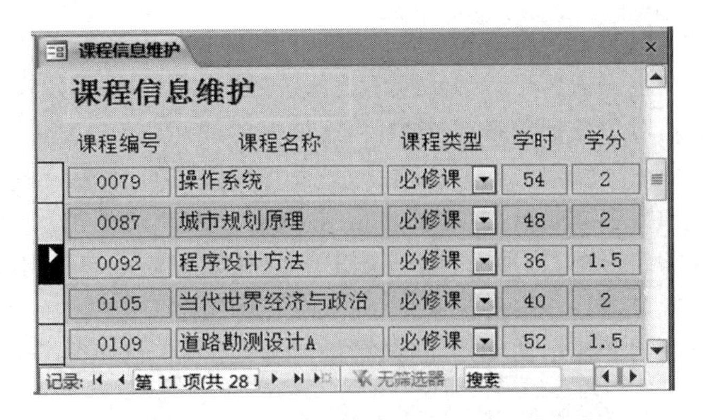

图 4-1　显示和编辑数据库中的数据

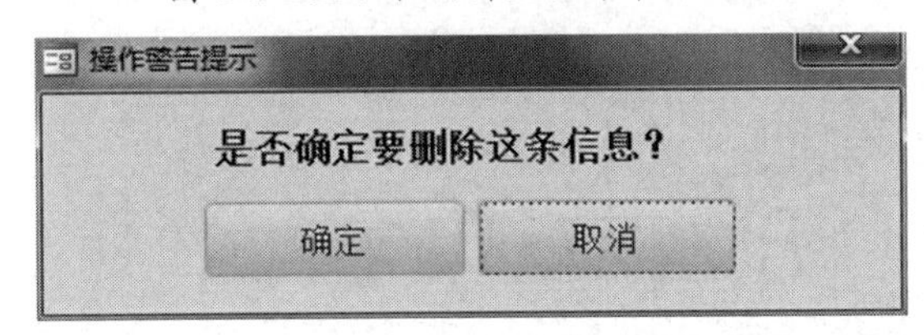

图 4-2　显示提示信息

中各种窗体和报表的过程。

图 4-3　作为切换面板控制程序运行

4. 打印数据

在 Access 中,可以将窗体中的信息打印出来,供用户使用。

4.1.2　窗体的组成及类型

窗体是由窗体本身和窗体所包含的控件组成,窗体的形式是由其自身的特性和其所包含控件的属性决定的。

1. 窗体的组成和结构

理解窗体的组成部分是根据需要设计窗体的第一步。

一个完整的窗体是由窗体页眉、页面页眉、主体、页面页脚和窗体页脚共 5 个部分组成,每个部分称为一个“节”,每个节都有特定的用途,并且按窗体中预见的顺序显示。主体节是必不可少的,其他的节根据需要可以显示或者隐藏,如图 4-4 所示,图示说明如下:

①窗体页眉:显示对每条记录都一样的信息,如窗体的标题。

②页面页眉:设置窗体打印时的页眉信息,只在打印窗体时有效。

③主体:通常包含大多数控件,用来显示记录数据。控件的种类比较多,包括:标签、文本框、复选框、列表框、组合框、选项组、命令按钮等,它们在窗体中起不同的作用。

④页面页脚:设置窗体打印时的页脚信息,只在打印窗体时有效。

⑤窗体页脚:一般用于显示功能按钮(如帮助导航)或者汇总信息等,本例显示【查找】按钮和【退出】按钮。

窗体的各个节只在设计视图中明确标识,在其他视图中并不显示。

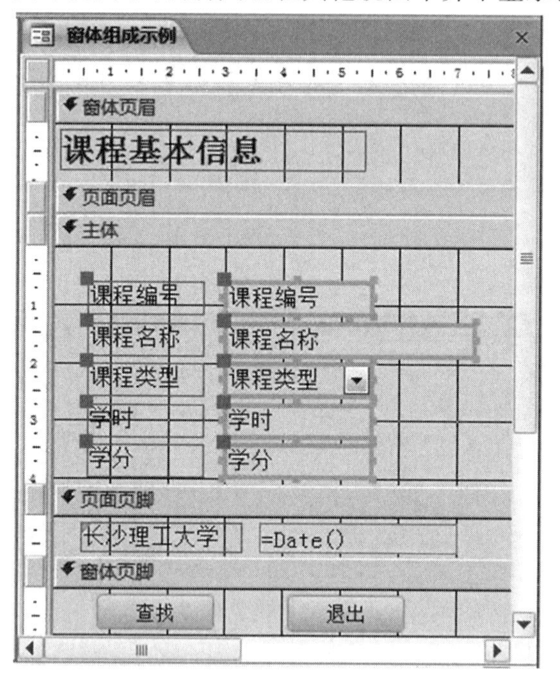

图 4-4　从设计视图看窗体的组成

2. 窗体的类型

从不同角度可将窗体分成不同的类型。从逻辑上可分为主窗体和子窗体;从功能上可分为信息显示类窗体、控制类窗体、交互信息类窗体和数据操作类窗体;从数据显示方式上可分为纵栏式、表格式、数据表窗体、图表窗体、数据透视表窗体和数据透视图窗体。

下面按功能分类介绍:

(1) 信息显示类窗体:主要用于显示信息,显示形式包括数值或者图表,如图 4-5、图 4-6 所示。

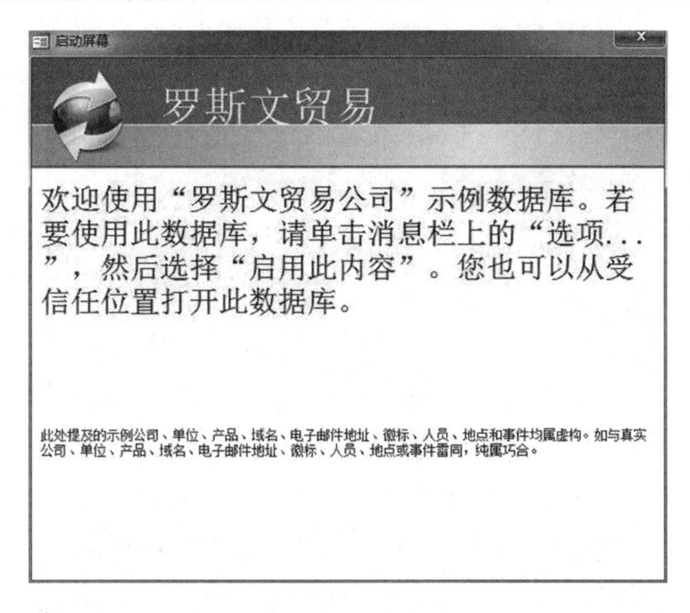

图 4-5 信息显示类窗体－1

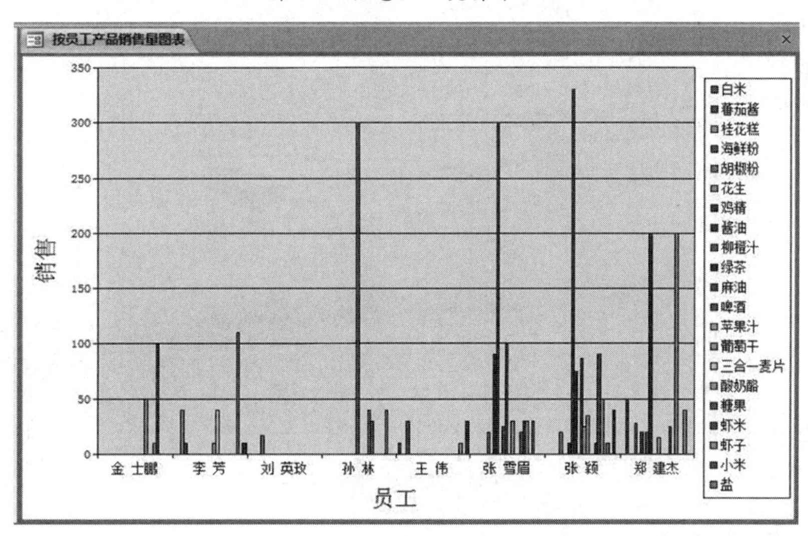

图 4-6 信息显示类窗体－2

(2) 控制类窗体：主要用于操作、控制程序的运行，它是通过布局在窗体上的选项卡、按钮等控件对象来响应用户请求的，如图 4-3 所示。

(3) 交互信息类窗体：可以是系统自动产生的，也可以是用户定义的。由系统自动产生的交互信息类窗体通常显示各类警告、提示信息，如图 4-7 所示。由用户定义的各种交互信息类窗体可以接收用户输入、显示系统运行结果等，如图 4-8 所示。

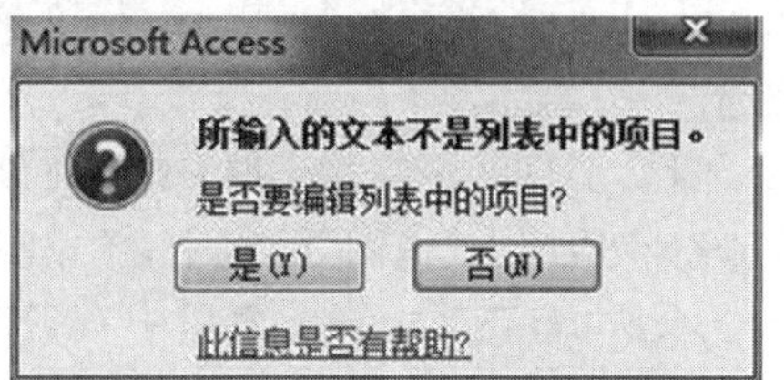

图 4-7 数据显示方式 — 数据表窗体

(4) 数据操作类窗体：主要用来对表或者查询进行显示、浏览、输入、修改等操作，如图 4-9 所示。数据操作类窗体根据组织和表现形式的不同分为单窗

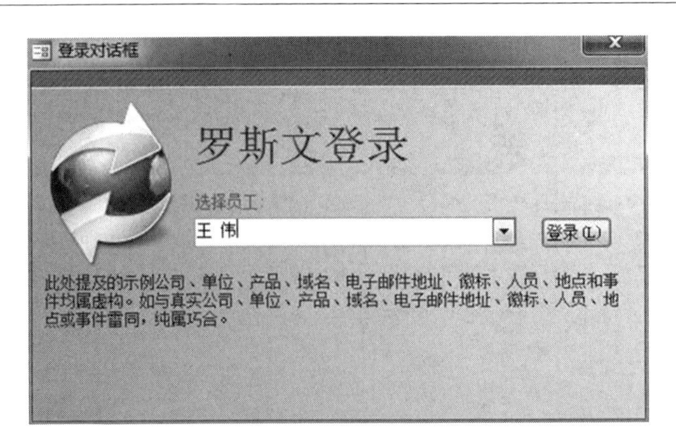

图 4-8　交互信息类窗体－2

体、多个项目窗体、数据表窗体、分割窗体、数据透视表窗体和数据透视图窗体。

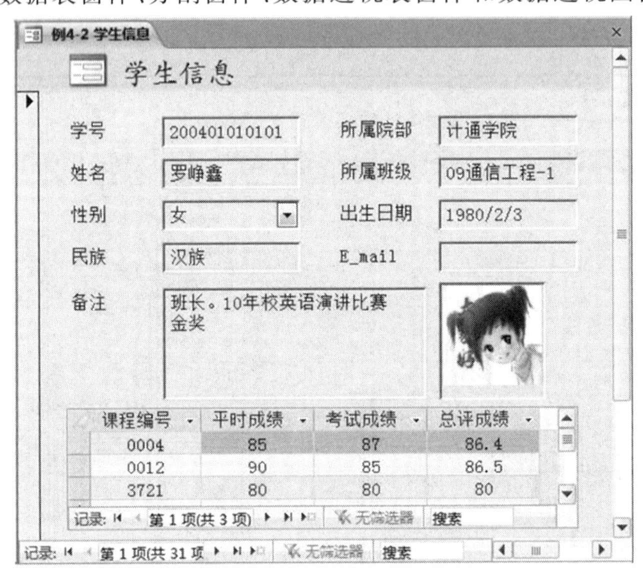

图 4-9　数据操作类窗体

4.1.3　窗体的视图

为了能从各个层面查看窗体的数据源，Access 为窗体提供了 6 种视图：窗体视图、数据表视图、数据透视表视图、数据透视图视图、布局视图和设计视图。不同的窗体视图以不同的形式显示相应窗体的数据源。其中布局视图和设计视图主要用于对窗体进行外观设计以及数据源的绑定；其他 4 种视图则主要是对绑定窗体的数据源从不同角度与层面进行操作与管理。

当处于打开窗体状态时(或窗体处于任意一种视图中)，在 Access 功能区的“窗体设计工具|设计”选项卡“视图”分组中，单击【视图】按钮打开下拉列表，从中可见这 6 种视图，如图 4-10 所示；在任一视图窗口中右击文档选择页，根据当前窗体的具体情况，也会列出 3 至 6 种视图供切换选择，如图 4-11 所示。

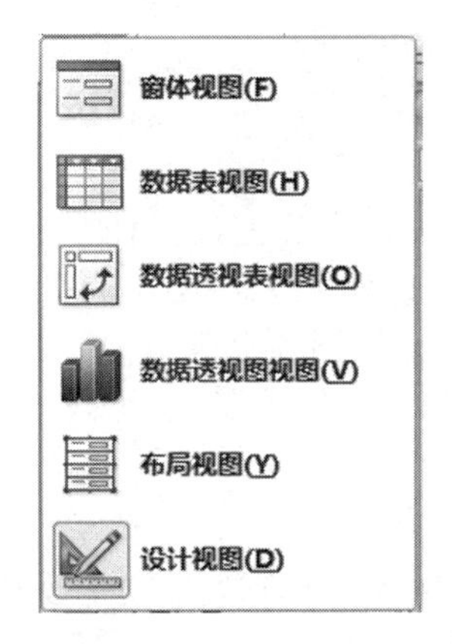

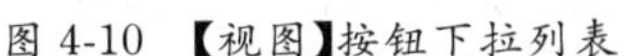

图 4-10　【视图】按钮下拉列表

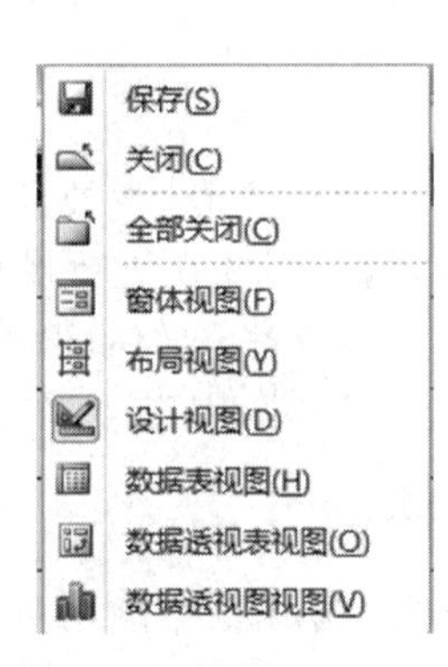

图 4-11　窗体名称右键快捷菜单

1. 窗体视图

窗体视图是窗体的打开状态，或称为运行状态，用来显示窗体的设计效果，是提供给用户使用数据库的操作界面。图 4-5 至图 4-7 为纵栏式等 3 种类型窗体在“窗体”视图下的显示效果，每个窗体最底下一行是一组导航按钮，是用来在记录间移动或快速切换的按钮。

2. 数据表视图

以表格的形式显示窗体的数据(该视图表现形式与数据表窗体大体相似，可以同时看到多条记录)，这种视图便于编辑、添加、修改、查找、删除数据，主要用于对绑定窗体的数据源进行数据操作。

3. 数据透视表视图

数据透视表视图以表格模式动态地显示数据统计结果。通过排列筛选行、列和明细等区域中的字段，可以查看明细数据或汇总数据。数据透视表视图用于浏览和设计数据透视表类型的窗体，换言之，数据透视表类型的窗体只能在数据透视表视图中被打开。

4. 数据透视图视图

数据透视图视图以图形模式动态地显示数据统计结果。通过选择一种图表类型并排列筛选序列、类别和数据区域中的字段，可以直观地显示数据。数据透视图类型的窗体只能在数据透视图视图中被打开。

5. 布局视图

布局视图主要用于调整和修改窗体设计。可以根据实际数据调整列宽，可在窗体上放置新字段、设置窗体及其控件的属性、调整控件的位置和宽度等。选择在布局视图中进行窗体设计，能够比在设计视图中提供更直观的视图，但某些任务不能在布局视图中执行，需要切换到设计视图执行。

窗体的布局视图界面与窗体视图界面几乎一样，区别仅在于在布局视图中各控件的位置可以移动(但不能添加，添加必须在设计视图中)。在布局视图中，可以在修改窗体的同时看到真实数据，这使得调整控件大小等操作更为直观和方便。

6. 设计视图

设计视图是窗体的设计界面，主要用于创建、修改、删除及完善窗体。窗体在设计视图中显示时实际并没有运行，因此在进行设计方面的更改的时候无法同步看到基础数据，但有些任务在设计视图中执行要比在布局视图中执行容易。如图 4-4 所示为一纵栏式窗体的设计视图界面。只有在设计视图中可以看到窗体中的各个“节”。

4.1.4 创建窗体的方法

创建窗体时，应该根据所需功能明确关键的设计目标，然后使用合适的方法创建窗体。如果所创建的窗体清晰并且容易控制，那么窗体就能很好地实现它的功能。

Access 2010 提供了两种创建窗体的途径：

- ◆ 在窗体的设计视图中通过手工方式创建。
- ◆ 使用 Access 提供的向导快速创建。

在 Access 窗口“创建”选项卡的“窗体”分组中，提供了多种创建窗体的功能按钮，如图 4-12所示。包括【窗体】按钮、【窗体设计】按钮和【空白窗体】按钮 3 个主要按钮，以及其他 3 个辅助按钮。单击【导航】和【其他窗体】按钮，还可以展开下拉列表，如图4-13 所示。

图 4-12 【视图】“窗体”分组图

图 4-13 【导航】和【其他窗体】按钮下拉列表

“窗体”分组按钮功能如表 4.1 所示。

表 4.1 “窗体”分组中的按钮功能

按钮图标	按钮名称	功能
	窗体	快速创建一个单项目窗体的工具，只要单击一次鼠标便可以利用当前打开(或选定)的数据源(数据表或查询)自动创建窗体
	窗体设计	单击可进入窗体的设计视图
	空白窗体	是一种快捷的创建窗体的方式，可以创建一个空白窗体，在其上能够直接从字段列表中添加绑定型控件

续表

按钮图标	按钮名称	功能
	窗体向导	是一种辅助用户创建窗体的工具。通过向导的指引,可建立基于一个或多个数据源的不同布局的窗体
	导航	用于创建具有导航按钮的窗体,也称为导航窗体,如图 4-13 所示。该工具更适合创建 Web 形式的数据库窗体
	其他窗体	可以创建 6 种特定窗体,如图 4-13 所示

这 2 种创建窗体的途径(设计视图和向导)经常配合使用,即先通过自动或向导方式生成基本样式的窗体,然后再通过设计视图进行编辑、修饰等,直到创建出符合用户需求的窗体。

例如,数据操作类窗体一般都能用向导创建,但这类窗体的版式往往是既定的(带有设计者或者用户的个性化或特征),因此经常会需要切换到设计视图进行修改和调整。

控制类窗体和交互信息类窗体只能通过设计视图进行手工创建。

4.2 创建窗体

使用【窗体】按钮和【空白窗体】按钮创建窗体是最快捷的方式,它直接将数据源(单一的数据表或查询)与窗体绑定,从而创建相应的窗体。新窗体将包含数据源的所有字段。

4.2.1 使用【窗体】按钮创建窗体

使用【窗体】按钮创建的窗体,其数据源来自某个表或某个查询,窗体的布局结构简单整齐。这种方法创建的窗体是一种显示单个记录的窗体。

【例 4-1】 使用【窗体】按钮工具创建“课程信息”窗体。

操作步骤如下:

(1) 打开“教学管理 2010. accdb”数据库,在“导航窗格”中选中将作为窗体数据源的“课程信息”表。

(2) 在功能区“创建”选项卡“窗体”分组中,单击【窗体】按钮,系统自动创建如图 4-14 所示窗体。

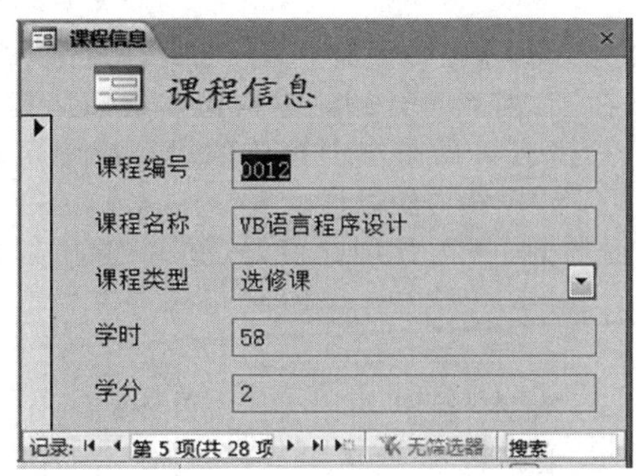

图 4-14　使用【窗体】按钮创建的窗体

(3) 命名并保存窗体。

【例 4-2】 使用【窗体】按钮工具创建“学生信息”窗体。

操作步骤如下：

(1) 打开“教学管理 2010. accdb”数据库，在“导航窗格”中选中将作为窗体数据源的“学生信息”表。

(2) 在功能区“创建”选项卡“窗体”分组中，单击【窗体】按钮，系统自动创建如图 4-14 所示窗体。

(3) 命名并保存窗体。

图中左上角是系统自动插入的图像控件，窗体所绑定的数据源只能是单一的，但如果数据源基础表本身存在有相关联的表，则在窗体中自动以子窗体的形式显示，如图 4-15 中的成绩表。

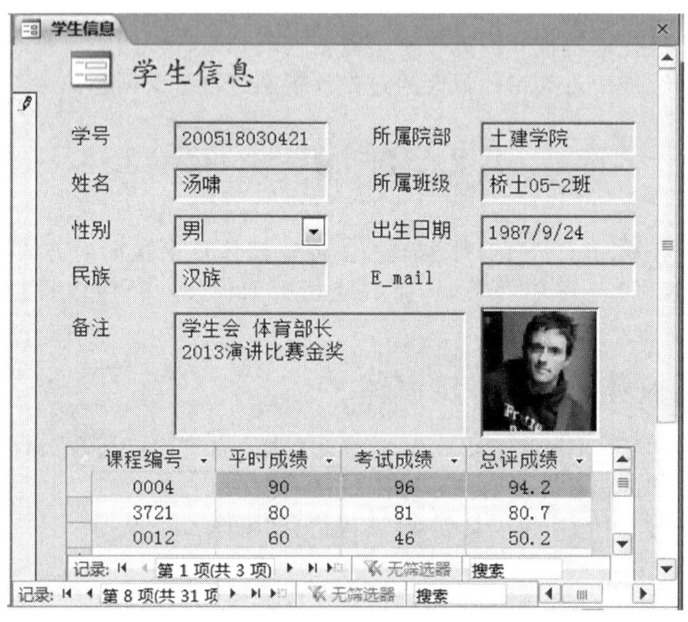

图 4-15　使用【窗体】按钮创建的窗体

4.2.2　使用【空白窗体】/【窗体设计】按钮创建窗体

利用【空白窗体】按钮工具或者【窗体设计】按钮工具，都可以快速创建一个不含任何控件和格式的空白窗体，区别在于，前者打开的是空白窗体的布局视图，尤其适合只在窗体上放置很少几个控件的设计；后者打开的是空白窗体的设计视图，适合更大范围的控件设计（比如在窗体各“节”）和更复杂的控件功能设计。

【例 4-3】 使用【空白窗体】按钮工具创建窗体，显示“学生信息”表中的学号、姓名、性别、出生日期和照片信息。

操作步骤如下：

(1) 在“创建”选项卡上的“窗体”组中，单击【空白窗体】按钮。Access 将在布局视图中打开一个空白窗体，并显示“字段列表”窗格。

(2) 在“字段列表”窗格中，单击“显示所有表”链接，再单击“学生信息”表左边的“＋”号，展开“学生信息”表所包含的字段，如图 4-16 所示。

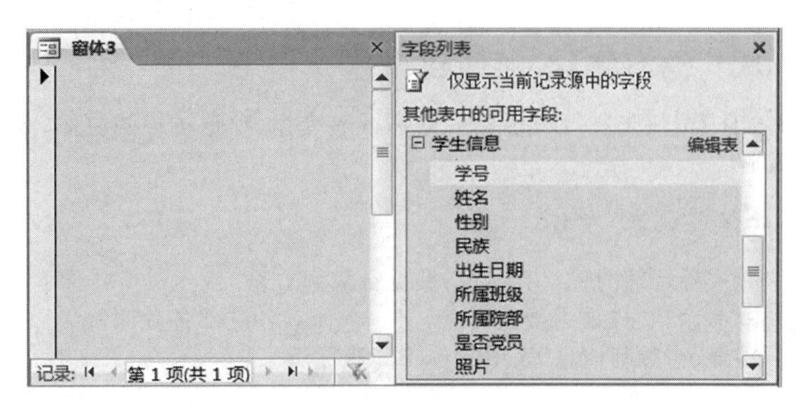

图 4-16 空白窗体与字段列表

(3) 依次双击“学生信息”表中的“学号”“姓名”“性别”“出生日期”和“照片”字段，将它们添加到窗体中，并立即显示表中的第一条记录，同时，“字段列表”窗格的布局分成上下两部分，如图 4-17 所示。

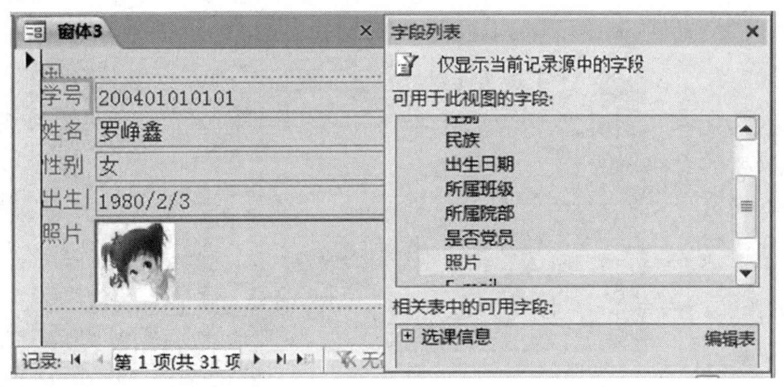

图 4-17 新建窗体与字段列表

(4) 关闭“字段列表”窗格，调整控件布局。

(5) 切换到窗体视图，效果如图 4-18 所示。

(6) 命名并保存窗体。

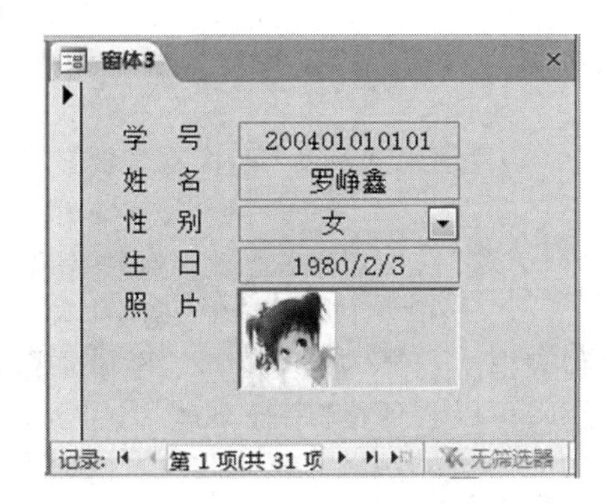

图 4-18 窗体视图效果

4.2.3 使用【其他窗体】按钮创建窗体

使用【其他窗体】按钮工具可以创建数据透视表窗体、数据透视图窗体、多项目窗体、分割窗体和模式窗体。

1. 创建“数据透视表”窗体

数据透视表是一种特殊的表，用于进行数据计算和分析。

【例 4-4】 以“教师信息”表为数据源，创建一个计算各院部各种职称人数的数据透视表窗体，形象、直观地显示“教师信息”表中的各院部职称对比。

操作步骤如下：

(1) 打开“教学管理 2010”数据库，在 Access 窗口的“导航窗格”中选中“教师信息”表。

(2) 单击功能区“创建”选项卡“窗体”分组中的【其他窗体】按钮，在打开的下拉列表中单击“数据透视表”选项，打开数据透视表视图。

(3) 选中功能区“数据透视表工具|设计”选项卡“显示/隐藏”分组中的【字段列表】按钮，显示“字段列表”窗格，其中详细列出了“教师信息”表中的字段名，如图 4-19 所示。

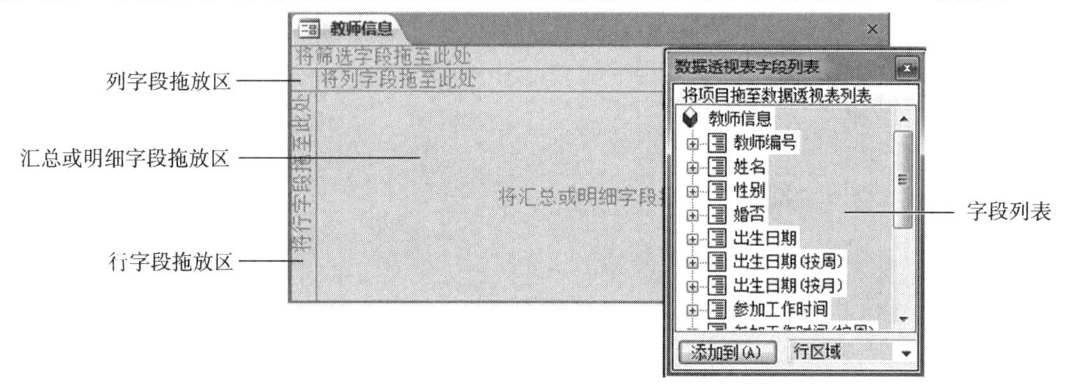

图 4-19 数据透视表视图和“字段列表”窗格

(4) 将“字段列表”中的“所属院部”字段拖至“行字段”区域，将“职称”字段拖至“列字段”区域。

也可以使用以下方法，将“字段列表”窗格中的字段，添加到数据透视表中的“行/列字段”区域：

图 4-20 “字段列表”窗格

①在“字段列表”中选择字段；

②在“字段列表”底部，从下拉列表中选择“行区域”(或者“列区域”)，然后单击【添加到】按钮。

(5) 在“字段列表”中，选中“教师编号”字段，然后在底部的列表框中选择“数据区域”，再单击【添加到】按钮，如图 4-20 所示。可以看到在“字段列表”中生成了一个“汇总”字段，该字段的值是“教师编号”的计数值。同时在数据透视表视图的数据区域的行字段(所属院部)和列字段(职称)交叉处产生了对应的计数值(职称人数)，如图 4-21 所示。

如果需要删除窗体中已有字段，先选择欲删除的字段名称，然后按[Delete]键即可，或者在“数据透视表工具|设计”选项卡

"活动字段"分组中,单击【删除字段】按钮。

教师信息

将筛选字段拖至此处

所属院部	职称：副教授 教师编号 的计数	高级实验师 教师编号 的计数	讲师 教师编号 的计数	教授 教师编号 的计数	助教 教师编号 的计数	总计 教师编号 的计数
计通学院	2	1	1	1	4	9
土建学院	3		3	2		8
总计	5	1	4	3	4	17

图 4-21 数据透视表窗体

(6) 命名并保存窗体。

2. 创建"数据透视图"窗体

数据透视图是一种交互式的图表,其功能与数据透视表类似,只不过是以图形化的形式来表现数据。数据透视图能更为直接地反映数据之间的关系。创建数据透视图窗体与创建数据透视表窗体的方法相似。

【例 4-5】 以"教师信息"表为数据源,创建一个计算各院部各种职称人数的数据透视图窗体,形象、直观地显示"教师信息"表中的各院部职称对比。

操作步骤如下:

(1) 打开"教学管理 2010"数据库,在 Access 窗口中的"导航窗格"中选中"教师信息"表。

(2) 单击功能区"创建"选项卡"窗体"分组中的【其他窗体】按钮,在打开的下拉列表中单击"数据透视图"选项,打开数据透视图视图,如图 4-22 所示。

(3) 选中功能区"数据透视表工具|设计"选项卡"显示/隐藏"分组中的【字段列表】按钮,显示"字段列表"窗格,如图 4-23 所示。

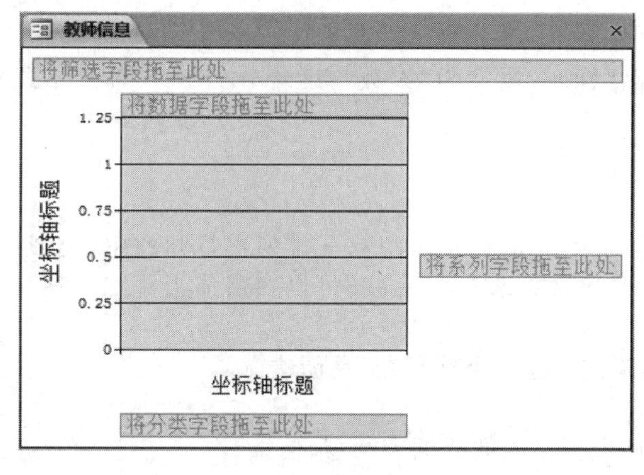

图 4-22 数据透视图视图

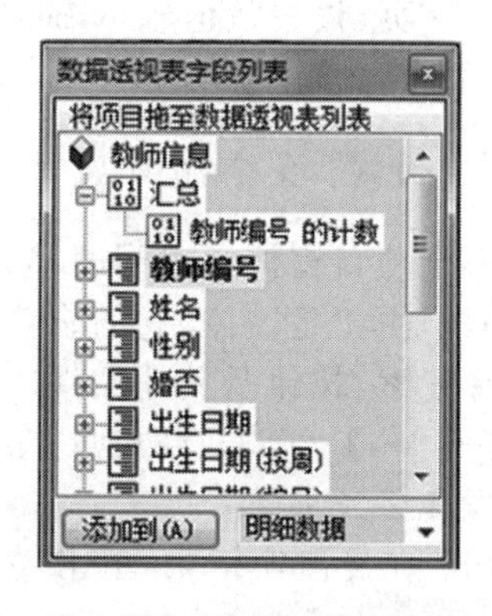

图 4-23 "字段列表"窗格

(4) 将"字段列表"中的"所属院部"字段拖至"分类字段"区域,将"职称"字段拖至"系列字段"区域,将"教师编号"字段拖至"数据字段"区域。

(5) 关闭"字段列表"窗格,保存生成的数据透视图窗体,如图 4-24 所示。

在图中分类计数值是用不同的彩色色块表示的,色块从左至右与"职称"下拉列表中的值自上而下对应。如果把鼠标指向某一色块,即会出现相应的提示信息,如图 4-25 所示。

可以将图 4-24 中的两个"坐标轴标题"修改为"人数"和"学院名称"。打开"属性表"对话

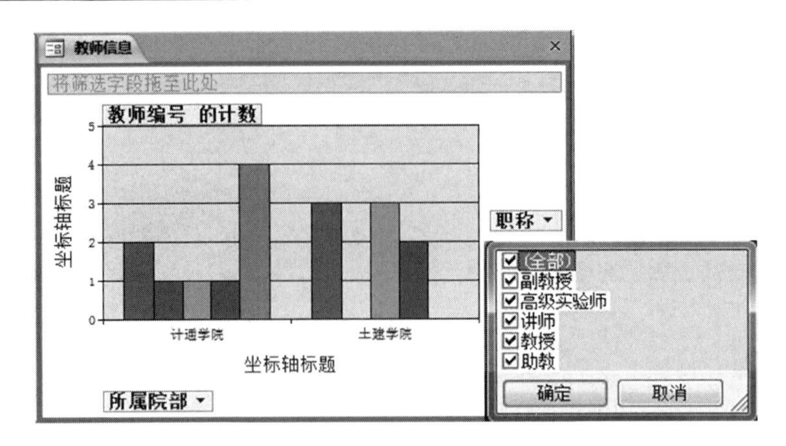

图 4-24　数据透视图窗体－职称列表

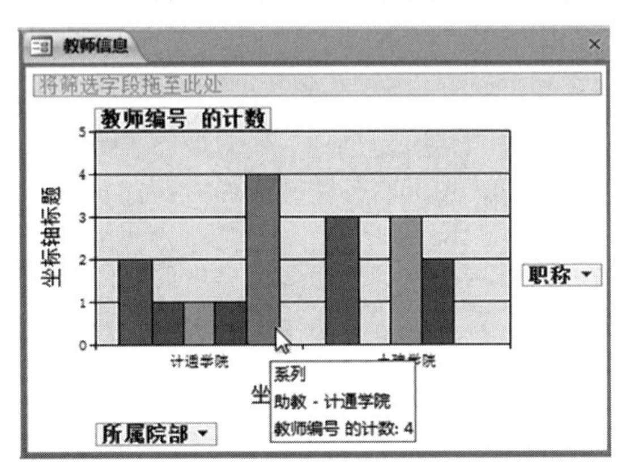

图 4-25　数据透视图窗体—系列提示

框“格式”页，设置数值轴(y 轴)“格式”页“标题”属性为“人数”；设置分类轴(x 轴)“格式”页“标题”属性为“学院名称”。

3. 创建“多个项目窗体”

多个项目窗体可以同时显示多条记录中的信息。这些数据排列在行和列中(类似于数据表)，但由于是窗体，它的自定义选项要比数据表更多一些，可以在窗体上添加一些功能，如图形元素、按钮及其他控件。

【例 4-6】　以“教师信息”表为数据源，使用【多个项目】工具创建窗体。

操作步骤如下：

(1) 在导航窗格中，单击要作为窗体数据来源的数据表“教师信息”。

(2) 在“创建”选项卡“窗体”分组中，单击【其他窗体】按钮 打开列表，单击“多个项目”选项。

系统自动创建窗体并以布局视图显示。在布局视图中可以对窗体进行设计方面的更改，例如，可以调整文本框的大小，使其与数据相适应。

(3) 命名为“教师信息－多个项目窗体示例”保存所建窗体。

切换到窗体视图，如图 4-26 所示。

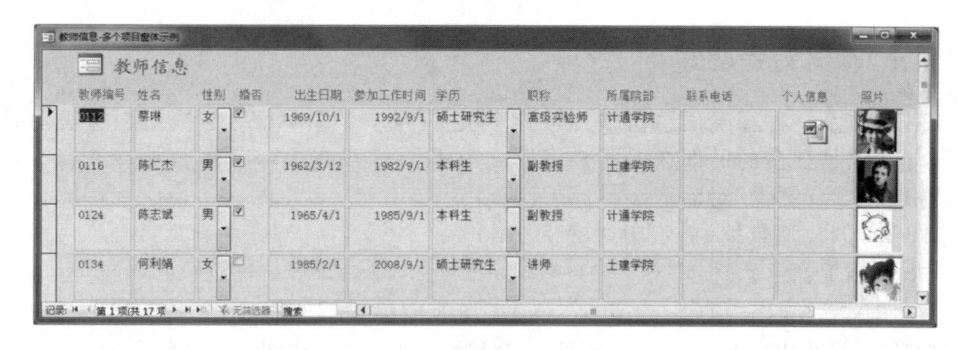

图 4-26　多个项目窗体示例

4. 创建“分割窗体”

分割窗体可以同时提供数据的两种视图:窗体视图和数据表视图。这两种视图连接到同一数据源,并且总是保持相互同步。可以在任一部分中添加、编辑或删除数据(只要记录源可更新,并且您未将窗体配置为阻止这些操作)。

【例 4-7】　以“教师信息”表为数据源,创建分割窗体,命名“教师信息-分割窗体示例”。

操作步骤如下:

(1) 在导航窗格中选择要作为窗体数据来源的数据表“教师信息”。

(2) 在“创建”选项卡“窗体”分组中,单击【其他窗体】按钮 打开列表,单击其中“分割窗体”选项。

系统自动创建窗体并以布局视图显示。上半部分的窗体呈纵栏式分布,显示当前一条记录;下半部分的窗体呈数据表形式,显示多条记录。在布局视图中可以对窗体进行设计方面的更改,例如,可以调整文本框的大小,使其与数据相适应。

(3) 命名保存所建窗体。

所建窗体在窗体视图的显示如图 4-27 所示。从图中可以看出,下半部分的数据表窗体形式是不能直接显示 OLE 对象的(如照片)。

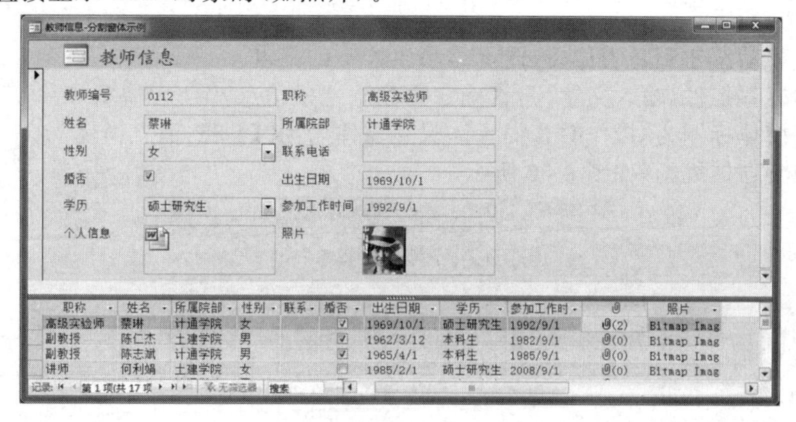

图 4-27　教师信息-分割窗体示例

使用分割窗体可以在一个窗体中同时利用两种窗体类型的优势。例如,可以使用窗体的数据表部分快速定位记录,然后使用窗体的上半部分查看或编辑记录。

5. 创建“模式对话框”

模式对话框是一种交互信息窗体，带有【确定】和【取消】两个命令按钮。这类窗体的特点是其运行方式是独占的。即在关闭该窗体之前不能打开或操作其他数据库文件。常见的模式对话框如“打开文件”对话框。

【例 4-8】 创建消息框，提示用户确认操作。

操作步骤如下：

(1) 在“创建”选项卡“窗体”分组中，单击【其他窗体】按钮打开列表，单击其中“模式对话框”选项。在设计视图中打开一个具有两个按钮的窗体，如图 4-28 所示。

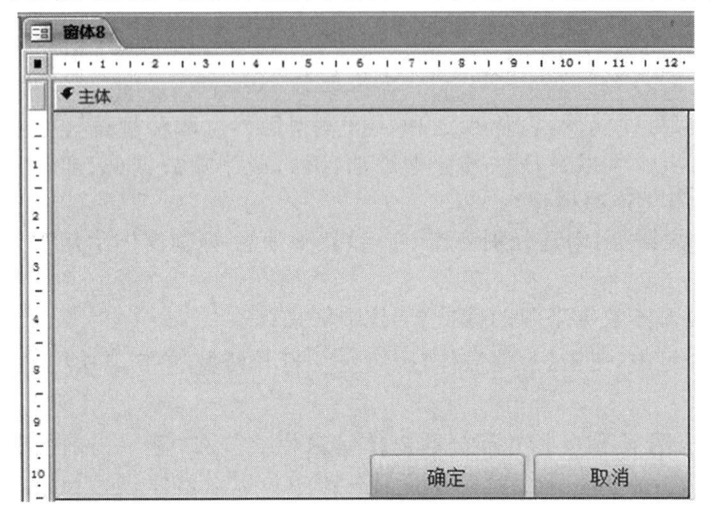

图 4-28　设计视图中的“模式对话框”　　　　图 4-29　【确定】按钮的“属性表”

打开窗体的“属性”对话框，可以得知窗体的“边框样式”属性为“对话框边框”；打开命令按钮的“属性表”对话框，可见到这两个预置按钮的“单击”事件属性已经被系统写入了“宏”命令，如图 4-29 所示。

(2) 向上移动按钮到适当位置，向上缩小主体节的高度。

(3) 添加标签控件，输入文字“是否确定要删除这条信息？”。

(4) 命名窗体标题为“操作警告提示”，保存窗体名为“【4-8】_消息窗体”。

(5) 切换到窗体视图，如图 4-30 所示。

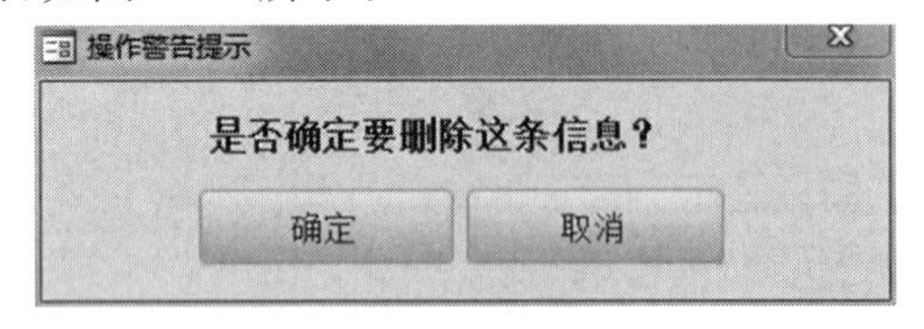

图 4-30　窗体视图中的模式对话框

各种类型的窗体，根据其数据表现特点，应选用与其相得益彰的创建方法和视图形式。

4.2.4　使用【窗体向导】按钮创建窗体

利用向导可以简单、快捷地创建窗体。窗体中的数据源可以来自一个表或查询，也可以来自多个表或查询。

如果希望在创建窗体的过程中得到逐步指导，则“窗体向导”是最佳选择。窗体向导会依次提出多个问题，然后根据回答创建窗体。

在 Access 窗口功能区选择“创建”选项卡的“窗体”分组，单击【窗体向导】按钮，即可打开“窗体向导”。

1. 创建基于单个数据源的窗体

【例 4-9】 使用“窗体向导”创建“补考名单”窗体，要求窗体布局为“纵栏式”，显示源表中所有字段。操作步骤如下：

(1) 打开“窗体向导”。在功能区“创建”选项卡“窗体”分组中，单击【窗体向导】按钮，打开“窗体向导”第 1 个对话框。

(2) 选择窗体数据源。在对话框的“表/查询”下拉列表中选中“补考表含成绩”表，将所有可用字段添加到“选定字段”区，如图 4-31 所示。

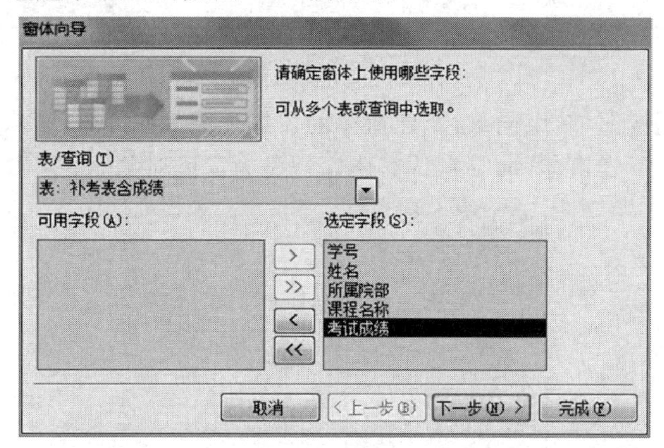

图 4-31　选择窗体数据源

(3) 确定窗体布局。单击【下一步】按钮，打开向导的第 2 个对话框，选择默认设置“纵栏表”，如图 4-32 所示。

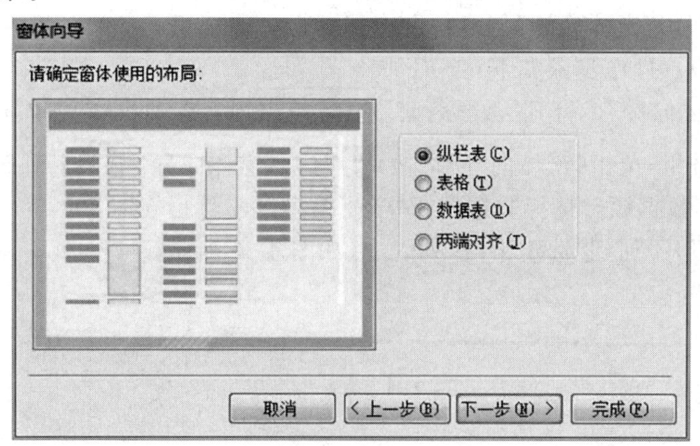

图 4-32　选择窗体布局

(4) 指定窗体标题。单击【下一步】按钮，打开向导的最后一个对话框，将窗体标题命名为“补考名单”，如图 4-33 所示。

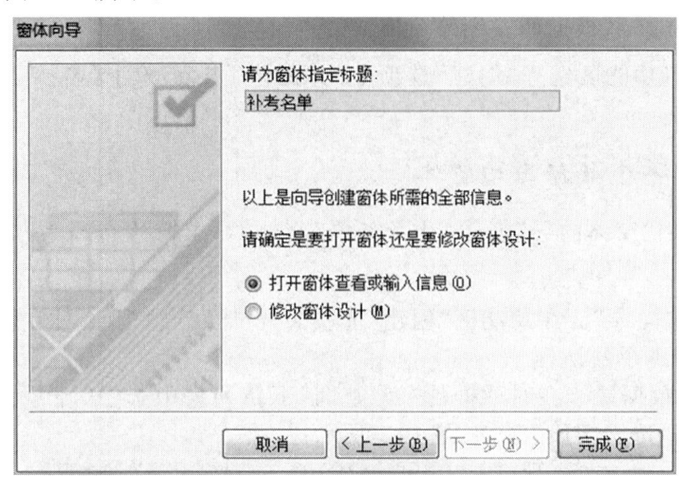

图 4-33 指定窗体标题

(5) 单击【完成】按钮，结束向导，所建窗体的窗体视图如图 4-34 所示。

(6) 命名并保存所建窗体(向导默认窗体标题作为窗体对象名)。

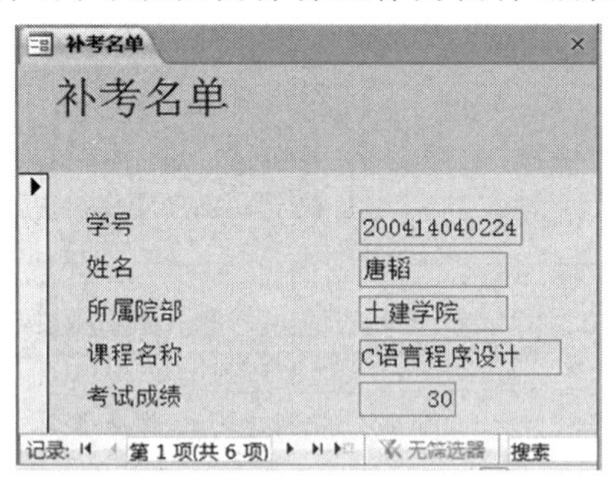

图 4-34 “补考名单”窗体视图

【例 4-10】 利用“窗体向导”创建一个窗体，显示“教学管理 2010”数据库“学生信息”表中的部分字段内容。操作步骤如下：

(1) 打开“窗体向导”。打开“教学管理 2010”数据库，在 Access 窗口功能区选择“创建”选项卡的“窗体”分组，单击【窗体向导】按钮，打开“窗体向导”第 1 个对话框。

(2) 选择窗体数据源。选择数据源为“学生信息”表，然后在“可用字段”列表中选择要在窗体中显示的字段，添加到“选定字段”列表中，如图 4-35 所示。

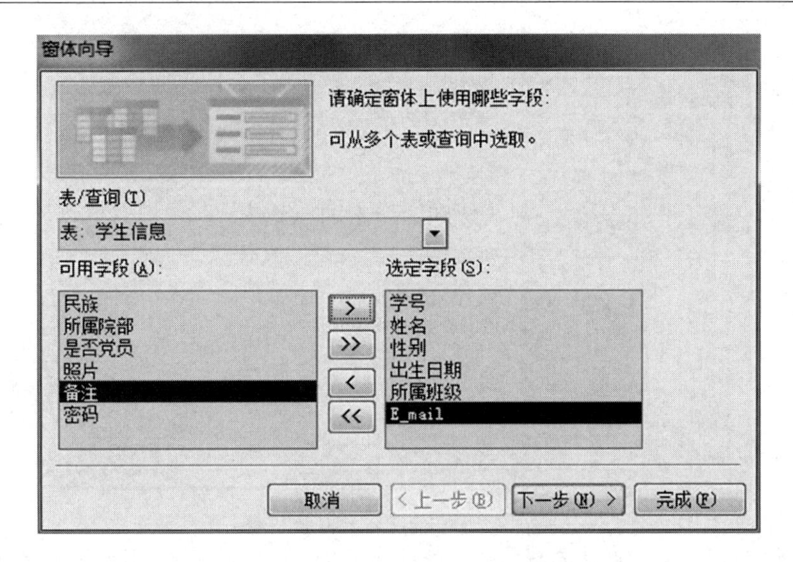

图 4-35 选择窗体数据源

(3) 确定窗体布局。单击【下一步】按钮,打开向导的第 2 个对话框,选择窗体的布局方式,本例选择"表格"方式,如图 4-36 所示。

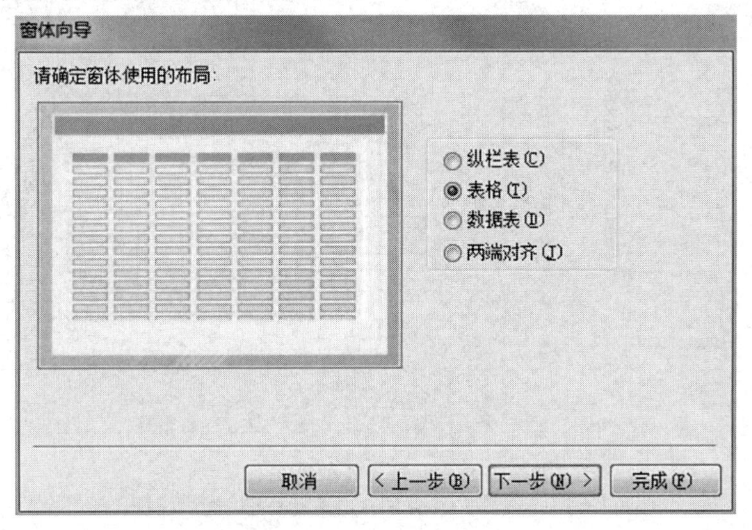

图 4-36 选择窗体布局

(4) 指定窗体标题。单击【下一步】按钮,打开向导的最后一个对话框,将窗体标题命名为"例-学生基本信息",如图 4-37 所示。

窗体向导
请为窗体指定标题:
例-学生基本信息
以上是向导创建窗体所需的全部信息。
请确定是要打开窗体还是要修改窗体设计:
打开窗体查看或输入信息(O)
修改窗体设计(M)
取消
< 上一步(B)
下一步(N) >
完成(F)

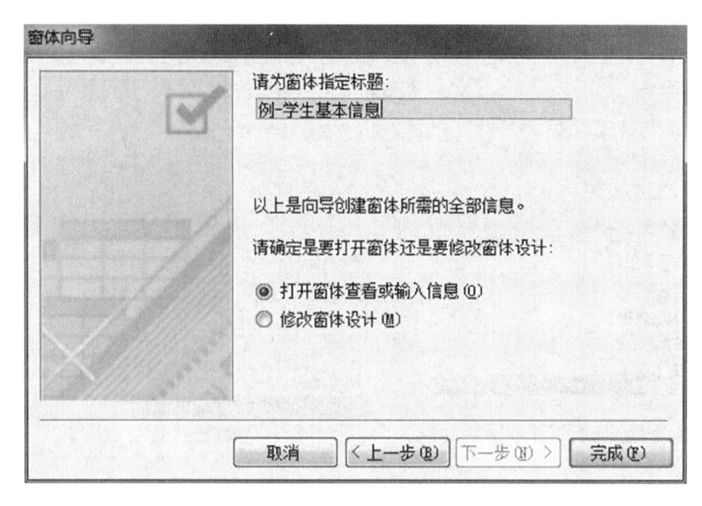

图 4-37　指定窗体标题

(5) 单击【完成】按钮,结束向导,这时可见新建窗体如图 4-38 所示。从图中可以看到,表格的原始布局并不是很到位,字体颜色也比较淡,这需要在窗体布局视图或设计视图中进行调整。如图 4-39 所示,是一种调整后的结果,具体的操作将在后面介绍。

例-学生基本信息
例-学生基本信息
学号 姓名 性别 出生日期 所属班级 E-mail
20040101 罗峥鑫 女 1980/2/3 09通信工
20041404 唐韬 男 1985/9/4 建筑学04
20050803 张云 女 ######### 隧道05-1 hncs_tc@163.com
20050925 言思远 男 ######### 建筑05-3
20051025 蒋柱 男 ######### 道路05-3
20051025 曹文斌 男 ######### 道路05-4
20051803 汪慧群 女 ######### 建筑05-2
20051803 汤啸 男 ######### 桥土05-4
记录: 第 1 项(共 31 项 无筛选器 搜索

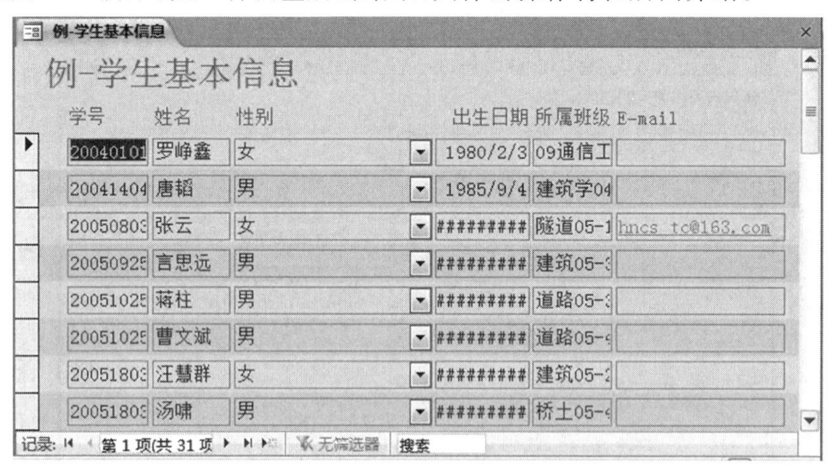

图 4-38　新建窗体的窗体视图

例-学生基本信息
例-学生基本信息
学号 姓名 性别 出生日期 所属班级 E-mail
200401010101 罗峥鑫 女 1980/2/3 09通信工程-1
200414040224 唐韬 男 1985/9/4 建筑学04-2班
200508030123 张云 女 1986/10/9 隧道05-1班 hncs_tc@163.com
200509250306 言思远 男 1987/4/25 建筑05-3班
200510250315 蒋柱 男 1987/3/12 道路05-3班
200510250427 曹文斌 男 1986/12/3 道路05-4班
200518030234 汪慧群 女 1986/11/13 建筑05-2班
200518030421 汤啸 男 1987/9/24 桥土05-4班
记录: 第 6 项(共 31 项 无筛选器 搜索

图 4-39　新建窗体调整修饰后的窗体视图

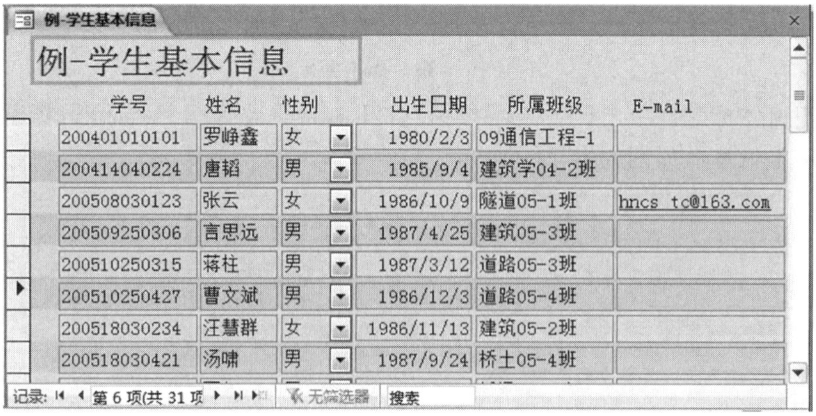

2. 创建基于多个数据源的窗体

如果要在窗体中包括取自多个表和查询的字段，则在如图 4-35 所示的“窗体向导”第 1 个对话框中选择第 1 个表或查询中的字段后，不要单击【下一步】按钮或【完成】按钮，而是重复执行选择表或查询的步骤，并挑选要在窗体中包括的字段，直至选完所有所需的字段。

当多个数据源中的显示数据来自于具有一对多关系的表或查询中时，所创建的窗体就是主/子窗体。主窗体显示关系中“一”方的数据，子窗体显示关系中“多”方的数据。主窗体是纵栏布局，子窗体可以是表格式或数据表式布局，如图 4-40 所示。

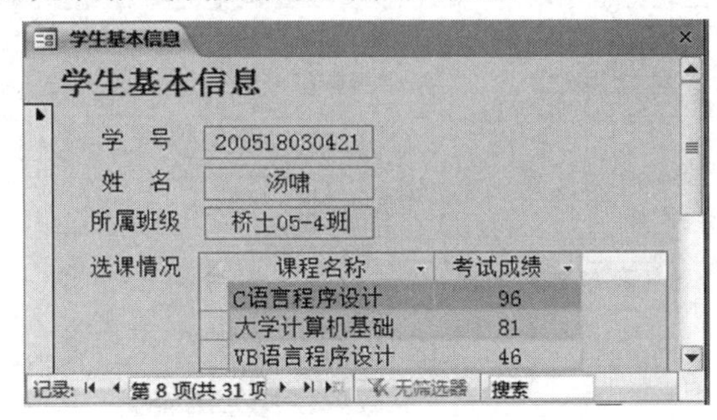

图 4-40　主/子窗体示例

因为主窗体和子窗体彼此连接，所以子窗体只显示与主窗体中当前记录相关的记录。例如，当主窗体显示“汤啸”同学的基本信息时，子窗体将会只显示该同学的课程成绩。

主/子窗体集合了窗体和数据表的优点。

主窗体和子窗体也可表现为链接形式，如图 4-41 所示。

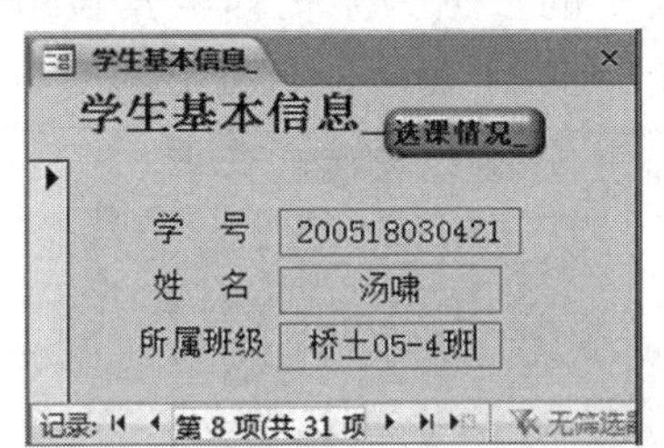

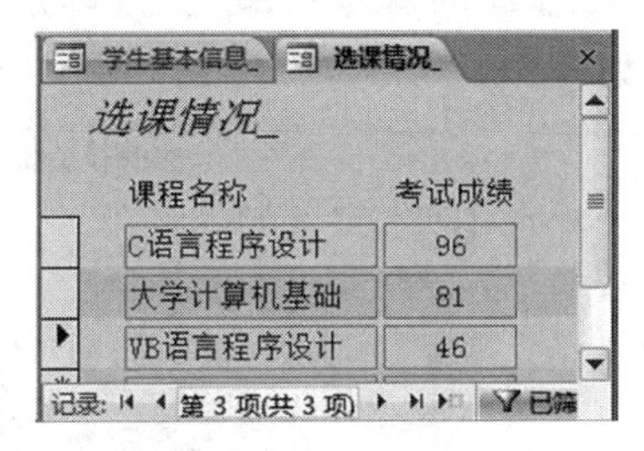

图 4-41　主/子窗体链接形式示例

【例 4-11】　利用“窗体向导”创建一个主/子窗体，同时显示教师编号、教师姓名、性别、学历、职称、所开课程编号、课程名称、开课时间、地点以及考核方式。

解题分析：这些信息分别来源于“教学管理 2010”数据库的“教师信息”表、“开课信息”表以及“课程信息”表中的若干字段，这 3 个表之间的关系如图 4-42 所示。

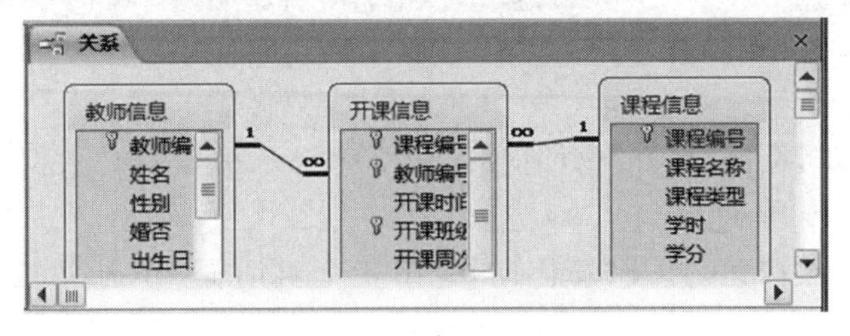

图 4-42　3 个表之间的关系

设计方案：以“教师信息”表中的字段作为主窗体中的数据显示，以“开课信息”表和“课程信息”表中的相关信息作为子窗体的数据显示。

操作步骤如下：

(1) 在“窗体向导”的第 1 个对话框中，依次选择数据源为“教师信息”表，挑选其“教师编号”“姓名”“性别”“学历”“职称”字段；选择数据源为“开课信息”表，挑选其“课程编号”“开课时间”“开课地点”字段；选择数据源为“课程信息”表，挑选其“课程名称”“课程类型”字段，如图 4-43 所示。

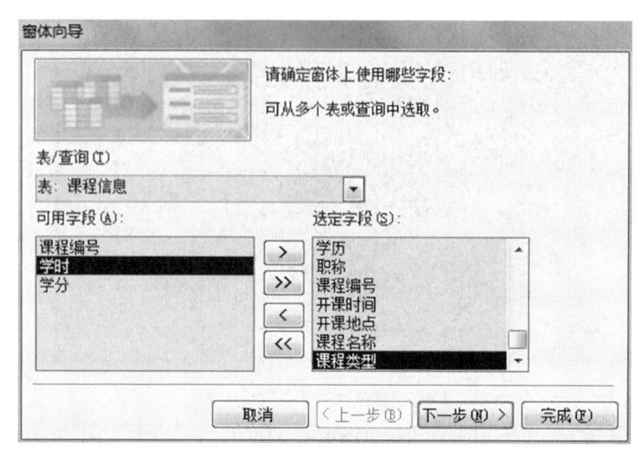

图 4-43 选择窗体数据源

(2) 单击【下一步】按钮，打开“窗体向导”第 2 个对话框，选择查看数据方式为“通过教师信息”和“带有子窗体的窗体”，即以“教师信息”表中的数据为主窗体数据显示，并将子窗体嵌入主窗体，如图 4-44 所示，该图的右侧显示了相应主/子窗体的数据显示的布局预览。

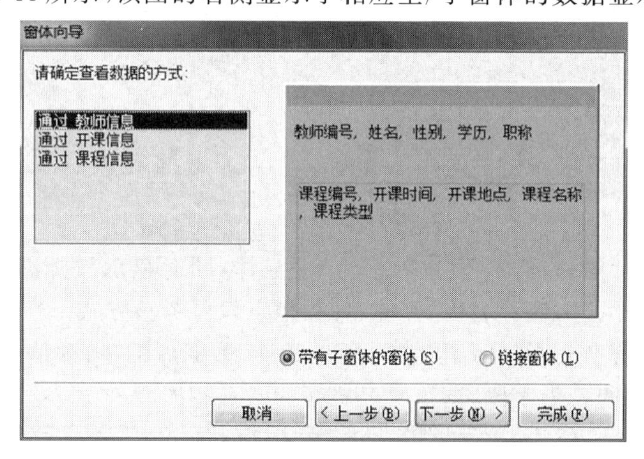

图 4-44 选择查看数据的方式

(3) 单击【下一步】按钮，打开“窗体向导”第 3 个对话框，选择“数据表”作为子窗体使用的显示布局，如图 4-45 所示。

(4) 单击【下一步】按钮，打开“窗体向导”第 4 个对话框，分别为主/子窗体输入窗体标题，如图 4-46 所示。

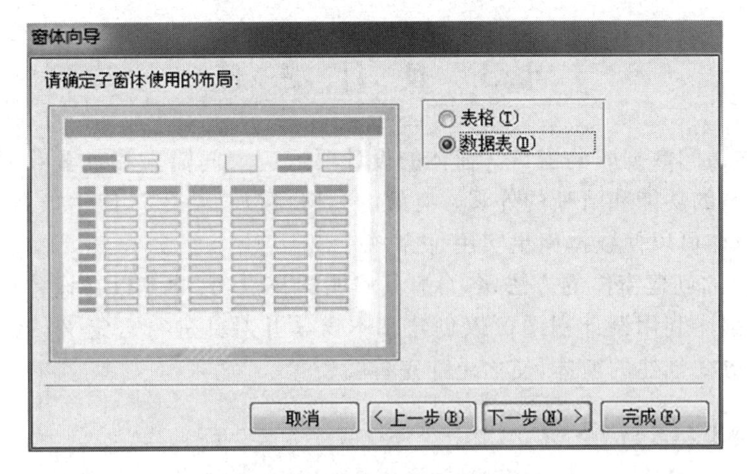

图 4-45　选择子窗体的布局

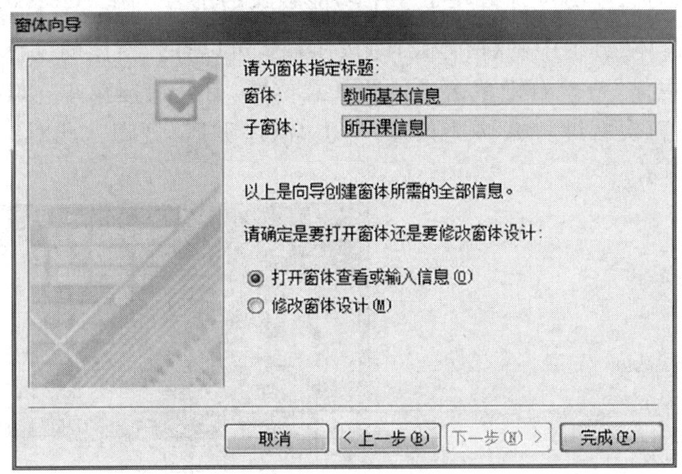

图 4-46　指定窗体标题

(5) 单击【完成】按钮后自动保存窗体,同时用窗体视图打开所建主/子窗体,如图 4-47所示。

在本例中,数据来源于 3 个表,且这 3 个表存在关系,因此若在第(2)步选择不同的查看方式,会产生不同结构的窗体,建议读者自行进行检验练习。

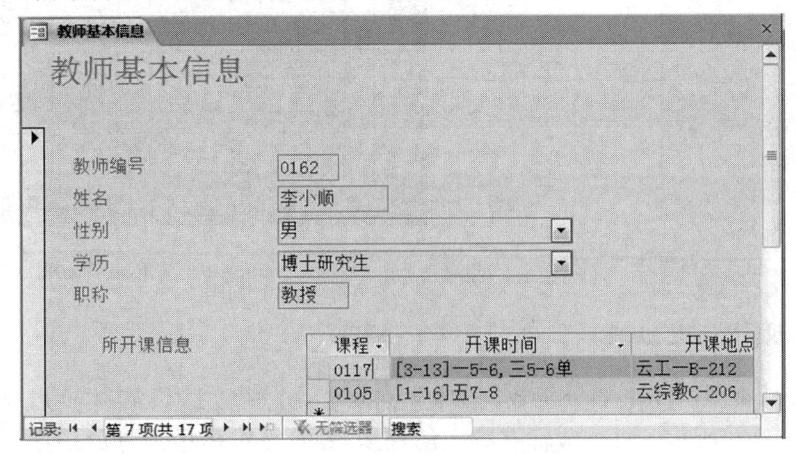

图 4-47　【例 4-11】完成的主/子窗体

4.3 设 计 窗 体

窗体是用户访问数据库的窗口。窗体的设计要适应人们输入和查看数据的具体要求和习惯,应该有完整的功能和清晰的外观。有效的窗体可以加快用户使用数据库的速度,视觉上有吸引力的窗体可以使数据库更实用、更高效。

Access 提供的创建窗体的方法,各自有其鲜明的特点,其中尤以在设计视图中创建最为灵活,且功能最强。利用设计视图可以创建基本窗体并对其进行自定义,也可以修改用“窗体向导”等其他方式创建的窗体,使之更加完善。

4.3.1 窗体的设计环境

窗体设计视图为窗体的设计搭建了一个功能强大的平台。在 Access 窗口功能区中,单击“创建”选项卡“窗体”分组中的【窗体设计】按钮,可以打开窗体的设计视图,默认的窗体设计视图中只有“主体”节。右键单击主体节任意位置,打开快捷菜单,如图 4-48 所示,单击“页面页眉/页脚”,再次右键打开快捷菜单,单击“窗体页眉/页脚”,此时一个空白窗体的设计视图如图 4-49 所示。

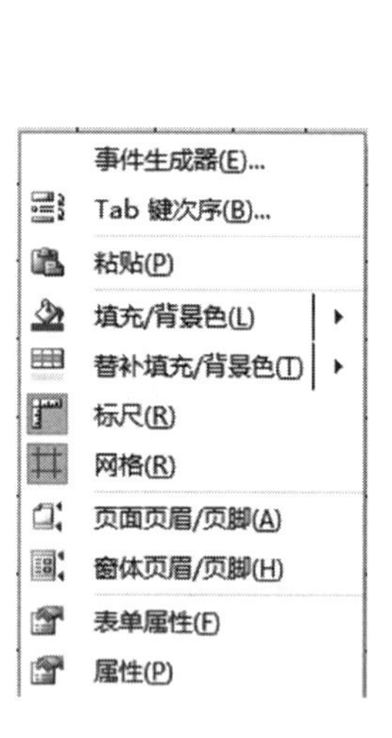

图 4-48 快捷菜单

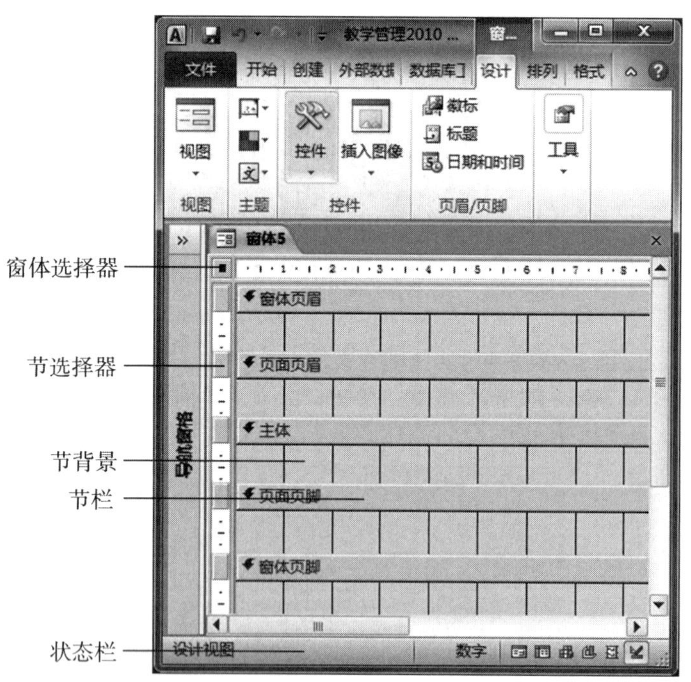

图 4-49 窗体设计视图

1. 窗体设计视图组成

窗体的设计视图由 5 个部分组成,每部分称为节,分别是主体、窗体页眉/页脚、页面页眉/页脚,如图 4-49 所示。每个节都有特定的用途,并且按窗体中预见的顺序显示。每个节都有“节选择器”“节栏”和“节背景”。视图的左上角所示有一个“窗体选择器”。

①窗体页眉。一般用于设置窗体的标题、窗体使用说明，或打开相关窗体及执行其他功能的命令按钮等。

②窗体页脚。一般用于对所有记录都要显示的内容、使用命令的操作说明等信息，也可以设置命令按钮，以进行必要的控制。

③主体。通常用来显示记录数据，可以在屏幕上或页面上只显示一条记录，也可以显示多条记录。

④页面页眉。一般用于设置窗体打印时的页眉信息，例如标题或要在每一页上方显示的内容。只在打印窗体时有效。

⑤页面页脚。一般用于设置窗体打印时的页脚信息，例如日期、页码或要在每一页下方显示的内容。只在打印窗体时有效。

⑥网格和标尺

窗体设计视图中有很多网格线和标尺，网格线是为了在窗体中放置各种控件定位使用的，标尺用于在处理窗体时跟踪窗体的大小。

2. 添加/删除设计视图中基本元素的方法

1）选择“节”

节就是用来组织窗体上各种控件的区段，如图 4-49 所示，在每个区段中都包括“节选择器”“节栏”和“节背景”。在设计视图中选择窗体的“节”有 3 种方法：

- 单击节名称左侧垂直标尺中的“节选择器”。
- 单击节顶部的有节名称的矩形“节栏”。
- 单击“节背景”的任意位置(除了控件)。

当用这 3 种方法中的任意一种选择一个“节”时，其“节栏”将突出显示。

2）添加/删除“节”

只有主体节是必不可少的，其他的节根据需要可以显示或者隐藏。若需要在窗体中添加/删除“主体节”以外的其他节，操作步骤如下：

①在设计视图中打开窗体。

②用鼠标右键单击窗体上任意一个可以选定节的点后，从弹出的快捷菜单中选择命令，如图 4-48 所示，添加/删除相应的节。

3）添加/删除网格线和标尺

鼠标右键单击窗体上任意一个可以选定“节”的点后，在弹出如图 4-48 所示的快捷菜单中选择“网格”或“标尺”命令，可以进行网格线或标尺显示与否的切换。

4）视图间的切换

设计视图是从设计者的层面看窗体，设计者可以对窗体进行修改、补充和自定义；窗体视图是从用户的层面查看窗体，窗体视图就是提供给用户使用数据库的界面。

在窗体的设计过程中，常常需要在设计视图与窗体视图之间反复切换，直到窗体的设计完全符合用户的要求。

3. "窗体设计工具"选项卡

打开窗体设计视图以后，在功能区中会出现"窗体设计工具"选项卡，这个选项卡由 3 个子选项卡组成，分别是"设计""排列"和"格式"。如图 4-50 所示。其中"设计"子选项卡包括 5 个组："视图""主题""控件""页眉/页脚"和"工具"。表 4.2 列出了各分组的主要功能。

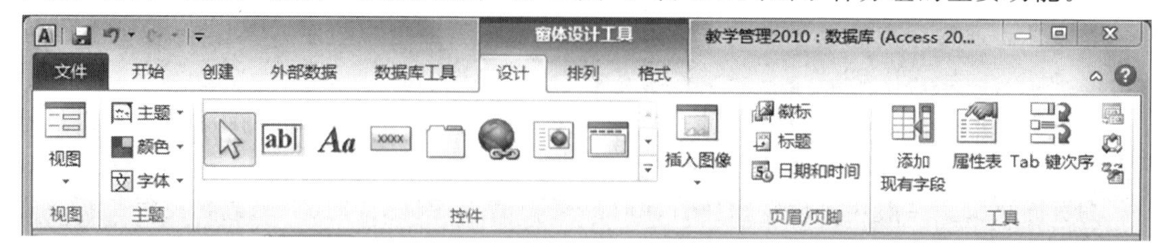

图 4-50　"窗体设计工具"选项卡

表 4.2　"窗体设计工具|设计"选项卡各分组功能

分组名称	功能
视图	只有一个带下拉列表的【视图】按钮。直接单击按钮可在窗体视图和布局视图之间切换；单击其下拉箭头，可以选择进入其他视图
主题	可设置整个系统的视觉外观
控件	是设计窗体的主要工具，由多个控件组成，俗称控件工具箱
页眉/页脚	用于设置窗体页眉/页脚和页面页眉/页脚
工具	提供设置窗体及控件属性的相关工具

4. 对象"属性表"对话框

在设计视图中创建/打开窗体时，同时打开的还有对象的"属性表"对话框，在这个对话框中列出了窗体和它所包含的其他对象（如某个"节"、某个"控件"）的所有属性值，帮助用户设置窗体及其控件的功能、外观等属性。单击"工具"分组【属性表】按钮，可显示/隐藏属性表。

如图 4-51 所示为设计视图中的窗体和该窗体的"属性表"对话框，可以看出窗体的"记录源"属性为"教师信息"，这表明该窗体的绑定数据源是"教师信息"表。

5. 字段列表

如果窗体有绑定的记录源，那么当打开窗体设计视图时，记录源的"字段列表"也会同步打开。"字段列表"是列出了记录源中的全部字段的窗格，拖动"字段列表"窗格中的字段到窗体设计视图，可以快速创建绑定型控件。

【例 4-12】　在"教学管理 2010"数据库窗口中，打开与"教师信息"表绑定的"窗体 2"窗体，创建"姓名""性别""出生日期"和"婚否"绑定字段。

操作步骤如下：

(1) 在设计视图中打开"窗体 2"，则同时打开了绑定数据源的"字段列表"。

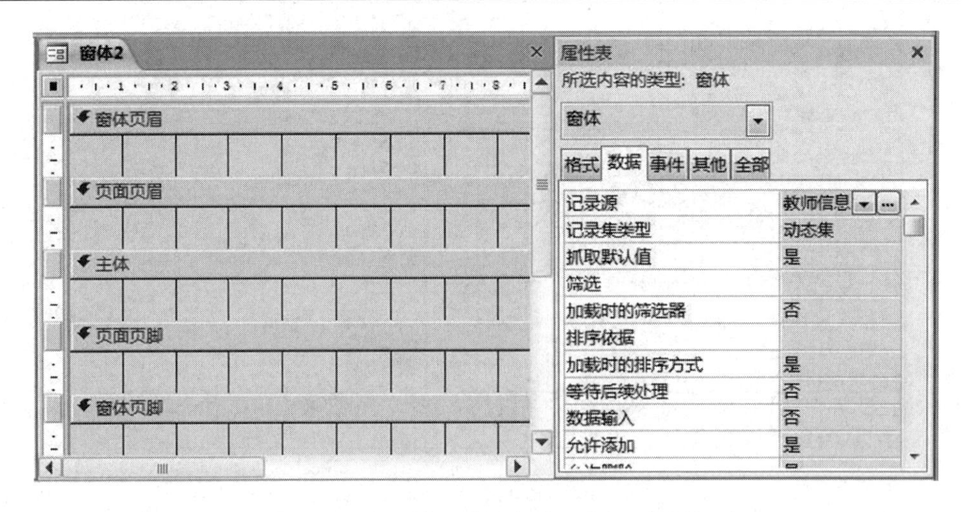

图 4-51　设计视图中的窗体和窗体“属性表”对话框

如果是新建窗体或者窗体没有绑定数据源，打开的“字段列表”就是空白的，则需要先设置绑定数据源。绑定数据源的步骤为：

①单击窗体选择器以选中该窗体。

②单击“窗体设计工具|设计”选项卡“工具”分组的【属性表】按钮，打开窗体的“属性表”窗口，设置窗体的“记录源”属性为确定的表或查询，即完成窗体数据源的绑定。本例选择“教师信息”表。

(2) 如果“字段列表”窗格未显示，可单击“窗体设计工具|设计”选项卡“工具”分组的【添加现有字段】按钮，打开窗体的“字段列表”。

(3) 在“字段列表”中选择用作控件基础的字段(如“姓名”字段)，将其拖到窗体。

(4) 将图标的左上角放置到主控件(不是它的附加标签)左上角所在的位置，然后释放鼠标按钮。

重复步骤(3)和(4)，依次从“字段列表”中拖动“性别”“出生日期”和“婚否”3个字段放置到窗体，Access将根据字段的数据类型，为字段创建适当的控件并设置某些属性，在本例中相应创建了文本框、组合框和复选框控件，同时自动将各附加标签的标题默认为主控件绑定字段的字段名称，如图4-52左侧的控件所示。

4.3.2　常用控件的功能

窗体只是提供了一个窗口的框架，其功能要通过窗体中放置的各种控件来完成，控件与数据库对象结合起来才能构造出功能强大、界面友好的可视化窗体。

1. 控件的类型

控件是允许用户控制程序的图形用户界面对象，如文本框、复选框、滚动条或命令按钮等。可使用控件显示数据或选项、执行操作或使用户界面更易阅读。

一些控件直接连接到数据源，可用来立即显示、输入或更改数据源；另一些控件则使用数据源，但不会影响数据源；还有一些控件完全不依赖于数据源。根据控件和数据源之间这些可能存在的关系，可以将控件分为以下3种类型：

◆ 绑定型控件：这种控件与数据源直接连接，它们将数据直接输入数据库或直接显示数

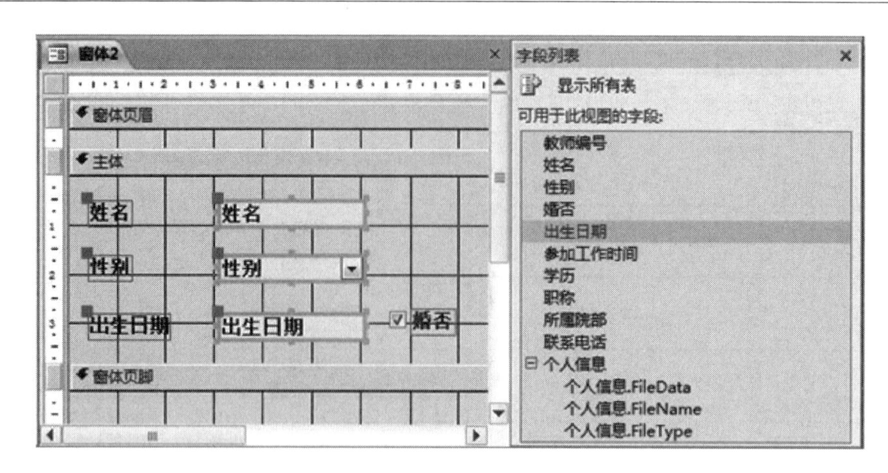

图 4-52　窗体视图与字段列表

据库的数据,可以直接更改数据源中的数据或在数据源中的数据更改后直接显示变化。

◆ 未绑定型控件:包含信息但不与数据库数据直接连接,主要用于显示信息、线条、矩形或图像,执行操作,美化界面等。

◆ 计算型控件:使用表达式作为自己的数据源。表达式可以使用窗体或报表的基础表或基础查询中的字段数据,也可以使用窗体或报表上其他控件的数据。可使用数据库数据执行计算,但是它们不更改数据库中的数据。计算型控件是特殊的非绑定控件。

如果想让窗体中的控件成为绑定控件,首先要确保该窗体是基于表或查询的,即窗体是绑定数据源的。大多数允许输入信息的控件既可以被创建成绑定型控件,也可以被创建成非绑定型控件,完全根据窗体设计的需要而定。图 4-53 给出了上述 3 种控件类型在设计视图显示的样例。图 4-54 给出了上述 3 种控件类型在窗体视图显示的样例,其中折扣是用户在窗体视图中输入的值。

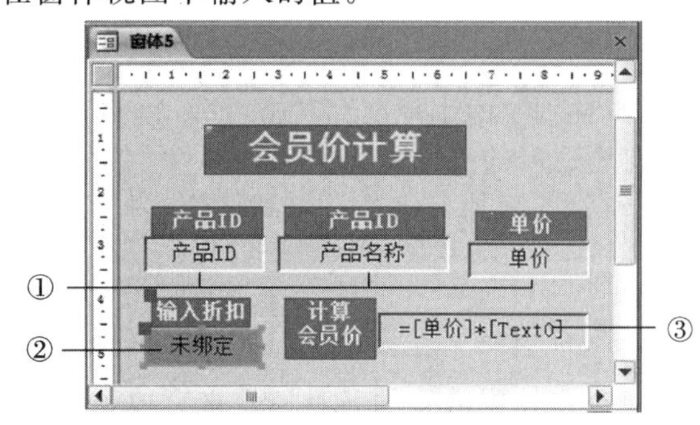

标示说明:
① 3个绑定控件,显示来自"产品价格"表中的相应字段。
② 未绑定控件,不具有数据源,它们的信息存放在控件中。
③ 计算控件,将单价乘以折扣,而不更改单价数据。
其他深底色的控件是标签,标签都是未绑定控件。

图 4-53　3 种类型的控件在设计视图中的显示样例

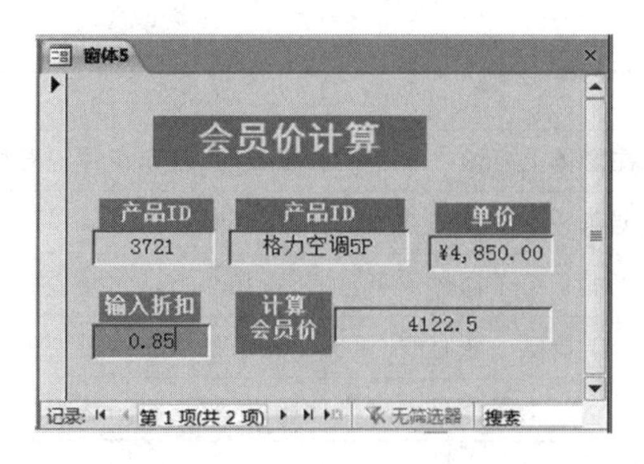

图 4-54　3 种类型的控件在窗体视图中的显示样例

2. 常用控件及其功能

窗体设计中所用到的大多数控件都包含在“控件工具箱”中，表 4.3 列出了各控件的名称及功能。

表 4.3　常用窗体控件的功能

控件图标	控件名称	功能
	选择	选取控件、节或窗体，单击该按钮可以释放锁定的工具箱按钮
	控件向导	打开或关闭控件向导。按下该按钮，在创建其他控件时，会启动控件向导来创建控件，如组合框、列表框、选项组和命令按钮等控件都可以使用控件向导来创建
Aa	标签	显示文字，如窗体的标题、指示文字等。Access 会自动为其他控件附加默认的标签控件
ab|	文本框	显示、输入或编辑窗体的基础记录源数据，显示计算结果，或接受用户输入的数据
	选项组	与复选框、选项按钮或切换按钮搭配使用，显示一组可选值
	切换按钮	常作为“是/否”字段的绑定型控件，也可作为未绑定型控件，接收用户“是/否”型的选择值，或选项组的一部分
	选项按钮	与切换按钮功能相同
	复选框	与切换按钮功能相同
	组合框	该控件结合了文本框和列表框的特性，既可在文本框中直接输入文字，也可在列表框中选择输入的文字，其值会保存在绑定的字段变量或内存变量中
	列表框	显示可滚动的数值列表，在窗体视图中，可以从列表中选择某一值作为输入数据，或者使用列表提供的某一值更改现有的数据，但不可输入列表外的数据值
	按钮	完成各种操作，例如查找记录、打开窗体等
	图像	在窗体中显示静态图片，不能在 Access 中进行编辑
	未绑定对象框	在窗体中显示非绑定型 OLE 对象，例如 Excel 电子表格。当记录改变时，该对象不变
	绑定对象框	在窗体中显示绑定型 OLE 对象，如 Excel 电子表格。当记录改变时，该对象会一起改变

续表

控件图标	控件名称	功能
	插入分页符	在窗体上开始一个新的屏幕,或在打印窗体上开始一个新页
	选项卡控件	创建一个多页的选项卡控件,在选项卡上可以添加其他控件
	子窗体/子报表	添加一个子窗体或子报表,可用来显示多个表中的数据
＼	直线	用于显示一条直线,可突出相关的或特别重要的信息
□	矩形	显示一个矩形框。可添加图形效果,将一些组件框在一起

下面对常用的控件按功能分类说明。

1）文本框

文本框可以是绑定的,用来在窗体上显示/编辑数据源中某个字段的数据;文本框也可以是未绑定的,用来显示计算的结果或接受用户输入的数据,如图 4-55 所示。

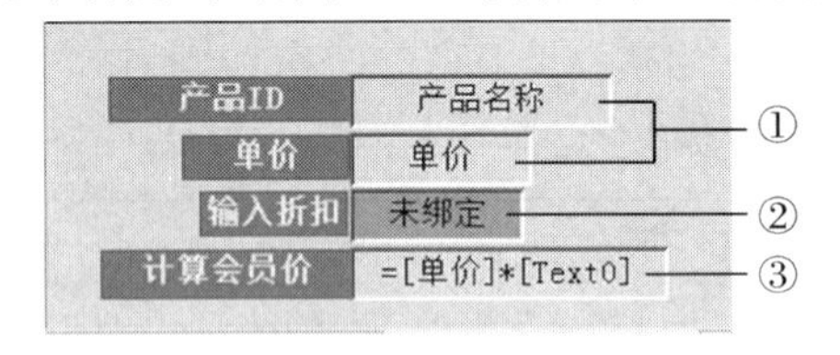

标示说明:
① 这两个文本框与"产品价格"表中"产品名称"和"单价"字段绑定。
② 这个未绑定文本框接受用户的输入折扣。
③ 这个未绑定文本框显示计算结果,计算公式为"单价"字段的值乘以用户输入的折扣。

图 4-55　文本框控件

在未绑定文本框中的数据不会被保存。

2）标签

可以在窗体上使用标签来显示说明性文本,如标题、题注或简短的说明等。标签总是未绑定的,所以标签并不显示字段或表达式的值。标签控件有两种:独立标签和附加标签。

(1) 独立标签:使用"标签"工具 Aa 创建的标签控件是独立标签,用于显示信息(如窗体标题)或其他说明性文本。在数据表视图中将不显示独立的标签。

(2) 附加标签:是创建某些控件时自动附加的、显示该控件标识信息的标签控件。例如,在创建文本框时,文本框会附加一个标签,用来显示该文本框的标题,如图 4-56 所示。

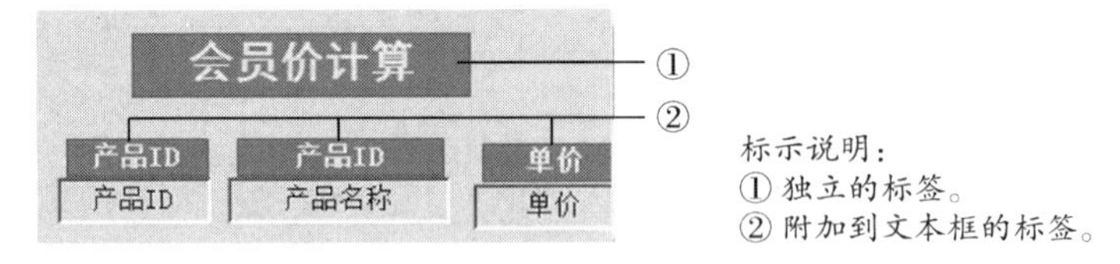

标示说明:
① 独立的标签。
② 附加到文本框的标签。

图 4-56　标签控件

3）组合框、列表框

在许多情况下,从列表中选择一个值,要比记住一个值然后键入它更快更容易。选择列表中的值还可以帮助用户确保在字段中输入的值是正确的,如图 4-57 所示。

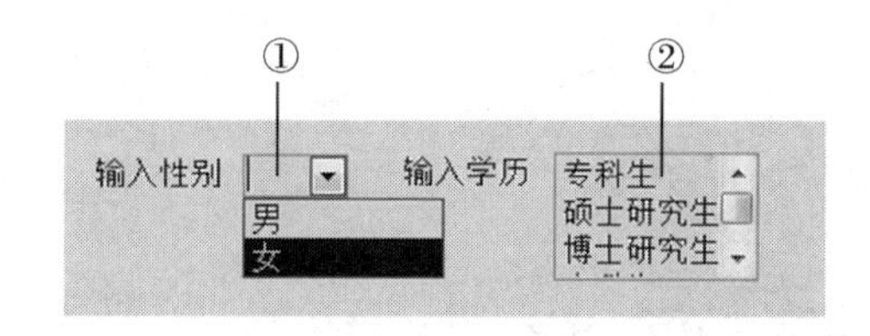

标示说明：
① 组合框，由文本框和列表框组成。用户既可以从列表中进行选择，也可以输入文本。
② 列表框，用户只能从列表中选择值而不能输入新值。

图 4-57　组合框和列表框控件

组合框和列表框中的数据来源可以是数据表或查询中的某字段，也可以是用户自行键入的一组值。利用控件向导可以很方便地创建组合框或列表框。

4）命令按钮

命令按钮提供了一种只需单击按钮即可执行操作的方法。单击按钮时，它不仅会执行相应的操作，其外观也会有先按下后释放的视觉效果。利用控件向导可以创建 30 种系统预定义的命令按钮。

在窗体上可以使用命令按钮来启动一项操作或一组操作。例如，可以创建一个命令按钮来打开另一个窗体。若要使命令按钮在窗体上实现某些功能，可以编写相应的宏或事件过程，并将它附加在按钮的“单击”属性中。

5）复选框

在窗体上，可以将复选框用作独立的控件以显示来自基础表、查询或 SQL 语句中的“是/否”值。例如，图 4-58 示例中的复选框绑定到了“教师信息”表中的“婚否”字段，该字段的数据类型为“是/否”。如果复选框内包含复选标记，则其值为“是”；如果不包含，则其值为“否”。

婚　否 ☑

图 4-58　复选框控件

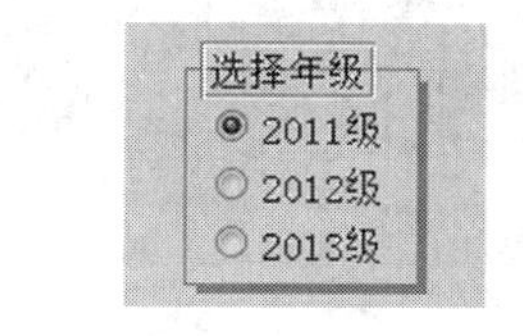

图 4-59　选项组控件

6）选项按钮

在窗体上，可以将选项按钮用作独立的控件来显示基础记录源的“是/否”值。例如，可以将选项按钮绑定到数据库的“学生信息”表中的“是否党员”字段，该字段的数据类型为“是/否”。如果选择了选项按钮，其值为“是”；如果未选择，其值为“否”。

7）选项组

选项组是把控件包含在其中的框架。可以在窗体上使用选项组来显示一组限制性的选项值，如图 4-59 所示。使用选项组可以方便地选择值，因为只需单击所需的值即可。在选项组中每次只能选择一个选项，如果需要显示的选项较多，应使用列表框、组合框。

8）切换按钮

还可以将窗体上的切换按钮用作独立的控件来显示基础记录源的“是/否”值。

4.3.3 常用控件的使用

1. 了解布局

布局是一些参考线，可用于将控件沿水平方向和垂直方向对齐，以使窗体具有一致的外观，可以将布局视为一个由行和列组成的表格，该表格中的每个单元格要么为空，要么包含单个控件。布局的方式有表格式和堆叠式。

1）表格式布局

在表格式布局中，各个控件按行和列进行排列（就像在电子表格中排列一样），其中标签位于顶部，如图 4-60 所示。

图中布局用矩形虚线表示，其中包含 2 行 4 列单元格（或控件），第 1 行是“学号”“姓名”等 4 个标签控件，第 2 行是学号、姓名等 4 个绑定文本框控件。矩形虚线框的左上角“十”字符号是布局选择器，单击则选中布局中所有控件。如图 4-60 所示，是布局的第 4 列控件（“课程名称”文本框及其附属标签）被选中。

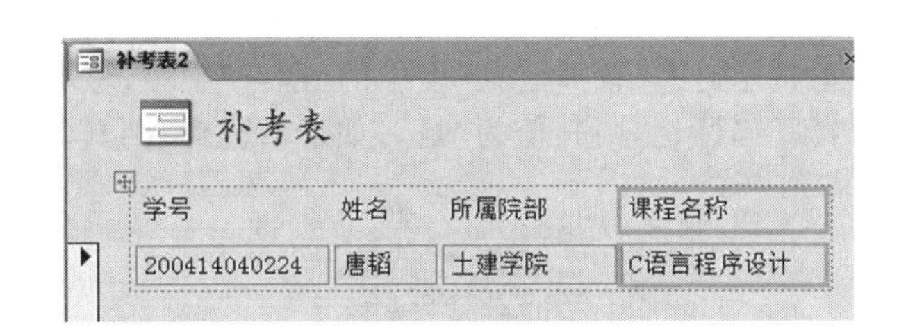

图 4-60 表格式布局

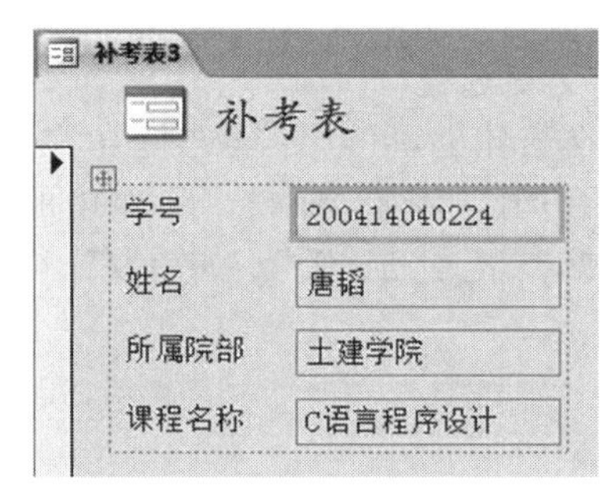

图 4-61 堆叠式布局

2）堆叠式布局

在堆叠式布局中，各个控件会沿垂直方向进行排列，每个控件的左侧都有一个标签，如图 4-61 所示。图中矩形虚线表示的布局中，包含 4 行 2 列单元格（或控件），第 1 列是“学号”“姓名”等 4 个标签控件，第 2 列是学号、姓名等 4 个绑定文本框控件。矩形虚线框的左上角“十”字符号是布局选择器，单击则选中布局中所有控件。如图 4-61 所示，是布局中的 1 行 2 列单元格（文本框控件）被选中。

对布局中单元格（控件）的操作（选择行、列、统一调整单元大小、插入、删除、合并及拆分单元格等），类似于字处理中的表格操作，限于篇幅，此处不赘述，想要深入了解该功能的读者可以借助 Access 2010 的帮助功能。

构建只使用 Access 打开的桌面数据库，则布局是可选的。但在一些情况下，Access 会自动创建表格式布局或堆叠式布局。布局可以取消或添加，方法如下：

在窗体的设计视图中，选择“窗体设计工具|排列”选项卡，在“表”分组中，单击相应按钮即可，如图 4-62 所示。4 个按钮从左至右依次为：布局中所选单元格的边框线设置、切换至堆叠（积）布局、切换至表格布局、取消现有布局设置。

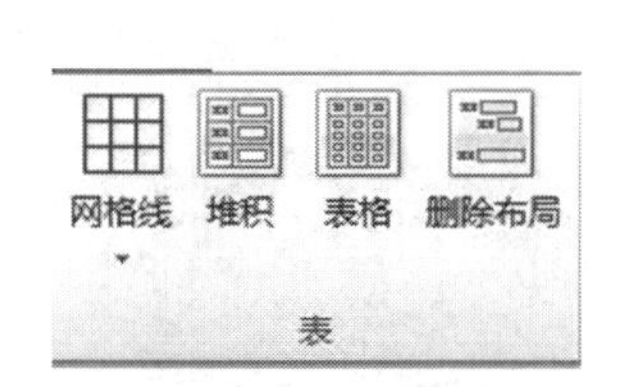

图 4-62 “表”分组

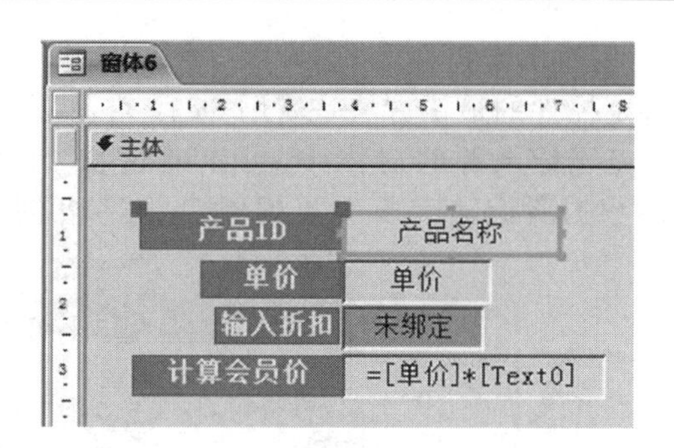

图 4-63 控件的选择与移动

2. 控件的基本操作

不论是布局里或是布局外的控件，对它们的基本操作都是一样的。

1）控件的选择

若要对控件进行外观或属性的设置，首先需要在设计视图中选择它。单击选中该控件，此时所选的控件周围将出现 8 个小的方形控制柄。如果控件有附加标签，附加标签将与控件一起被选择。如图 4-63 所示，“产品名称”文本框被选中，由深色边框包围，深色边框上分布有 8 个方形控制柄，文本框的附加标签同时被选中。如果要选择多个控件，可以单击选中第 1 个，然后按住[Shift]键再单击其他控件，或者单击“控件”分组中的【选择对象】按钮 ，然后在窗体空白位置单击并拖拽，则框在矩形区域内的控件均被选中（即所谓框选）。单击其他控件或单击窗体空白处取消当前选择。

2）控件大小的调整

确定控件（可以是多个控件）被选中后，将鼠标指向控件周围（除左上角）的控制柄直到鼠标变成双向箭头形状，再拖动鼠标即可；也可以执行右键快捷菜单中的“大小|××××”菜单命令，使所选控件的大小与其文字、网格或另一个已选控件的大小相匹配。

控件的大小不影响数据本身，只影响数据的查看或打印的样式。

3）控件的移动

确定控件（可以是多个控件）被选中后，在控件（控制柄以外）上移动鼠标，当鼠标变成十字箭头时，表示可以拖动控件；这种移动是将相关联的两个控件一起移动，将鼠标指向控件左上角的控制柄并呈现“十”字箭头时，可拖动鼠标独立地移动控件本身。

4）控件的删除

首先选中控件（可以是多个控件），然后按[Delete]键删除。

5）打开/关闭“控件向导”

对于标签、文本框或绘制的图形控件，添加操作很简单。但是，很多控件需要更多的信息才能充分发挥作用。为了简化创建控件的操作，Access 提供了“控件向导”工具。可以通过打开“控件”分组的下拉列表，再单击“使用控件向导”工具来打开/关闭向导。打开向导（此时按钮加重显示）后，在添加具有向导的控件（不是所有控件都有向导）时，向导将引导设计者对一组相关问题作出选择，以此完成对控件的属性设置和控件的创建。

3. 创建控件的方法

在设计视图中可以创建各种控件，创建方法根据控件类型的不同而异，分别描述如下：

1）创建绑定控件

绑定控件的最快方法是使用“字段列表”来绑定。

在基于记录源的窗体中，可以通过从“字段列表”中拖动或双击字段名来创建控件。Access 根据所拖动字段的数据类型为字段创建适当的控件，并设置某些属性，如图 4-64 所示。

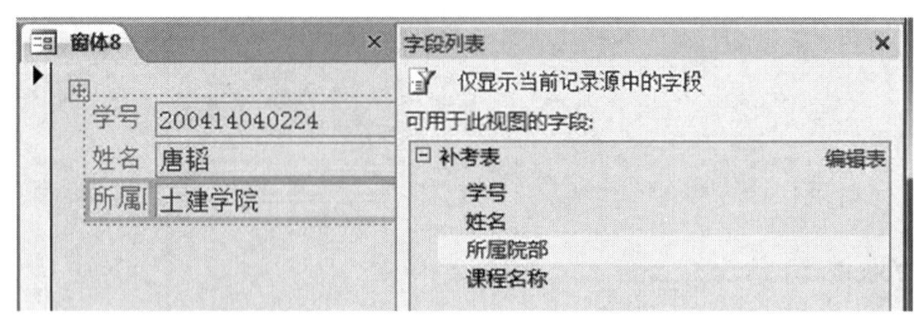

图 4-64　使用“字段列表”来插入绑定控件

2）创建非绑定控件

直接用“控件”分组创建。在“控件”分组中单击所需控件，然后单击窗体中要添加它的地方即可。

若创建标签控件，需要在窗体中添加它的位置拖拽鼠标，画一个矩形框。对于功能较强的控件，可启用“控件向导”引导，然后再进行上述步骤。

若启用了“控件向导”，则在添加某些控件（如命令按钮、列表框、子窗体、组合框和选项组）时将自动打开向导对话框以引导创建操作，加快控件的创建过程。

未绑定控件在设计视图中显示文字“未绑定”。

用上述方法完成控件的基本创建以后，通常还需要在控件的“属性表”对话框中进行一些参数设置，使控件的功能充分表现，外观也更加清晰、合理。

4.3.4　窗体和控件的属性

属性确定了对象的功能特性、结构和外观，使用“属性表”对话框可以设置对象的属性。

在窗体设计视图或布局视图状态下，单击“工具”分组的【属性表】按钮，或右击窗体设计视图中任意区域打开快捷菜单，单击“属性”菜单命令，均可打开“属性表”对话框，如图 4-65所示。

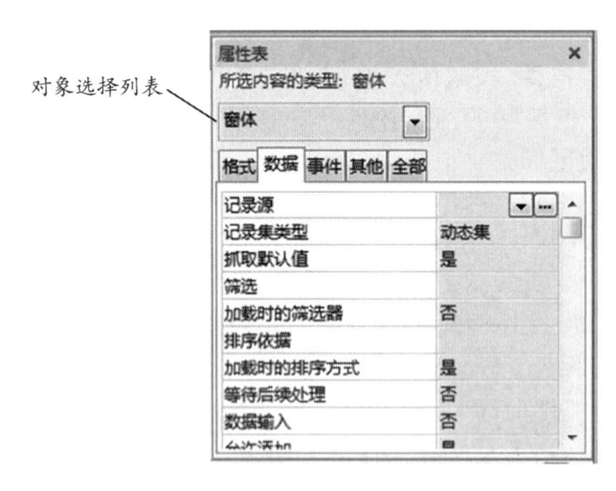

图 4-65　“属性表”对话框

1. 认识“属性表”对话框

“属性表”对话框由 5 个选项卡组成，各属性按功能被分组到不同的选项卡中，其说明如表 4.4 所示。

表 4.4　“属性表”对话框的选项卡说明

选项卡名称	属性分组
格式	设置对象的外观和显示格式，如边框样式、字体大小等
数据	设置对象的数据来源以及操作数据的规则
事件	设置对象的触发事件
其他	不属于上述 3 项的属性
全部	上述 4 项属性的集合

在“属性表”对话框中设置某一属性时，先单击要设置的属性，然后在属性框中输入一个设置值或者表达式；如果属性框中显示有下拉箭头，则可以单击该箭头并从列表中选择一个值；如果属性框右侧显示有【表达式】按钮 ，则单击该按钮打开“表达式生成器”对话框，通过该生成器可以设置其属性值。

2. 窗体的常用属性

窗体的属性与整个窗体相关联，并影响着用户对窗体的体验。选择或更改这些属性，可以确定窗体的整体外观和行为。

在设计视图中打开窗体，双击“窗体选择器”，可以快速打开窗体的“属性表”对话框，如图 4-66 所示。下面介绍常用的窗体属性。

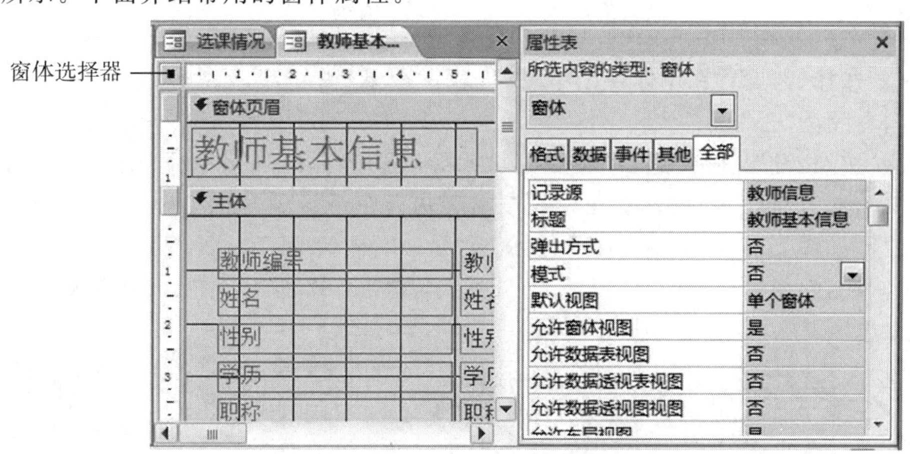

图 4-66　窗体设计视图及其“属性表”对话框

①名称：窗体的“名称”属性值，是窗体对象的名称，用于标识窗体。它并不在窗体的属性表中，而是直接出现在导航窗格中。使用窗体向导创建窗体时，向导会默认使用窗体的“标题”属性值作为窗体对象的名称。

②记录源：设置窗体的数据源，也就是绑定的数据表或查询。

③标题：设置在窗体视图中标题栏上显示的文本。缺省名为“窗体 1”“窗体 2”……

④模式：设置窗体是否可以作为模式窗口打开。当窗体作为模式窗口打开时，在焦点移到另一个对象之前，必须先关闭该窗口。

⑤默认视图：设置打开窗体时所用的视图。各参数的意义如表 4.5 所示。

表 4.5　窗体的“默认视图”属性设置

设置为	说明
单个窗体	(默认值)一次显示一个记录
连续窗体	显示多个记录(尽可能为当前窗口所容纳),每个记录都显示在窗体的主体节部分
数据表	像电子表格那样按行和列的形式显示窗体中的字段
数据透视表	作为数据透视表显示窗体
数据透视图	作为数据透视图显示窗体
分割窗体	窗体下半部分按数据表形式,上半部分按单个窗体形式

⑥允许编辑、允许删除、允许添加:可以指定用户是否可在使用窗体时编辑已保存的记录。

⑦数据输入:设置是否允许打开绑定窗体进行数据输入。各参数的意义如表 4.6 所示。

表 4.6　窗体的“数据输入”属性设置

设置为	说明
是	窗体打开时,只显示一个空记录,以便于直接录入数据
否	(默认值)窗体打开时,显示已有的记录

⑧记录选择器:设置在窗体视图中是否显示“记录选择器”,如图 4-67 所示,左图该属性值为“是”,右图为“否”。

⑨导航按钮:设置在窗体视图中是否显示导航按钮和记录编号框。记录编号框显示当前记录的编号。记录的总数显示在导航按钮旁边。在记录编号框中键入数字,则可以移到指定的记录,如图 4-67 所示,左图该属性值为“是”,右图为“否”。

⑩分割线:在窗体视图中是否显示节分割线,如图 4-67 所示,左图该属性值为“是”,右图为“否”。

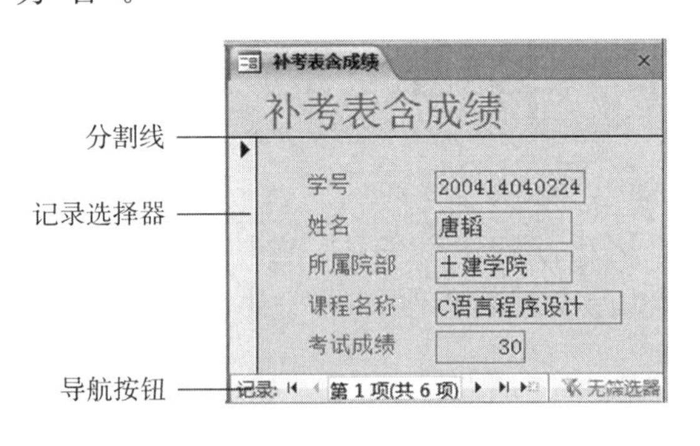

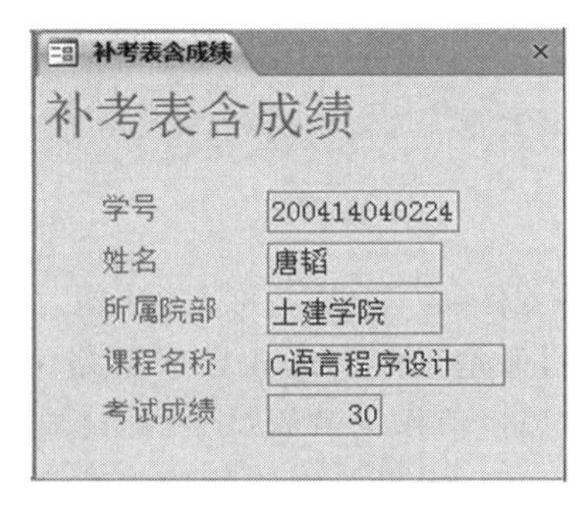

图 4-67　记录选择器、导航按钮、记录编号框

⑪边框样式:用于设置窗体的边框和边框元素(标题栏、“控制”菜单、【最小化】和【最大化】按钮或【关闭】按钮)的类型。通常对于常规窗体、弹出式窗体和自定义对话框需要使用不同的边框样式。各参数的意义如表 4.7 所示。

表 4.7　窗体的"边框样式"属性设置

设置为	说明
无	窗体没有边框或相关的边框元素,窗体大小不可调整
细边框	窗体有细的边框且可包含任何边框元素,窗体大小是不可调整的("控制"菜单上的"大小"命令不可用),弹出式窗体经常使用该设置
可调边框	窗体的默认边框,可以包含任何边框元素,而且可以调整大小
对话框边框	窗体有粗边框(双线),并且只能包含一个标题栏、【关闭】按钮和"控制"菜单。窗体不能最大化、最小化或调整大小("控制"菜单上的"最大化""最小化"和"大小"命令不可用)。该设置一般用于自定义对话框

⑫快捷菜单:设置当用鼠标右键单击窗体上的对象时,是否显示快捷菜单。例如,可以使快捷菜单无效以防止用户使用窗体快捷菜单中的某个筛选命令更改窗体所基于的记录源。

3. 控件的常用属性

从图 4-65 所示的窗体"属性表"对话框顶部的"对象选择列表"中,选择某个控件,就可以打开该控件的"属性表"对话框。如图 4-68 所示即为"文本框"控件"属性表"对话框。下面以文本框控件为例,介绍常用的控件属性。

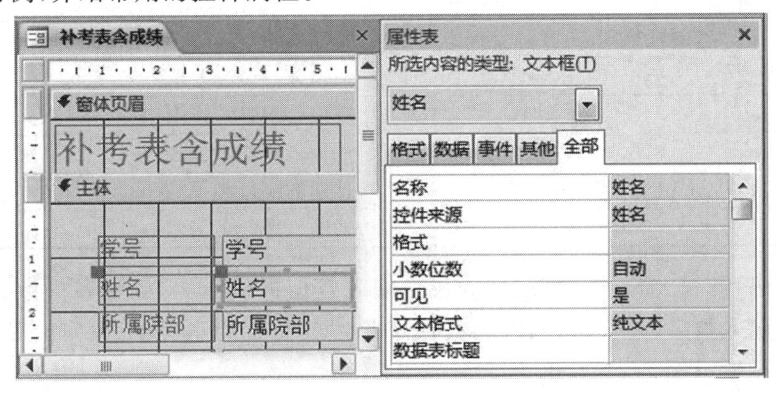

图 4-68　文本框控件"属性表"对话框

①名称:每个控件都有一个唯一名称,用于标识控件。对于未绑定控件,默认名称是控件的类型加上一个唯一的整数,例如,文本框的默认名称为"文本 1""文本 2"……对于绑定控件,默认名称是数据源中绑定字段的名称。如图 4-68 所示,"姓名"文本框是绑定控件,对应着"姓名"字段(由"控件来源"属性指定)。

②控件来源:指定在控件中显示的数据。可以显示和编辑绑定到表、查询或 SQL 语句中的数据,还可以显示表达式的结果。各参数的意义如表 4.8 所示。

③是否锁定:指定是否可以在窗体视图中编辑控件数据。可以将绑定控件中的数据设为只读以保护数据。

表 4.8　控件的"控件来源"属性设置

设置为	说明
字段名称	这一控件绑定到表中的字段、查询或者 SQL 语句。字段中的数据在控件中显示，修改控件中的数据将会影响相应字段中的数据（如果要使控件只读，可以将控件的"是否锁定"属性设为"是"）
一个表达式	控件显示的是表达式计算结果的数据。该数据可以由用户修改，但不保存到数据库

④格式：自定义数字、日期、时间和文本的显示方式。

⑤可见性：显示或隐藏控件。

⑥宽度、高度：可调整对象的大小为指定的尺寸。

⑦左边距、上边距：指定控件在窗体中的位置。

⑧有效性规则、有效性文本："有效性规则"属性指定对输入到记录、字段或控件中的数据的要求。当输入的数据违反了"有效性规则"的设置时，可以使用"有效性文本"属性指定将显示给用户的提示消息。表 4.9 包含了"有效性规则"以及"有效性文本"属性的表达式示例。

表 4.9　表达式示例

有效性规则	有效性文本
<>0	请输入一个非零值
0 or >100	数值必须是 0 或大于 100
<#1/1/2000#	请输入 2000 之前的日期
>=#1/1/2004#　And<#1/1/2005#	日期的年份必须是 2004 年
Not "myself"	请输入您的名字

⑨输入掩码：设置"输入掩码"属性为用户输入数据提供指导，确保以一致的方式在文本框和组合框中键入数字、连字符、斜线和其他字符。各参数的意义如表 4.10 所示，表4.11为"输入掩码"的设置示例。

表 4.10　控件的"输入掩码"属性设置说明

输入掩码字符	所指示的数据类型
0	数字（必选）
9	数字（可选）
A	字母或数字（必选）
a	字母或数字（可选）
L	字母（必选）
?	字母（可选）
#	数字或空格（可选，如果有空白区域，则用空格）
&	任何字符或空格（必选）

表 4.11 “输入掩码”的设置示例

输入掩码示例	数据示例
(000) 000-0000	(206) 555-0248
(999) 999-9999	() 555-0248
(000) AAA-AAAA	(206) 555-TELE
L???? L? 000L0	GREENGR339M3
L0L 0L0	T2F 8M4
00000-9999	98115-3007
ISBN 0-&&&&&&&&&-0	ISBN 1-55615-507-7

4.3.5 窗体和控件的事件

事件是一种特定的操作,在某个对象上发生或对某个对象发生。Access 可以响应多种类型的事件:鼠标单击、数据更改、窗体打开或关闭及许多其他类型的事件。事件的发生通常是用户操作的结果,是否对所发生事件作出响应,可以通过对象“属性表”对话框中的“事件”选项卡来设置。常见的事件和触发时机如表 4.12 所示。

表 4.12 常见的事件和触发时机

事件名称		触发时机
键盘事件	键按下	当窗体或控件具有焦点时,按下任何键触发
	键释放	当窗体或控件具有焦点时,释放任何键触发
鼠标事件	单击	当用户在对象上按下鼠标左键然后释放时触发
	双击	当用户在对象上按下并释放鼠标左键 2 次时触发
	鼠标按下	当用户在对象上按下鼠标左键时触发
	鼠标移动	当用户在对象上移动鼠标时触发
	鼠标释放	当用户在对象上释放鼠标按钮时触发
对象事件	获得焦点	当对象接收到焦点时触发
	失去焦点	当对象失去焦点时触发
	更改	当文本框或组合框文本部分的内容发生更改时触发;在选项卡控件中从某一页移到另一页时该事件也会触发
窗口事件	打开	在打开窗体但第 1 条记录尚未显示时触发
	关闭	当窗体关闭并从屏幕上删除时触发
	加载	当窗体打开并且显示其中记录时触发
操作事件	删除	当通过窗体删除记录,但记录被真正删除之前触发
	插入前	当通过窗体插入记录时,键入第 1 个字符时触发
	插入后	当通过窗体插入记录时,记录保存到数据库后触发
	成为当前记录	当焦点移到记录上,使它成为当前记录,或当窗体刷新或重新查询时触发
	不在列表中	在组合框的文本框部分输入非组合框列表中的值时触发

4.3.6　操作实例

实例说明如何创建窗体及控件、设置控件属性、将控件与其他数据库对象结合在一起。

【例 4-13】　以“教学管理 2010”数据库中的“教师信息”表为数据源，创建一个“教师信息维护”窗口，如图 4-69 所示。

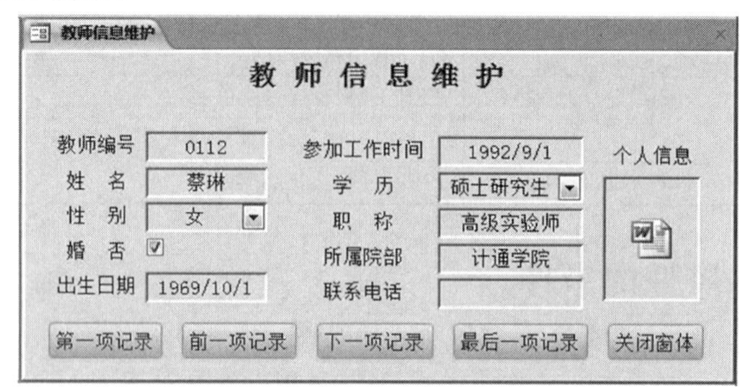

图 4-69　【例 4-13】“教师信息维护”窗口

解题分析：题意要求通过本窗口对“教师信息”表中的数据进行浏览和修改操作，因此窗体上所有的文本框控件、组合框控件及复选框控件，均应设置为绑定型控件；数据源是“教师信息”表中的相应字段；还需要设置 4 个命令按钮用于数据库记录操作，1 个命令按钮用于窗体操作。

设计方案：利用设计视图创建窗体。

操作步骤如下：

1. 创建一个空白窗体

首先要创建一个空白的窗体框架，它是放置控件的空间。其操作步骤如下：

(1) 启动 Access，并打开“教学管理 2010”数据库工作窗口。

(2) 在 Access 窗口功能区“创建”选项卡“窗体”分组中单击【窗体设计】按钮，创建一个仅显示“主体”节的空窗体。

(3) 在主体区域中右击鼠标打开快捷菜单，执行“窗体页眉/页脚”命令，添加“窗体页眉/页脚”节。如图 4-70 所示为此时的 Access 窗口。

图 4-70　空窗体的设计视图及其 Access 窗口

2. 为窗体绑定数据源

(1) 单击设计视图中“窗体选择器”以选中窗体。

(2) 单击 Access 窗口“工具”分组中的【属性表】按钮，打开“属性表”对话框，选择“数据”选项卡，在“记录源”下拉列表中，选择“教师信息”表，如图 4-71 所示。

(3) 关闭“属性表”对话框，返回设计视图。

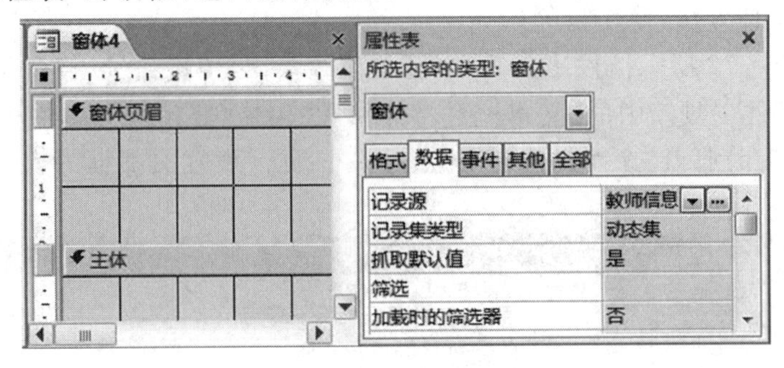

图 4-71　为窗体绑定数据源

3. 创建标签控件

一般窗体顶部都设计有一个标题，可以使用标签控件完成。

(1) 单击 Access 窗口“控件”分组的【控件】按钮的下拉箭头，打开控件工具箱，如图 4-72所示。

(2) 单击【标签】按钮，然后将鼠标移到窗体页眉区域，拖动鼠标画一矩形标签，并在其中输入文字“教师信息维护”。

(3) 单击“工具”分组中的【属性表】按钮，打开标签的“属性表”对话框，在“格式”选项卡中设置文本为 16 号楷体，加粗且居中显示，并设置“前景色”属性为“黑色文本”，如图 4-73 所示。

图 4-72　控件工具箱

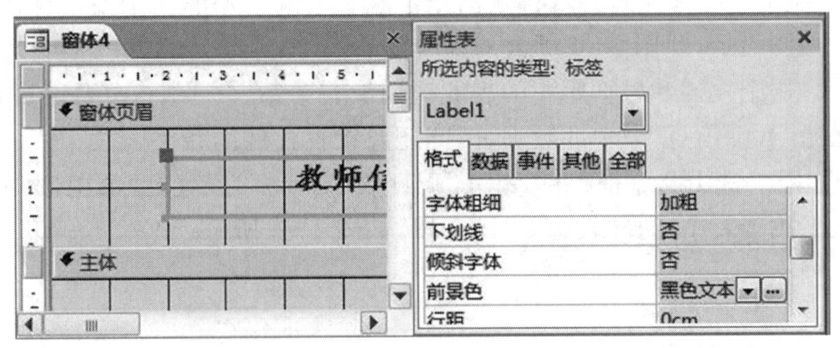

图 4-73　设置标签属性

(4) 返回窗体设计视图。按住“主体”节栏上边线向上移动，以缩小窗体页眉区域。

4. 创建绑定型文本框(方法一)

文本框可以用来显示、编辑数据。有两种方法可以完成控件的创建:

◆ 先使用“控件向导”完成常用属性的设置,然后再用“属性表”对话框进行修改补充。这是一种方便、快捷的方法。

◆ 直接使用“属性表”对话框完成所有属性的设置。

本例采用第1种方法,操作步骤如下:

(1) 单击如图4-72所示控件工具箱中的【使用控件向导】按钮,以激活向导。

(2) 再单击控件工具箱中的【文本框】按钮abl,在“主体”节区域布局该文本框的位置用鼠标画一矩形框,此时将打开“文本框向导”第1个对话框。设置文本框的有关属性,如图4-74所示。

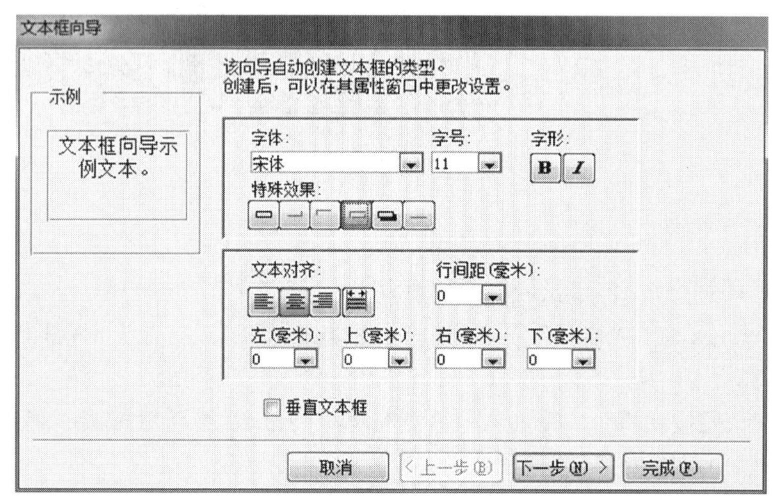

图4-74 “文本框向导”第1个对话框

(3) 单击【下一步】按钮,在“文本框向导”第2个对话框中设置当文本框获得焦点时的输入法状态,本例取默认设置。

(4) 单击【下一步】按钮,在“文本框向导”第3个对话框中设置文本框的名称,本例为“T1”。

(5) 单击【完成】按钮,就创建了一个未绑定型的文本框控件,如图4-75所示。切换到布局视图显示,如图4-76所示。

这个控件和数据库中的表或查询没有关系。但本例中要通过创建绑定型控件来显示数据源“教师信息”表中的数据,因此还要设置控件的相关属性。

(6) 选中文本框控件,打开“属性表”对话框,设置其“数据”选项卡中的“控件来源”属性,从下拉列表中选择“教师编号”字段,如图4-77所示。

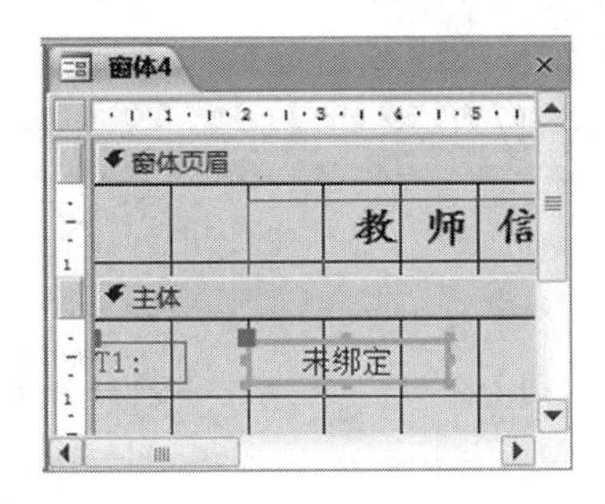

图 4-75　未绑定文本框-设计视图

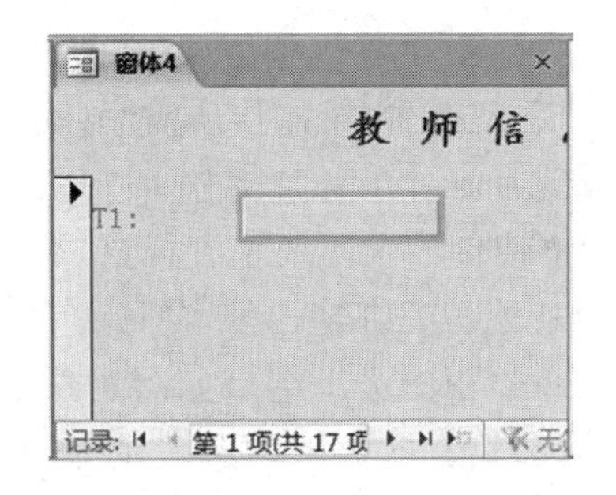

图 4-76　未绑定文本框-布局视图

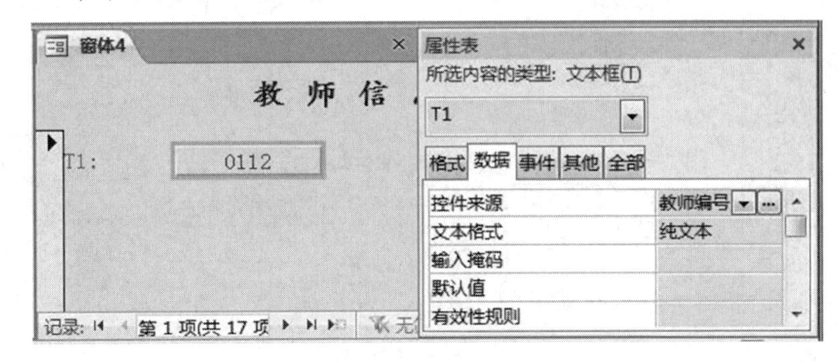

图 4-77　设置绑定文本框

此图是窗体的布局视图和文本框的"属性表"对话框，从中可看出，与"教师编号"字段绑定的文本框立即显示了"教师信息"表中的第一位教师编号"0112"。

创建某些种类的控件时，Access 会自动给这些控件添加一个附属于该控件的标签，起标识作用，这个标签控件的标题一般默认是宿主控件的名字，如图 4-75 所示，文本框 T1 的附属标签的标题就是"T1"。可以修改该标题属性。在本例中单击附属文本框控件的标签控件，然后再单击该标签控件，修改标题为"教师编号"。

提示：也可打开标签控件的"属性表"对话框修改其标题属性。

5. 创建绑定型文本框(方法二)

在设计视图状态下，如果窗体已经和某个数据源建立关联(如本例中绑定窗体的数据源是"教师信息"表)，则"字段列表"显示(若未显示，可以从"工具"分组单击【添加现有字段】按钮打开)该数据源的字段列表，本例如图 4-78 所示，其中包含控件可以与之绑定的数据字段的名称。

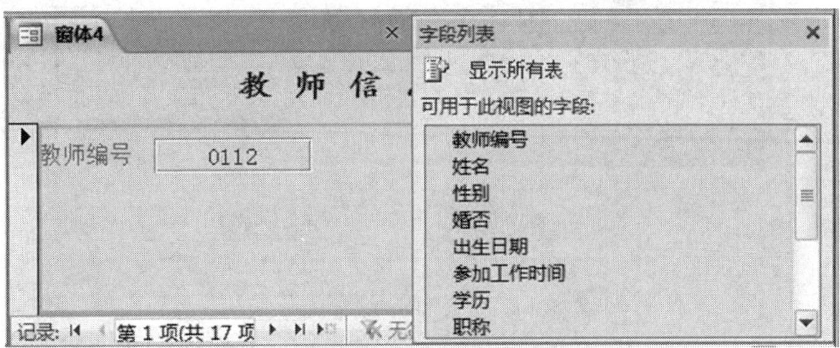

图 4-78　字段列表

绑定控件的最快方法是使用“字段列表”来绑定。操作步骤如下：

(1) 从“字段列表”中拖拽所需“姓名”字段到窗体适当位置，松开鼠标时，一个绑定型的文本框及其附加标签就添加完毕。

(2) 调整控件的大小及位置标签。

本例中其他各类绑定控件，都可以采用这种“字段列表”方法进行创建。

窗体的布局视图显示结果如图 4-79 所示。图中最左边是折叠了的“导航窗格”，最下边是窗体“状态栏”，在状态栏的左端显示的是当前窗体的视图，右端有 3 个视图切换按钮，从左至右依次是【窗体视图】按钮 、【布局视图】按钮 和【设计视图】按钮 。

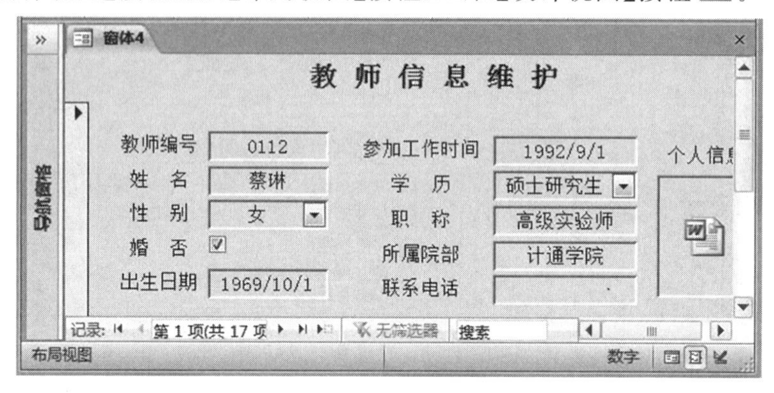

图 4-79　含有多个绑定控件的窗体“布局视图”

6. 创建命令按钮

在图 4-69 中可见窗体中一共有 5 个命令按钮，可以用控件向导进行创建。

(1) 在布局视图或者设计视图中，打开“控件”分组中的控件工具箱，激活“控件向导”。

(2) 再次打开控件工具箱，单击【按钮】 ，单击窗体主体节区域相应位置，此时打开“命令按钮向导”的第 1 个对话框，从中选择命令按钮的操作为“转至第一项记录”，设置如图 4-80所示。

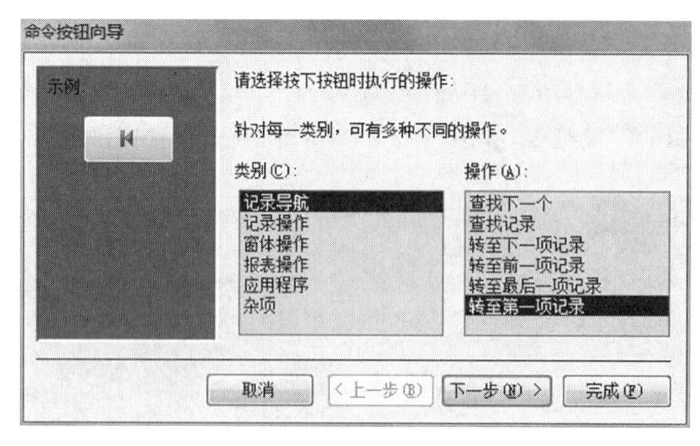

图 4-80　设置命令按钮的功能

（3）单击【下一步】按钮，打开“命令按钮向导”第 2 个对话框，确定以文本形式显示按钮，同时确定显示文字，如图 4-81 所示。

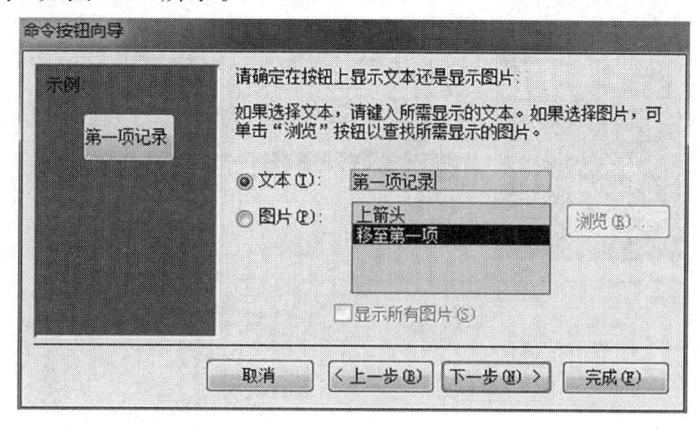

图 4-81　设置命令按钮的显示样式

（4）单击【下一步】按钮，打开“命令按钮向导”第 3 个对话框，如图 4-82 所示，设置控件名称为“C1”。

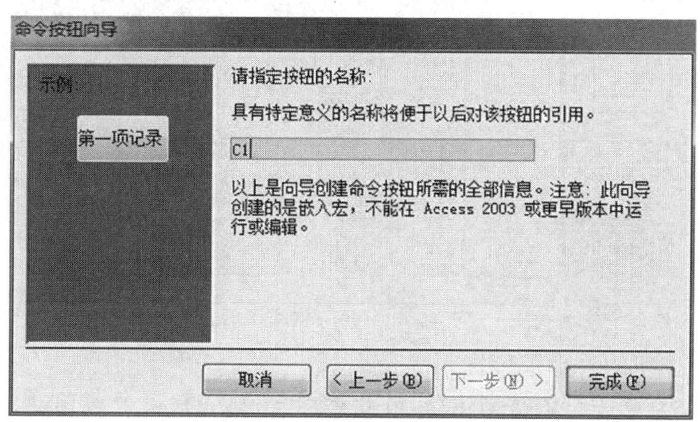

图 4-82　设置命令按钮的名称属性值

（5）单击【完成】按钮，返回到窗体布局视图或者设计视图，移动所建控件按钮至适当位置。

然后按照类似的方法继续创建其余的 4 个命令按钮。

图 4-83 是创建【关闭窗体】按钮时的向导第 1 个对话框，如图 4-84 所示是所建【关闭窗体】命令按钮的“单击”事件属性的设置。图 4-85 是建立了两个命令按钮的窗体布局视图。

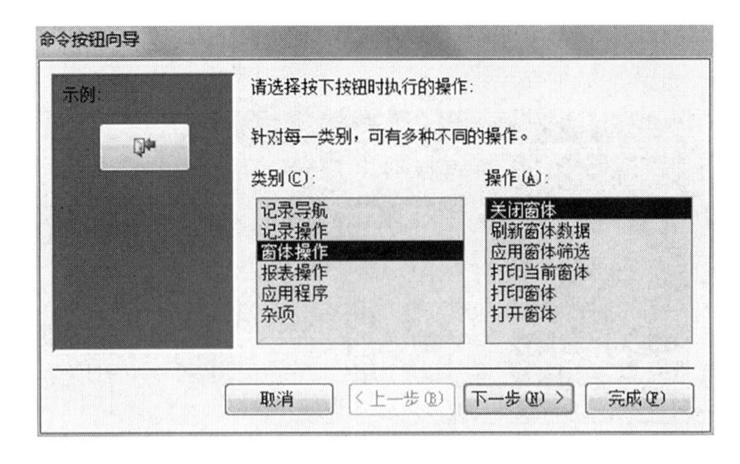

图 4-83　设置命令按钮的功能

图 4-84　单击事件属性

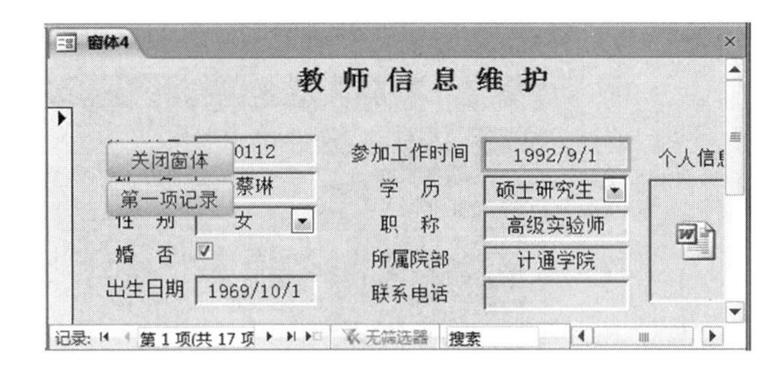

图 4-85　建立了两个命令按钮的窗体布局视图

(6) 调整命令按钮的大小及位置。

在本例中，5 个命令按钮依次创建后，彼此是相互独立的(可单独移动)，为了便于统一设置按钮的大小和定位，应该先把它们放到一个布局中进行格式的设置(大小、位置、按钮标题的字体和字号等)，然后再撤销布局，还原独立。

把几个控件放到一个布局的方法是：按住[Shift]键的同时，用鼠标点选所需各控件，然后单击“窗体设计工具|排列”选项卡“表”分组中的【堆积】按钮或者【表格】按钮。

①设已将所建 5 个命令按钮按照“堆叠”方式布局，如图 4-86 所示。单击左上角十字形的框选标识，选中所有按钮。

图 4-86　堆叠布局中的控件

图 4-87　切换到表格布局中的控件

②在"属性表"的"格式"选项卡中统一设置命令按钮的高度、宽度、按钮标题的字体和字号等。

③在“表”分组中,单击【表格】按钮,5个按钮将立即呈横向排列,如图4-87所示。按住左上角十字形的框选标识,拖动布局中按钮到合适的位置。

④在“表”分组中,单击【删除布局】按钮,以解除布局锁定,这样就可以随意拖动或调整单个控件的位置了。

7. 设置窗体属性

如图4-88所示为窗体视图,并标注了相关的指示标签。切换到设计视图,可进一步设置窗体的有关属性。

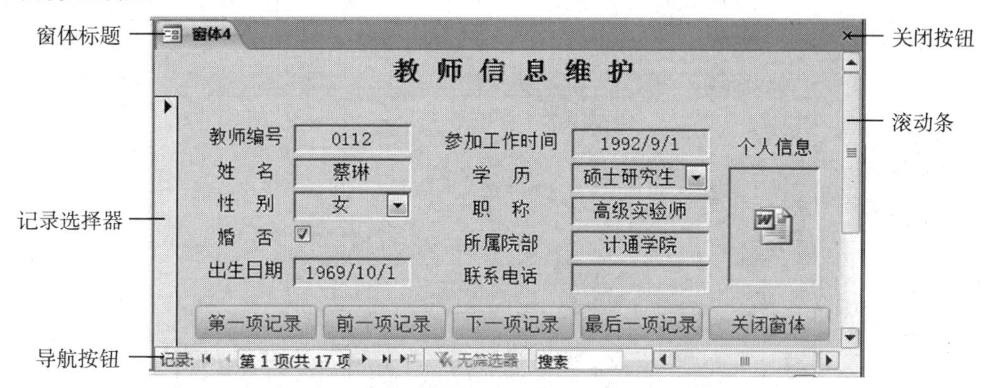

图4-88 窗体视图下的显示效果之一

(1) 切换到设计视图,双击“窗体选择器”打开窗体的“属性表”对话框,设置如表4.13所示的几个属性。

表4.13 设置窗体的属性

序号	属性名称	设置值
1	窗体标题	教师信息维护
2	记录选择器	否
3	导航按钮	否
4	关闭按钮	否
5	滚动条	两者均无

(2) 切换到窗体视图,如图4-89所示。

比较两个图中的不同,即可以理解表4.13的属性设置。

8. 命名并保存窗体

在设计视图中进行修改的窗体必须进行保存。本例命名为“综实1-教师信息维护”。

设计完成后,就可以在导航窗格的“窗体”对象列表中双击窗体名称,结果如图4-89

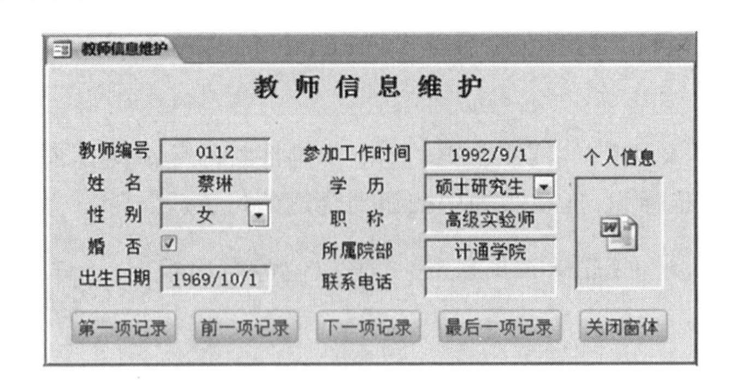

图 4-89 窗体视图下的显示效果之二

所示。

【例 4-14】 将图 4-90 所示窗体中的“参加工作时间”改成工龄(整数型)。工龄=当年－参加工作年份。

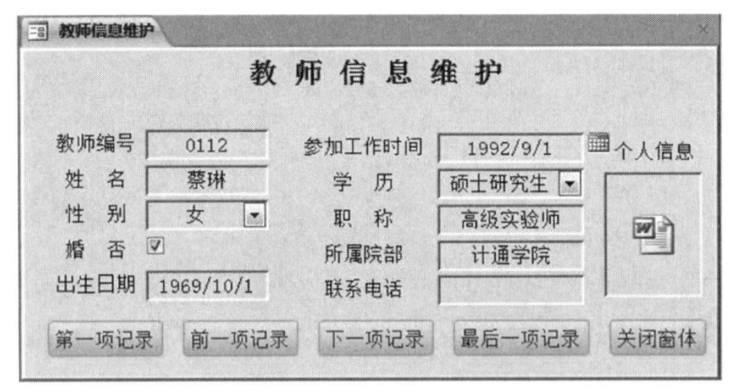

图 4-90 【例 4-14】教师信息维护窗口

操作步骤如下:

(1) 打开图 4-90 窗体的设计视图,删除“参加工作时间”文本框。

(2) 在相同位置上创建一个文本框,修改附属标签为“工龄”。

(3) 打开新建文本框的“属性表”对话框的“全部”选项卡,设置文本框名称属性为 T1,控件来源属性为“=Year(Date())－Year([参加工作时间])”,设置结果如图 4-91 所示。

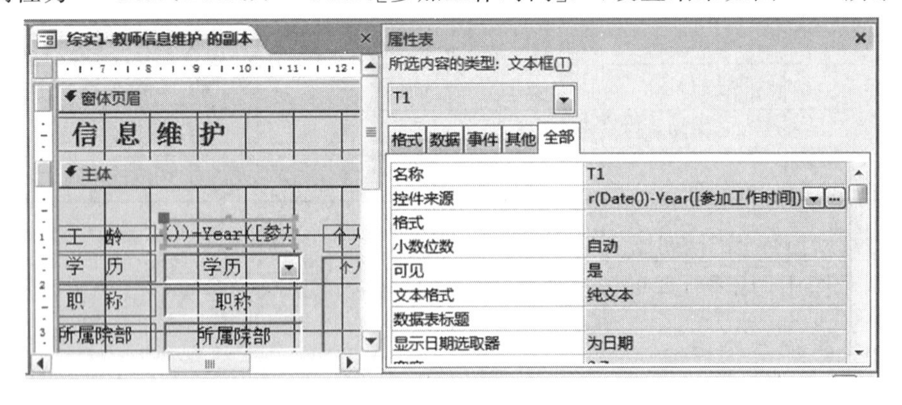

图 4-91 设置计算控件

(4) 切换到窗体视图，结果如图 4-92 所示。

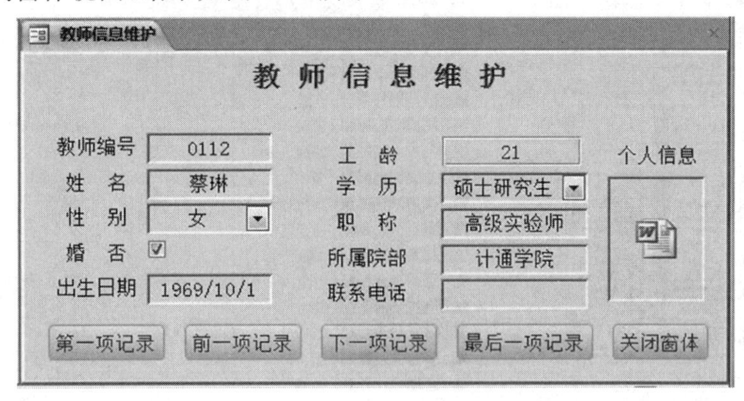

图 4-92　设置计算控件完成效果显示

4.4　格式化窗体

完成窗体功能设计之后，一般还要对窗体的外观进行修饰，使之风格统一、界面美观。除了在窗体和控件的“属性表”对话框“格式”选项卡中，设置相关的属性以外，还可以通过应用主题和条件格式等功能进行窗体的修饰。

4.4.1　设置窗体的“格式”属性

可以根据需要对窗体的格式、窗体的显示元素等进行美化和设置。这种美化和设置可以通过对窗体的各属性，如“默认视图”“滚动条”“记录选定器”“浏览按钮”“分隔线”“自动居中”“最大/最小化按钮”等，进行设置。

打开窗体的“属性表”对话框，选择“格式”选项卡，相应修改其中的有关属性即可。

4.4.2　主题的应用

“主题”是修饰、美化窗体的一种快捷方法，它是一套统一的设计元素和配色方案，可以使数据库中的所有窗体具有统一的色调和风格。

在“窗体设计工具|设计”选项卡“主题”分组中，包括【主题】、【颜色】和【字体】3 个按钮。Access 2010 提供了 44 套主题供用户选择。如图 4-93～4-95 所示为这 3 个按钮的下拉列表。

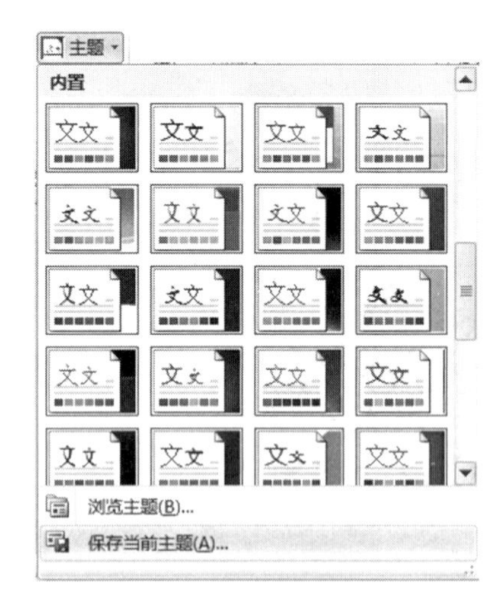

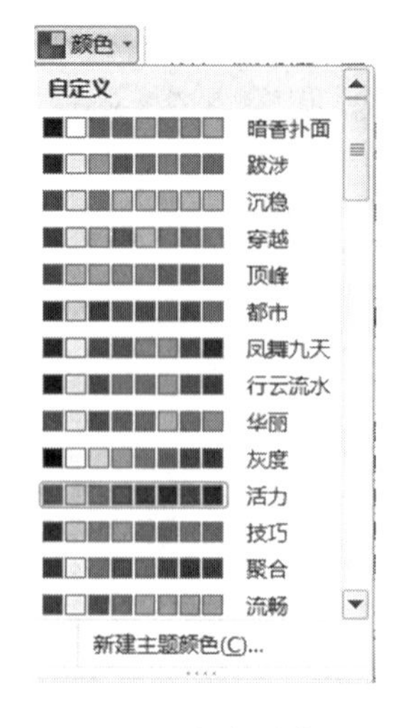

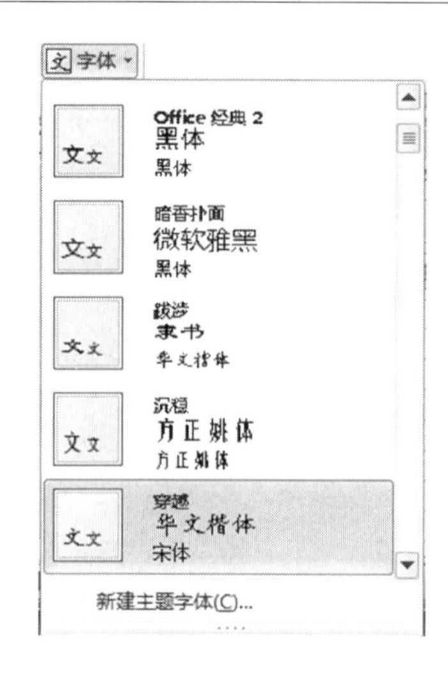

图 4-93　主题列表　　图 4-94　颜色列表　　图 4-95　字体列表

4.4.3　条件格式的使用

除可以使用“属性表”对话框设置控件的“格式”属性外，还可以根据控件的值，按照指定条件设置相应的显示格式。

【例 4-15】　在图4-96所示“学生基本信息”窗体中（该窗体的数据源包括“学生信息”表、“选课信息”表和“课程信息”表），应用条件格式，使子窗体中“考试成绩”字段用不同形式（颜色，或背景色，或斜体）显示成绩。条件设置为：60 分以下红底、白字、加粗；90 及以上用蓝字、斜体显示，效果如图4-97所示。操作步骤如下：

(1) 用设计视图打开窗体，选中子窗体中与“考试成绩”字段绑定的文本框“考试成绩”，如图 4-98 所示。

(2) 在“窗体设计工具|格式”选项卡“控件格式”分组中，单击【条件格式】按钮，打开“条件格式管理器”对话框。

(3) 单击【新建规则】按钮，打开“新建格式规则”对话框，按题意进行设置，如图 4-99 所示为设置结果。

(4) 切换到窗体视图，结果显示如图 4-97 所示。

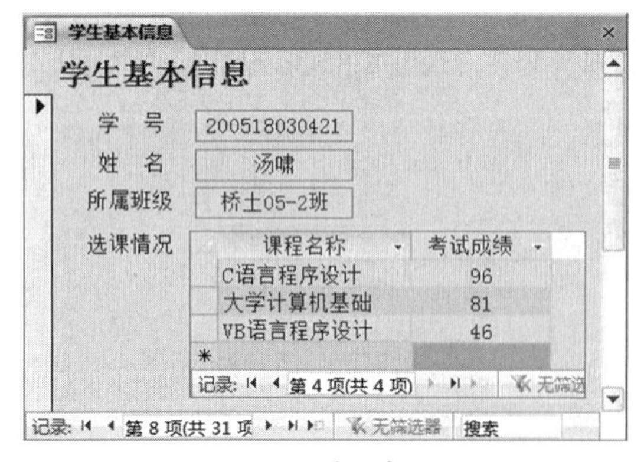

图 4-96　设置前的窗体视图

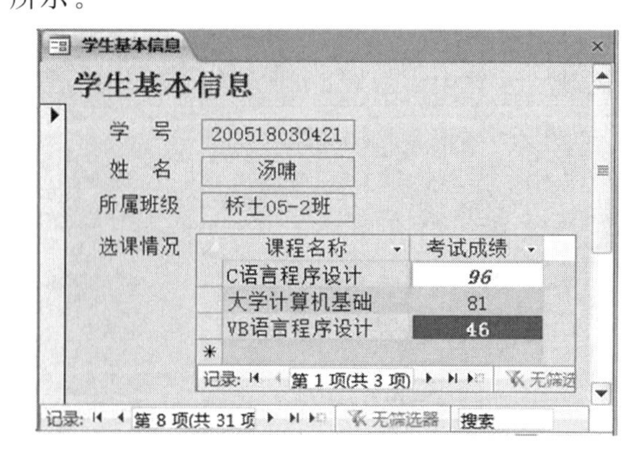

图 4-97　设置后的窗体视图

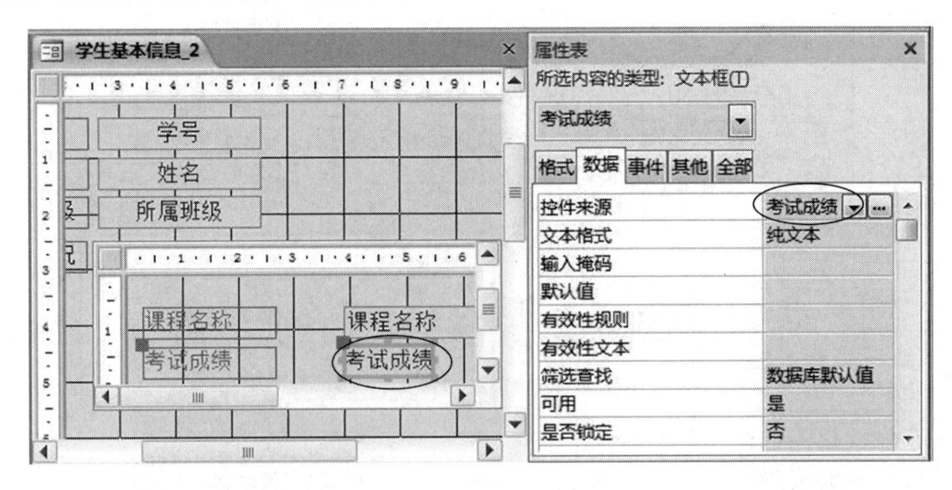

图 4-98　选中与“考试成绩”字段绑定的文本框

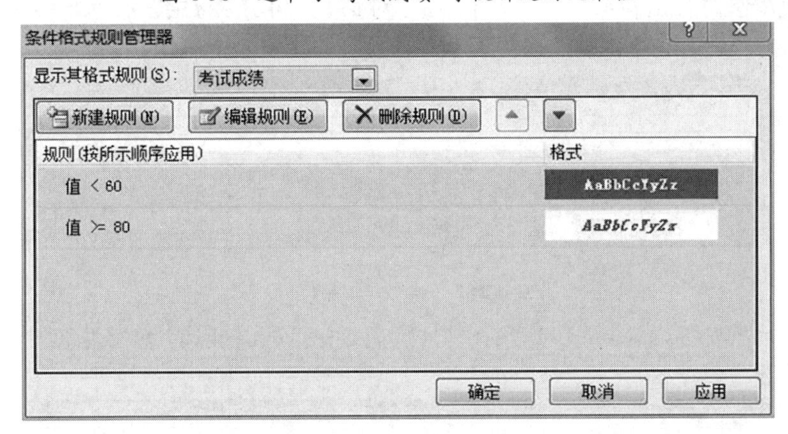

图 4-99　条件格式管理器中的设置结果

4.4.4　对齐窗体中的控件

创建控件时，常用拖动的方式进行设置，因此控件所处的位置很容易与其他控件的位置不协调，为了窗体中的控件更加整齐、美观，应当将控件的位置对齐。步骤如下：

(1) 在窗体设计视图中选中要调整的若干控件。

(2) 在“窗体设计工具|排列”选项卡“调整大小和排序”分组(如图 4-100 所示)中，打开“对齐”下拉列表，从中选择一种对齐方式即可。

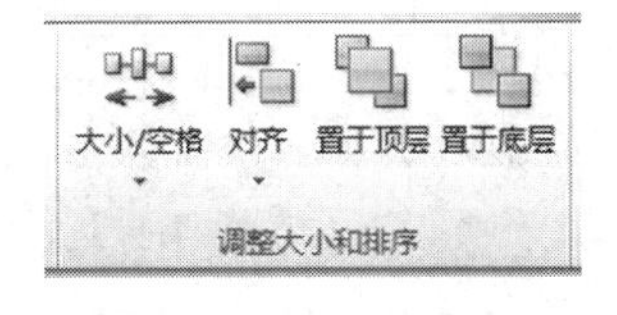

图 4-100　格式菜单

如图 4-100 所示的“调整大小和排序”分组中的其他选项，如“大小/空格”“置于顶层”“置于底层”等，用于统一多个控件的大小、调整多个控件的相对位置。

【例 4-16】 将如图 4-101 所示的命令按钮水平排列整齐，结果如图 4-102 所示。

操作步骤如下：

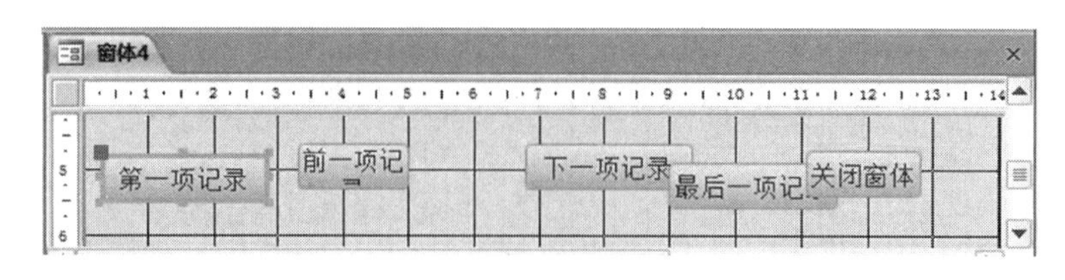

图 4-101　调整前按钮布局

图 4-102　调整后按钮布局

(1) 在设计视图中打开窗体。

(2) 设置标准按钮。选中“第一项记录”按钮控件,用鼠标拖动或用方向键移动,调整控件大小并放置在左边合适位置,打开“属性表”对话框,可知控件宽度为 2.54;选中“关闭窗体”按钮控件将其放置在最右边的合适位置,如图 4-103 所示。

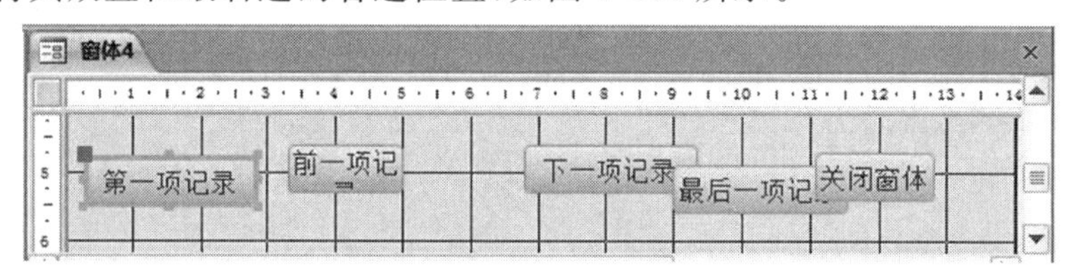

图 4-103　安放两端的按钮

(3) 框选所有按钮,如图 4-104 所示,打开“属性表”对话框,设置控件统一“宽度”属性为 2.54。

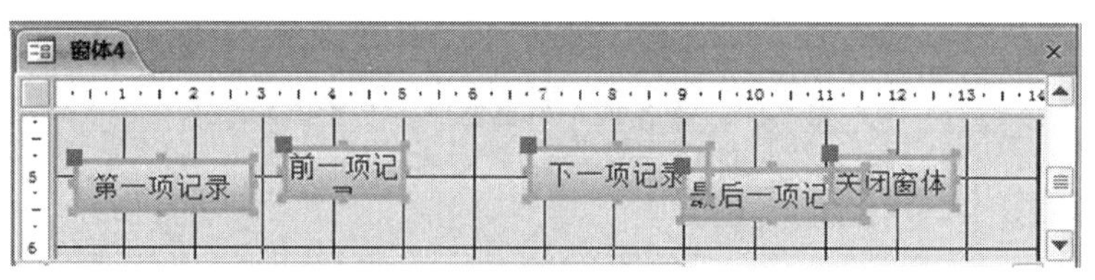

图 4-104　选中所有按钮

(4) 在“窗体设计工具|排列”选项卡“调整大小和排序”分组(如图 4-100 所示)中,打开“对齐”下拉列表,从中选择“靠下”对齐方式,使所有按钮对齐最靠下的按钮,呈水平排列,如图 4-105 所示。

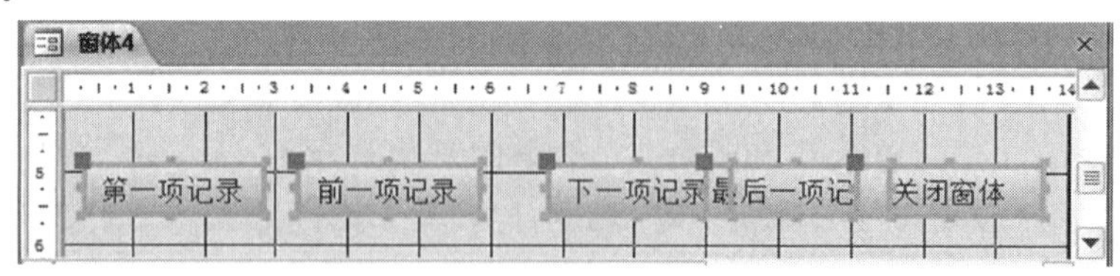

图 4-105　所有按钮靠下对齐

(5) 在“调整大小和排序”分组中,打开“大小/空格”列表,从中选择“间隙”为“水平相等”,各控件以最左和最右两个按钮为端点,平均彼此之间间隙,完成效果如图 4-102 所示。

思考:如何利用“表格”布局的方法,将图 4-101 调整为图 4-102。

4.5 窗体综合实例

4.5.1 窗体综合实例一

【例 4-17】 以“教学管理 2010”数据库中的“教师信息”表为数据源，创建一个“教师信息浏览”窗口，如图 4-106 所示。

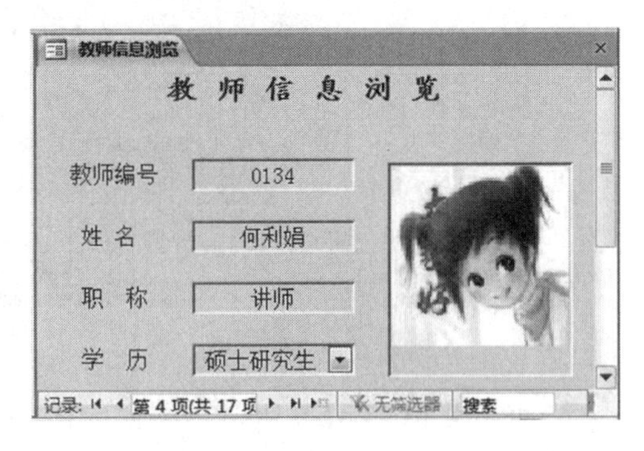

图 4-106 【例 4-17】“教师信息浏览”窗口

解题分析：题意要求通过本窗口对“教师信息”表中的数据进行浏览操作，因此窗体上所有的文本框控件、组合框控件及复选框控件，均应设置为绑定型控件；数据源是“教师信息”表中的相应字段；为了数据的安全，每个绑定控件应为只读的；窗口应为对话框类型的，即不能改变大小。

设计方案：利用“窗体向导”创建窗体雏形，然后在设计视图下对窗体进行调整及修饰。

操作步骤如下：

1. 利用“窗体向导”创建纵栏式窗体

(1) 启动 Access 数据库，并打开“教学管理 2010”数据库工作窗口。

(2) 在功能区选择“创建”选项卡“窗体”分组，单击【窗体向导】按钮打开“窗体向导”第 1 个对话框。

(3) 选择数据源“教师信息”表，再将要显示的字段添加到右边“选定的字段”列表中，如图 4-107 所示。

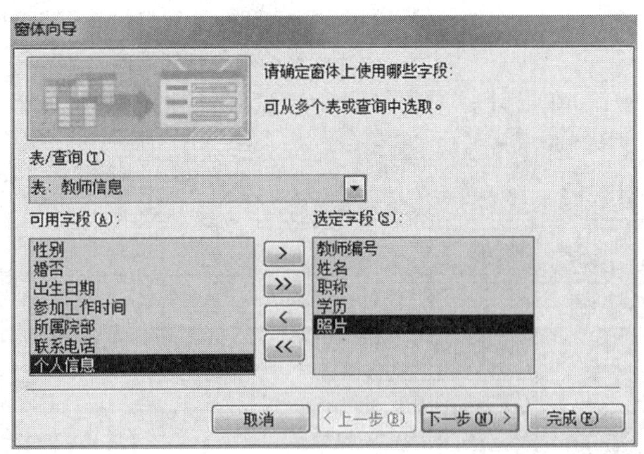

图 4-107 确定数据源

(4) 单击【下一步】按钮，打开“窗体向导”第 2 个对话框，选择窗体使用的布局为“纵栏表”，如图 4-108 所示。

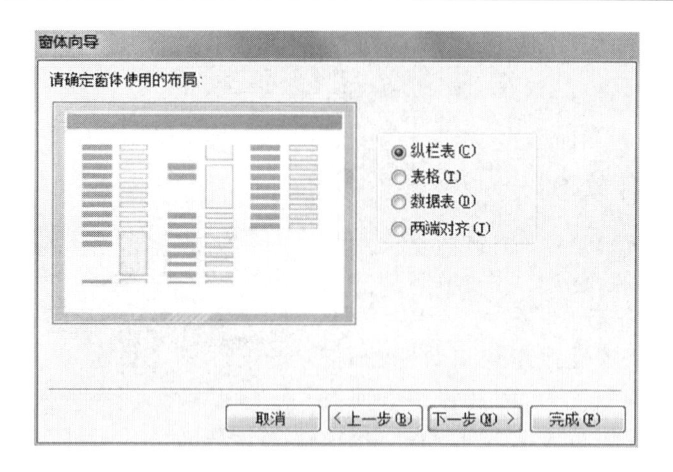

图 4-108　确定窗体布局

(5) 单击【下一步】按钮,打开“窗体向导”第 3 个对话框,为窗体指定标题为“教师信息浏览”,同时选择“修改窗体设计”选项,如图 4-109 所示。

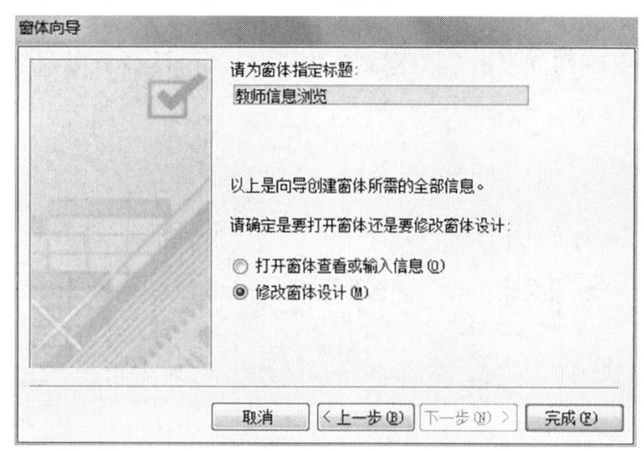

图 4-109　确定窗体标题属性及打开方式

(6) 单击【完成】按钮,在设计视图中打开所建窗体,如图 4-110 所示。

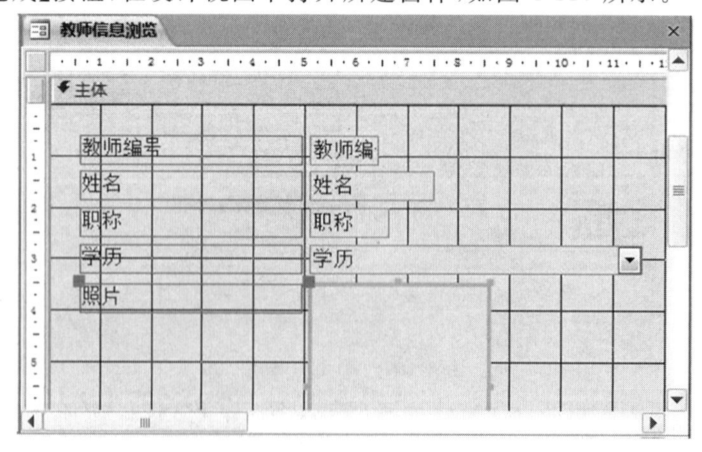

图 4-110　在设计视图中打开所建窗体

(7) 因为是用“窗体向导”创建的窗体，所以窗体保存是自动完成的。

注意：用其他方式创建的窗体需要手动保存。

2. 调整控件布局及格式

(1) 选中附加标签“照片”，然后按[Delete]键将其删除。

(2) 在主体节选中除绑定对象框以外的所有控件([Shift]＋单击控件，或用鼠标框选)，在“属性表”对话框中设置这组控件的共同属性：字体(宋体)、字号(12 号)、文本对齐(居中)，设置“前景色”属性为“黑色文本”、特殊效果为“凹陷”，以突出文字的显示，如图 4-111所示。

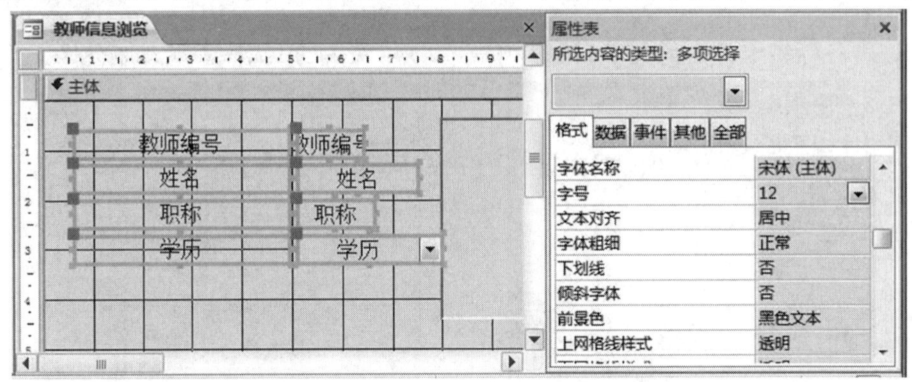

图 4-111　多控件选择时的“属性表”对话框

(3) 设置所有的附加标签相同宽度为 2 cm，左边距 0.5 cm，所有文本框及组合框相同宽度为 3 cm，左边距 3 cm。

(4) 适当修改窗体页眉中的标签控件属性，包括字体(楷体加粗)、字号(16 号)、文本对齐(居中)、前景色(黑色文本)、高度(0.8 cm)、宽度(窗体宽度)。

(5) 移动控件位置以符合题意，再减少窗体页眉的高度。

3. 设置绑定控件为只读

本题要求只能对数据进行浏览操作，不能进行修改。框选所有绑定控件，设置绑定控件的“是否锁定”属性为“是”，如图 4-112 所示。

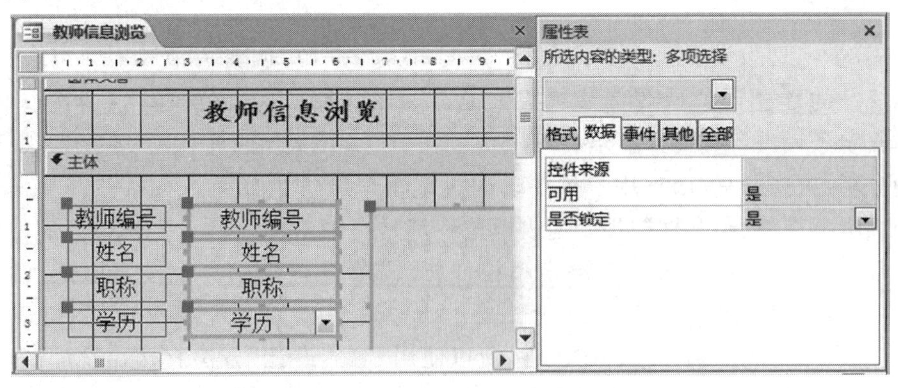

图 4-112　设置所有绑定控件为“只读”属性

4. 设置窗体属性

(1) 双击窗体选择器,打开窗体"属性表"对话框。

(2) 在"格式"选项卡中设置"边框样式"属性为"对话框边框",使得在窗体视图中窗体没有最大最小化按钮,并且不能改变大小。

(3) 设置"记录选择器"属性为"否"。

5. 进一步美化修饰窗体外观

(1) 调整各标签控件中的文字间隔。单击标签控件中的文字,适当添加空格。

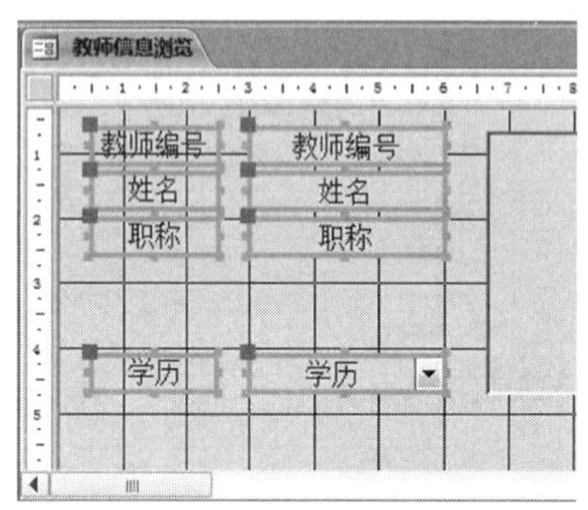

图 4-113 控件布局之一

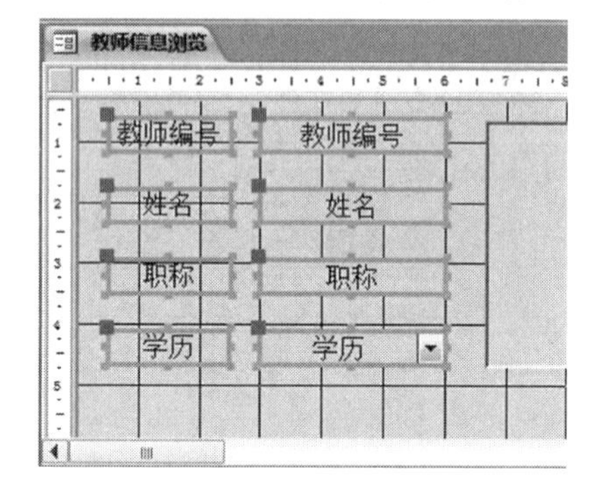

图 4-114 控件布局之二

(2) 将"学历"控件移到底部与照片控件下对齐,如图 4-113 所示。在主体节中框选除照片控件以外的其他控件,选择"窗体设计工具|排列"选项卡"调整大小和排序"分组,单击"大小/空格"列表中的"间隙|垂直相等"选项,完成修饰。如图 4-114 所示。

6. 保存窗体

保存窗体,完成的窗体如图 4-106 所示。其中信息只能浏览不能修改。

4.5.2 窗体综合实例二

【例 4-18】 以"教学管理 2010.accdb"数据库为数据源,创建一个以不同组合方式模糊查询学生成绩的自定义窗体"学生成绩查询窗口",如图 4-115 所示。单击【运行查询】按钮,可按窗体给定条件进行查询并显示。

解题分析:根据题意可知,用户是要求通过本窗口对学生成绩进行条件查询操作,因此窗体上的文本框控件、组合框控件及列表框控件都是提供给用户输入查询条件的控件,其数据来源与数据库无关,应设置为未绑定型控件;还需要设置 1 个命令按钮用于执行查询的操作。

设计方案:因窗体上均为未绑定控件,所以使用"窗体设计"方法直接在设计视图中创建窗体,然后根据窗体控件要求先创建一个"查询"对象,并且在窗体上安放命令按钮以控制这个"查询"对象。

操作步骤如下:

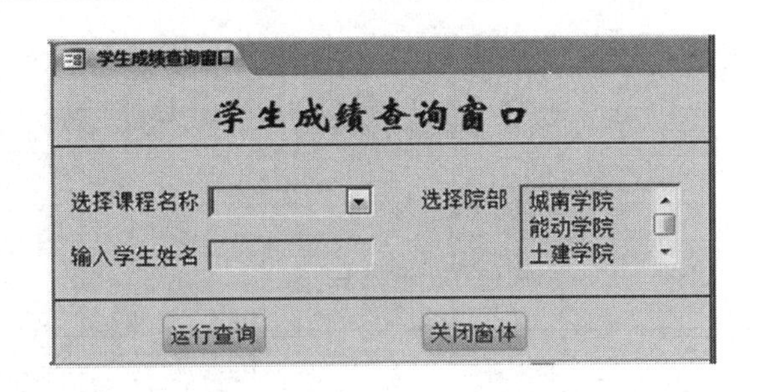

图 4-115　【例 4-18】学生成绩查询窗口

1. 创建一个空白窗体

(1) 打开“教学管理 2010”数据库窗口，单击“创建”选项卡。

(2) 在“窗体”分组中单击【窗体设计】按钮，在设计视图中打开一个只有主体节的空白窗体。

(3) 单击 Access 窗口标题栏快捷工具【保存】按钮，将空白窗体保存为“学生成绩查询窗口”。

2. 在窗体上创建标签控件并设置其属性

(1) 添加“窗体页眉/页脚”。右击主体节区域任意位置，打开快捷菜单，单击“窗体页眉/页脚”命令。

(2) 在“控件”分组的控件工具箱中单击“标签”控件工具，在窗体页眉节添加一个标签控件，输入文字“学生成绩查询”窗口。

(3) 单击“工具”分组中的【属性表】按钮，打开标签控件“属性表”对话框，选择“格式”选项卡，设置标签控件的属性，如图 4-116 所示。

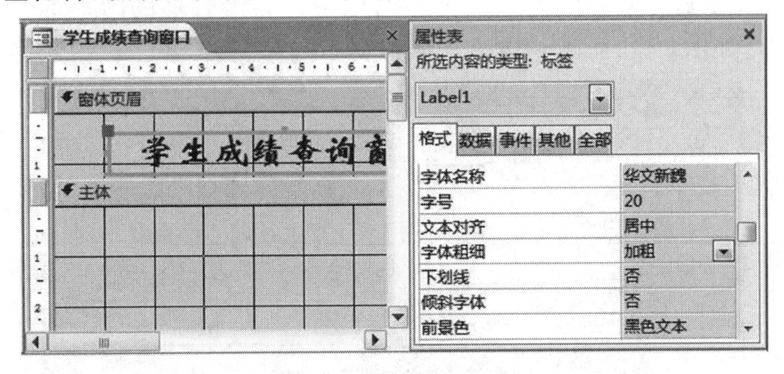

图 4-116　添加标签控件并设置标签控件的属性

3. 使用向导创建组合框控件

(1) 激活“控件”分组控件工具箱中的“使用控件向导”工具(加重显示为激活状态)。

(2) 单击控件工具箱中的“组合框”控件工具，将其添加到窗体主体节，并启动“组合框向导”，如图 4-117 所示。

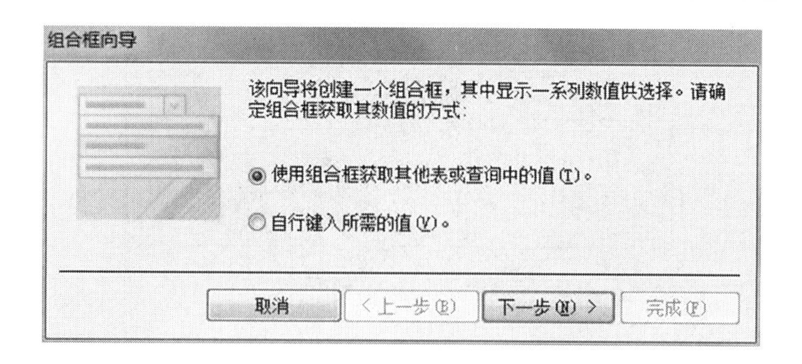

图 4-117 “组合框向导”第 1 个对话框

(3) 选择“自行键入所需的值”项后单击【下一步】，回答向导提问，键入作为组合框列表选项的值：“大学计算机基础、C 语言程序设计、VB 语言程序设计”，如图 4-118 所示。

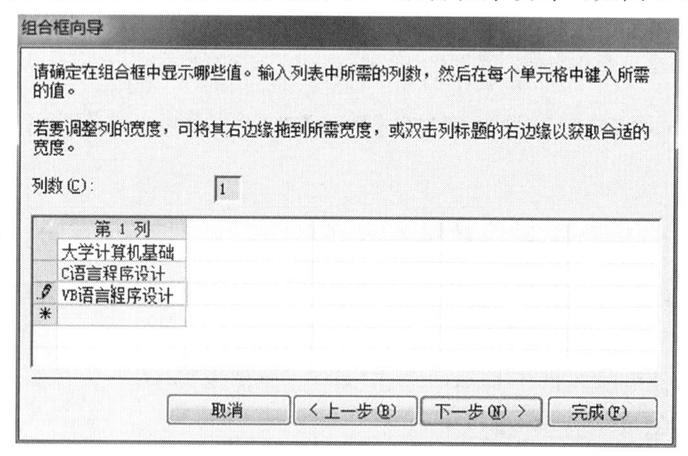

图 4-118 “组合框向导”第 2 个对话框

(4) 单击【下一步】，在向导的最后一个对话框中设置组合框的附加标签的文字(向导默认标签“第 1 列”)，如图4-119所示。键入文字“选择课程名称”，单击【完成】按钮结束向导。

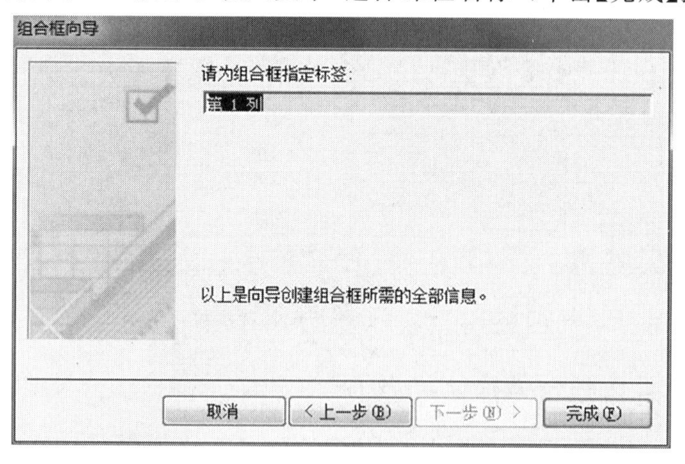

图 4-119 “组合框向导”第 3 个对话框

(5) 打开组合框控件“属性表”对话框，从中选择“其他”选项卡，将“名称”属性改为“C1”。

原来组合框的默认名称“Combo1”会变为“C1”，如图 4-120 所示。

(6) 设置组合框的“前景色”属性为“黑色文本”，特殊效果属性为凹陷，设置附属标签“前景色”属性为“黑色文本”。

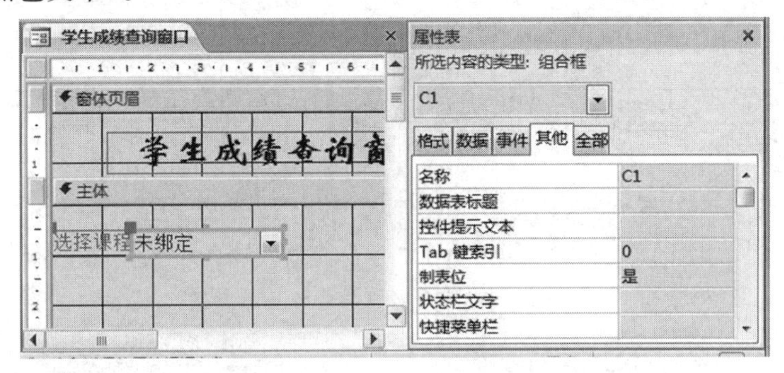

图 4-120　添加组合框控件并设置控件属性

4. 通过设置属性创建列表框控件

列表框控件的功能与组合框控件相同，创建方法也类似，可以使用向导控件来创建，还可以通过“属性表”对话框来创建。下面通过设置控件属性来创建一个列表框控件。

其操作步骤如下：

(1) 在“控件”分组的控件工具箱中释放“使用控件向导”控件工具，使得创建控件时不启动控件向导。

(2) 在“控件”分组的控件工具箱中单击“列表框”控件工具 ，再单击主体节相应位置，在窗体中添加列表框控件。

(3) 设置列表框控件属性。右击该控件，单击快捷菜单中的“属性”菜单命令，打开列表框控件的“属性表”对话框，从中选择“全部”选项卡，修改“名称”属性为“L1”；“行来源类型”下拉列表中选择“值列表”，“行来源”属性框中输入“城南学院”“能动学院”“土建学院”，每个值之间用半角分号分隔，这些值将作为列表框控件的列表值，如图4-121所示。

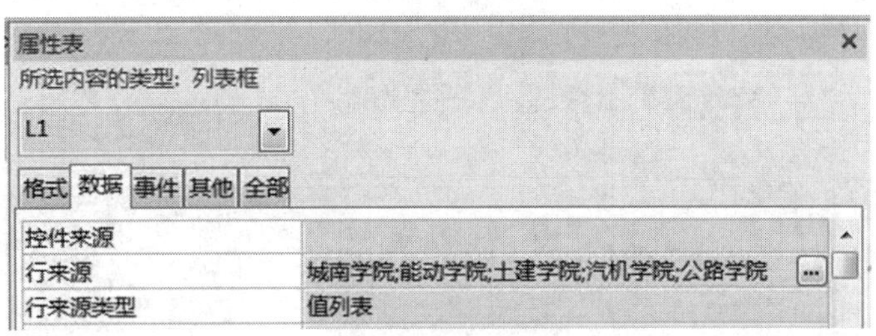

图 4-121　列表框“属性表”对话框

(4) 设置列表框的“前景色”属性为“黑色文本”，“特殊效果”属性为“凹陷”，设置附属标签“前景色”属性为“黑色文本”。

(5) 修改列表框控件的附加标签。选择列表框控件的附加标签，将标签标题修改为“选择院部”，如图 4-122 所示。切换到窗体视图中的显示如图 4-123 所示。

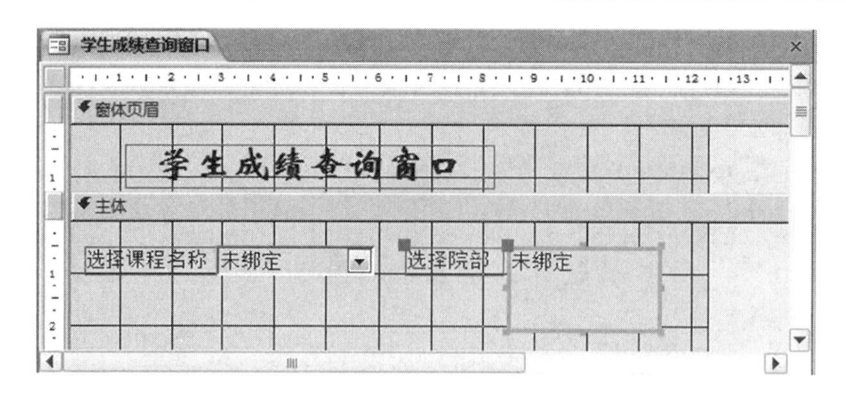

图 4-122　修改列表框附加标签的标题

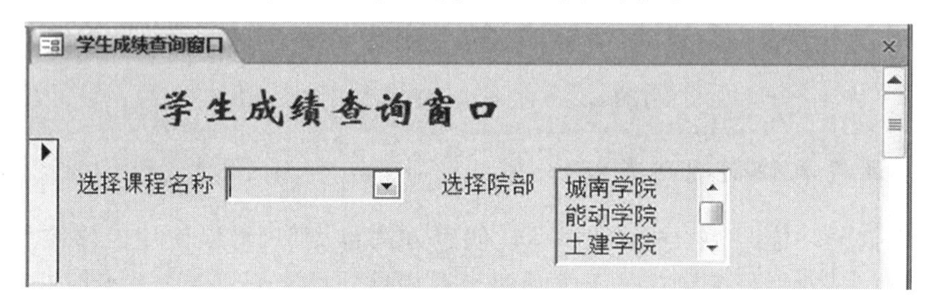

图 4-123　窗体视图中的列表框

5. 在窗体中创建文本框控件

文本框控件有两种类型：一种是与数据源绑定的文本框控件，另一种是未绑定的控件，可以输入任意文本，其文本内容会保存在文本框指定的内存变量中。本例需创建一个输入学生姓名的未绑定文本框，步骤如下：

(1) 在窗体上添加一个文本框控件。

(2) 将附加标签的标题修改为“输入学生姓名”。

(3) 打开文本框控件“属性表”对话框，将文本框的名称定义为 T1，关闭“属性表”对话框。如图 4-124 所示为当前窗体视图。

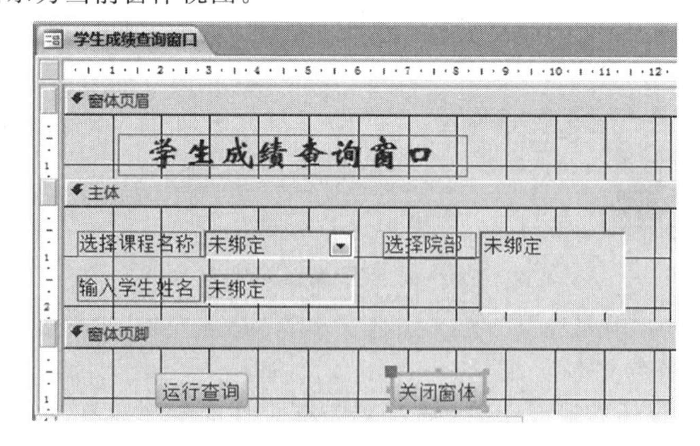

图 4-124　添加一个未绑定文本框

6. 创建参数查询

为了使窗体具有查询数据的功能,需要配合窗体控件创建相应的“查询”对象“学生成绩组合查询”。创建该查询的操作步骤如下:

(1) 选择“创建”选项卡“查询”分组,单击【查询设计】按键,打开查询设计视图,并添加“学生信息”“选课信息”和“课程信息”3个表至字段列表区。

(2) 选择查询目标字段“姓名”“所属院部”“课程名称”“平时成绩”“考试成绩”和“总评成绩”,依次拖至查询设计网格区。

(3) 在“姓名”字段的“条件”网格中输入查询条件“Like [Forms]! [学生成绩查询窗口]! [T1] & "*"”。

(4) 在“所属院部”字段的“条件”网格中输入查询条件“Like [Forms]! [学生成绩查询窗口]! [L1] & "*"”。

(5) 在“课程名称”字段的“条件”网格中输入查询条件“Like [Forms]! [学生成绩查询窗口]! [C1] & "*"”。

将该查询保存为“学生成绩组合查询”后,即完成了配合窗体控件创建查询的任务,创建的查询如图4-125所示。因为本查询是结合控件创建的,所以必须在窗体控件输入数据后才能运行。

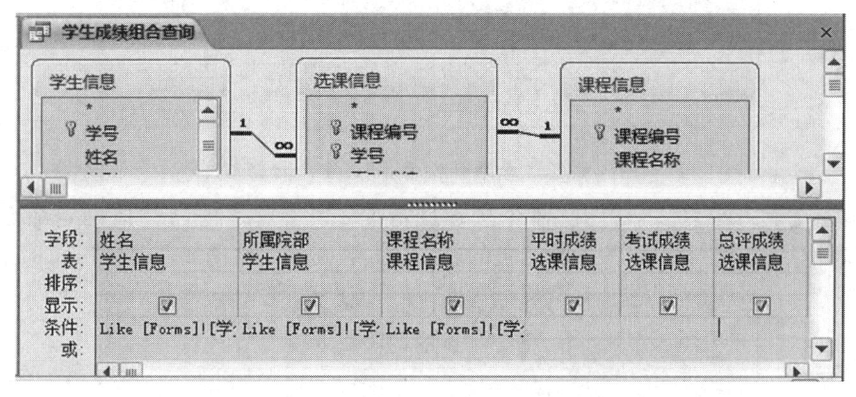

图4-125　结合窗体控件创建的查询

说明:

①Like为特殊运算符,指定查询本字段中哪些数据,并可查找满足部分条件的数据,例如,在“姓名”字段的“条件”网格中输入“Like"李*"”,指定查找姓名字段中姓李的记录。

② * 为一个或多个字符的通配符。

③& 为字符连接符,将文本字符连接起来,其与“*”连接,能够在文本框为空白时,会按*进行查询,即可查询所有记录。

④在查询设计视图中,说明窗体名称、控件名称时要加[ ],窗体名称前还要加[Forms]!,表示为窗体类,如[Forms]! [学生成绩查询窗口]! [T1]描述的是“学生成绩查询窗口”的文本框T1。

⑤T1、C1、L1分别是本窗体上文本框、组合框和列表框控件的名称。

7. 在窗体上创建命令按钮控件

在窗体上要控制其他数据库对象,需要使用命令按钮。根据本题要求,创建一个运行“查询”对象的命令按钮控件。

(1) 在“学生成绩查询窗口”的窗体设计视图中,调整“主体”节栏的高度至适当位置,以便在“窗体页脚”节放置控件。

(2) 激活“控件工具箱”的“使用控件向导”工具,再单击控件工具箱中的【命令按钮】控件 ,单击窗体相应位置添加控件,同时“命令按钮向导”对话框自动打开。

(3) 回答向导提问。在“类别”列表中选择“杂项”类,在“操作”列表中选择“运行查询”操作,如图 4-126 所示。

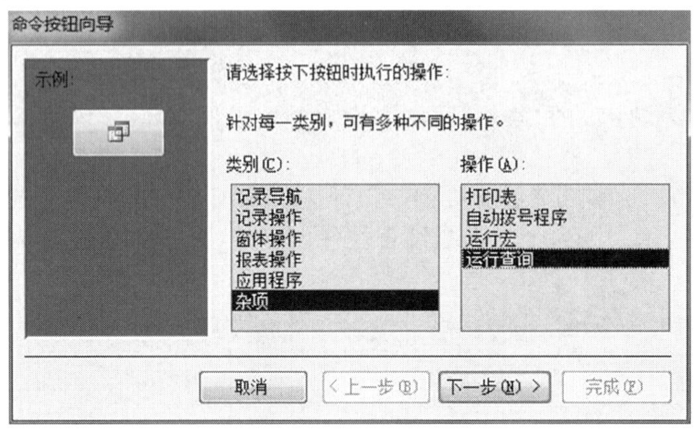

图 4-126 “命令按钮向导”第 1 个对话框

(4) 单击【下一步】按钮,打开“命令按钮向导”第 2 个对话框,在“请确定命令按钮运行的查询”列表框中选择刚刚在上一步创建的查询“学生成绩组合查询”,如图 4-127 所示。

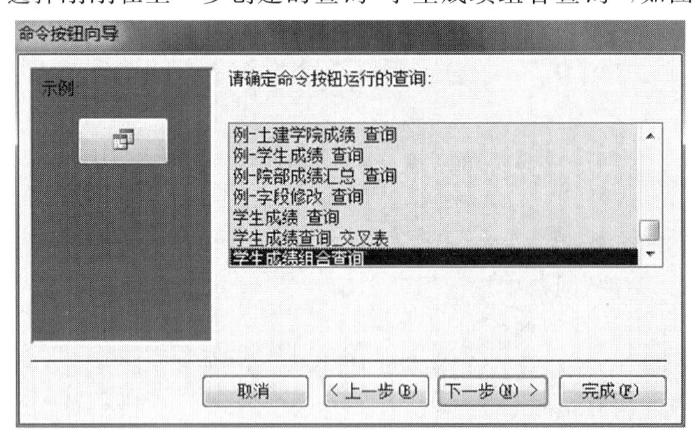

图 4-127 “命令按钮向导”第 2 个对话框

(5) 确定命令按钮控件上显示什么文本或图片。单击【下一步】按钮,打开“命令按钮向导”第 3 个对话框,选择“文本”选项,并在文本框中输入“运行查询”,如图 4-128 所示。

(6) 单击【下一步】按钮,打开“命令按钮向导”的第 4 个对话框,设置按钮的名称,本例设置为“CX1”,如图 4-129 所示,单击【完成】按钮。

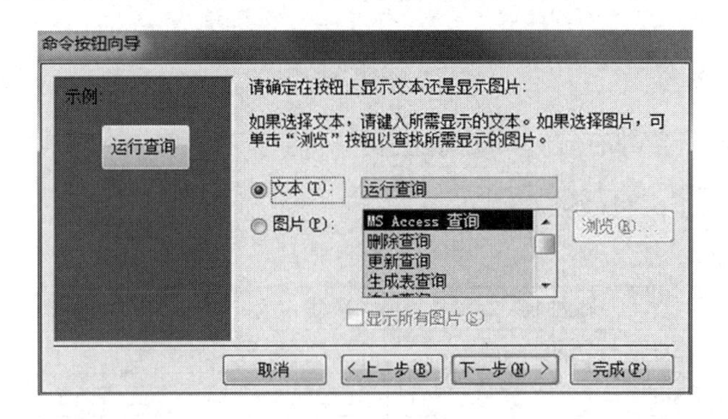

图 4-128　“命令按钮向导”第 3 个对话框

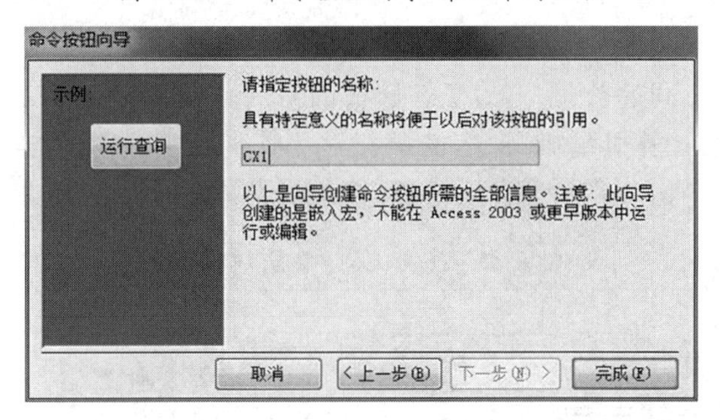

图 4-129　“命令按钮向导”第 4 个对话框

8. 创建一个具有关闭窗体功能的命令按钮

使用控件向导，创建具有“关闭窗体”功能的【关闭窗体】命令按钮，至此窗体的设计视图如图4-124所示。

9. 在窗体视图下打开窗体

执行“视图|窗体视图”菜单命令可在窗体视图下浏览窗体运行时各控件的情况，如图 4-130所示。

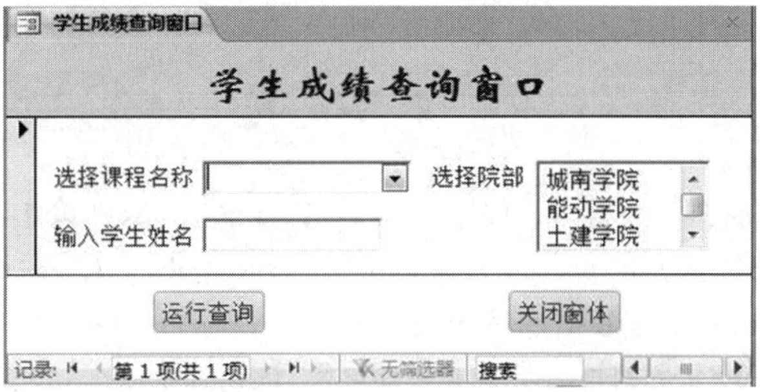

图 4-130　控件创定完成后的窗体设计视图

10. 美化修饰窗体

（1）双击窗体选择器，打开窗体的“属性表”对话框。

（2）设置各项属性如表 4.14 所示。

表 4.14　窗体属性设置要求

属性名称	属性值	属性名称	属性值
边框样式	对话框边框	记录选择器	否
导航按钮	否	分割线	是
滚动条	两者均无	关闭按钮	否
弹出方式	是		

在窗体控件输入不同的数据，单击【运行查询】按钮，会出现不同的查询结果。例如，查询“土建学院”上“大学计算机基础”课程的所有学生成绩，结果如图 4-131 和图 4-132 所示。

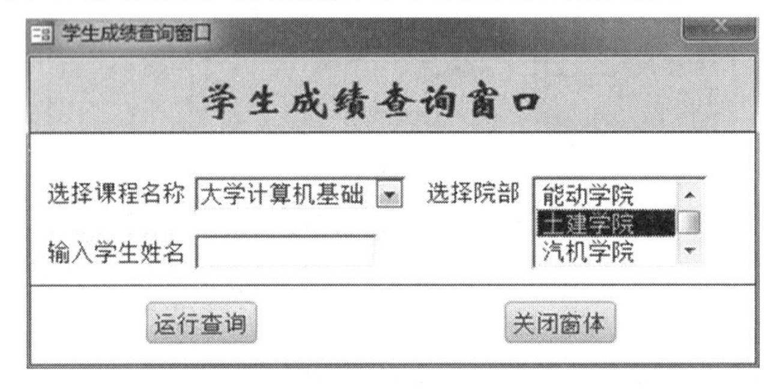

图 4-131　任务完成后的窗体视图

姓名	所属院部	课程名称	平时成绩	考试成绩	总评成绩
汪慧群	土建学院	大学计算机基础	80	72	74.
汤啸	土建学院	大学计算机基础	80	81	80.
穆莱	土建学院	大学计算机基础	80	81	80.

图 4-132　查询结果显示

本章小结

在 Access 数据库管理系统中，不仅可以设计表和查询，还可以根据表和查询来创建窗体。窗体以一种有组织、有表现力的方式来表示数据，是用户与 Access 表进行数据交互的界面。使用窗体来操作数据库是数据库系统设计的重要目标。

在 Access 窗体中最主要的设计元素就是控件。实际应用中主要使用“窗体向导”或“自动创建窗体”快速生成窗体的基本框架，然后使用设计视图修改完善。

习 题 4

一、选择题

1. 在窗体上设置控件 Command1 为不可见的属性是(　　)。

   A. Command1. Color　　B. Command1. Caption

   C. Command1. Enabled　　D. Command1. Visible

2. 能够接受数值型数据输入的窗体控件是(　　)。

   A. 图形　　B. 文本框　　C. 标签　　D. 命令按钮

3. 在窗体中有一个标签 Label1,标题为“测试进行中”,有一个命令按钮 Command1,事件代码如下:

```
Private Sub Command1_Click()
    Label1. Caption = "标签"
End Sub
Private Sub Form_Load()
  Form. Caption = "举例"
  Command1. Caption = "移动"
End Sub
```

   打开窗体后单击命令按钮,屏幕显示为(　　)。

   A. 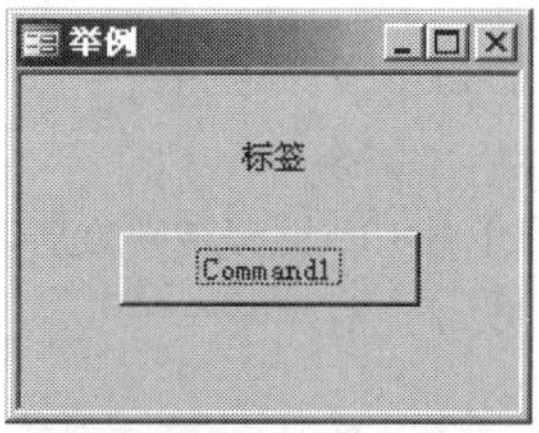　　B.

   C. 　　D.

4. 窗体事件是指操作窗体时所引发的事件。下列事件中,不属于窗体事件的是(　　)。

   A. 打开　　B. 关闭　　C. 加载　　D. 取消

5. 在 Access 数据库中,若要求在窗体上设置输入的数据是取自于某一个表或查询中记录的数据,或者取自某个固定内容的数据,可以使用的控件是(　　)。

   A. 选项组控件　　B. 列表框或组合框控件

   C. 文本框控件　　D. 复选框、切换按钮、选项按钮控件

6. 为窗体中的命令按钮设置单击鼠标时发生的动作,应选择设置其“属性表”对话框的(　　)。

   A. “格式”选项卡　　B. “事件”选项卡

   C. “方法”选项卡　　D. “数据”选项卡

7. 要改变窗体上文本框控件的数据源,应设置的属性是(　　)。

   A. 记录源　　B. 控件来源　　C. 筛选查询　　D. 默认值

8. 如果加载一个窗体,先被触发的事件是(　　)。

   A. Load 事件　　B. Open 事件　　C. Click 事件　　D. DblClick 事件

9. 可以设置某个属性来控制对象是否可用(不可用时显示为灰色)。需要设置的属性是(　　)。

A. Default　B. Cancel　C. Enabled　D. Visible

10. 设窗体中有一个标签和一个命令按钮,名称分别为 L1 和 C1。要求在窗体视图显示时,单击命令按钮,标签上显示的文字颜色变为红色,以下能实现的操作语句是(　　)。

A. C1. ForeColor = 255　B. L1. ForeColor = 255

C. L1. ForeColor = "255"　D. C1. ForeColor = "255"

11. 用来显示与窗体关联的表或查询中字段值的控件类型是(　　)。

A. 计算型　B. 绑定型　C. 关联型　D. 未绑定型

12. 若将已经创建的"系统界面"窗体设置为启动窗体,应使用的对话框是(　　)。

A. 启动　B. Access 选项　C. 设置　D. 打开

13. 能被"对象所识别的动作"和"对象可执行的活动"分别称为对象的(　　)。

A. 方法和事件　B. 事件和方法　C. 事件和属性　D. 过程和方法

14. 若要求在文本框中输入文本时达到密码"*"的显示效果,则应设置的属性是(　　)。

A. "默认值"属性　B. "标题"属性

C. "密码"属性　D. "输入掩码"属性

15. 如果在文本框内输入数据后,按[Enter]键或[Tab]键,输入焦点可立即移到下一个指定文本框,应设置(　　)。

A. "制表位"属性　B. "自动 Tab 键"属性

C. "Enter 键行为"属性　D. "Tab 键索引"属性

16. 设工资表中包含"姓名""基本工资"和"奖金"3 个字段,以该表为数据源创建的窗体中,有一个计算实发工资的文本框,其控件来源为(　　)。

A. 基本工资+奖金　B. [基本工资]+[奖金]

C. =[基本工资]+[奖金]　D. =基本工资+奖金

17. 可以连接数据源中"OLE"类型字段的是(　　)。

A. 非绑定对象框　B. 绑定对象框

C. 文本框　D. 组合

18. 确定一个控件大小的属性是(　　)。

A. Width 和 Height　B. Width 或 Height

C. Top 和 Left　D. Top 或 Left

19. 下列控件中与数据表中的字段没有关系的是(　　)。

A. 文本框　B. 复选框　C. 标签　D. 组合框

20. 下列关于控件的说法中错误的是(　　)。

A. 控件是窗体上用于显示数据和执行操作的对象

B. 在窗体中添加的对象都称为控件

C. 控件的类型可以分为绑定型、未绑定型、计算型与非计算型

D. 控件都可以在窗体"设计"视图中的工具箱中看到

21. 主要用来输入、编辑文本型或数字型字段数据,位于窗体设计工具箱中的一种交互式控件是(　　)。

A. 组合框控件　B. 复选框控件

C. 标签控件　D. 文本框控件

22. 属性表中主要针对控件的外观或窗体的显示格式而设置的是(　　)选项卡中的属性。

A. 格式　B. 数据　C. 事件　D. 其他

二、填空题

1. 窗体由多个部分组成,每个部分称为一个__________。

2. 在创建主/子窗体之前,必须设置__________之间的关系。

3. 假定窗体的名称为 Form1,则把窗体的标题设置为"Access 模拟"的语句是__________。

4. 能够唯一标识某一控件的属性是__________。

5. 控件的类型可以分为绑定型、未绑定型和计算型。绑定型控件主要用于显示、输入、更新数据表中的字段;未绑定型控件没有__________,可以用来显示信息、线条、矩形或图像;计算型控件用表达式作为数据源。

第5章　报　　表

报表是 Access 数据库的对象之一，其主要作用是比较和汇总数据、显示经过格式化且分组的信息，并将它们打印出来。报表的数据来源与窗体相同，可以是已有的数据表、查询或者是新建的 SQL 语句，但报表只能查看数据，不能修改或输入数据。

本章主要内容：

- 报表的功能
- 创建报表的方法
- 自定义报表
- 打印报表

5.1　报表概述

与窗体不同，报表通常是将数据结果打印在纸上，而且报表不具有交互性。报表中更多地包含具有复杂计算功能的文本框控件，这些控件的数据来源多数为复杂的表达式，以实现对数据的分组、汇总等功能。

5.1.1　报表的功能

在 Access 系统中，报表的功能非常强大，可以用于查看数据库中的各种数据，并且能够对数据进行统计、汇总，然后打印输出，而且报表上所有控件或节的大小/外观可以调整，因此报表是以打印格式显示数据的一种有效方式。

报表的功能包括：

(1) 可以呈现格式化的数据；

(2) 可以分组组织数据，进行汇总；

(3) 可以生成清单、订单、标签、名片和其他所需要的输出内容；

(4) 可进行计数、求平均值、求和等统计计算；

(5) 可以嵌入图像或图片来丰富数据显示。

报表的主要好处是分组数据和排序数据，以使数据具有更好的可视效果。通过报表，人们能很快获取主要信息。

5.1.2　报表的组成

与窗体设计一样，在 Access 中是按节来设计报表的，在设计视图中打开报表可以查看各个节，如图 5-1 所示。在布局视图中，将看不到这些节，但它们仍然存在，并可通过使用“格式”选项卡上的“选中内容”组中的下拉列表来进行选择。若要创建有用的报表，则需要了解每个节的工作方式。表5.1是节类型及其用途的摘要。

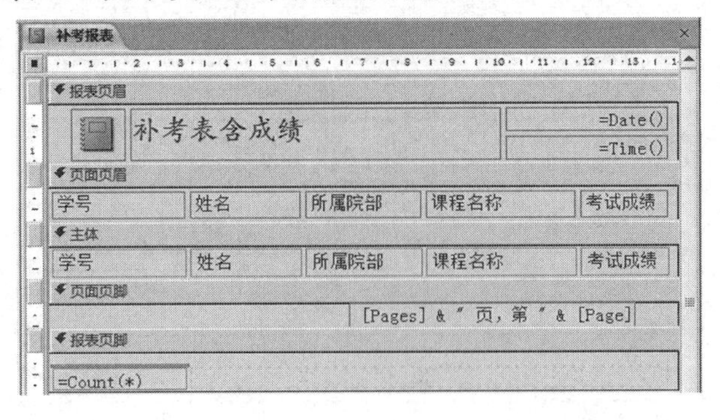

图 5-1 报表的基本组成

表 5.1 节类型及其用途

节名称	用途摘要
报表页眉	此节只在报表开头显示一次。报表页眉用于显示一般出现在封面上的信息，如徽标、标题或日期。当在报表页眉中放置使用“总和”聚合函数的计算控件时，将计算整个报表的总和。报表页眉位于页面页眉之前
页面页眉	此节显示在每页顶部。例如，使用页面页眉可在每页上重复报表标题
组页眉	此节显示在每个新记录组的开头。使用组页眉可显示组名。一个报表上可具有多个组页眉节，具体取决于已添加的分组级别数，如图5-2所示
主体	对于记录源中的每一行，都会显示一次此节内容。此节用于放置组成报表主体的控件
组页脚	此节位于每个记录组的末尾。使用组页脚可显示组的汇总信息。一个报表上可具有多个组页脚，具体取决于已添加的分组级别数
页面页脚	此节位于每页结尾。使用页面页脚可显示页码或每页信息
报表页脚	此节只在报表结尾显示一次。使用此节可显示整个报表的报表总和或其他汇总信息

特别说明，在设计视图中，报表页脚显示在页面页脚下方。但是，在所有其他视图(如布局视图或在打印或预览报表时)中，报表页脚显示在页面页脚的上方，紧接在最后一个组页脚或最后页上的主体行之后。

图5-2所示是包含有两个组页眉及组页脚的报表设计视图。

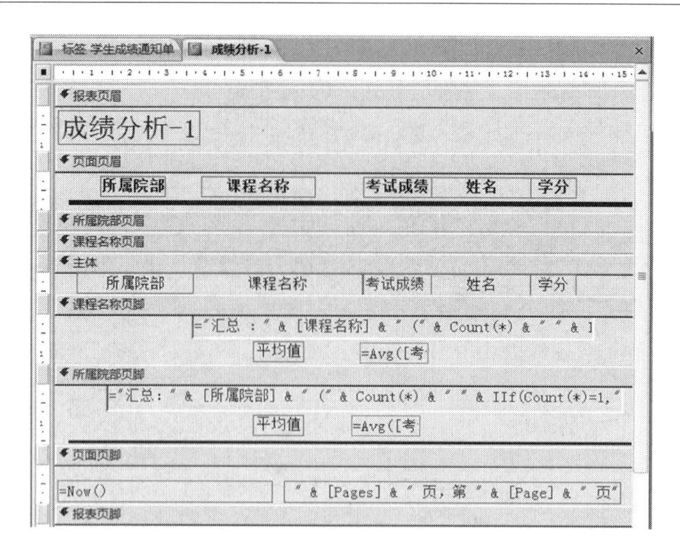

图 5-2　含有两个组页眉及组页脚的报表设计视图

5.1.3　报表的视图

报表操作有 4 种视图：报表视图、打印预览、布局视图和设计视图，如表 5.2 所示。

表 5.2　报表操作的 4 种视图

视图名称	功能
报表视图	用于显示报表
打印预览	用于查看报表页面数据的输出形态
布局视图	布局视图界面与报表视图几乎一样，但是在该视图中可以移动各个控件的位置，可以重新进行控件布局
设计视图	用于创建和编辑报表

打开任意报表(本例报表为“补考表含成绩”)，Access 窗口如图 5-3 所示，以下 3 种方法均可实现视图间的切换操作。

图 5-3　报表视图

◆ 功能区最左边将出现"视图"分组,其中只有一个【视图】按钮,单击下拉箭头可打开"视图"列表,如图 5-4 所示,在列表中选择相应视图即可。

◆ 鼠标指向文档选择页,右击打开快捷菜单,如图 5-5 所示,单击菜单命令可切换视图。

◆ 在图 5-3 的右下角,窗体状态栏上,列出了这 4 种视图的图标按钮,单击可切换视图。

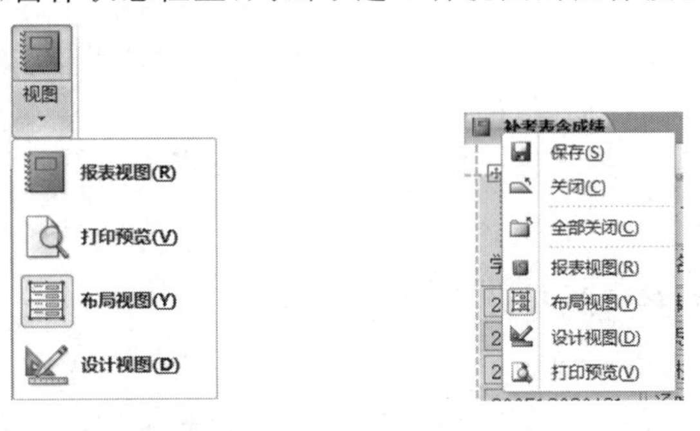

图 5-4 "视图"下拉列表　　　　图 5-5 右键快捷菜单

5.1.4 报表的创建方法

与窗体的创建方法类似,在 Access 窗口功能区"创建"选项卡"报表"分组中,列出了可以使用的报表创建工具,如图 5-6 所示。其各自功能简要说明如表 5.3 所示。

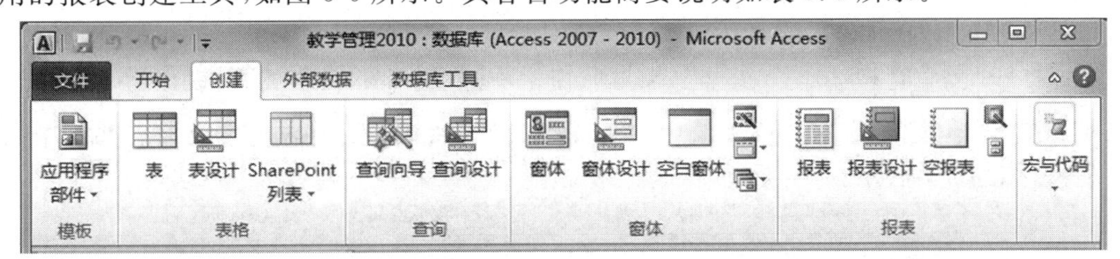

图 5-6 "创建"选项卡

表 5.3 报表创建工具

按钮图像	工具	说明
	报表	创建简单的表格式报表,其中自动包含在导航窗格中已选择的记录源中的所有字段
	报表设计	在设计视图中打开一个空报表,可在该报表中添加所需的字段和控件
	空报表	在布局视图中打开一个空报表,并显示出字段列表窗格。将字段从字段列表拖到报表中时,Access 将创建一个嵌入式查询(Select 语句)并将其存储在报表的记录源属性中
	报表向导	显示一个多步骤向导,允许指定字段、分组/排序级别和布局选项。该向导将基于用户所做的选择创建报表
	标签	显示一个向导,允许选择标准或自定义的标签大小、要显示的字段以及排序方式。该向导将基于用户所做的选择创建标签报表

5.2 创 建 报 表

系统提供了5种创建报表的工具。“报表”工具是利用当前已打开的一个数据源自动创建一个报表;“空报表”工具是创建一张空白报表,通过将选定的数据表字段添加进报表中建立报表;“报表向导”和“标签”向导是借助向导的提示功能创建一个报表;“报表设计”是进入报表设计视图,通过添加各种控件自己设计并建立一个报表。实际应用中一般使用“报表”“空报表”或者“报表向导”快速生成基本报表,然后在设计视图中修改和完善报表,并对报表的表现形式加以美化。

5.2.1 使用“报表”工具创建报表

这种方式需要先指定数据源(仅基于一个表或查询),然后由系统自动生成包含数据源所有字段的报表。这是创建报表的最快捷方法,但它提供的对报表结构和外观的控制最少。以下两种情形适合使用自动方式创建:

◆ 需要快速浏览仅基于一个表或查询中的数据。

◆ 需要快速创建报表雏形以便随后再进行自定义,且数据源仅基于一个表或查询。

【例5-1】 在“教学管理2010.accdb”中,使用“报表”工具创建基于“补考表含成绩”表的简单报表。

操作步骤如下:

(1) 打开“教学管理2010.accdb”,在导航窗格中选中“补考表含成绩”表作为数据源。

(2) 在“创建”选项卡“报表”分组中,单击【报表】按钮,系统自动生成报表并在布局视图中显示,如图5-7所示。

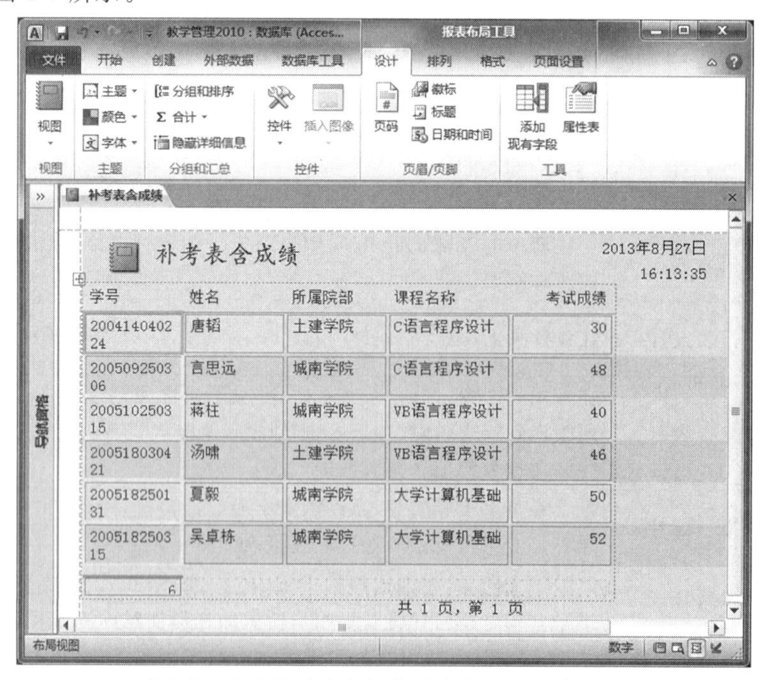

图5-7 系统自动生成报表并在布局视图中显示

此时功能区已切换为“报表布局工具”选项卡，使用这些工具可以对报表进行简单的编辑和修饰。

(3) 调整报表中学号控件的宽度，使之能容纳实际学号的长度。如图5-8所示，选中学号控件，鼠标指向粗边框右边界且呈双箭头时向右拖动，调整后如图5-9所示。

图5-8　控件宽度调整前

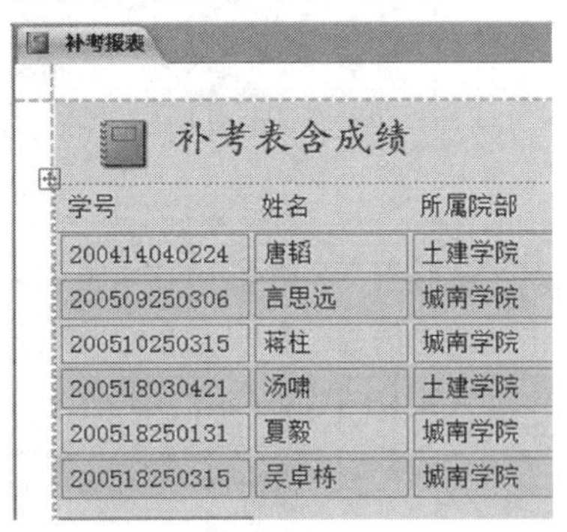

图5-9　控件宽度调整后

(4) 单击Access窗口左上角快捷工具【保存】按钮，打开如图5-10所示的对话框，输入报表名称“补考报表”，单击【确定】按钮。

(5) 切换到“打印预览”视图，如图5-11所示。

图5-10　“另存为”对话框

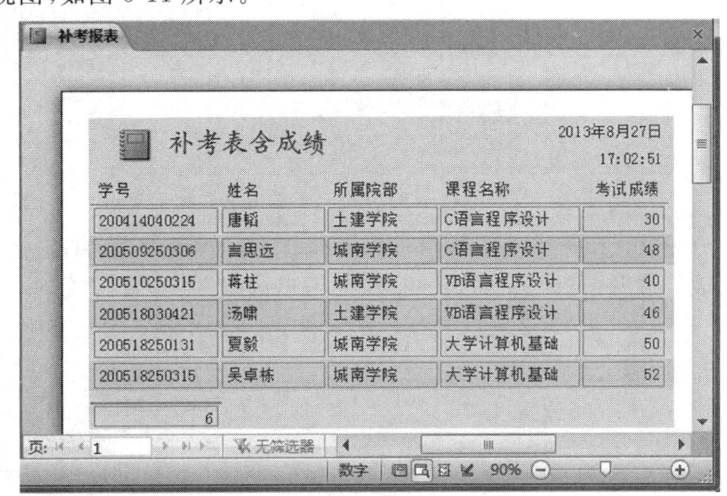

图5-11　调整后的报表在打印预览视图中显示

5.2.2　使用“空报表”工具创建报表

使用“空报表”工具创建报表是另一种灵活、快捷的方式。

【例5-2】　使用“空报表”工具创建“学生选课成绩表”，使其包含“学生信息”表、“课程信息”表和“选课信息”表中学生的学号、姓名、所选课程名称和课程成绩等信息。

操作步骤如下：

(1) 在“创建”选项卡“报表”分组中，单击【空报表】按钮，直接进入报表的布局视图显示，窗体的右侧自动显示“字段列表”窗格，如图5-12所示。

图 5-12 报表的布局视图及“字段列表”窗格

(2) 在“字段列表”窗格中单击“显示所有表”链接，打开可用数据源列表。

(3) 单击“学生信息”表前面的“+”号，展开该表的所有字段，双击“学号”和“姓名”字段名，将它们添加到视图中，如图 5-13 所示。

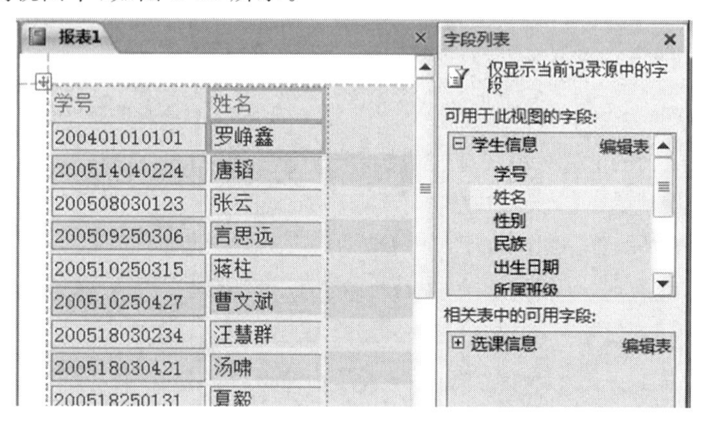

图 5-13 向视图中添加学号和姓名字段

(4) 在“相关表中的可用字段”列表中，显示的是与“学生信息”有一对多关系的“选课信息”表。展开“选课信息”表，再双击“考试成绩”字段名，将它添加到视图中，如图 5-14 所示。

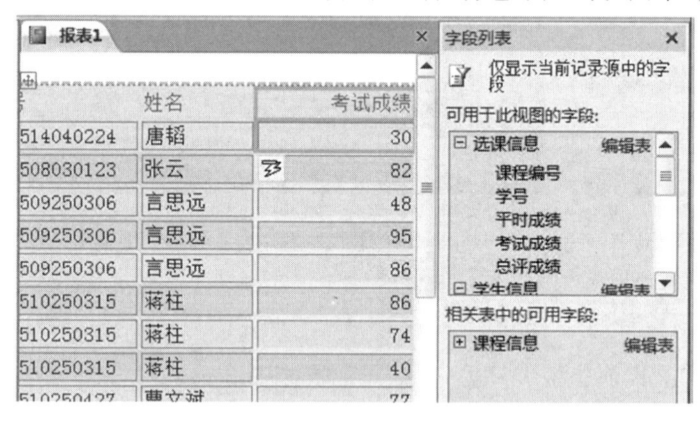

图 5-14 向视图中添加考试成绩字段

(5) 此时“相关表中的可用字段”列表中显示的已改为与“选课成绩”表有关联的“课程信息”表。展开“课程信息”表，再双击“课程名称”字段名，将它添加到视图中。

(6) 已获取了所有需要的字段。关闭字段列表窗格，布局视图显示如图 5-15 所示。

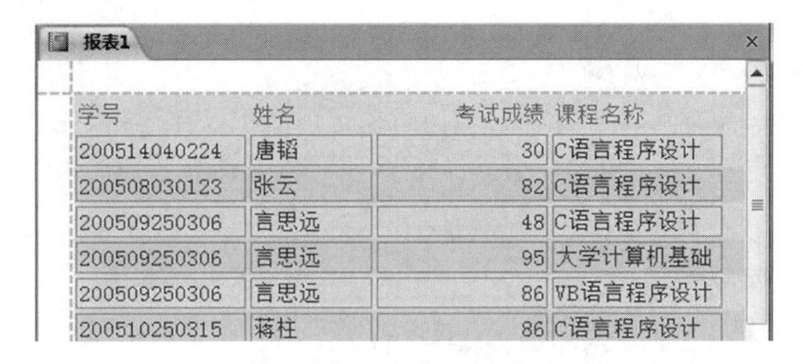

图 5-15　调整前的布局视图

（7）在如图 5-16 所示设计视图中，依次拖动“课程名称”标签控件和文本框控件，至“考试成绩”标签控件和文本框控件前面，如图 5-17 所示。

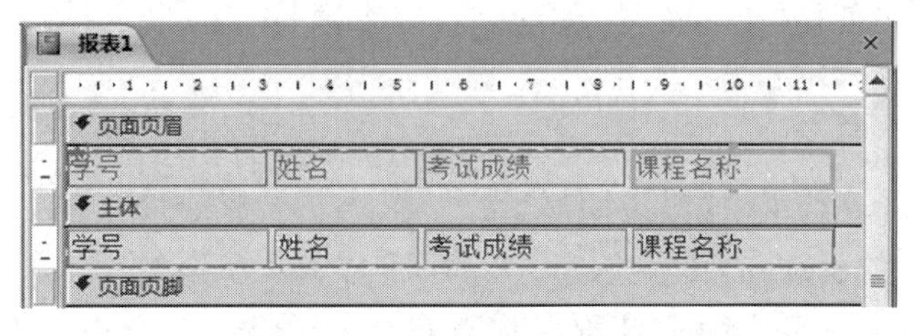

图 5-16　调整前的设计视图显示

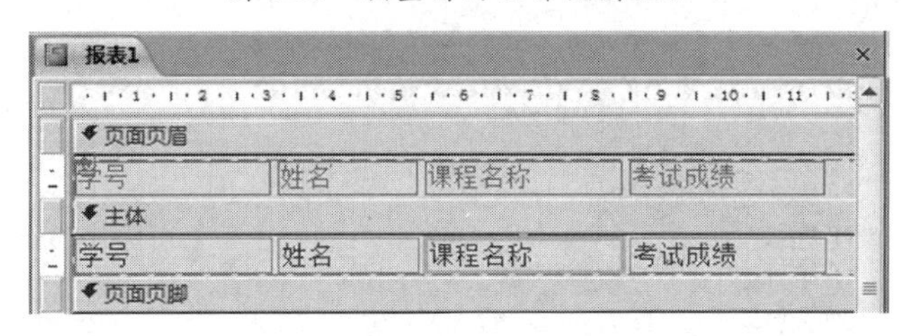

图 5-17　调整后的设计视图显示

（8）在设计视图中，一次选中各标签和文本框控件，打开“属性表”对话框，设置它们的“文本对齐”属性为“居中”、“前景色”属性为“黑色文本”。

在打印预览视图中显示如图 5-18 所示。

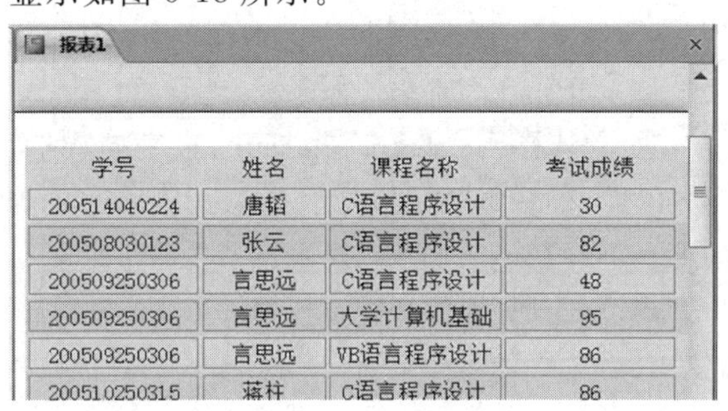

图 5-18　在打印预览视图中显示

（9）命名为“学生选课成绩表”并保存。

5.2.3 使用向导创建报表

向导通过引导用户回答问题来获取创建报表所需的信息，创建的“报表”对象可以包含多个表或查询中的字段，并可以对数据进行分组、排序以及计算各种汇总数据等。向导还可以创建图表报表和标签报表。

1. 使用“报表向导”

使用“报表向导”可以创建纵栏式和表格式报表。

【例 5-3】 基于“学生信息”表的“姓名”和“所属院部”字段、“选课信息”表的“考试成绩”字段、“课程信息”表的“课程名称”和“学分”字段，创建一个成绩分析报表，分别按院部及课程名称进行一、二级分组，输出各院部学生得分明细及院部平均得分。

分析及设计方案：使用“报表向导”创建来自 3 个数据表的报表，从中选择每个数据表中的显示字段，并确定报表的格式。

操作步骤如下：

(1) 在“报表”分组中，单击【报表向导】按钮，打开“报表向导”第 1 个对话框。

(2) 选择字段。依次选择“学生信息”表的“姓名”和“所属院部”字段、“选课信息”表的“考试成绩”字段、“课程信息”表的“课程名称”和“学分”字段，将这些字段添加到“选定字段”列表中，如图 5-19 所示。

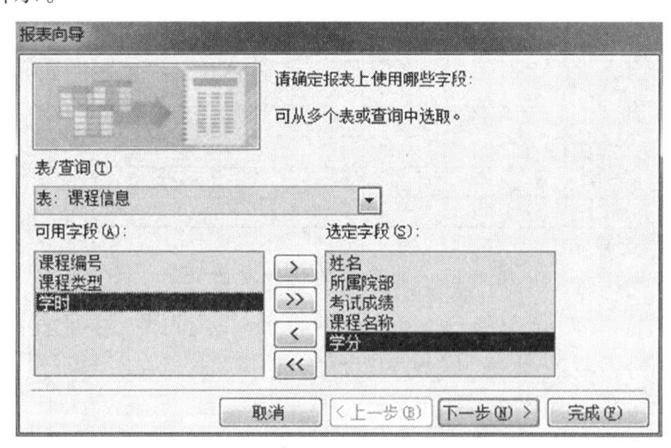

图 5-19 “报表向导”第 1 个对话框

(3) 指定数据查看方式。单击【下一步】按钮，打开“报表向导”第 2 个对话框，设置数据的查看方式为“通过 选课信息”，如图 5-20 所示。

(4) 添加分组。单击【下一步】按钮，打开“报表向导”第 3 个对话框，设置以“所属院部”和“课程名称”进行分组，如图 5-21 所示。

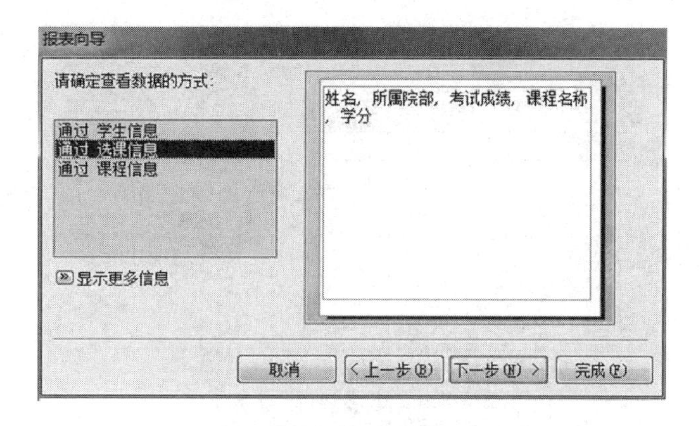

图 5-20 “报表向导”第 2 个对话框

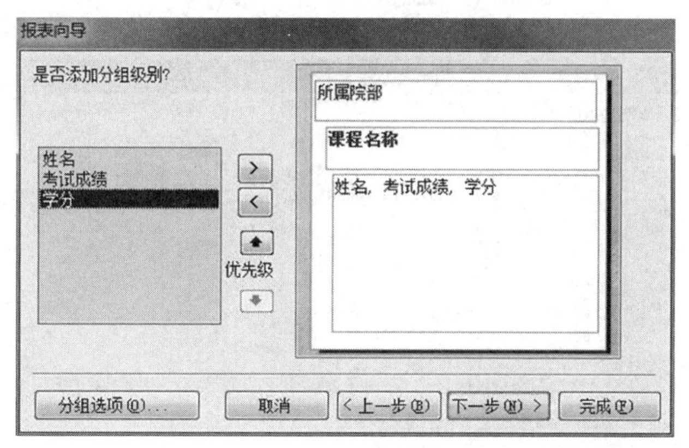

图 5-21 “报表向导”第 3 个对话框

(5) 设置排序。单击【下一步】按钮,打开“报表向导”第 4 个对话框,设置按“考试成绩”降序排列,如图 5-22 所示。

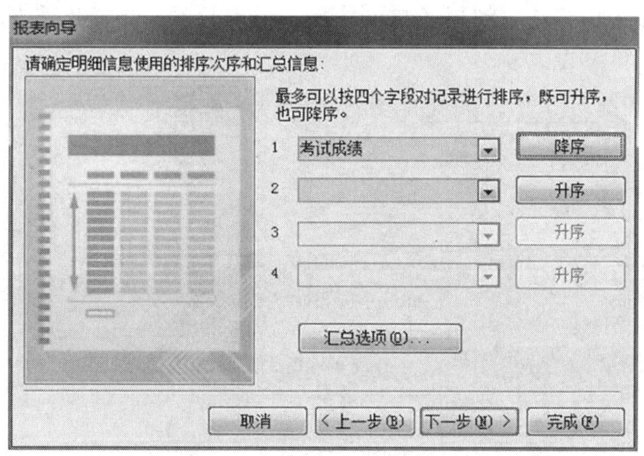

图 5-22 “报表向导”第 4 个对话框

(6) 选择汇总值。单击【汇总选项】按钮,打开“汇总选项”对话框,选择计算“考试成绩”的平均值,如图 5-23 所示。单击【确定】按钮返回到如图 5-22 所示界面。

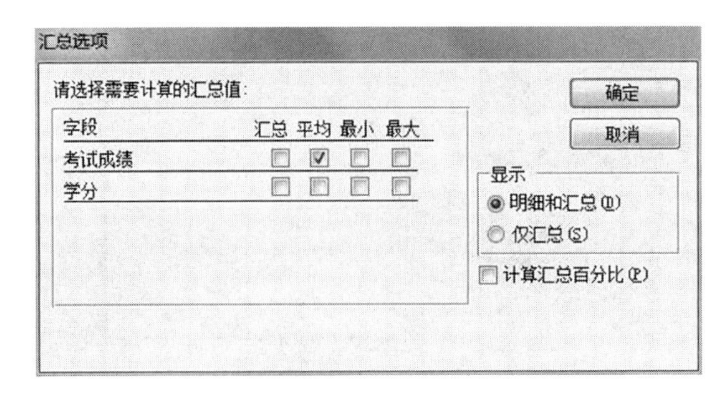

图 5-23 “汇总选项”对话框

(7) 设置报表布局方式。单击【下一步】按钮,打开“报表向导”第 5 个对话框,设置报表的布局方式为“块”,如图 5-24 所示。

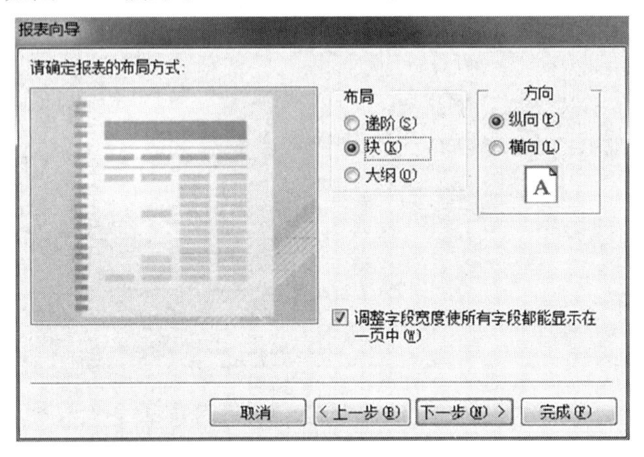

图 5-24 “报表向导”第 5 个对话框

(8) 单击【下一步】按钮,打开“报表向导”第 6 个对话框,设置报表标题,如图 5-25 所示。此标题同时作为保存的报表名称。

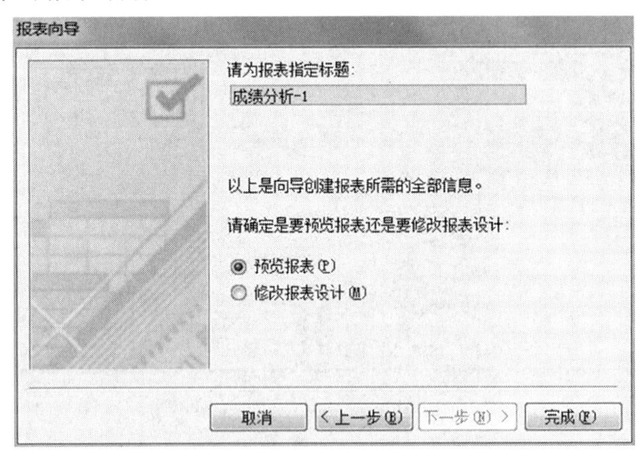

图 5-25 “报表向导”第 6 个对话框

(9) 单击【完成】按钮后自动在打印预览视图中打开所建报表,用户可以切换到设计视图中稍加修饰，最终在打印预览视图中显示，如图 5-26 所示。

成绩分析-1

所属院部	课程名称	考试成绩	姓名	学分
城南学院	C语言程序设计	86	蒋柱	2
		77	曹文斌	2
		48	言思远	2
汇总 ：C语言程序设计 (3 项明细记录)				
	平均值	70.3		
城南学院	VB语言程序设计	95	曹文斌	2
		86	言思远	2
		40	蒋柱	2
汇总 ：VB语言程序设计 (3 项明细记录)				
	平均值	73.7		
城南学院	大学计算机基础	95	言思远	2
		90	曹文斌	2
		74	蒋柱	2
汇总 ：大学计算机基础 (3 项明细记录)				
	平均值	86.3		
汇总：城南学院 (9 项明细记录)				
	平均值	76.8		
公路学院	C语言程序设计	93	涂明	2
		68	夏毅	2

图 5-26 【例 5-3】完成报表

（10）保存报表，完成创建。

2. 使用“标签向导”

生活中很多物品经常要使用标签。为方便起见，Access 数据库中提供了“标签向导”来制作标签报表。因为标签报表只能基于单个表或查询，所以如果所需字段来自多个表，则需要先创建一个查询。

“标签向导”可引导用户逐步完成创建标签的过程，获得各种标准尺寸的标签和自定义标签。该向导除了提供几种规格的邮件标签外，还提供了其他标签类型，如胸牌和文件夹标签等。

【例 5-4】 以“学生成绩 查询”对象为数据源，创建“学生成绩通知单”标签报表。设已建立查询“学生成绩 查询”，其设计视图如图 5-27 所示。

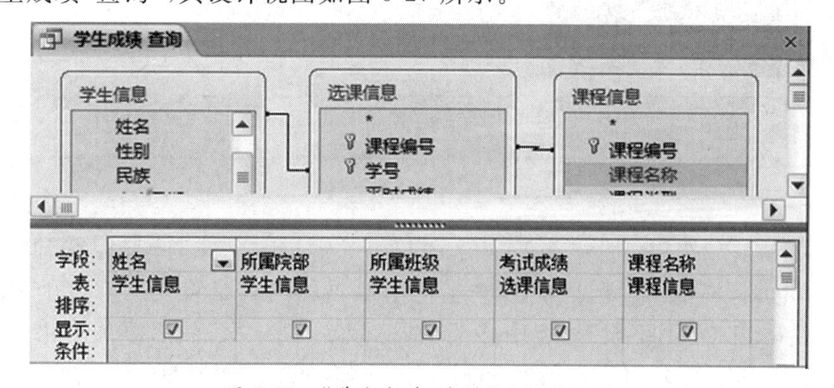

图 5-27 “学生成绩 查询”的设计视图

操作步骤如下：

(1) 在导航窗格中，选中作为标签数据源的查询对象“学生成绩 查询”。

(2) 在“创建”选项卡“报表”分组中，单击【标签】按钮，打开“标签向导”第 1 个对话框，选择标签尺寸。“标签向导”针对不同的标签厂商提供多种预设尺寸，既适合单页送纸(单页纸张)标签，也适合连续送纸(卷轴)标签。可根据需要找到大小合适的标签(“横标签号”表示“每行标签数”)。本例选择 Avery 公司的标签，如图 5-28 所示。如果需要自行定义标签的大小尺寸，可单击【自定义】按钮打开“新建标签”对话框进行具体设置。

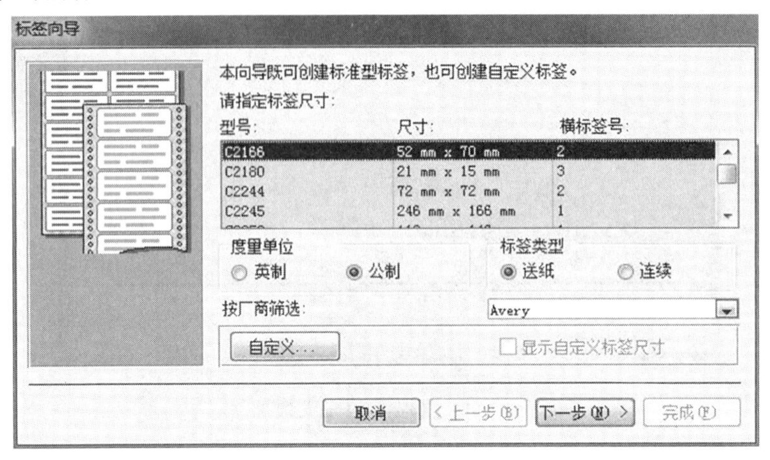

图 5-28 “标签向导”第 1 个对话框

(3) 单击【下一步】按钮，打开“标签向导”第 2 个对话框，指定标签外观，包括设置标签文本的字体和颜色，如图 5-29 所示。

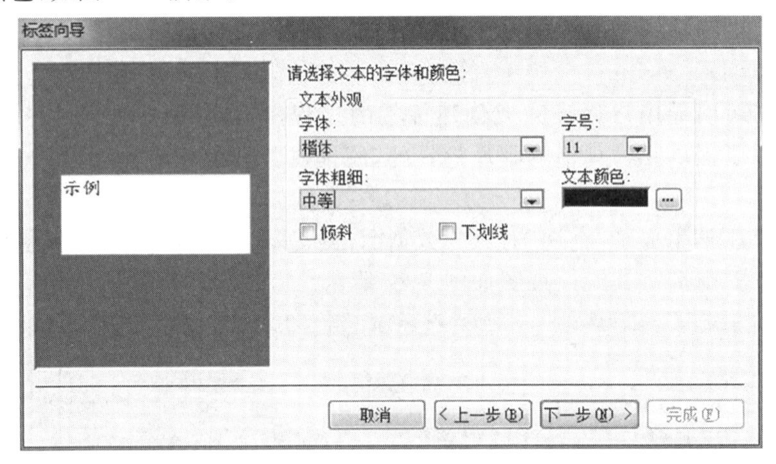

图 5-29 “标签向导”第 2 个对话框

(4) 单击【下一步】按钮，打开“标签向导”的第 3 个对话框，在“原型标签”框中指定字段及其结构。在对话框右侧的“原型标签”文本框中放置的内容是将要在标签上显示的文本。依次将所需的字段从“可用字段”列表中移至“原型标签”文本框，然后添加空格、标点符号或换行，以指定信息在标签中的显示位置和显示方式，也可以向“原型标签”文本框中添加文本。本例共添加了5个显示字段,并且在每个字段前面添加了提示文本,如图5-30所示。

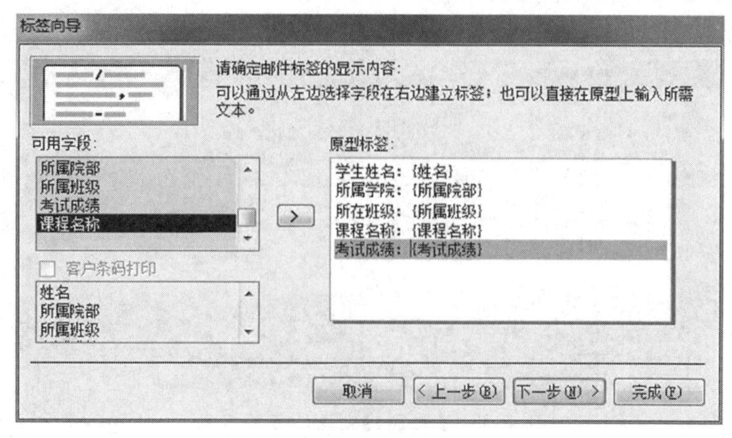

图5-30 "标签向导"第3个对话框

(5)单击【下一步】按钮,打开"标签向导"的第4个对话框,对整个标签进行排序。本例以"所属院部"为第一排序字段,"所属班级"为第二排序字段,"课程名称"为第三排序字段,如图5-31所示。

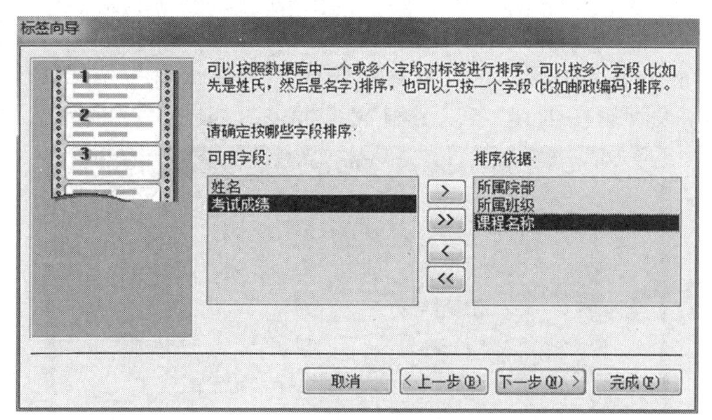

图5-31 "标签向导"第4个对话框

(6)单击【下一步】按钮,打开"标签向导"的第5个对话框,设置报表的名称为"标签 学生成绩通知单",如图5-32所示。

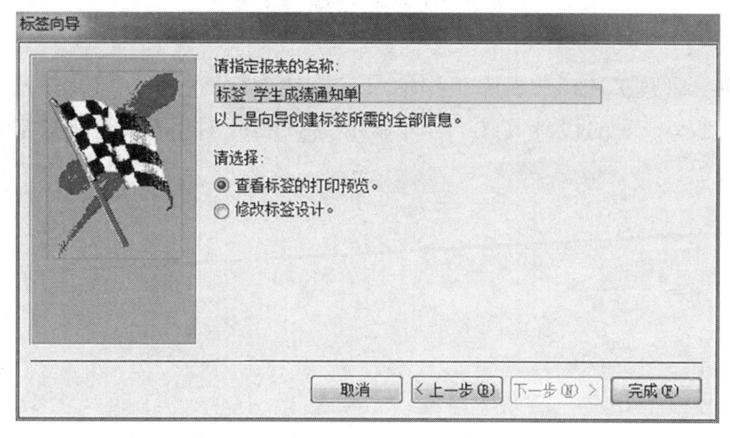

图5-32 "标签向导"第5个对话框

(7) 单击【完成】按钮,标签报表创建完成并自动保存,同时自动在打印预览视图中打开,如图 5-33 所示。

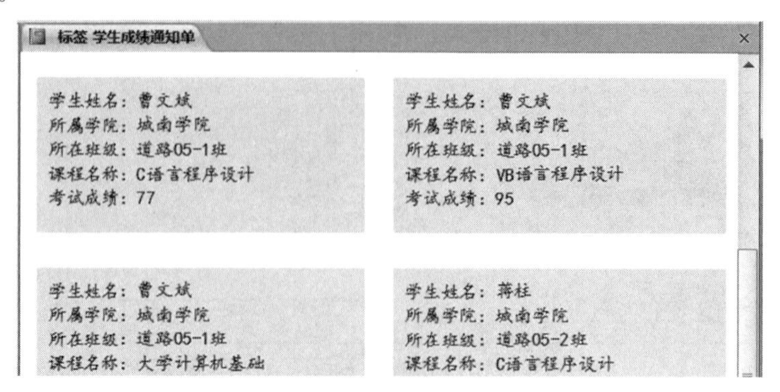

图 5-33　【例 5-4】完成的标签报表

5.2.4　在设计视图中创建报表

使用设计视图可以创建一个空白报表并绑定数据源,然后从控件工具箱中拖动选定的控件到报表,并在网格上对这些控件进行排列。一些控件可以与数据库数据绑定在一起,以便直接显示数据;它们也可以是未绑定的,不链接到数据源。说明性文字、分隔线、产品徽标和其他装饰控件通常是未绑定的控件。在设计视图中创建报表与创建窗体的操作非常类似。

【例 5-5】　使用设计视图创建"各院分科成绩报表",如图 5-34 所示。

各院分科成绩报表　2018/6/22

所属院部	课程名称	平均成绩
城南学院	C语言程序设计	70.3
城南学院	VB语言程序设计	73.7
城南学院	大学计算机基础	86.3
公路学院	C语言程序设计	70.8
公路学院	VB语言程序设计	80.3

图 5-34　各院分科成绩报表

操作步骤如下:

(1) 打开"教学管理 2010"数据库工作窗口,选择"创建"选项卡"报表"分组一,单击【报表设计】按钮,直接进入报表的设计视图,同时显示"属性表"对话框,此时对象类型显示为"报表",如图 5-35 所示。

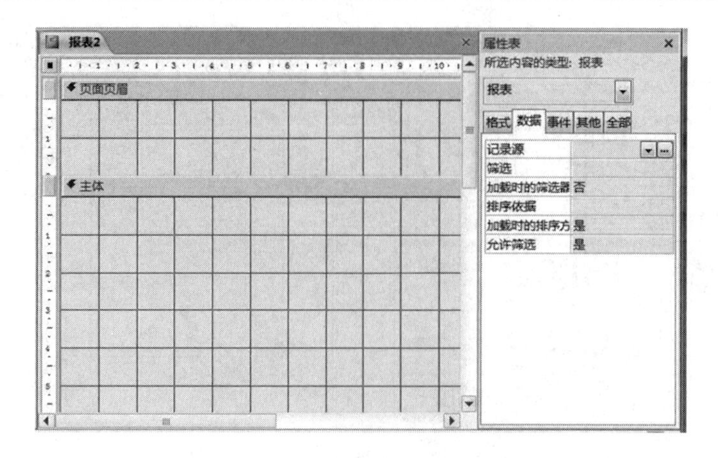

图 5-35　在设计视图中创建一个空报表

(2) 选择“属性表”的“数据”页，单击“记录源”属性右边的【省略号】按钮，打开“查询生成器”及“显示表”对话框。

(3) 从“显示表”中添加数据源“学生信息”表、“课程信息”表和“选课成绩”表到字段列表区，再添加所需字段至设计网格区，如图 5-36 所示。

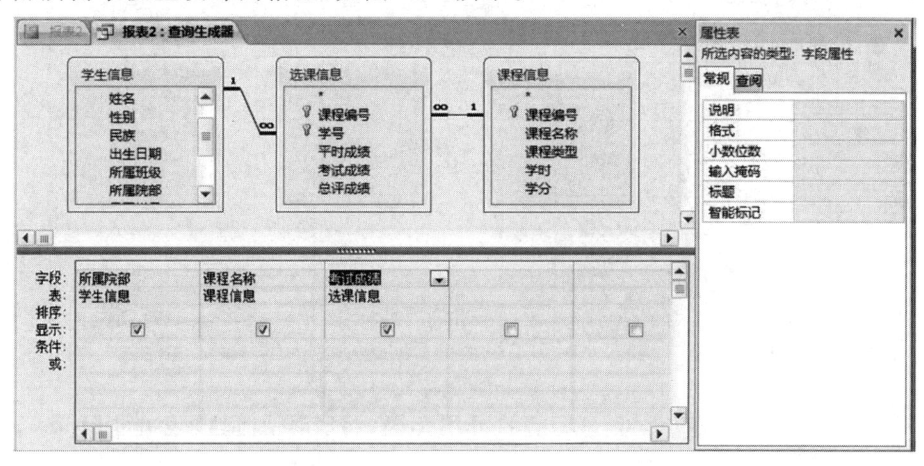

图 5-36　查询生成器设置之一

(4) 在功能区“查询工具|设计”选项卡“显示/隐藏”分组单击【汇总】按钮，在查询设计网格区添加“总计”行，修改“考试成绩”字段的“总计”单元格内容为“平均值”，字段单元格为“平均成绩:考试成绩”(即指定字段标识为“平均成绩”)，如图 5-37 所示。

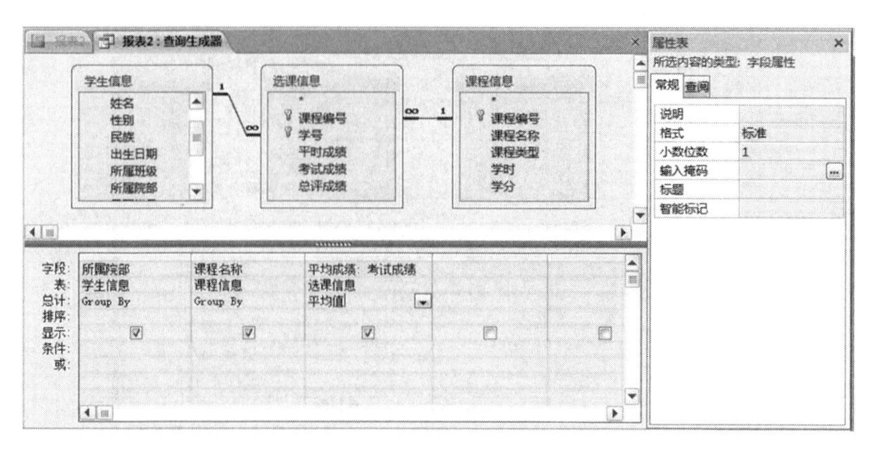

图 5-37　查询生成器设置之二

（5）关闭查询设计器并保存所作更改，返回到报表设计视图，如图 5-38 所示。从中可见“记录源”属性的设置已完成，是由查询设计器所产生的一条 SQL 语句：Select 学生信息.所属院部，课程信息.课程名称……

图 5-38　报表的“记录源”属性设置结果

（6）打开“字段列表”窗格，双击其中的可用字段，将其添加到报表的主体节，如图 5-39 所示。

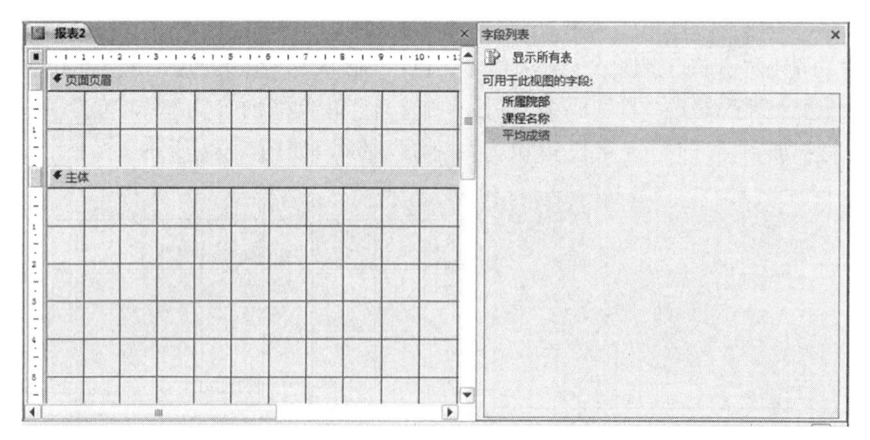

图 5-39　报表设计视图和字段列表

(7) 框选主体节中的所有控件,单击"报表设计工具|排列"选项卡"表"分组的"表格"布局工具,调整控件(文本框和其相应的附加标识)的位置呈表格式,且附加标识在页面页眉节,文本框在主体节。如图 5-40 所示。

(8) 单击"删除布局"布局工具,分别移动附加标识组和文本框组至合适的位置,如图 5-40所示。

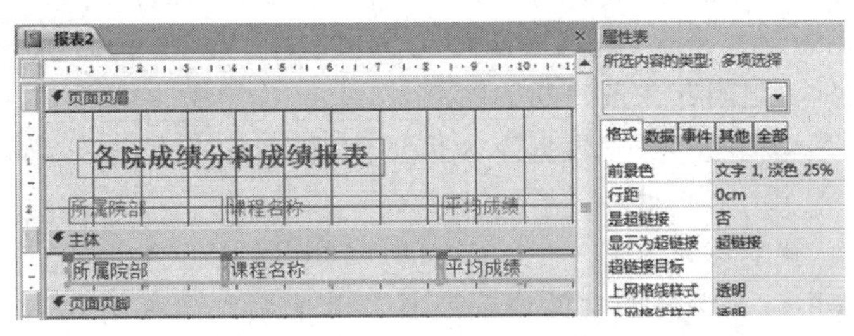

图 5-40　添加控件并设置相应属性

(9) 在页面页眉节添加"标签"控件,在属性表中设置标签的"标题"属性为"各院分科成绩报表",以及设置字体、字号、位置等格式属性,如图 5-40 所示。

(10) 在页面页眉节添加非绑定"文本框"控件(本例系统默认文本框的名称属性为"Text40"),设置"控件来源"属性值为"=Date()",即取值当前日期;设置绑定文本框"平均成绩"的"格式"属性为"标准","小数位数"属性为 1。将报表命名为"各院分科成绩报表"并保存,如图 5-41 所示。

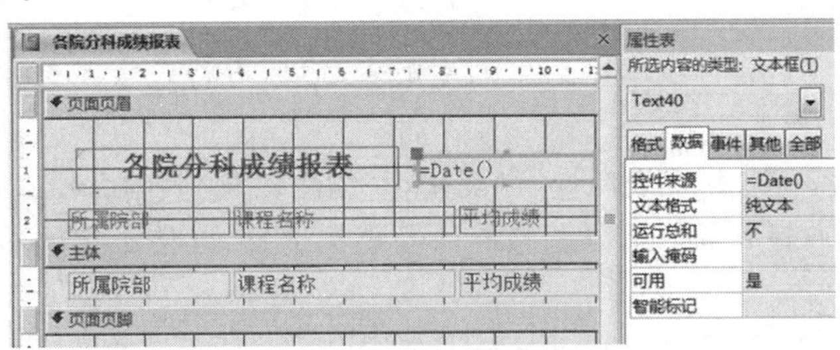

图 5-41　设置非绑定文本框的"控件来源"属性

(11) 在属性表中设置报表的"弹出方式"属性为"是",如图 5-42 所示。再次保存更改并切换到报表视图,效果如图 5-34 所示。

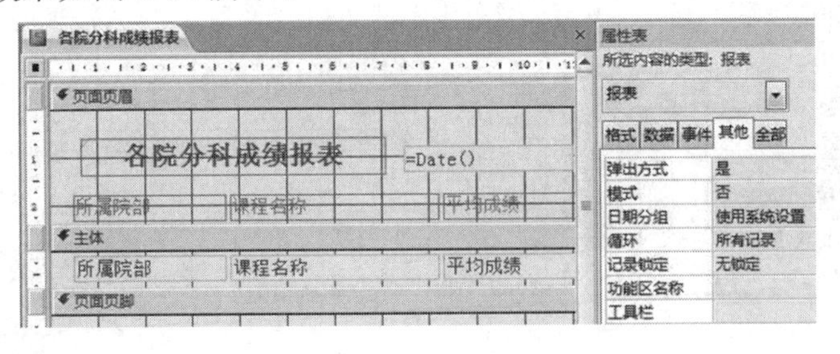

图 5-42　设置报表的"弹出方式"属性

5.2.5 设计主/子报表

可以将主报表数据源中的数据和子报表数据源中对应的数据同时呈现在一个报表中，更全面地表现两个数据源中的数据及其联系。

创建主/子报表可以在设计视图中使用“子窗体/子报表”控件工具。子报表和主报表可以同时创建，也可以先创建子报表，然后添加到主报表中。创建主/子报表前要确定主报表数据源和子报表数据源之间存在正确的关联。

【例 5-6】 以“教学管理 2010”数据库为信息依据，创建报表，显示学生基本信息及其所选课程的成绩。

解题分析：观察“教学管理 2010”数据库中的现有数据表，“学生信息”表包含学生的基本信息，“选课信息”表中包含学生所选的课程及其课程成绩，“课程信息”表中包含课程名称，且 3 个表之间的关系如图 5-43 所示。

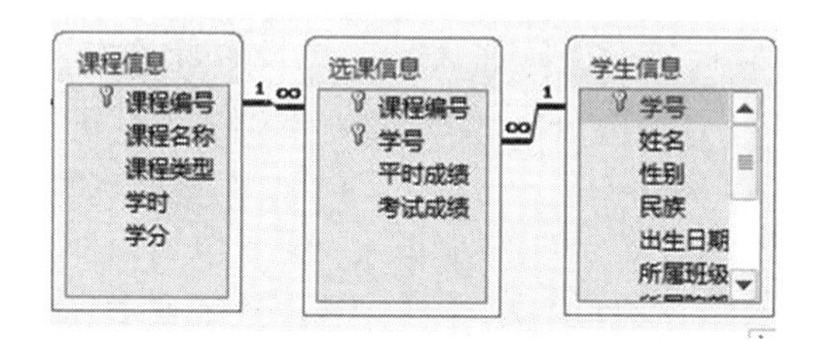

图 5-43 表的关系

设计方案：先创建包含学生基本信息的主报表，然后再将该生所选课程和成绩作为子报表插入主报表。操作步骤如下：

（1）创建主报表。使用“报表向导”创建基于“学生信息”表的纵栏式报表，然后在设计视图中打开所建报表，调整布局。适当调整控件大小及位置，以使报表的右边位置用于显示子报表，如图 5-44 所示。

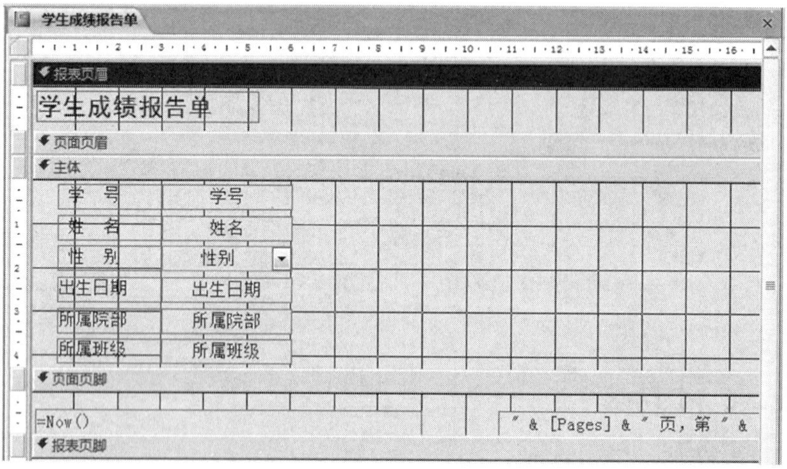

图 5-44 主报表

（2）添加子报表控件。单击“控件工具箱”中的“子窗体/子报表”工具，在报表的设计视图上单击需要放置子报表的位置，同时“子报表向导”启动。

(3) 依次回答“子报表向导”的提问：

①选择将用于子窗体的数据源为“使用现有的表和查询”，如图5-45所示。

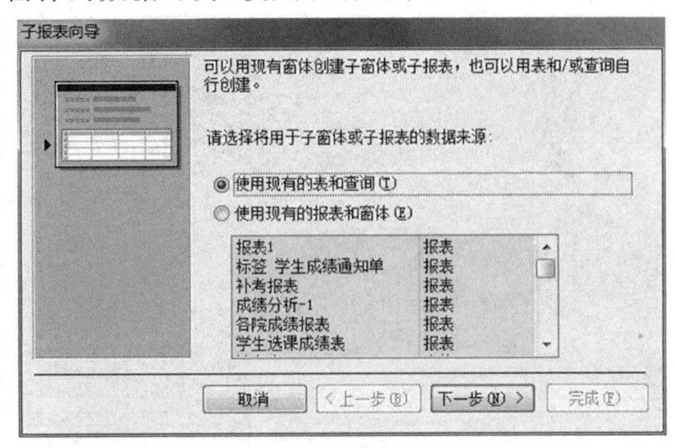

图5-45　“子报表向导”第1个对话框

②分别从“课程信息”表和“选课信息”表中挑选所需字段，如图5-46所示。

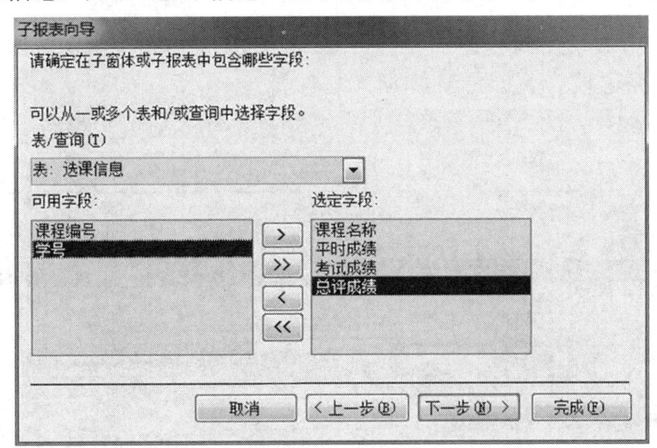

图5-46　“子报表向导”第2个对话框

③选择“从列表中选择”将主报表链接到子报表的字段，如图5-47所示。

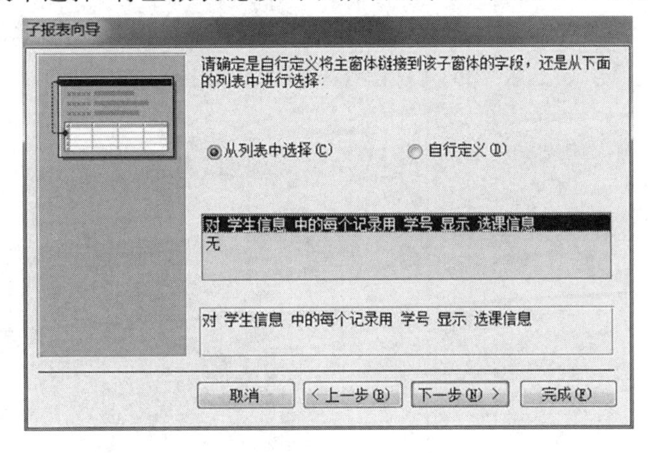

图5-47　“子报表向导”第3个对话框

④设置子报表的名称为“成绩 子报表”，然后结束向导的提问，如图 5-48 所示。

(4) Access 自动创建报表。获得创建子报表所需的信息以后，Access 将自动在主报表中添加子报表控件，同时还将单独创建一个显示为子报表的报表。

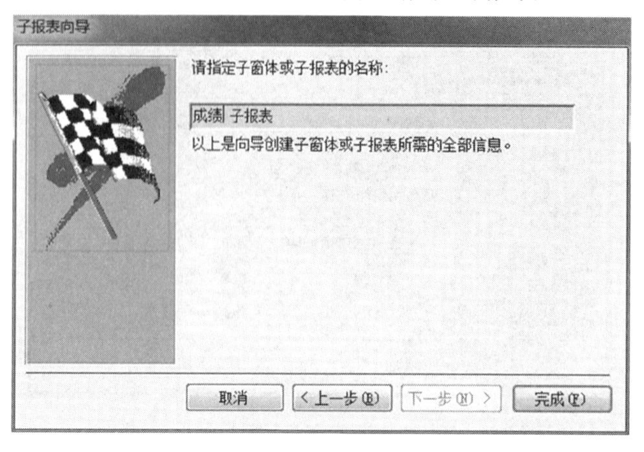

图 5-48 “子报表向导”第 4 个对话框

在设计视图中打开所建报表，适当调整子报表中控件的布局，结果如图 5-49 所示；在“打印预览”视图中打开所建报表，如图 5-50 所示。

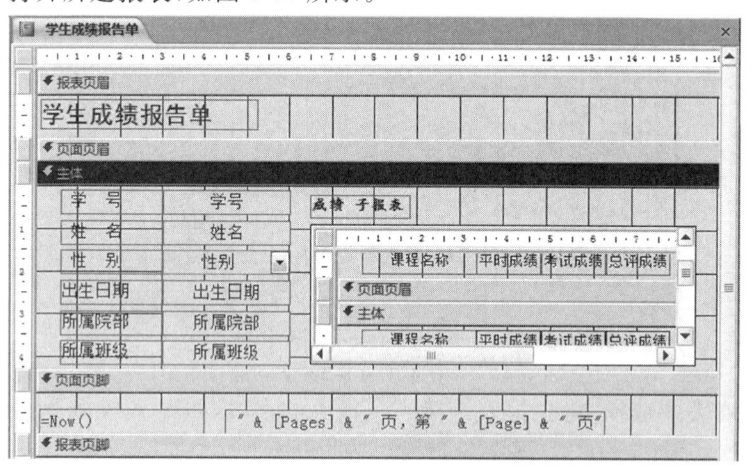

图 5-49 【例 5-6】所建报表的设计视图

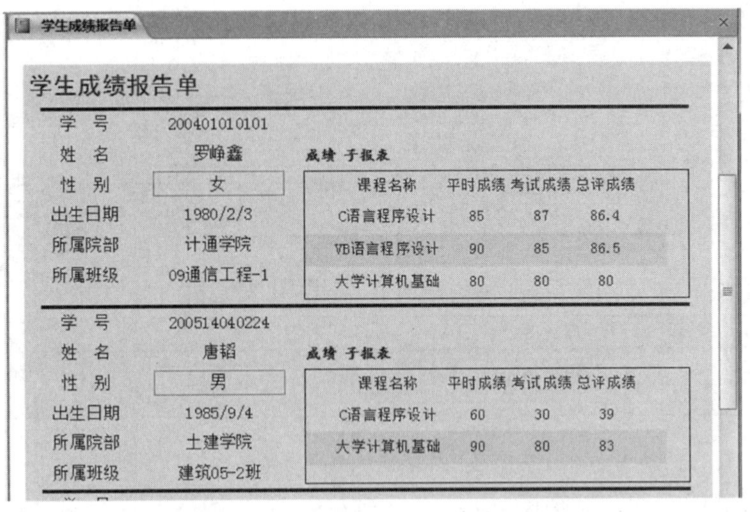

图 5-50 【例 5-6】所建报表的打印预览视图

5.2.6 创建多列报表

多列报表是在报表的一页安排打印两列或更多列。多列报表最常见的形式是标签报表形式,可以用"报表向导"来建立标签报表,也可以将一个设计好的普通报表设置成多列报表。

设置多列报表需要执行"报表设计工具|页面设置"选项卡"页面布局"分组中的"页面设置"命令,然后在弹出的"页面设置"对话框中设置。

【例 5-7】 将已有的"选课信息"报表设置为多列报表。

操作步骤如下:

(1) 打开"选课信息"报表的设计视图,另存为"选课信息-多列"报表。

(2) 调整主体节中各字段字体大小及显示宽度,使现有字段总宽度小于报表宽度的一半。

(3) 选择"报表设计工具|页面设置"选项卡"页面布局"分组,单击【列】按钮,打开"页面设置"对话框的"列"选项页,设置为 2 列输出,如图 5-51 所示。

要注意报表宽度不能超过打印纸的宽度,例如所选输出为 A4 纸,则图中参数设置要满足:"列数 * 列宽+列间距"不得大于 A4 纸的实际打印宽度。

图 5-51 "页面设置"对话框的"列"选项页

(4) 单击【确定】按钮，返回设计视图，在页面页眉中再添加一组字段标题，并设计报表标题居中显示，如图 5-52 所示。

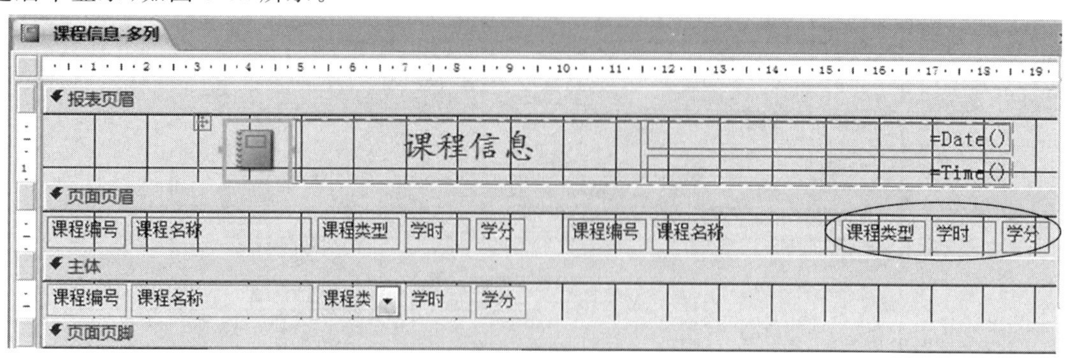

图 5-52 在设计视图中调整报表

(5) 打开报表的打印预览视图，如图 5-53 所示。

课程信息-多列

课程信息 2013年8月28日 14:32:54

课程编号	课程名称	课程类型	学时	学分	课程编号	课程名称	课程类型	学时	学分
0004	C语言程序设计	必修课	58	2	0006	Petri网原理	必修课	40	1.5
0007	FORTRAN语言	必修课	60	2	0010	PC机原理	必修课	30	1.5
0012	VB语言程序设计	选修课	58	2	0013	保险学	必修课	32	2.5
0066	编译原理	必修课	60	2	0073	财务管理学	选修课	58	2.5
0079	操作系统	必修课	54	2	0087	城市规划原理	必修课	48	2
0092	程序设计方法	必修课	36	1.5	0105	当代世界经济与政治	必修课	40	2

图 5-53 打开报表的打印预览视图

(6) 保存报表。

5.3 编辑报表

设计视图是对数据库对象进行设计的窗口。在设计视图中，可新建数据库对象和修改现有数据库对象的设计。在设计视图中从无到有创建并设计报表，虽然功能很强，但工作量也很大。所以一般的做法是：先用"自动方式"或"向导方式"创建一个具有基本结构的报表，然后再自定义由这两种方法所创建的报表，来适应个性化的需要和喜好。

5.3.1 基础操作

创建报表之后，有可能需要移动报表的某些部分，并更改报表的外观，在设计视图中可以对已经创建的报表进行编辑和修改，可以更改从基础数据源到文本颜色等各种内容，包括设置报表格式，添加背景图案、日期和时间等。

1. 设置报表格式

Access 中提供了 6 种预定义报表格式，可以使用这些格式一次性更改报表中所有文本的字体、字号及线条粗细等外观属性。操作步骤如下：

(1) 打开报表的设计视图。

(2) 执行“格式|自动套用格式”菜单命令，然后在打开的“自动套用格式”对话框中进行设置。

2. 添加背景图案

报表的背景可以添加图案以增强显示效果。

【例 5-8】 在已有“标签 学生成绩通知单”标签报表中添加图案。

操作步骤如下：

(1) 在设计视图中打开“标签 学生成绩通知单”报表，如图 5-54 所示。

(2) 在主体节中从上至下有 5 个文本框，每个文本框的数据都来自一个字符串表达式，如“="学生姓名："&[姓名]”。其中“[姓名]”表示姓名字段。选中第 1 个文本框，删除字符串表达式中的“"学生姓名："&”，选中第 2 及第 3 个文本框，删除字符串表达式中的“"所属学院："&”和“"所在班级："&”。

(3) 同时选中第 1～3 个文本框，将它们右移 2 个网格，如图 5-55 所示。

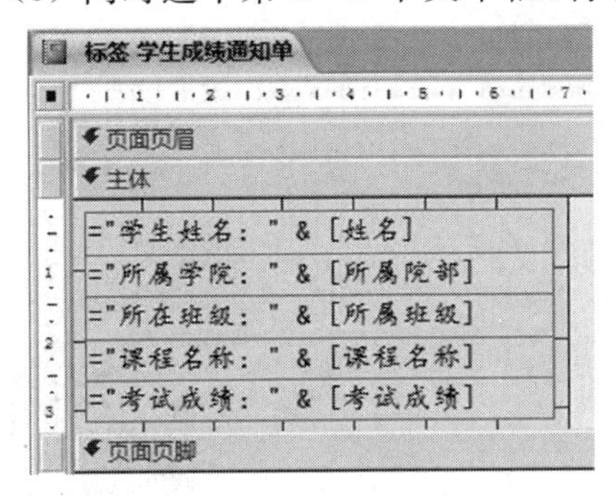

图 5-54 设计视图中的窗体

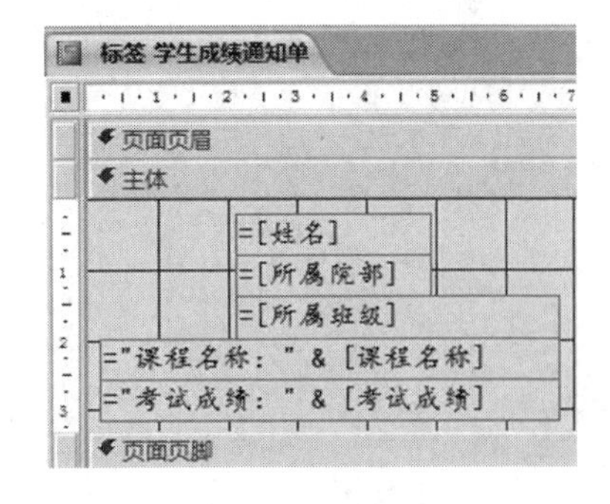

图 5-55 将 3 个文本框右移

(4) 单击控件工具箱中的“图像”控件，再单击窗体主体节左上角空白处，打开“插入图片”对话框，选择要在图像控件中显示的图像即可，如图 5-56 所示。

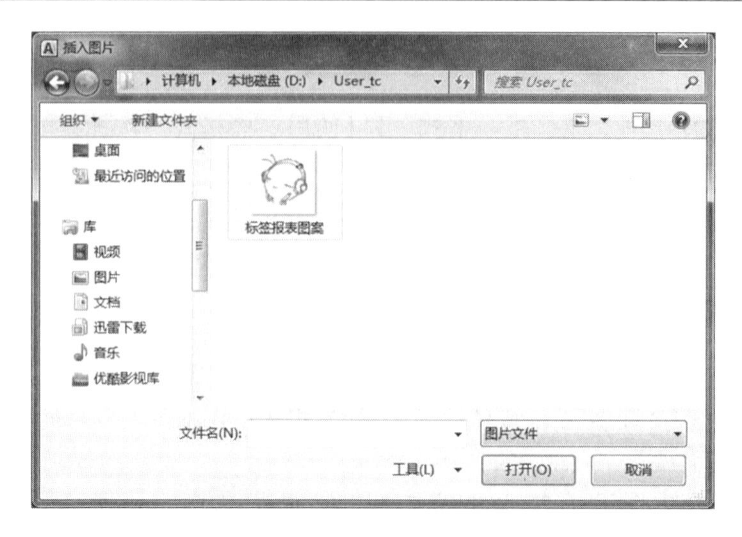

图 5-56　控件设置对话框

(5) 单击【确定】按钮,完成图像的创建。如图 5-57 所示为设计视图中的标签报表。

(6) 保存修改后的标签报表。如图 5-58 所示为"打印预览"视图中的标签报表。

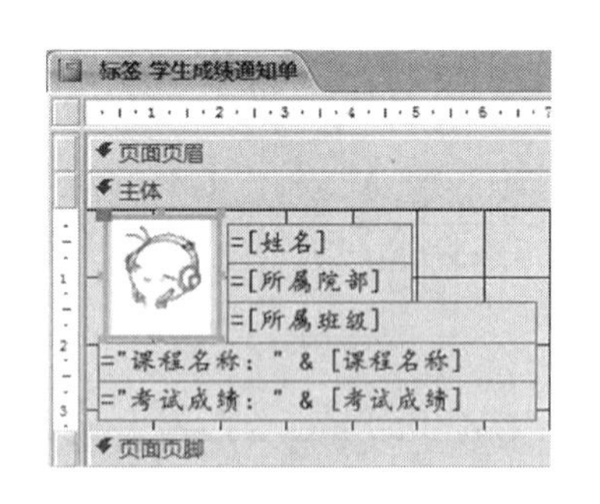

图 5-57　设计视图中的标签报表

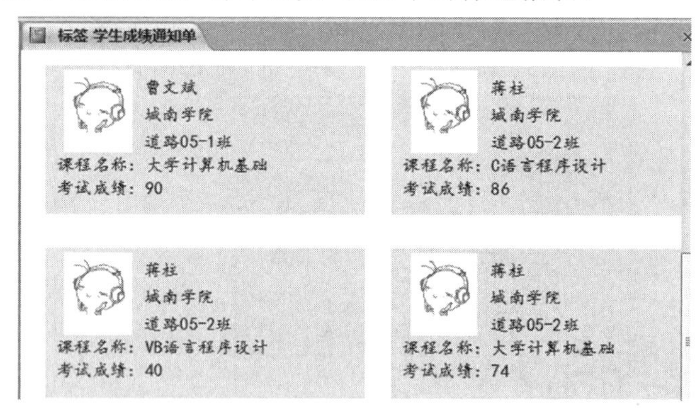

图 5-58　"打印预览"视图中的标签报表

3. 添加日期和时间

在报表设计视图中给报表添加日期和时间,操作步骤如下:

(1) 选择"报表设计工具|设计"选项卡"页眉/页脚"分组。

(2) 单击【日期和时间】按钮 ,打开"日期和时间"对话框。

(3) 选择相应格式后,单击【确定】按钮,结束设置,系统将在报表页眉节添加 2 个显示当前日期和时间的计算型文本框控件。

此外,用户也可以直接在报表上添加一个文本框,通过设置其控件来源属性为日期/时间的计算表达式来显示,该控件位置可以安排在报表的任何节区里。

4. 添加分页符和页码

在报表中,可以在某一节中使用分页控制符来标志要另起一页的位置。这项任务是通过在“控件”分组中单击“控件工具箱”中的“分页符”控件，再选择报表中需要设置分页符的位置来实现。

在报表中添加页码，是通过单击“页眉/页脚”分组中【页码】按钮，在打开的“页码”对话框中进行页码格式、位置和对齐方式的设置。

【例 5-9】 创建一空白报表，在页面页眉处添加日期和时间，在页面页脚处添加页码。

操作步骤如下：

(1) 选择“创建”选项卡“报表”分组，单击【报表设计】按钮，在设计视图中创建一个空白报表。

(2) 在“页面页眉”节添加一个文本框(同时添加了一个附加标签，将其手动删除)，在文本框“属性表”对话框的“数据”选项页中选择“控件来源”属性，单击【表达式】按钮，打开“表达式生成器”对话框。

(3) 在“表达式生成器”对话框中先后单击第 1 个列表框中的“通用表达式”、第 2 个列表框中的“当前日期/时间”，然后双击第 3 个列表框中的函数“Now()”，创建表达式如图 5-59 所示，单击【确定】按钮返回到控件“属性表”对话框，添加日期完毕。

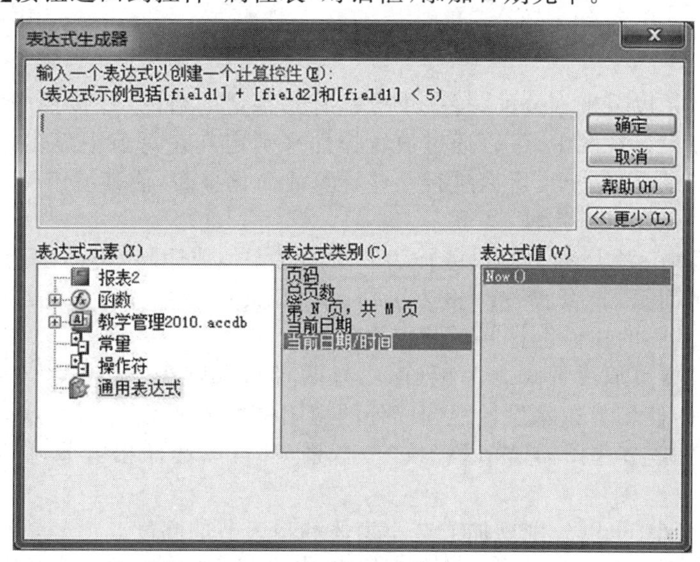

图 5-59　表达式生成器设置完成状态

同样的方法可以将页码添加到“页眉页脚”节，但本例介绍另一种更快捷的方法。

(4) 单击“页眉/页脚”分组中【页码】按钮，打开“页码”对话框，设置如图 5-60 所示。

(5) 单击【确定】按钮完成插入，返回到设计视图，图 5-61 所示为“页面页眉”和“页面页脚”的局部显示图。表 5.4 给出了常见的页码书写格式。

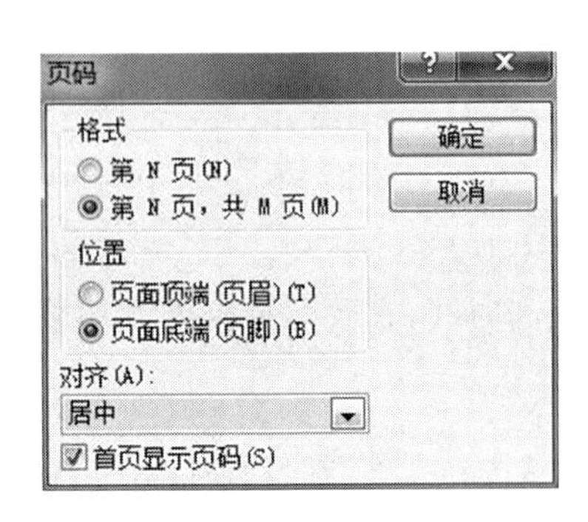

图 5-60　页码对话框

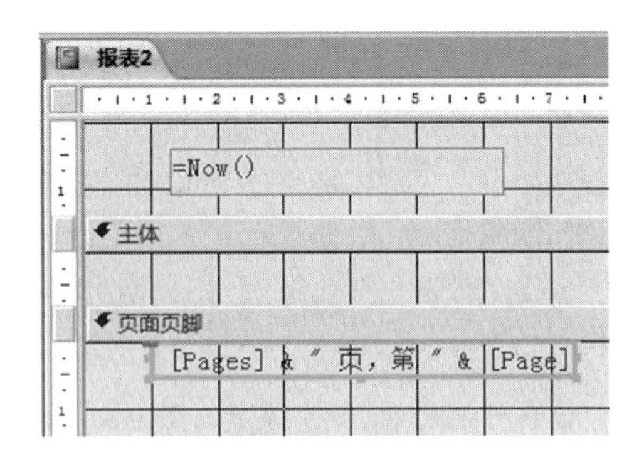

图 5-61　【例 5-9】完成效果示意

表 5.4　页码常见格式

代码	显示文本(n:当前页,m:总页数)
="第"&[Page]&"页"	第 n 页
=[Page]"/"[Pages]	n/m
="第"&[Page]&"页,共"&[Pages]&"页"	第 n 页,共 m 页

5. 使用节

报表中的内容是以节来划分的,每一个节都有其特定的目的,并按照一定的顺序打印在页面或报表上。在设计视图中,可以通过放置控件来确定其在每节中显示内容的位置;通过对属性值相等的记录进行分组,可以进行一些计算或简化报表,使其易于阅读。

对节的操作主要有以下几种:

◆ 添加或删除节:页眉和页脚只能作为一对同时添加或删除,可在设计视图中打开右键快捷菜单,执行"页面页眉/页脚"或"报表页眉/页脚"菜单命令进行添加或删除操作。如果删除页眉和页脚,其中的控件也将同时被删除。

如果只是不需要页眉或页脚之一项(而不是两者),可以在"属性表"对话框中设置节的"可见"属性为"否",使该节在除设计视图以外的视图中均不可见。

◆ 选择节:单击"节选择器""节栏"或"节背景"都可以选择相应节,同时打开其"属性"窗口。

◆ 改变节的大小:可以分别增加或减小窗体和报表节的高度。但是,更改某一节的宽度将更改整个窗体或报表的宽度。若要更改节的高度,请将指针放在该节的下边缘上,并向上或向下拖动指针;若要更改节的宽度,请将指针放在该节的右边缘上,并向左或向右拖动指针;若要同时更改节的高度和宽度,请将指针放在该节的右下角,并沿对角按任意方向进行拖动。

6. 绘制线条和矩形

在报表设计中,经常还会通过添加线条或矩形来修饰版面,以达到更好的显示效果。

(1) 在报表上绘制线条:可以使用"控件工具箱"中"线条"控件进行绘制。

(2) 在报表上绘制矩形:可以使用"控件工具箱"中的"矩形"控件进行绘制。报表中的矩形的作用也与窗体中的矩形类似。有 6 种特殊效果,用于定制报表的外观,增加报表的易读性。利用"属性表"对话框"格式"选项页中的相应属性,可以进行线条|矩形样式、边框样式

和特殊效果的更改。

5.3.2 使用计算控件

在报表中,有时需要对某个字段按照指定的规则进行计算,因为有时报表不仅需要详细的信息,还需要给出每个组或整个报表的汇总信息。这些信息均可以通过设置绑定控件的数据源为计算表达式形式而实现,这些控件称为“计算控件”。

1. 添加计算控件

报表设计中,可以根据需要进行各种类型的统计计算并输出显示,操作方法就是使用计算控件并设置其控件源为合适的统计计算表达式。

计算控件的数据源是表达式,表达式可以引用“字段列表”中的字段值,也可以引用报表或窗体中的控件的值。报表的工具箱和窗体的工具箱基本是一致的,各个控件的使用方法也基本相同。

在窗体或报表中添加计算控件的操作步骤如下:

(1) 在设计视图中打开窗体或报表。

(2) 单击“控件工具箱”中的“文本框”控件abl。

(3) 在主体节(或其他节)背景上,单击要放置文本框的位置。

(4) 用下列方法之一,在文本框中建立表达式。

◆ 在文本框中放置插入点,直接键入计算总计的表达式。

◆ 选择文本框,单击“工具”分组中“属性表”按钮,打开“属性表”对话框,在其中的“控件来源”属性框中键入表达式,也可单击“控件来源”属性框旁边的省略号按钮,用“表达式生成器”创建表达式。

2. 统计计算

在 Access 中,利用计算控件进行统计计算并输出结果的操作主要有两种形式,如果要计算报表中所有记录的总计或平均值,需要将显示数值的文本控件添加到报表页眉或报表页脚中;如果要计算报表中分组记录的总计或平均值,需要将显示数值的文本控件添加到页面页眉或页面页脚中。

(1) 主体节内添加计算控件:在主体节内添加计算控件可以对每条记录的若干字段值进行求和或求某种计算,只要设置计算控件的控件源为不同字段的计算表达式即可。

这种形式的计算还可以前移到查询设计中,以改善报表性能。若报表数据源为“表”对象,则可以创建一个查询,再添加计算字段来完成计算(如例 5-5);若报表数据源为“查询”对象,则可以直接添加计算字段来完成计算。

(2) 组页眉、组页脚节区内或报表页眉/报表页脚节区内添加计算字段:在组页眉/组页脚节区内或报表页眉/报表页脚节区内添加计算字段,可以对某些字段的一组记录或所有记录进行求和或求某种计算,此时的计算一般是对报表字段列的纵向记录数据进行统计,而且要使用 Access 提供的内置统计函数(如 COUNT 函数实现计数,SUM 函数实现求和,AVG 函数实现求平均值,MAX 函数实现求最大值,MIN 函数实现求最小值等)来完成计算操作。

【例 5-10】 创建基于 Access“罗斯文示例数据库”中的“产品”表的“产品利润估算报表”,要求计算出各产品的估算利润金额。

操作步骤如下:

(1) 打开“罗斯文”数据库工作窗口，用“空报表”工具创建并打开一个空报表的布局视图，同时打开的还有“字段列表”窗格，依次双击“产品”表中选定字段将其添加到报表中。切换到“打印预览”视图，如图5-62所示。

报表1

产品名称	单位数量	标准成本	列出价格	订购数量
苹果汁	10箱 x 20包	¥5.00	¥30.00	10
蕃茄酱	每箱12瓶	¥4.00	¥20.00	25
盐	每箱12瓶	¥8.00	¥25.00	10
麻油	每箱12瓶	¥12.00	¥40.00	10
酱油	每箱12瓶	¥6.00	¥20.00	25
海鲜粉	每箱30盒	¥20.00	¥40.00	10
胡椒粉	每箱30盒	¥15.00	¥35.00	10
沙茶	每箱12瓶	¥12.00	¥30.00	10
猪肉	每袋500克	¥2.00	¥9.00	10

图5-62　产品相关信息报表

(2) 返回设计视图，在页面页眉节添加一个标签控件，输入文字“产品利润估算报表”并设置相关属性；在主体节最右端添加一个文本框控件，并且剪切它的附加标签控件，复制到报表页眉的最右端，如图5-63所示。

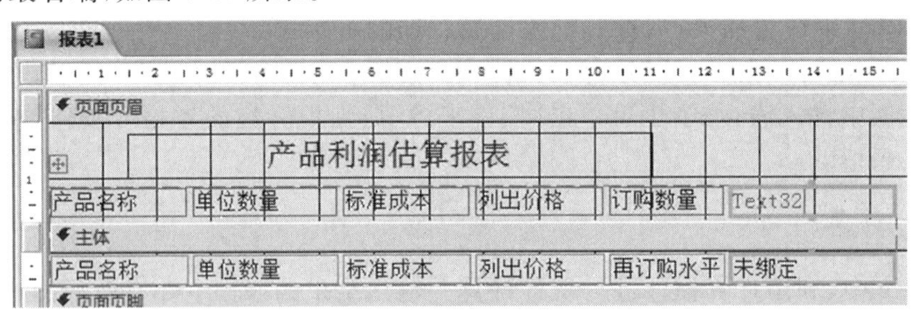

图5-63　添加文本框控件

(3) 直接修改附加标签控件的标题为“金额”，打开文本框的“属性表”对话框，设置“控件来源”属性为“=([列出价格]-[标准成本])*[再订购水平]”，“格式”属性为“货币”，如图5-64所示。“控件来源”属性的表达式既可以直接设置也可以通过“表达式生成器”辅助完成。

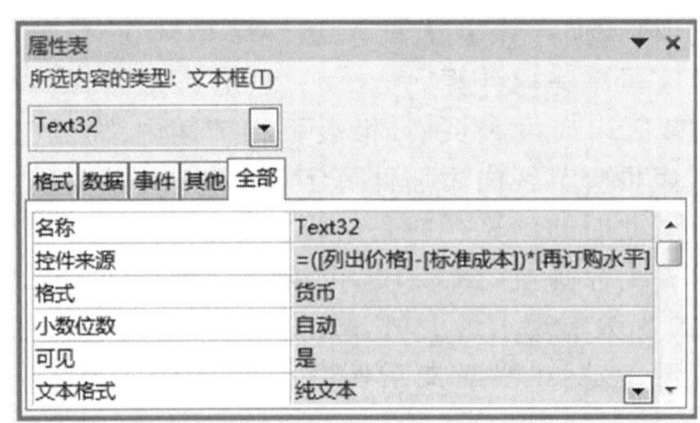

图5-64　文本框控件“属性表”对话框

(4) 在打印预览视图中查看，如图 5-65 所示，然后命名保存此报表。

报表1

产品利润估算报表

产品名称	单位数量	标准成本	列出价格	订购数量	金额
苹果汁	10箱 x 20包	¥5.00	¥30.00	10	¥250.00
蕃茄酱	每箱12瓶	¥4.00	¥20.00	25	¥400.00
盐	每箱12瓶	¥8.00	¥25.00	10	¥170.00
麻油	每箱12瓶	¥12.00	¥40.00	10	¥280.00
酱油	每箱12瓶	¥6.00	¥20.00	25	¥350.00
海鲜粉	每箱30盒	¥20.00	¥40.00	10	¥200.00
胡椒粉	每箱30盒	¥15.00	¥35.00	10	¥200.00
沙茶	每箱12瓶	¥12.00	¥30.00	10	¥180.00

图 5-65　新建报表的打印预览视图

5.4　数据的排序和分组

5.4.1　记录排序

在报表中对数据进行分组是通过排序实现的。对数据按照某些字段进行排序，排序的结果是将排序字段相同的数据集中到一起，然后按照某种规则划分不同的组，对分组后的数据可以进行汇总。

【例 5-11】　对于已经设计好的“学生选课成绩表”报表进行排序。

操作步骤如下：

(1) 在设计视图中打开报表，选择“分组和汇总”分组，单击【分组与排序】按钮，屏幕显示如图 5-66 所示。

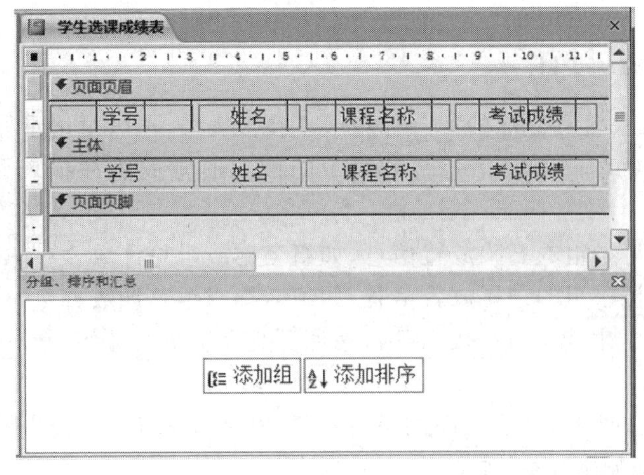

图 5-66　设计视图与“分组、排序和汇总”对话框

(2) 单击【添加排序】按钮,弹出字段列表窗格,如图 5-67 所示。

图 5-67　列表窗格

(3) 选择"课程名称"字段;再单击【添加排序】按钮,在弹出字段列表窗格中选择"考试成绩"字段,并选择"降序",如图 5-68 所示。本例排序原则:先以课程名称升序排列,课程名称相同时再以课程成绩降序排列。

图 5-68　从列表窗格中选择字段

(4) 将修改后的报表命名为"学生选课成绩表-排序"保存。

(5) 在打印预览视图中查看修改后的报表,如图 5-69 所示。

学生选课成绩表　学生选课成绩表-排序

学号	姓名	课程名称	考试成绩
200523190326	洪鹏程	C语言程序设计	99
200518030421	汤啸	C语言程序设计	96
200525030206	穆莱	C语言程序设计	96
200518250226	涂明	C语言程序设计	93
200401010101	罗峥鑫	C语言程序设计	87
200510250315	蒋柱	C语言程序设计	86

图 5-69　排序后的报表

5.4.2　记录分组与计算

在 Access 中,相关计算组成的集合称为组。在报表中,可以对记录按指定的规则进行分组,分组后可以显示各组的汇总信息。分组中的信息通常放置在报表设计视图中的"组页眉"节和"组页脚"节。

组页眉:用来在记录组的开头放置信息,如组名称或组总计数。

组页脚:用于在记录组的结尾放置信息,如组名称或组总计数。

【例 5-12】　对"学生选课成绩表"报表,按照课程名称进行分组。

操作步骤如下:

(1) 打开"学生选课成绩表"报表的设计视图,选择"分组和汇总"分组,单击【分组与排序】按钮,屏幕显示如图 5-66 所示。

(2) 单击【添加组】按钮,在弹出的字段列表中选择"课程名称"字段,显示如图 5-70 所示，此时，视图中出现"课程名称页眉"节，可以根据需要设置其他分组属性。

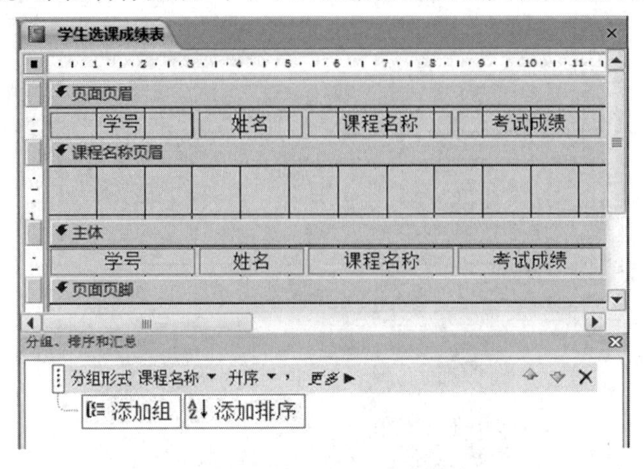

图 5-70 视图中添加了组页眉"课程名称页眉"

(3) 在设计视图中，将"主体"节中的"课程名称"文本框通过剪切、粘贴的方法移至"课程名称页眉"节，如图 5-71 所示。

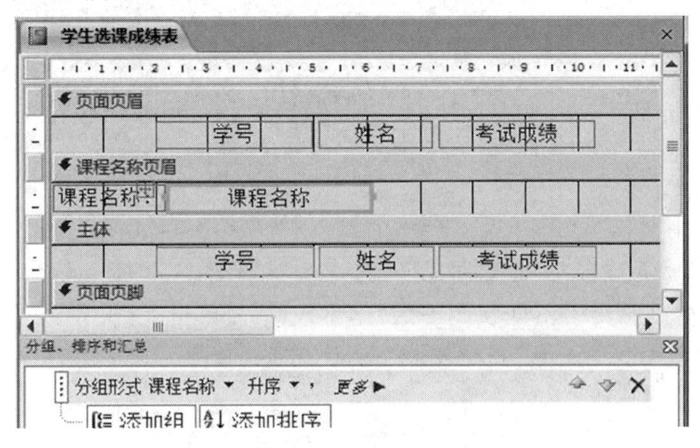

图 5-71 从设计视图中看分组操作后的报表

至此完成了对报表数据进行分组的操作。

本例按照"课程名称"对选课信息的数据进行了分组，在打印预览视图中可以查看分组结果，如图 5-72 所示。

学生选课成绩表

	学号	姓名	考试成绩
课程名称:	C语言程序设计		
	200521250135	郝涛	78
	200401010101	罗峥鑫	87
	200518250131	夏毅	68
	200518250226	涂明	93
	200518030421	汤啸	96
	200518250315	吴卓栋	61
	200518030234	汪慧群	66
	200521250116	彭孝平	80
	200510250427	曹文斌	77
	200518250134	蒋雄	61
	200510250315	蒋柱	86
	200521250229	封卫国	67
	200509250306	言思远	48
	200523190326	洪鹏程	99
	200508030123	张云	82
	200514040224	唐韬	30
	200525030206	穆莱	96
课程名称:	VB语言程序设计		
	200510250315	蒋柱	40
	200518250131	夏毅	96
	200509250306	言思远	86

图 5-72 从打印预览视图中看分组操作后的报表

【例 5-13】 对“学生成绩-简单报表”,进一步计算并显示每个学生的课程平均成绩。图 5-73和图 5-74 分别给出了不同视图中的“学生成绩-简单报表”报表。

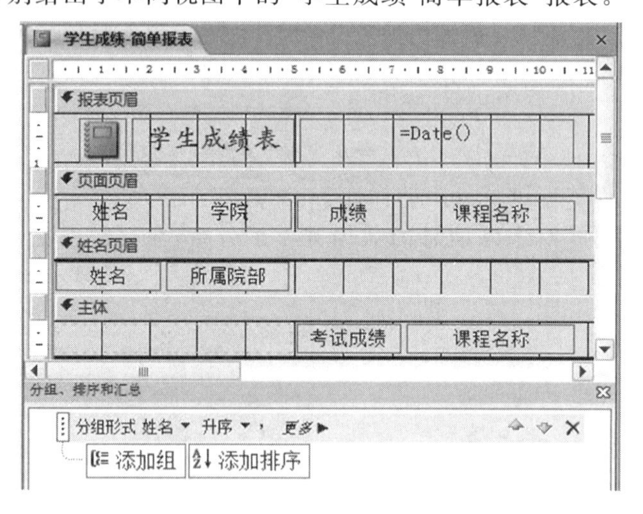

图 5-73 “学生成绩-简单报表”报表的设计视图

图 5-74 "学生成绩-简单报表"报表的打印预览视图

操作步骤如下：

(1) 打开"学生成绩-简单报表"报表的设计视图，如图 5-73 所示，单击图中 更多▶ 打开对话框，如图 5-75 所示。

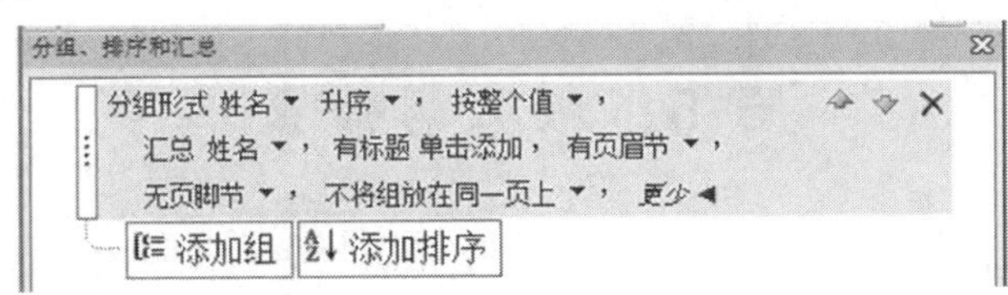

图 5-75 "分组、排序和汇总"对话框

(2) 单击"无页脚节"下拉列表，选择"有页脚节"项，在设计视图中添加组页脚"姓名页脚"节。

(3) 在组页脚"姓名页脚"栏添加一个文本框控件，设置附加标签控件标题为"各科平均成绩："，设置文本框的"控件来源"属性为"=Avg([考试成绩])"，如图 5-76 所示。

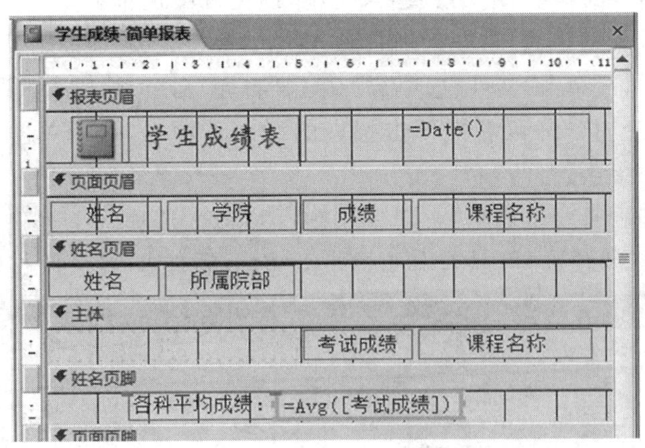

图 5-76 在组页脚中添加计算控件

(4) 在打印预览视图中查看计算汇总结果，如图 5-77 所示。

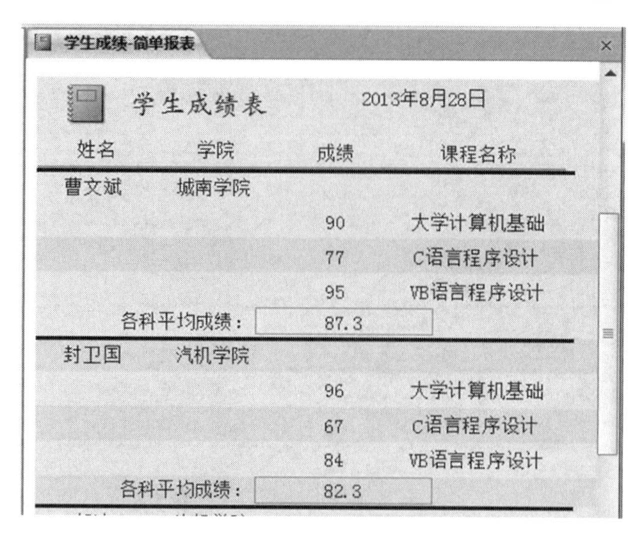

图 5-77　在打印预览视图中浏览报表

从图 5-77 中可以看到，在每个学生的成绩明细下进行了求平均值汇总。

(5) 将修改的报表另存为"学生成绩-简单报表-计算"。

5.5　报表的输出

5.5.1　报表的打印

完成了报表的设计，就可以进行打印输出的操作了。

1. 预览报表

预览报表可显示打印页面的版面，快速查看报表打印结果的页面布局情况，还能在打印之前确认报表数据是否正确。预览报表是在打印预览视图进行。

若要预览尚未打开的报表，可在导航窗格中右键单击要预览的报表，然后单击快捷菜单上的"打印预览"选项，或单击"文件"选项卡。单击"打印"命令，然后单击【打印预览】按钮。

若要预览的报表已打开，可右键单击报表的文档选项卡，然后单击"打印预览"，或在视图的右下角状态栏中单击【打印预览】按钮。

在打印预览视图下打开报表后，可以使用"打印预览"选项卡上提供的格式设置选项，如图 5-78 所示。关闭打印预览，可以单击如图 5-78 所示最右边的【关闭打印预览】按钮。

图 5-78　功能区"打印预览"选项卡

2. 打印报表

第一次打印报表以前,还需要检查页边距、页方向和其他页面设置。当确定设置符合要求后,可以在 Access 窗口中选定需要打印的报表,或在设计视图、打印预览或布局视图中打开相应的报表,然后在"打印预览"选项卡"页面布局"分组中,单击【页面设置】按钮,打开"页面设置"对话框,如图 5-79 所示,在其中进行相应的设置。

图 5-79 "页面设置"对话框的"打印选项"选项页

确认版面合理,则可进行打印。单击"打印"分组【打印】按钮,打开"打印"对话框,设置打印的参数,然后单击【确定】按钮进行打印。

3. 保存报表

通过使用预览报表功能检查报表设计,若满意就可以保存报表。保存报表只需要单击 Access 窗口标题栏中的快捷工具【保存】按钮即可。第一次保存报表时,应按照 Access 数据库对象的命名规则,在"另存为"对话框中输入一个合法名称,然后单击【确定】按钮。

5.5.2 报表的导出

可以将数据和数据库对象输出到其他数据库、电子表格,或输出为其他文件格式,以便其他数据库、应用程序或程序可以使用这些数据或数据库对象;也可以将数据导出到各种受支持的数据库、程序和文件格式。

操作步骤如下:

(1) 在导航窗格中,单击要导出报表的名称,然后在"外部数据"选项卡"导出"分组中,单击对象按钮,打开相应的"导出-目标对象"向导第 1 个对话框。

(2) 选择数据导出操作的目标,包括目标数据库所在的驱动器或文件夹以及数据库文件名,单击【确定】。

(3) 随着向导的引导,设置其他有关参数,最后单击【完成】按钮。

5.6 报表综合实例

创建一个自定义报表，从中了解“报表”对象如何与“窗体”对象、“查询”对象结合在一起，在报表上如何显示“表”或“查询”对象中的数据，以及在“窗体”对象中如何打开“报表”对象，也可以从中了解从无到有创建“报表”对象、使用“报表”对象的过程。

1. 创建一个空白报表

(1) 在“教学管理 2010”数据库工作窗口中，选择“创建”选项卡“报表”分组。

(2) 单击【报表设计】按钮，打开一个空白报表，默认情况下，空白报表包含页面页眉、页面页脚和主体 3 个节。

此时 Access 功能区显示为“报表设计工具|设计”选项卡。

(3) 单击标题栏快捷工具【保存】按钮，将空白报表保存为“学生成绩查询报告”。

2. 为报表指定数据源

在报表中，只有少量的固定信息是需要在创建报表时添加的，如本例中的报表标题；其他大部分数据信息来自数据库的“表”或者“查询”对象。所以在使用设计视图创建报表时，必须指定报表的数据源。

(1) 单击如图 5-80 所示的“报表选择器”选择报表。

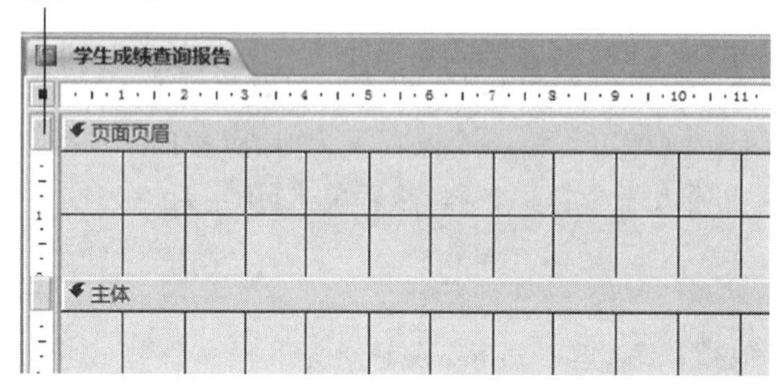

图 5-80 选中报表

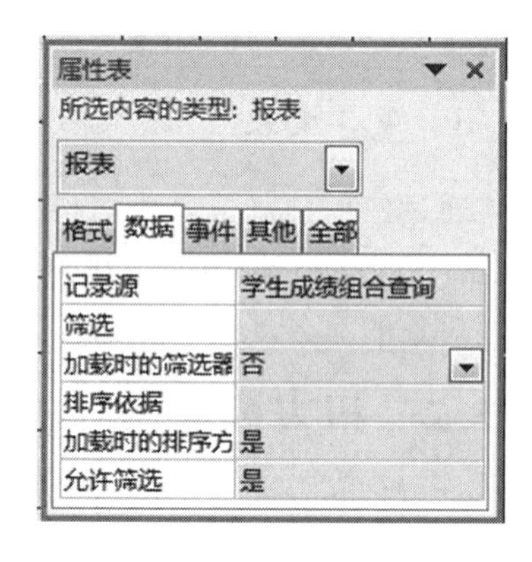

图 5-81 设置报表的“记录源”属性

(2) 单击“工具”分组中的【属性表】按钮，打开报表的“属性表”对话框，设置“记录源”属性为“学生成绩组合查询”，如图 5-81 所示。

3. 在报表页眉中添加标题

在报表页眉中添加标签控件，用以显示报表的标题。

(1) 添加标签控件。单击功能区“页眉/页脚”分组中的【标题】按钮，直接在“报表页眉”节插入一个报表标题的标签控件，默认标题文字为该报表对象的名字“学生成绩查询报告”。

(2) 打开标签的“属性表”对话框，设置字体、字号等属性，本例中设置为黑色楷体16号加粗并居中对齐，宽度为10 cm，结果如图5-82所示。

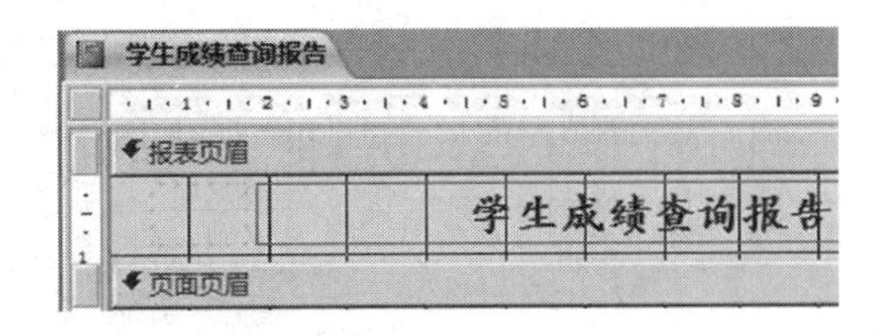

图5-82 在报表页眉中添加标题

4. 添加绑定型控件

(1) 单击“工具”分组中的【添加现有字段】按钮，打开“字段列表”窗格，如图5-83所示，其中列出了作为数据源的“查询”对象“学生成绩组合查询”中的所有可用字段。

(2) 从“字段列表”中依次双击需要的字段，将其添加到报表主体节中，系统会自动创建绑定型文本框及其附加标签，默认情况下两个控件呈水平排列。

(3) 重复步骤(2)，直到所需文本框及其标识均添加到主体节中，如图5-83所示。

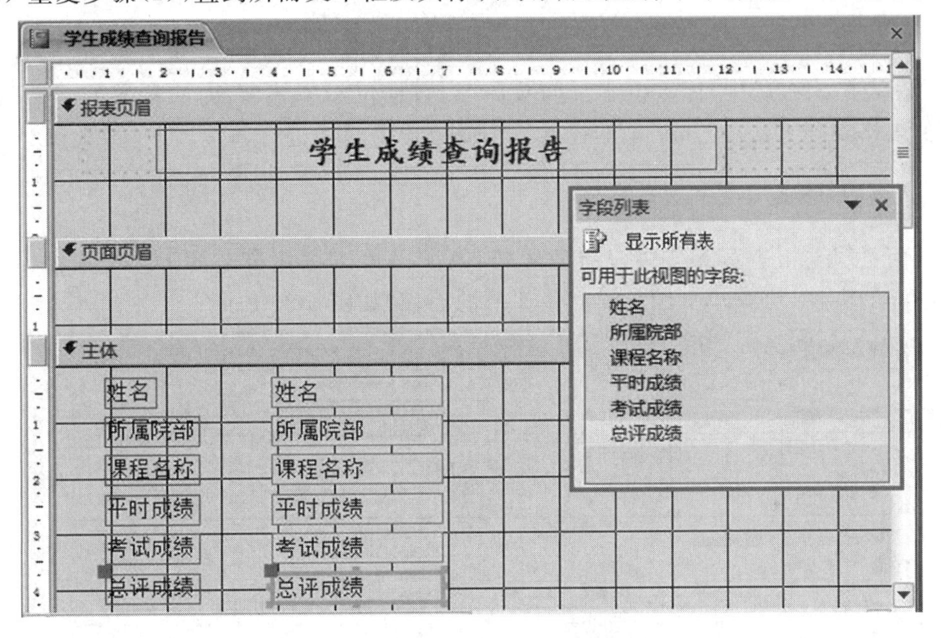

图5-83 添加绑定字段到主体节中

5. 创建新布局，排列控件位置

如果希望报表的布局是表格式，而不是纵栏式，则应该将用于显示表头的标签控件放到页面页眉节中，用于显示数据的控件放到主体节中。即在主体节中添加绑定型文本框，用以显示表或查询中的数据值；在页面页眉中添加标签用以标识表或查询中的数据值。

使绑定型文本框及其附加标签的相对位置呈上下结构，可以有以下两种操作方法：

◆ 先剪切附加标签将其粘贴到页面页眉节的适当位置，再移动主体节中的绑定型文本框到对应的附加标签下面。

◆ 使用Access 2010新增的“布局”功能。

本例采用第2种操作方法，步骤如下：

(1) 框选主体节中所有控件,包括附加标签。

(2) 在“报表设计工具|排列”选项卡“表”分组中,单击【表格】按钮,创建表格式布局,控件重新排列如图5-84所示。

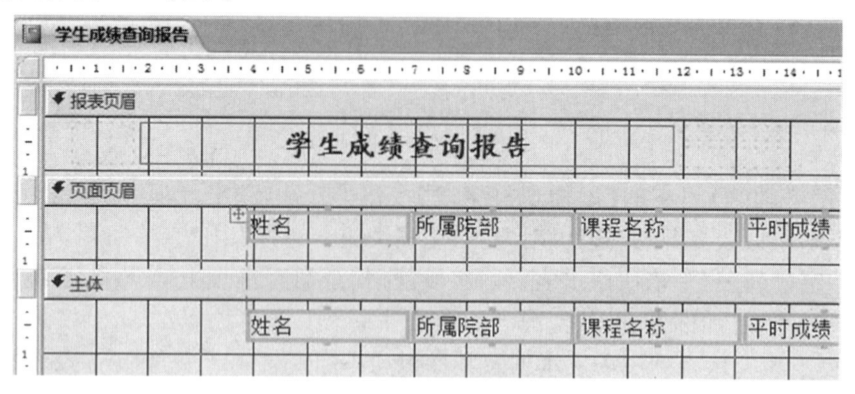

图5-84 创建表格式布局

(3) 在表格式布局中,标签位于页面页眉节,数据位于主体节,对应标签的下面的列中。可以类似表格操作方法,对布局中的控件大小或位置等属性进行调整。

6. 调整节的大小

因页面页脚与报表页脚节中没有放置控件,所以可以按住该节的下边线拖拽以缩小节面积。同样的方法,可缩小页面页眉和主体节的面积,如图5-85所示。

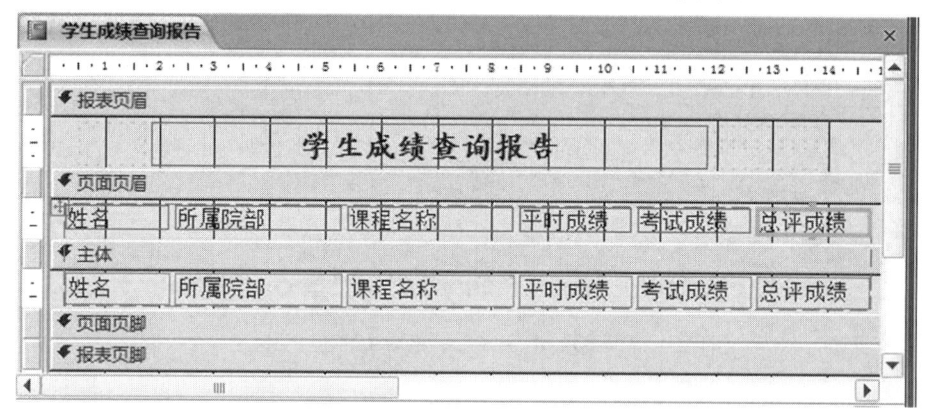

图5-85 调整各节的大小

7. 在窗体中添加预览报表的命令按钮

利用4.5节窗体综合实例【例4-18】中所创建的窗体“学生成绩查询窗口”,说明如何综合应用表、查询、窗体和报表等数据库对象。

为在窗体中使用“报表”对象,需要在窗体上添加一个具有控制对象功能的命令按钮。

(1) 打开“学生成绩查询窗口”窗体的设计视图,如图4-115所示。

(2) 在控件工具箱单击“使用控件向导”工具,激活“控件向导”。

(3) 单击控件工具箱“命令按钮”控件工具，再单击窗体欲放置该控件的位置，在打开的“命令按钮向导”的第1个对话框的“类别”列表框选择“报表操作”，在“操作”列表框选择“预览报表”，如图5-86所示。

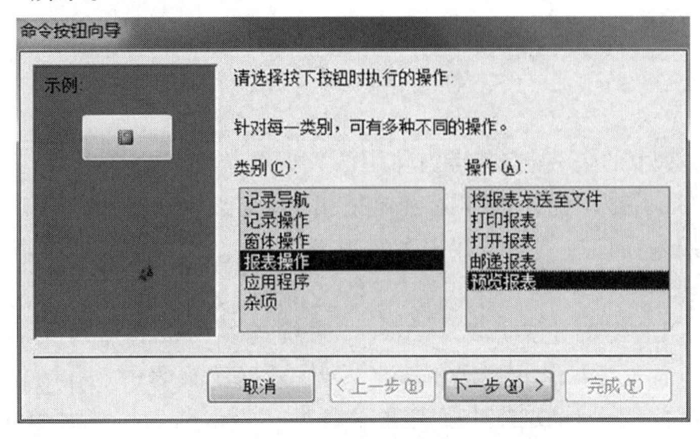

图5-86　“命令按钮向导”的第1个对话框

(4) 在随后出现的一组向导对话框中，设置单击命令按钮时预览的报表为“学生成绩查询报告”报表、设置命令按钮上的文字为“预览报表”。切换到窗体视图，“学生成绩查询窗口”窗体显示如图5-87所示。

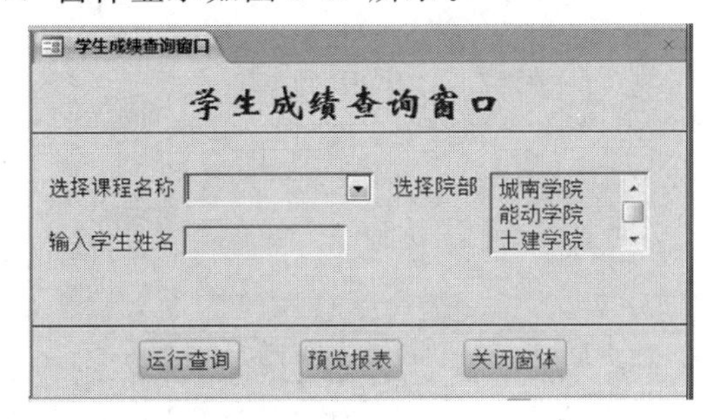

图5-87　添加命令按钮后的窗体

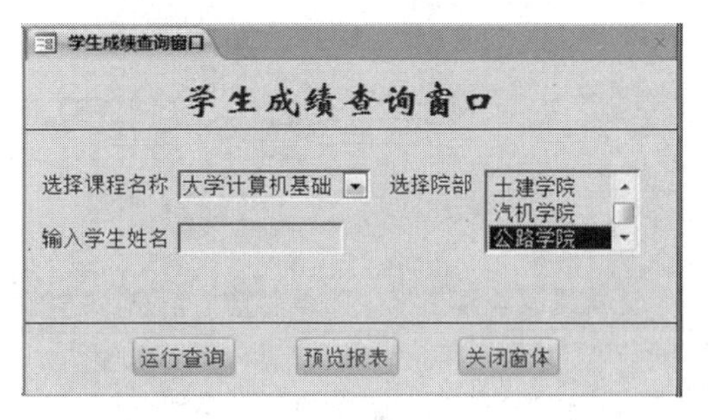

图5-88　选择查询条件

8. 在窗体上浏览“报表”对象

(1) 切换到窗体视图，选择“大学计算机基础”课程，选择“公路学院”，如图5-88所示。

(2) 单击【预览报表】按钮，可打开按给定条件创建的“学生成绩查询报告”报表，如图5-89所示。该报表会根据窗体的不同选择显示不同的信息（重新打开报表时刷新显示），而不是一个固定的报表。

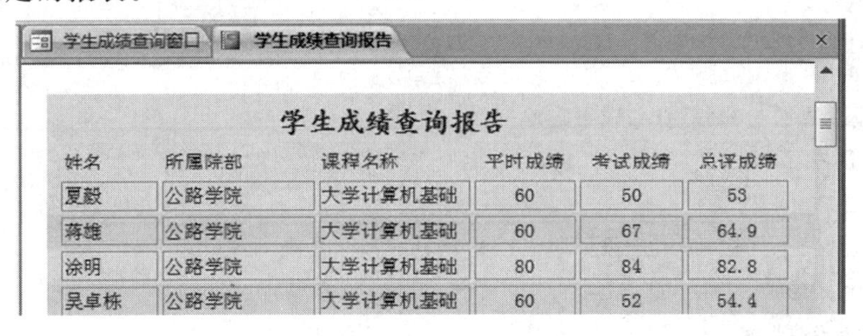

姓名	所属院部	课程名称	平时成绩	考试成绩	总评成绩
夏毅	公路学院	大学计算机基础	60	50	53
蒋雄	公路学院	大学计算机基础	60	67	64.9
涂明	公路学院	大学计算机基础	80	84	82.8
吴卓栋	公路学院	大学计算机基础	60	52	54.4

图5-89　按条件查询后的报表

本实例将“查询”对象、“窗体”对象和“报表”对象结合在一起，通过“窗体”对象确定查询要求，通过“查询”对象在数据库中检索到用户要求的数据，然后通过“报表”对象输出了用户查询的数据。

本章小结

Access 将数据库中的表、查询甚至窗体中的数据结合起来生成可以打印的报表，尽管多页报表看起来与进行了打印优化的连续窗体很相似，但窗体和报表的使用目的存在着很大的差别：窗体主要用来在窗口中显示数据和实现人机交互，而报表主要是用来分析和汇总数据，然后将它们打印出来。

报表是系统打印输出的主要形式。Access 系统提供的报表形式灵活，制作方法多样。在实际应用过程中，首先考虑使用哪种报表形式，然后确定报表的制作方法。用户可以选用向导生成报表，然后使用设计视图对报表进行修改、完善，并设置各种修饰效果，最后打印输出。

习　题　5

一、选择题

1. 如果要在整个报表的最后输出信息，需要设置(　　)。

   A. 页面页脚　　B. 报表页脚　　C. 页面页眉　　D. 报表页眉

2. 可作为报表记录源的是(　　)。

   A. 表　　B. 查询　　C. Select 语句　　D. 以上都可以

3. 在报表中，要计算“数学”字段的最高分，应将控件的“控件来源”属性设置为(　　)。

   A. =Max([数学])　　B. Max([数学])

   C. =Max[数学]　　D. =Max(数学)

4. 若要在报表的每一页底部都输出信息，需要设置的是(　　)。

   A. 页面页脚　　B. 报表页脚　　C. 页面页眉　　D. 报表页眉

5. 在使用“报表设计器”设计报表时，如果要统计报表中某个字段的值，应将计算表达式放在(　　)。

   A. 组页眉/组页脚　　B. 页面页眉/页面页脚

   C. 报表页眉/报表页脚　　D. 主体

6. 在关于报表数据源的叙述中，以下正确的是(　　)。

   A. 可以是任意对象　　B. 只能是“表”对象

   C. 只能是“查询”对象　　D. 可以是“表”对象或“查询”对象

7. 在报表设计的工具栏中，用于修饰版面以达到更好显示效果的控件是(　　)。

   A. 直线和矩形　　B. 直线和圆形

   C. 直线和多边形　　D. 矩形和圆形

8. 不但可显示一条或多条记录，也可以显示一对多关系的“多”端的多条记录的区域的报表是( )。
   A. 纵栏式报表 B. 表格式报表
   C. 图表报表 D. 标签报表
9. 如果要求在页面页脚中显示的页码形式为“第 X 页，共 Y 页”，则页面页脚中的页码的控件来源应该设置为( )。
   A. ="第" & [Pages] & "页,共" & [Page] & "页"
   B. ="第" & [Page] & "页,共" & [Pages] & "页"
   C. ="共" & [Pages] & "页,共" & [Page] & "页"
   D. ="共" & [Pages] & "页,共" & [Pages] & "页"
10. 在使用“报表设计器”设计报表时，如果要统计报表中某个组的汇总信息，应将计算表达式放在( )。
   A. 组页眉/组页脚 B. 页面页眉/页面页脚
   C. 报表页眉/报表页脚 D. 主体
11. 报表页面页眉主要用来( )。
   A. 显示记录数据
   B. 显示报表的标题、图形或说明性文字
   C. 显示报表中字段名称或对记录的分组名称
   D. 显示本页的汇总说明
12. 可设置分组字段显示分组统计数据的报表是( )。
   A. 纵栏式报表 B. 表格式报表 C. 图表报表 D. 标签报表
13. 如果设置报表上某个文本框的控件来源属性为“=3 * 2+7”，则预览此报表时，该文本框的显示信息是( )。
   A. 13 B. 3 * 2+7 C. 未绑定 D. 出错
14. 在报表的设计视图中，区段被表示成带状形状，称为( )。
   A. 主体 B. 节 C. 主体节 D. 细节
15. 关于报表叙述正确的是( )。
   A. 报表只能输入数据 B. 报表只能输出数据
   C. 报表可以输入/输出数据 D. 报表不能输入数据和输出数据

二、填空题

1. 完整的报表设计视图由 7 个部分组成，包括：报表页眉、________、________、________、________、________和组页脚。
2. 在报表设计中，可以通过添加________控件来控制另起一页输出显示。
3. 要在报表上显示形如“X/共 Y 页”的页码，则“控件来源”属性应设置为________。
4. 计算控件的控件来源属性一般设置为________开头的计算表达式。
5. 要设计出带表格线的报表，需要向报表中添加________控件完成表格线显示。

第6章 宏

宏是一个或多个操作的集合，其中每个操作实现特定的功能，Access 2010 中提供了 70 种宏操作。为了实现某个特定的任务，可以创建一个有序的操作序列，这种操作序列就是宏。执行宏时，Access 自动执行宏中的每一条宏操作，以完成特定任务。

本章主要内容：

- 宏的作用
- 创建宏
- 运行宏

6.1 宏的概述

宏是 Access 的数据库对象之一，使用宏可以控制其他数据库对象、自动执行一个或一组操作命令。与命令按钮一次只能执行一个命令不同的是，使用宏可以一次执行多个操作任务。

6.1.1 宏的分类

宏是由一个或多个操作组成的集合，每一个操作都有名称，是系统提供、用户选择的操作命令，如打开窗体操作 OpenForm、指定当前记录 GotoRecord 等。名称不能更改。

按照宏的调用方式分类，宏可以分为独立宏和嵌入宏。独立宏是具有名称的宏对象，在导航窗格的“宏”对象栏中可见，通过其名称被其他数据库对象或命令代码引用。独立宏可以被不同的对象或事件重复引用。嵌入宏不是独立的对象，没有名称，其宏操作命令被直接嵌入在与窗体或报表相关的事件里。嵌入宏不能被其他对象或事件重复引用。

如果按照宏操作命令的组成来分类，可以分成操作序列宏、宏组和条件宏。

1. 操作序列宏

操作序列宏（亦称基本宏）是结构最简单的宏，宏中只包含按顺序排列的各种操作命令。操作序列宏在使用时会按照从上到下的顺序执行各个操作命令。如图 6-1 所示，通过引用宏名称“取消”运行该宏，使得该宏中的两条命令依次被执行。

图 6-1 “操作序列宏”设计视图

2. 宏组

宏组是由多个子宏组成，每个子宏则是由一个或多个宏操作组成。一个宏组是一个宏对象，将若干个(子)宏放在一个宏组中，不仅减少了宏组的个数，而且可以方便地对数据库中的宏进行分类管理和维护。宏组和子宏都要有自己的名字，子宏能独立运行，互相没有影响。

如图 6-2 所示，宏组“命令按钮_宏组”中包含两个子宏:“确认”子宏和“取消”子宏。对子宏的引用形式是:宏组名.子宏名，如:命令按钮_宏组.确认，命令按钮_宏组.取消。若直接使用宏组名，是对宏对象的引用，仅执行第一个子宏之前的宏操作，而不会执行任何一个子宏。

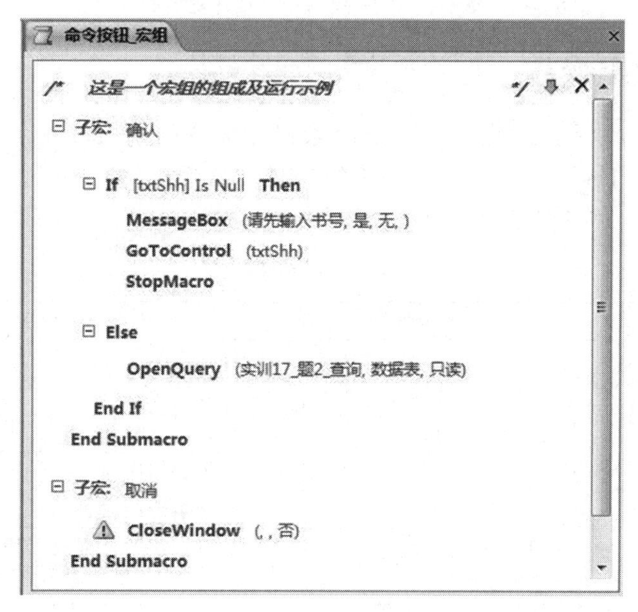

图 6-2 “宏组”设计视图

3. 条件操作宏

条件操作宏是指带有判定条件的宏。通过在“条件”列指定条件，可以有条件地执行某些操作。如果指定的条件成立，Access 将继续执行一个或多个操作；如果指定的条件不成立，Access 将跳过该条件所指定的操作。

条件是一个计算结果为“True/False”或“是/否”的逻辑表达式。宏将根据条件结果的真或假而沿着不同的路径执行。

例如，“宏 2”就是一个条件宏，如图 6-3(左)所示，当条件“[Forms]! [学生成绩查询窗口]! [T1="汤啸"]”成立时，依次执行 OpenReport、MessageBox、CloseWindow 操作，首先打开报表“学生成绩报告单”，然后打开提示消息框，最后再关闭报表；如果条件不成立，则不执行这组操作。如图 6-3(右)所示，是一个包含 Else 块的条件宏，宏名为“确定”，这样当 If 条件不成立时，Else 块中的语句组将被执行。

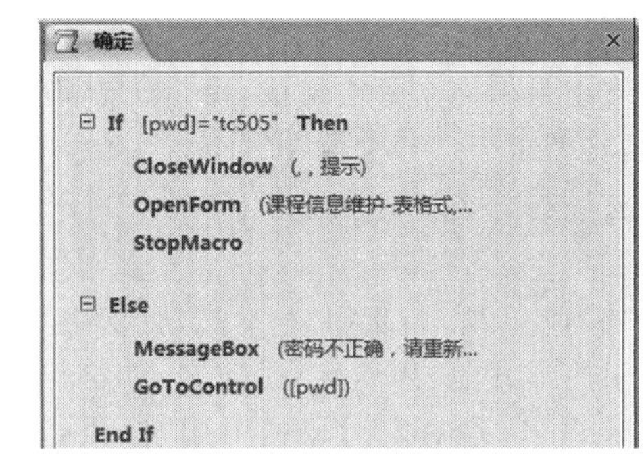

图 6-3 “条件操作宏”设计视图

6.1.2 常用的宏操作

宏的设计窗体中的下拉列表是用于选择宏操作命令的列表。一个宏可以含有多个操作,并且可以定义它们执行的顺序。Access 的宏操作命令总共有 70 种,按功能可以分为不同的 7 种类别,表 6.1 列出了常用的 19 种宏操作。

表 6.1 常用的宏操作

所属类别	操作命令	功能
打开或关闭数据库对象	OpenForm	用于打开窗体
	OpenReport	用于打开报表
	OpenQuery	用于打开查询
	Close	用于关闭数据库对象
运行和控制流程	RunSQL	用于执行指定的 SQL 语句
	RunAPP	用于执行指定的外部应用程序
	Quit	用于退出 Access
设置值	SetValue	用于设置属性值
刷新、查找数据或定位记录	Requery	用于实施指定控件重新查询,即刷新控件数据
	FindRecord	用于查找满足指定条件的第 1 条记录
	GotoRecord	用于指定当前记录
控制显示	Maximize	用于最大化窗口
	Minimize	用于最小化窗口
	Restore	用于还原窗口
通知或警告用户	Beep	用于计算机的扬声器发出“嘟嘟”声
	MsgBox	用于显示消息框
	SetWarnings	用于关闭或打开系统消息
导入和导出数据	TransferText	用于从文本文件导入和导出数据
	TransferDataBase	用于从其他数据库导入和导出数据

6.2 创　建　宏

在使用宏之前，要首先创建宏。创建宏只有一种方式：使用设计器，即在设计视图中创建。创建宏的过程主要有指定宏名、添加操作、设置操作参数以及提供备注等。本节分别介绍操作系列宏、宏组、条件宏的创建。

6.2.1 认识宏设计视图

与其他数据库对象不同，宏只有一种视图模式，就是设计视图。宏的设计视图也称为“宏设计器”，创建宏就是在设计视图中进行的。

宏的设计视图也称为宏的设计窗口。

1. 打开宏设计视图

(1) 启动 Access 数据库，打开“教学管理 2010”数据库工作窗口。

(2) 在功能区“创建”选项卡“宏与代码”分组中，单击【宏】按钮，Access 窗口切换至宏设计界面，默认的宏名为“宏 1”，如图 6-4 所示，包括 3 个主要区域：

①功能区：显示与宏设计视图相关的工具栏。

②导航窗格：显示 Access 数据库对象。

③宏设计视图：是宏的设计区域，初始状态仅包含“添加新操作”列表。

图 6-4　Access 窗口(宏设计)

2. 宏设计视图的组成

如图 6-5 所示的宏设计视图为系统默认的视图，其中只有“添加新操作”下拉列表。单击下拉按钮可以显示出可供选择的宏操作命令序列。可以从中选择一个操作命令。当选择了某一个宏操作后，在宏“设计”窗口下部将出现该宏操作所对应的参数设置界面，通过对参数的设置来控制宏的执行方式。“操作参数”是某些宏所必需的附加信息，对于各个操作命令其参数可能不同，每选择一个操作参数，操作参数的右侧会显示该参数的提示信息。例如，从下拉列表中选择“CloseWindow”操作命令后，宏设计视图如图 6-5 所示。

图 6-5 宏设计视图中的操作命令及对应的参数设置界面

另一种提供给用户选择宏操作命令序列的工具是使用“操作目录”：单击功能区“显示/隐藏”分组中的【操作目录】按钮，打开“操作目录”窗格。如图 6-6 所示，其中宏设计视图的操作编辑区中显示的宏名为“确定”，包含 If…Else…End if 程序块。

图 6-6 宏设计视图

3. 建立宏的基本过程

建立宏的过程主要有指定宏名、添加操作、设置参数及提供注释说明信息等。

6.2.2 创建操作序列宏

如果在应用程序的很多位置重复使用一组操作，则可以建立操作序列宏。操作序列宏也称为独立的宏。

创建操作序列宏的操作步骤如下：

(1) 在功能区“创建”选项卡“宏与代码”分组中，单击【宏】按钮，打开宏设计视图，如图 6-4 所示。

(2) 向宏添加操作。以下方式之一可供用户使用：

◆ 在宏设计视图中，从“添加新操作”列表中选择某个操作，如图 6-7 所示。

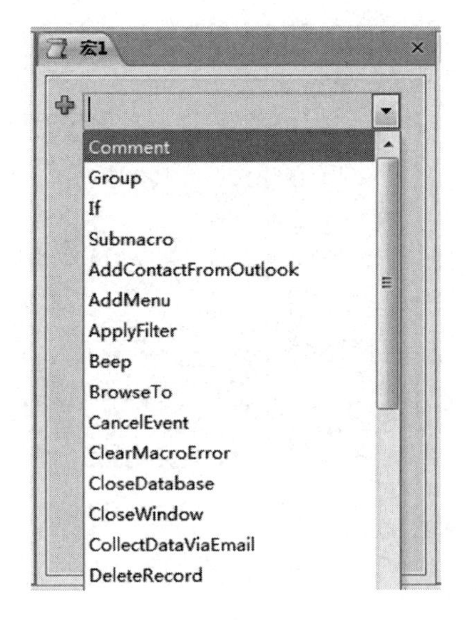

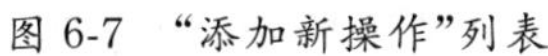
图 6-7　“添加新操作”列表

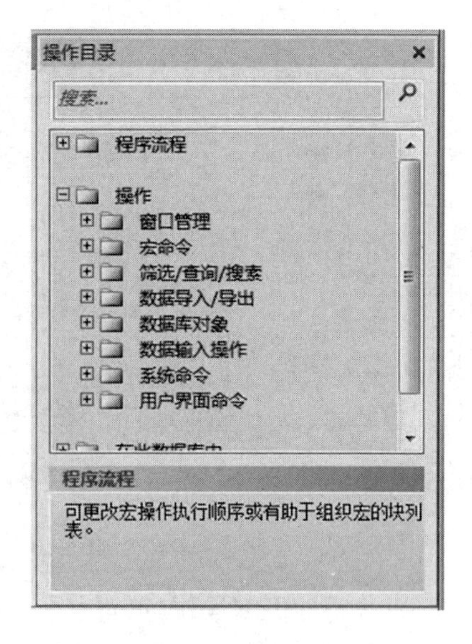

图 6-8　“操作目录”窗格

◆ 单击“显示/隐藏”分组【操作目录】按钮，打开“操作目录”窗格，从中选择要使用的操作，如图 6-8 所示。

◆ 直接单击“添加新操作”标识，如图 6-9(a)所示，然后在框中输入操作名称，如图 6-9(b)所示。

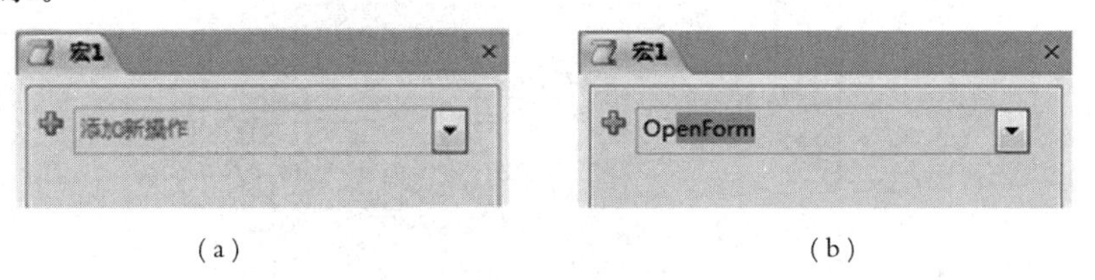

(a)　　(b)

图 6-9　输入宏操作名称

为操作键入相应的注释。注释是可选的。

若要在两个操作行之间插入操作，可单击要在其上面一行插入新操作的行选择器，然后单击工具栏上的“插入行”按钮。

上述操作之一都将使 Access 在原本显示“添加新操作”列表的位置，添加所选择的“操作命令设置”对话框。例如，以上述一种方法将宏操作“OpenForm”添加到宏设计视图中，如图 6-10(左)所示。

(3) 将指针移至“操作命令设置”对话框的某个参数框，可以查看对该参数的说明，如图 6-10(右)所示。

图 6-10　“操作命令设置”对话框

(4) 如需添加更多操作,可重复步骤(2)和(3)。

(5) 单击 Access 窗口标题栏快捷工具,在“另存为”对话框中,为宏键入一个名称,命名并保存设计好的宏。

当宏视图中有多个操作时,则“操作命令设置”对话框的标题栏中将会出现【上移】按钮或者【下移】按钮,如图 6-11 所示,其功能是调整操作命令的排序(命令执行顺序)。✕是【删除】按钮,单击可在宏中删除当前操作命令。

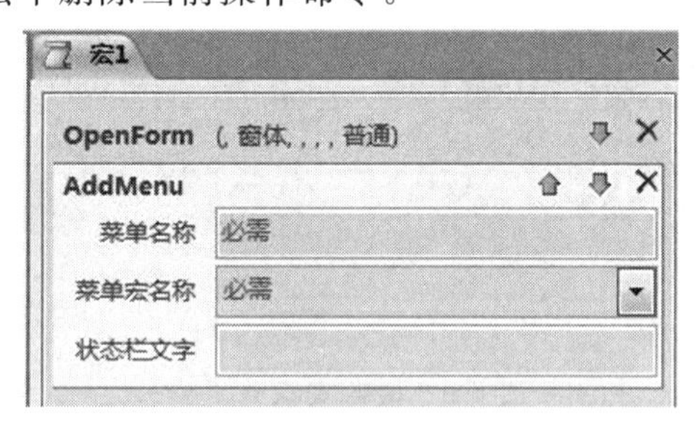

图 6-11　包含 2 条操作命令的宏视图

6.2.3　创建宏组

宏组由多个子宏构成,它们用来共同完成一系列任务,放在一个宏组中便于管理与维护。宏组的名字就是宏对象的名字。宏组中的每个子宏都需要被命名,以便被单独引用。

创建宏组的操作步骤如下:

(1) 在新建宏的设计视图中,单击并打开“添加新操作”列表,如图 6-7 所示,选择“Submacro”操作,在设计视图中出现子宏结构,默认的子宏名称为“Sub1”。

(2) 在“子宏……End Submacro”子宏结构之间添加宏操作:令消息框显示“子宏 Sub1 演示信息”;令当前窗体被关闭。

(3) 重复步骤(1) 和(2),创建子宏 Sub2,并完成类似的操作,命名为“宏组示例”保存宏对象,其设计视图如图 6-12(a)所示。

特别提示：宏组中的第一行只能是独立的宏操作命令，或者是注释语句，不能是子宏。

如图6-12(b)所示，窗体中某个命令按钮cmd1的单击事件属性设置为“宏组示例.Sub1”，当该命令按钮被单击时宏组“宏组示例”中的子宏“Sub1”被执行。

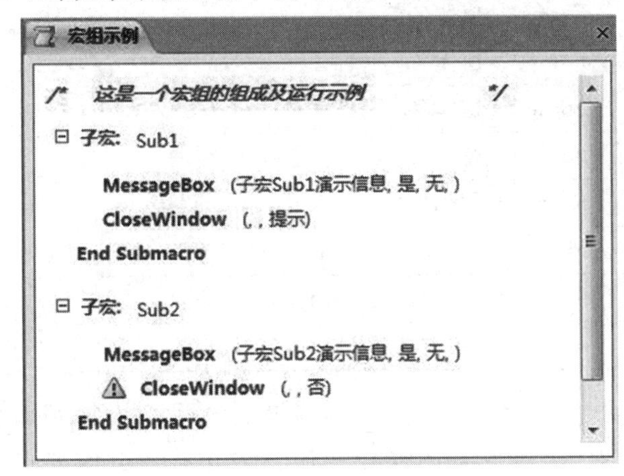

(a) 宏组示例

(b) 子宏引用形式示例

图6-12　创建宏组

6.2.4　创建条件操作宏

在某些情况下，可能希望仅当特定条件成立时才执行宏中一个或多个操作，可以使用If块进行程序流程控制，还可以使用Else If和Else块来扩展If块。在宏中添加If块的具体操作如下：

(1) 在宏视图中，从“添加新操作”下拉列表中选择“If”选项，或将其从“操作目录”窗格拖动到宏视图中，此时视图显示如图6-13所示。“If”块以“If”开头，以“End If”结尾。

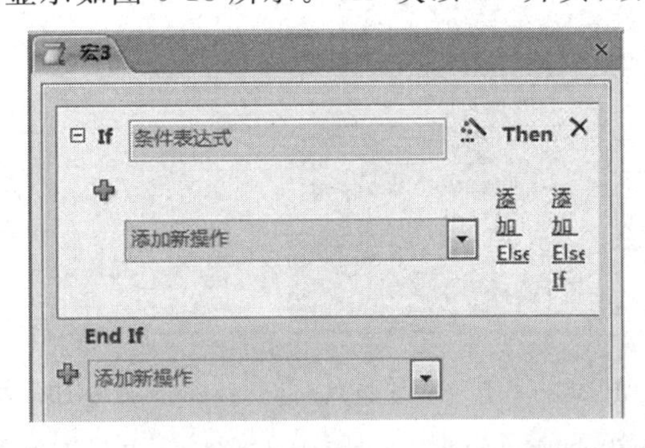

图6-13　宏视图中的条件操作设置

(2) 在“If”的条件表达式框中，输入一个决定何时执行该块的条件，该条件是逻辑表达式，其返回值只有两个：“真”和“假”。当条件成立时，表达式的返回值为“真”；条件不成立时，表达式的返回值为“假”。

在输入条件表达式时，可能会引用窗体、报表或相关控件值。可以使用如表6.2所示格式。

表 6.2 引用窗体、报表或相关控件值的格式

功能	格式
引用窗体	Forms! [窗体名]
引用窗体属性	Forms! [窗体名]. 属性
引用窗体中控件	Forms! [窗体名]! [控件名]
引用窗体中控件属性	Forms! [窗体名]! [控件名]. 属性
引用报表	Reports! [报表名]
引用报表属性	Reports! [报表名]. 属性
引用报表中控件	Reports! [报表名]! [控件名]
引用报表中控件属性	Reports! [报表名]! [控件名]. 属性

(3) 向"If"块添加操作。方法是从块中"添加新操作"下拉列表框中选择操作，或将操作从"目录列表"窗格拖到"If"块中。在"If"块中放置的操作是条件表达式成立时要执行的操作。

在宏的操作序列中，在"If"块内的操作是否执行，取决于"条件表达式"结果的真假，不在"If"块内的操作则会无条件地执行。

如图 6-14 所示是一个带"If"块的条件操作宏示例，用流程图可以描述程序流程，如图 6-15所示。

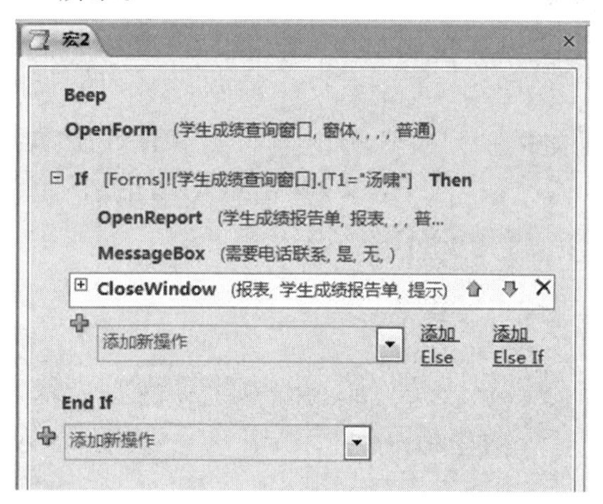

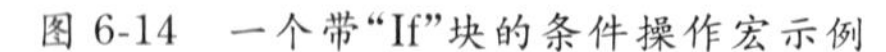

图 6-14 一个带"If"块的条件操作宏示例

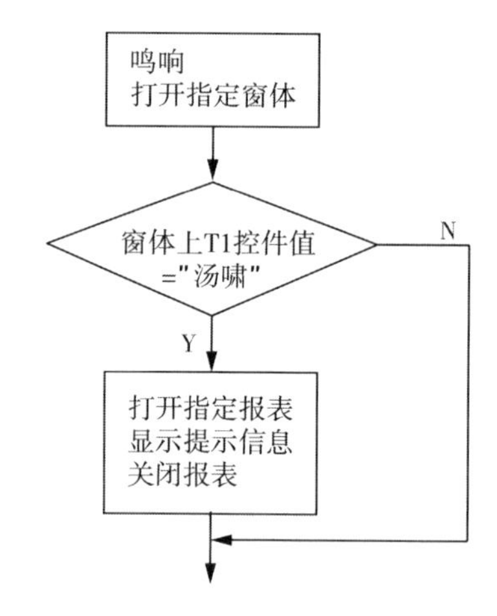

图 6-15 条件宏执行流程

逻辑表达式可以在宏设计视图的"条件"框中直接输入，也可以单击条件框右侧按钮，打开"表达式生成器"来生成逻辑表达式。表 6.3 列出了一些宏条件示例。

表 6.3　宏条件示例

条件表达式	含义
[课程名称]="VB程序设计"	"VB程序设计"是运行宏的窗体中"课程名称"字段的值
[出生日期] Between ＃2-Mar-1985＃ And ＃2-Mar-1988＃	执行此宏的窗体上的"出生日期"字段值在 1985 年 5 月 2 日和 1988 年 5 月 2 日之间
Forms! [选课信息窗体]! [成绩]<60	"选课信息窗体"窗体内的"成绩"字段值小于 60
IsNull([姓名])	运行此宏的窗体上的"姓名"字段值是 Null(空值),这个表达式等价于 [姓名] Is Null
[所属院部] In ("土建学院","交运学院","计通学院") And Len ([姓名]) <>4	运行此宏的窗体上"所属院部"字段值是"土建学院""交运学院""计通学院"之一,且"姓名"字段值的长度不等于 4
MsgBox("确认?",1)=1	在 MsgBox 函数显示的对话框中单击【确定】按钮。如果在对话框中单击【取消】按钮,Access 将忽略这个操作

6.3　运行与调试宏

可以直接运行某个宏,也可以运行宏组中的宏、另一个宏或事件过程中的宏,还可以为响应窗体、报表上或窗体、报表的控件上所发生的事件而运行宏。

6.3.1　运行宏

宏可以有以下几种运行方式:

◆ 直接运行宏。

◆ 或从其他宏中运行宏。

◆ 或在窗体、报表或控件的事件中运行宏。

1. 直接运行宏

直接运行宏主要是为了对建立的宏进行调试。可以有以下 3 种方式:

◆ 若要从宏设计视图中执行宏,可单击"工具"分组中的【运行】按钮❗。

◆ 若要从 Access 窗口的导航窗格中运行宏,可单击"宏"对象,然后双击相应的宏名。

如图 6-16 所示为一简单的宏设计示例,宏名为"C 成绩查询",其中只包含一个"OpenQuery"操作,操作参数区中设置了要打开的查询名称等参数。

◆ 打开"C 成绩查询"宏的宏设计视图,单击"工具"分组中的【运行】按钮❗。运行宏后将打开查询"C 语言程序设计 查询"。

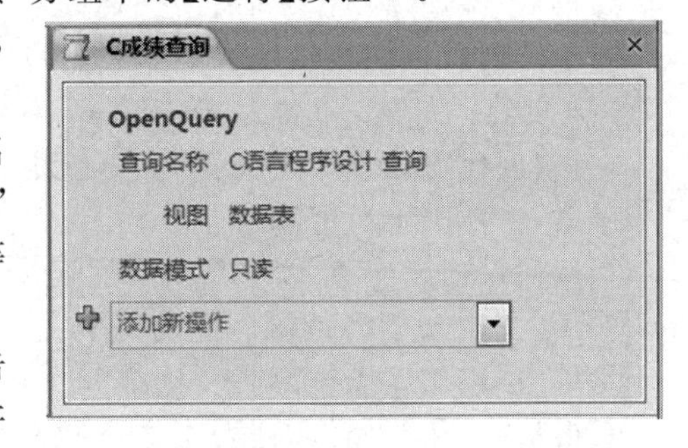

图 6-16　宏设计示例

2. 从其他宏中运行宏

如果要从其他的宏中运行宏，必须在宏设计视图中将“RunMacro”操作添加到相应的宏操作中，并且将“宏名”参数设置为要运行的宏名。

3. 在窗体、报表或控件的事件中运行宏

通常情况下直接运行宏只是进行测试，可以在确保宏的设计无误之后，将宏附加到窗体、报表或控件中，以对事件做出响应。

Access 可以对窗体、报表或控件中的多种类型事件做出响应，包括鼠标单击、数据更改以及窗体或报表的打开或关闭等。

在 Access 报表、窗体或控件上添加宏以响应某个事件，操作步骤如下：

(1) 创建宏或事件过程。例如，可以创建一个用于在单击命令按钮时显示某种信息的宏或事件过程。

(2) 在设计视图中打开窗体或报表。

(3) 将窗体、报表或控件的适当事件属性设为宏的名称，例如，如果要使用宏在单击按钮时显示某种信息，可以将命令按钮的 OnClick 属性设为用于显示信息的宏的名称。

【例 6-1】 创建一个密码验证的窗体，说明如何在窗体中的控件事件中运行宏(如图 6-17所示)。

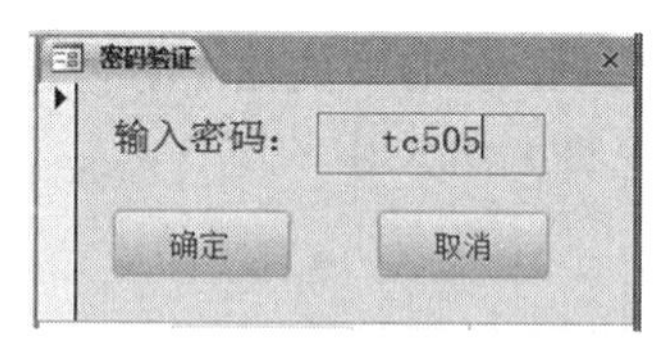

图 6-17 “密码验证”窗体

操作步骤如下：

(1) 创建操作序列宏，命名为“取消”。

①在“创建”选项卡“宏与代码”分组中，单击【宏】按钮，打开宏设计器。

②命名为“取消”，保存宏。

③单击“添加新操作”列表，选择“CloseWindow”操作，打开设置对话框，如图 6-18 所示。

④对象类型参数取默认设置，即默认为当前活动窗口。

⑤再从“添加新操作”列表中选择操作 StopMacro。

⑥单击窗口标题栏快捷保存工具，保存所进行的设计。

(2) 创建条件宏，命名为“确定”。

①在“创建”选项卡“宏与代码”分组中，单击【宏】按钮，打开宏设计器。

②命名为“确定”，保存宏。

③从目录列表中拖动“If”块添加至宏设计视图中，在“条件表达式”中输入“[pwd]="tc505"”。“[pwd]”将是窗体上的一个文本框控件，用于接收用户输入的密码。

④单击“添加新操作”列表，选择“CloseWindow”操作，设置为关闭当前活动窗体。

⑤再从“添加新操作”列表中选择操作“OpenForm”操作，设置“窗体名称”参数为“课程信息维护-表格式”(设为已创建窗体)。

⑥再从“添加新操作”列表中选择操作 StopMacro，如图 6-19 所示。

图 6-18 "CloseWindow"操作命令设置

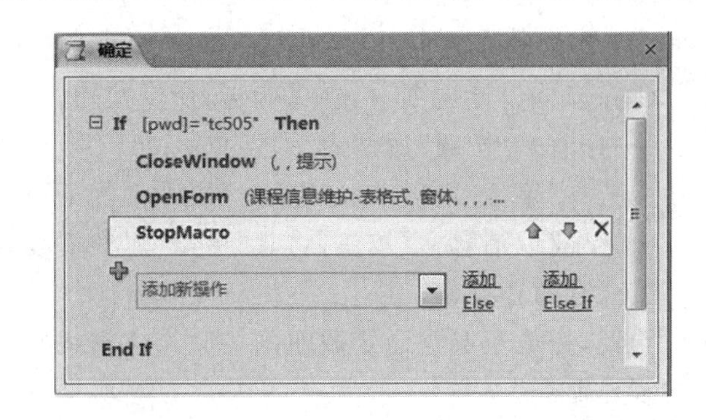

图 6-19 添加宏操作"StopMacro"

⑦单击【添加 Else】添加 Else 块,在块中添加第 1 条操作"MessageBox",设置"消息"为"密码不正确,请重新输入!",并设置发声操作"Beep"。

⑧再从"添加新操作"列表中选择操作"GoToControl",设置"控件名称"参数为"[pwd]",命令执行时,焦点将被置于[pwd]控件上,以便用户重新输入

⑨单击窗口标题栏快捷保存工具,保存所进行的设计。设计完成后的"确定"宏如图 6-20所示。

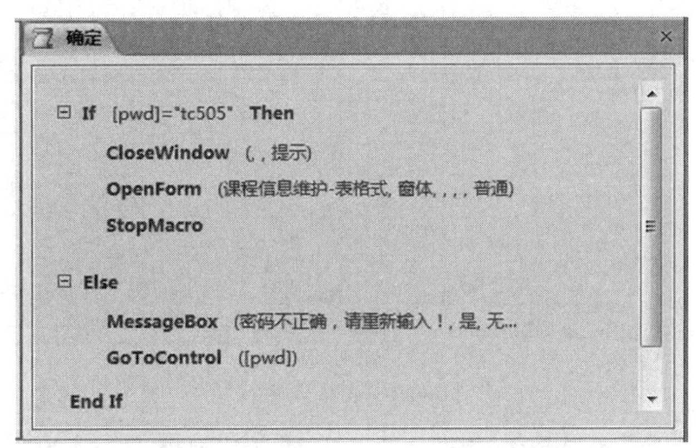

图 6-20 "确定"宏

(3) 创建"密码验证"窗体。

①在窗体设计视图中创建窗体,保存窗体为"密码验证"。

②在窗体中设置 1 个名称为"pwd"的未绑定文本框,1 个标签和两个未绑定的命令按钮"确定"和"取消",如图 6-21 所示。

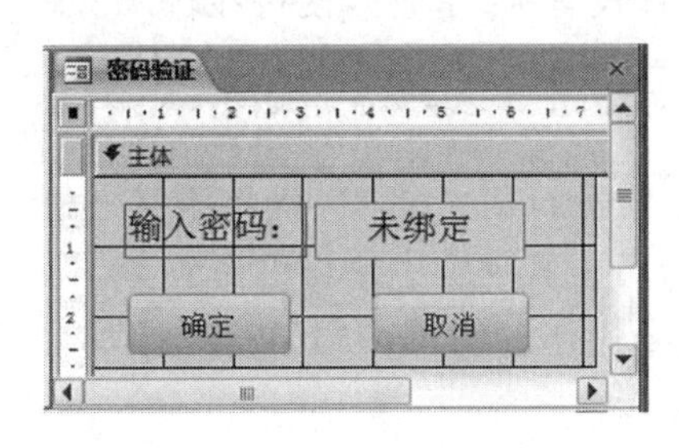

图 6-21 新建窗体

图 6-22 "命令按钮"属性窗口

(4) 将宏连接到命令按钮上。

①在窗体设计视图中选中【确定】命令按钮。

②打开命令按钮“属性表”对话框。

③选择“事件”选项卡,在“单击”属性框的下拉列表中选择“确定”宏,如图 6-22 所示。

④选中【取消】命令按钮,将其“单击”属性框设置为“取消”宏。

⑤保存窗体设计。

至此,完成了宏与命令按钮的关联,在“密码验证”窗体中单击命令按钮时将运行宏中定义的操作命令。

(5) 宏的使用。

从设计视图切换到窗体视图,在文本框中输入“tc505”,单击【确定】按钮将会打开“课程信息维护-表格式”窗体,如图 6-17 和 6-23 所示。若输入其他任意值或空值,如图 6-24 所示,则会打开信息提示框,如图 6-25 所示。

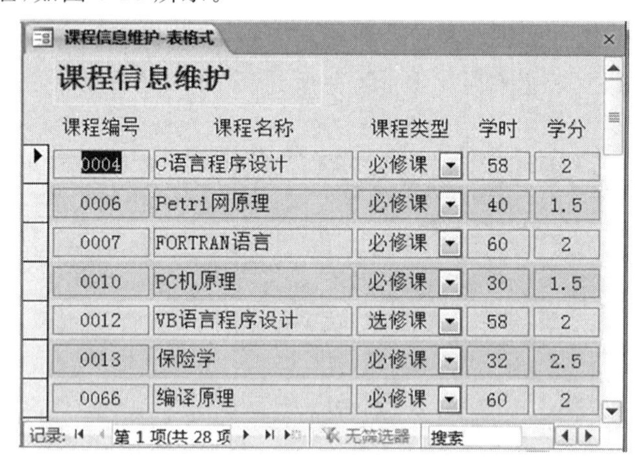

图 6-23　表格式窗体

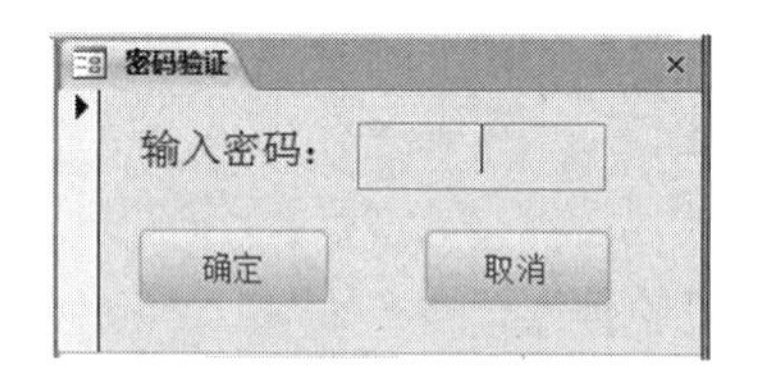

图 6-24　“密码验证”窗体

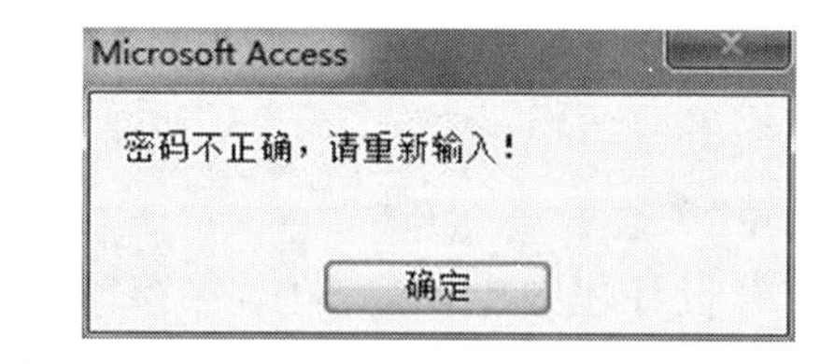

图 6-25　信息提示框

说明:可通过将文本框控件的“输入掩码”属性设置为“密码”,使得在输入密码时不显示。

6.3.2 调试宏

如果创建的宏没有实现预期的效果,或者宏的运行出了错误,就应该对宏进行调试,查找错误。常用的调试方法是通过对宏进行单步执行来发现宏中错误的位置。

使用单步执行宏,可以观察宏的流程和每一个操作的结果,并且可以排除导致错误或产生非预期结果的操作,步骤如下:

(1) 在设计视图中打开要调试的宏。

(2) 单击工具栏上的【单步】按钮。

(3) 单击工具栏上的【运行】按钮，打开“单步执行宏”对话框。

(4) 执行下列操作之一：

◆ 若要执行显示在“单步执行宏”对话框中的操作，单击【单步执行】按钮。

◆ 若要停止宏的运行并关闭对话框，请单击【停止所有宏】按钮。

◆ 若要关闭单步执行，并继续执行后续操作，可单击【继续】按钮。

【例 6-2】 利用单步执行宏观察如图 6-26 所示宏的执行流程。

操作步骤如下：

(1) 打开宏“宏 4”，如图 6-26 所示。

(2) 单击工具栏上的【单步】按钮。

(3) 单击工具栏上的【运行】按钮，打开“单步执行宏”对话框，如图 6-27 所示，对话框中操作名称和参数显示的是“宏 4”中的第 1 条操作。

图 6-26　宏“宏 4”

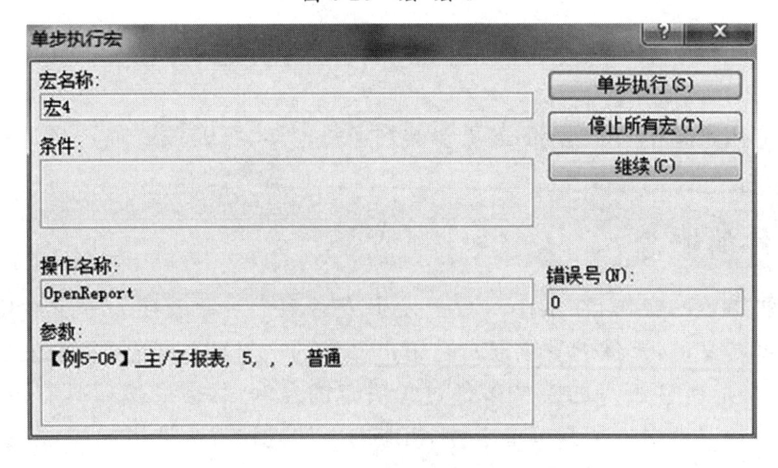

图 6-27　“单步执行宏”对话框

(4) 单击【单步执行】按钮，执行第 1 条操作，打开报表“学生成绩报告单”，如图 6-28 所示。

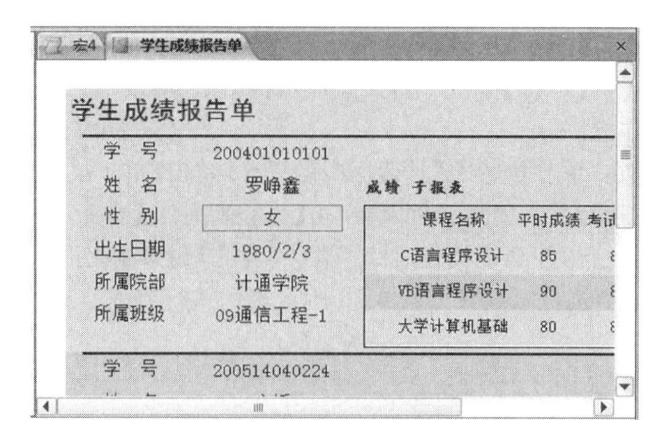

图 6-28 打开报表"学生成绩报告单"

(5) 此时"单步执行宏"对话框中操作名称显示的是"宏 4"中的第 2 条操作 Maximize Window。

(6) 单击【单步执行】按钮,执行"操作名称"下面显示的操作;单击【停止所有宏】按钮,则停止宏的运行并关闭对话框;本例单击【继续】按钮,则关闭单步执行,并连续执行"宏 4"中的其他操作:关闭当前窗口、打开"补考表"、显示消息框等,如图 6-29 所示。

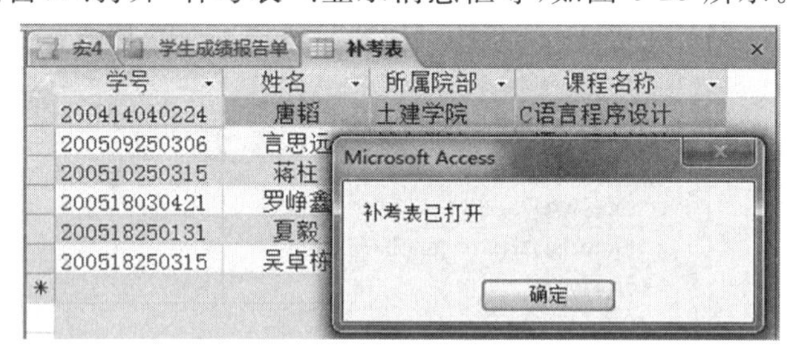

图 6-29 打开"补考表"并显示消息框

6.4 通过事件触发宏

在实际的应用系统中,设计好的宏更多的是通过窗体、报表或查询产生的事件来触发相应的宏,使之运行。

6.4.1 事件的概念

事件是一种特定的操作,在某个对象上发生或对某个对象发生。一个对象拥有哪些事件是由系统本身定义的,事件的发生通常是用户操作的结果,至于事件被引发后要做什么操作,则是由用户为此事件编写的宏或事件过程决定的。例如,命令按钮具有单击事件,当用户单击该命令按钮时就引发了其单击事件,相应的事件过程就会被执行。

通过使用事件过程,可以为在窗体、报表或控件上发生的事件添加自定义的事件响应。Access 可以响应多种类型的事件,如鼠标单击、数据更改、窗体打开或关闭以及许多其他类型的事件。

引发事件不仅仅是用户的操作，程序代码或操作系统都有可能引发事件。例如，如果窗体或报表在执行过程中发生错误则会触发窗体或报表的“出错”事件(Error)；当打开窗体并显示其中的数据记录时会引发“加载”事件(Load)。

6.4.2 通过事件触发宏

宏运行的前提是有触发宏的事件发生，在窗体或报表中与宏相关的常见事件可以参见附录B。

【例6-3】 在如图6-30所示的窗体控件上添加宏，响应一个打开“查询”对象的事件。

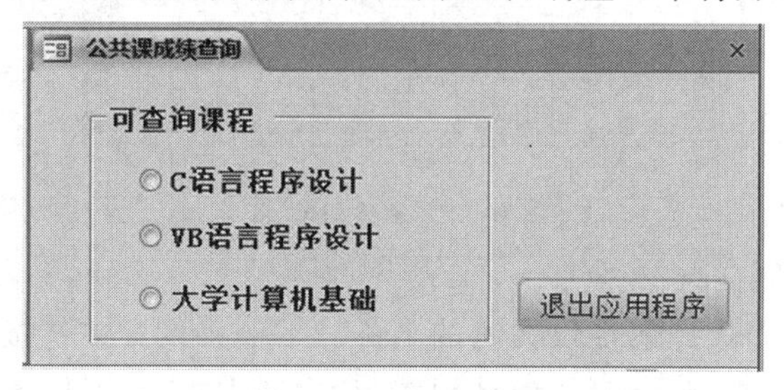

图6-30 “公共课成绩查询”窗体

操作步骤如下：

(1) 创建查询。

依次创建3个查询对象，名称分别为“C语言程序设计 查询”“VB语言程序设计 查询”和“大学计算机基础 查询”，其中“C语言程序设计 查询”的设计视图如图6-31所示。

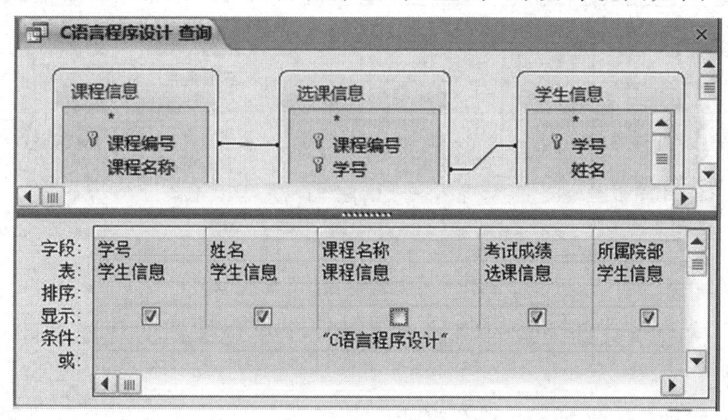

图6-31 “C语言程序设计 查询”的设计视图

(2) 创建窗体。

在设计视图中创建并保存窗体，窗体命名为“公共课成绩查询”，如图6-30所示，该窗体无绑定记录源，其中包含1个“选项组”控件、3个“选项按钮”控件和一个“按钮”控件。

(3) 创建宏或事件过程。

①打开宏设计视图，单击“添加新操作”下拉列表，在下拉的操作命令中选择“OpenQuery”命令。

②单击操作设置对话框的“查询名称”，在打开的下拉列表中选择“C语言程序设计 查

询”对象。

③设置“数据模式”为“只读”。

④将宏名设置为“C 成绩查询”并保存，如图 6-32 所示。

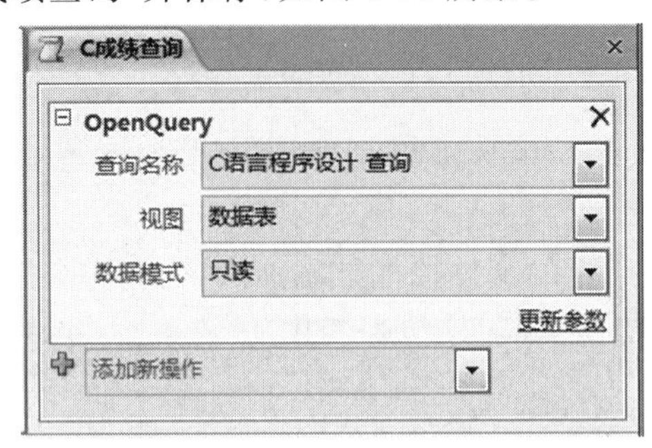

图 6-32　宏设计示例

（4）将控件与宏关联。

将窗体中控件的适当事件属性设为宏的名称。本例将设置单选按钮的相关鼠标事件。

①打开窗体“公共课成绩查询”的设计视图，从中选中“C 语言程序设计”单选按钮。

②打开单选按钮“属性表”对话框。

③选择“事件”选项页，在“鼠标按下”右边的框中选择“C 成绩查询”宏，如图 6-33 所示。

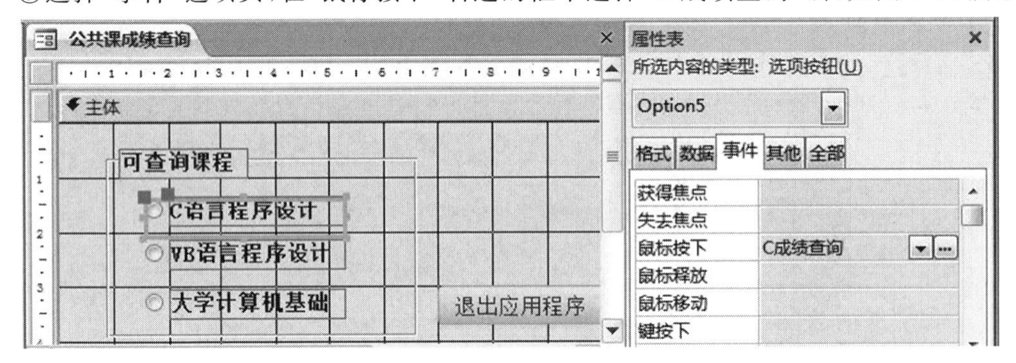

图 6-33　“单选按钮”属性窗口

④重复第(3)、(4)步，直到完成对窗体上另外两个单选按钮的功能设计。

（5）保存窗体。

保存对窗体的修改，至此，设计工作完成。

（6）运行宏。

①在窗体视图中打开“公共课成绩查询”窗体，如图 6-30 所示。

②单击“C 语言程序设计”单选按钮，会打开“C 语言程序设计 查询”对象，如图 6-34 所示。

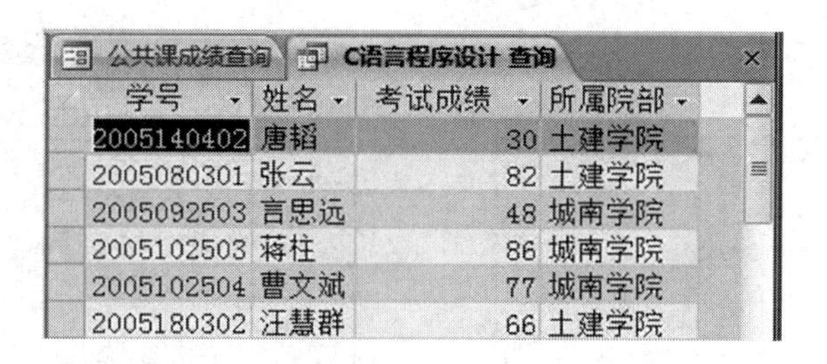

公共课成绩查询　C语言程序设计 查询

学号	姓名	考试成绩	所属院部
2005140402	唐韬	30	土建学院
2005080301	张云	82	土建学院
2005092503	言思远	48	城南学院
2005102503	蒋柱	86	城南学院
2005102504	曹文斌	77	城南学院
2005180302	汪慧群	66	土建学院

图 6-34　打开“查询”对象

本章小结

宏是一个或多个操作的集合，其中每个操作实现特定的功能。

宏可以分为 3 类：操作序列宏、宏组和条件宏。操作序列宏是由一系列的宏操作组成的序列。每次运行该宏时 Access 都将执行这些操作。宏组是由多个相关的宏组成的，使用宏组是为了便于对相关宏进行管理和使用。条件宏带有“条件”列，通过在“条件”列设置条件，可以有条件地执行某些操作。

创建宏要在宏“设计窗体”中进行。创建宏的过程主要有指定宏名、添加操作、设置操作参数以及提供备注等。

当创建了一个宏后，需要对宏进行运行与调试，以便察看创建的宏是否含有错误，是否能完成预期任务。使用单步执行宏，可以观察宏的流程和每一个操作的结果，便于发现错误。通常情况下直接运行宏只是进行测试，在实际的应用系统中，设计好的宏更多的是通过窗体、报表或查询产生的事件来触发相应的宏，使之运行。

习　题　6

一、选择题

1. 使用宏组的目的是(　　)。

A. 设计出功能复杂的宏　　B. 设计出包含大量操作的宏

C. 减少程序内的消耗　　D. 对多个宏进行组织和管理

2. 题图 6-1 是对宏对象 TestM 的操作序列设计。假定在宏 TestM 的操作中涉及的对象均存在，现将宏 TestM 设置为窗体“frmTest1”上某个命令按钮的单击事件属性，则打开窗体“frmTest1”运行后，单击该命令按钮，会启动宏 TestM 的运行。宏 TestM 运行后，前两个操作会先后打开窗体对象“补考表含成绩”和表对象“补考表”，那么执行 Close 操作后，会(　　)。

A. 只关闭窗体对象“frmTest1”

B. 关闭窗体对象“frmTest1”“补考表含成绩”和表对象“补考表”

C. 关闭窗体对象“补考表含成绩”和表对象“补考表”

D. 只关闭表对象“补考表”

3. 题图 6-2 是宏“宏 5”的操作序列设计：

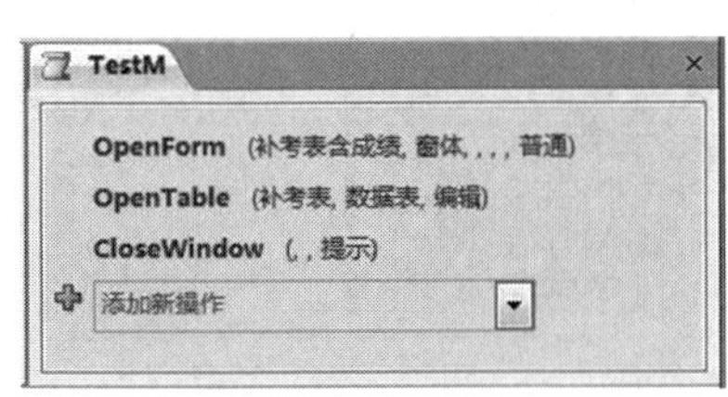

题图 6-1

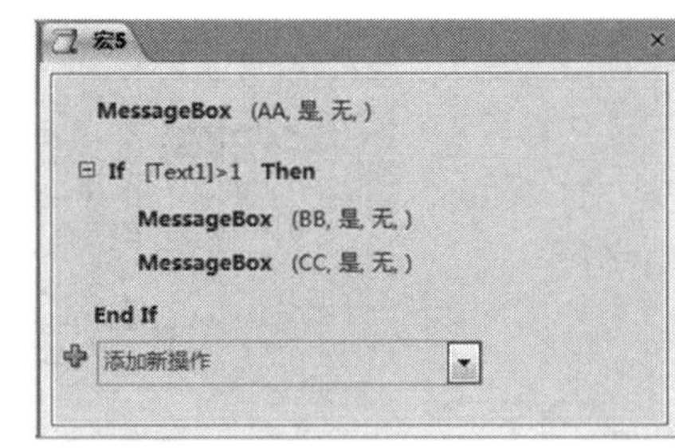

题图 6-2

现设置“宏 5”由窗体“frmTest1”上的命令按钮触发。打开窗体“frmTest1”运行后，在窗体上文本框“Text1”中输入 1，然后单击命令按钮启用“宏 5”，则(　　)。

A. 屏幕会先后弹出 3 个消息框，分别显示消息“AA”“BB”和“CC”

B. 屏幕会先后弹出两个消息框，分别显示消息“AA”和“BB”

C. 屏幕会弹出 1 个消息框，显示消息“AA”

D. 屏幕会先后弹出两个消息框，分别显示消息“AA”和“CC”

4. 为窗体或报表上的控件设置属性值的宏命令是(　　)。

A. Echo　　B. MsgBox　　C. SetValue　　D. Beep

5. 创建宏时至少要定义一个宏操作，并要设置对应的(　　)。

A. 条件　　B. 宏操作参数　　C. 命令按钮　　D. 注释信息

6. 打开查询的宏操作是(　　)。

A. OpenForm　　B. OpenModule　　C. Open　　D. OpenQuery

7. 如果不指定宏对象，则 Close 基本操作关闭的是(　　)。

A. 正在使用的表　　B. 当前正在使用的数据库

C. 当前窗体　　D. 当前对象(窗体、查询、宏)

8. 不能够使用宏的数据对象是(　　)。

A. 窗体　　B. 数据表　　C. 宏　　D. 报表

9. 在宏的表达式中要引用窗体 frmF1 上的控件 txtT1，可以使用的表达式引用是(　　)。

A. Forms! frmF1! txtT1　　B. Forms! txtT1

C. frmF1! txtT1　　D. Form! txtT1

10. 可以用前面加(　　)的表达式来设置宏的操作参数。

A. =　　B. …　　C. ,　　D. :

11. 用于查找满足指定条件的下一条记录的宏命令是(　　)。

A. FindFirst　　B. FindFirstRecord

C. FindRecord　　D. FindNext

12. 在一个宏的操作序列中，如果既包含带条件的操作，又包含无条件的操作，则没有指定条件的操作会(　　)。

A. 不执行　　B. 无条件执行　　C. 有条件执行　　D. 出错

13. 有关条件宏的叙述中，错误的是(　　)。

A. 条件为真时，执行该行中对应的宏操作

B. 宏的条件内容有省略号时，表示该行的操作条件与其上一行的条件相同

C. 如果条件为假，则跳过该行中对应的宏操作

D. 宏在遇到条件内容有省略号时，终止操作

14. 打开窗体需要执行的宏操作是(　　)。

A. OpenQuery　　B. OpenReport　　C. OpenForm　　D. OpenWindow

15. 要限制宏命令的操作范围,可以在创建宏时定义(　　)。

A. 宏操作对象　　B. 宏条件表达式

C. 宏操作目标　　D. 窗体/报表的控件属性

16. 在条件宏设计时,对于连续重复的条件,可以用来代替的符号是(　　)。

A. ,　　B. =　　C. …　　D. ;

17. 宏命令 Requery 的功能是(　　)。

A. 指定当前记录　　B. 查找符合条件的第 1 条记录

C. 查找符合条件的下一条记录　　D. 实施指定控件重新查询

18. 用于关闭和打开系统消息的宏命令是( )。

A. SetWarnings　　B. Requery　　C. Restore　　D. SetValue

二、填空题

1. 打开一个表应该使用的宏操作是______________。

2. 某窗体中有一个命令按钮,在窗体中单击此命令按钮打开一个报表,需要执行的宏操作是______________。

3. 如果希望按满足指定条件执行宏中的一个或多个操作,这类宏称为______________。

4. 用于使计算机发出“嘟嘟”声的宏操作命令是______________。

5. 宏是一个或多个______________的集合。

6. VBA 的自动运行宏,必须命名为______________。

7. 有多个操作构成的宏,执行时是按照______________依次执行的。

8. 在宏的表达式中还可能引用到窗体或报表上控件的值。引用窗体上控件的值,可以用式子______________;引用报表上控件的值,可以用式子______________。

第7章　模块与VBA编程

模块是Access数据库的一个重要对象，它以VBA语言为基础，以函数过程或子过程为单元的集合方式存储。模块与宏具有相似的功能，都可以运行及完成特定的操作，但宏对于复杂条件和循环结构则无能为力，而且宏对于数据库对象的处理能力也很弱。在这种情况下，可以利用模块将各种数据库对象连接起来，构成一个完整的系统，解决一些实际开发活动中的复杂应用。

本章主要内容：

- 模块的基本概念
- VBA程序设计基础
- 创建模块
- 模块的调用及参数传递
- VBA代码的运行与调试

7.1　VBA编程基础

VBA(Visual Basic for Application)是基于Visual Basic发展而来的新一代标准宏语言，是一种可视化的、面向对象的、采用事件驱动方式的结构化高级程序设计语言。VBA运行在Microsoft Office的应用程序(如Access、Excel和Word)中，是微软Office的内置编程语言，具有与Visual Basic相同的语言功能。在VBA中，程序是由过程组成的，过程由根据VBA规则书写的指令组成。一个程序包括语句、变量、运算符、函数、数据库对象、事件等基本要素。

7.1.1　面向对象程序设计基本概念

1. 对象和类

1）对象

存在于客观世界中的相互联系、相互作用的所有事物都是对象，对象是现实世界中个体或事物的抽象表示，是由描述事物状态的有关数据和对这些数据可以进行的相关操作共同组成的。

对象在用户的现实生活中随处可见，比如电视机、汽车、桌子、计算机等都是对象，每个对象都有区别于其他对象的独特的存在状态和客观行为。

在面向对象的程序设计中，对象是基本元素。在VBA中进行程序设计时，界面上的所有事物都可以被称为对象。每一个对象有自己的属性、方法和事件，用户就是通过属性、方法和事件来处理对象的。

2）对象的属性

每个对象都有自己区别于其他对象的特征状态，用来描述这种特征状态的数据就是属性。换言之，属性就是对象的物理性质。比如，要描述计算机的外观特征，可以用它的颜色、大小尺寸等来描述它，这些特征就是它的属性。

在 VBA 中，对象同样都有自己的属性。比如窗体中的“文本框”就是一个对象，文本框的大小、字体颜色、内容的对齐方式、字体大小就是“文本框”的属性。改变对象的属性值，可以改变对象的行为外观。既可以在创建对象时给对象设置属性值，也可以在执行程序时通过命令的方式修改对象的属性值，其引用方式为：

对象名.属性名称

例如，某个文本框的字体颜色属性描述为 Text1. ForeColor。

3）对象的方法

所谓对象的方法，是指对象所固有的、可以完成某种任务的功能，是对象可以执行的动作。方法决定了对象的行为，比如“电视机”对象，它具有接收电视信号的功能，有切换电视频道的功能，有调节音量的功能，这些都是电视机对象所固有的方法，通过这些方法可以使用电视机。

方法和函数有相似之处：函数是由一段代码完成某一功能的，方法也是通过一段代码完成对对象的某种操作。但是方法和函数又有着不同之处：方法是固定属于某一个对象的，而函数可以被其他程序调用；函数是在程序设计过程中由程序语句所调用的，而方法是由对象调用的。可以这样理解方法，它是某个对象所特有的函数，通过执行该函数所定义的操作来完成一定的功能。

在 VBA 中，如果要调用一个对象的方法，必须要指定这个对象的名称，然后说明该对象下的方法名，就可以调用这个对象的方法了，具体实现的格式如下：

对象名.方法名称

例如，窗体对象具有“清除”方法，描述为 Form1. Cls；又如，图片控件具有“移动”方法，可描述为 Picture1. Move。

4）对象的事件

事件是一种特定操作，在某个对象上发生或对某个对象发生。例如，要实现对准焦点可以用鼠标左键单击文本框，则“鼠标左键单击”就是一种在“文本框”对象中所具有的事件。

事件可以由用户触发，也可以通过系统触发，在大多数情况下，事件是通过一些交互式动作来触发的，比如单击鼠标、双击鼠标、按键、鼠标拖拽、鼠标移动等操作。

为了使得对象在某一事件发生时能够做出所需要的反应，就必须针对这一事件编写相应的代码来完成相应的功能。如果某个对象中的某个事件已经被添加了一段代码，当此事件发生时，这段代码程序就被自动激活并开始运行。如果这个事件不发生，那么事件所包含的代码就不会被执行；反之，若没有为这个事件编写任何代码，即使这个事件发生了，也不会产生任何动作。

在 VBA 中，对象的事件描述格式为：

对象名_事件名称

例如，对窗体的“单击”事件描述为 Form1_Click。

属性、事件和方法构成了对象的 3 个要素，其中属性是对象的静态特性，事件和方法是对象的动态特性。

5）类

类是对一组相似对象的性质描述。这些对象具有相同的性质、相同种类的属性以及方法。类是对象的抽象，而对象是类的具体实例。方法定义在类中，但执行方法的主体是对象而不是类。

2. 事件过程

事件是 Access 窗体或报表及其上的控件对象可以识别的动作。在 Access 中，可以通过两种方式来处理事件响应：一是使用“宏”对象来设置事件属性；二是为某个事件编写 VBA 代码过程，完成指定动作。这样的代码过程称为事件过程或事件响应代码。Access 窗体、报表和控件的事件有很多，可参见附录 B。

可以在“属性表”对话框的“事件”选项卡中进入事件代码编写界面。一旦创建了事件，Access 会自动为第 1 个事件生成事件过程模板，并默认创建这个过程为 Private 的，即该事件过程只能被同一个模块中的其他过程所访问。

7.1.2 VBA 的编程环境

编写程序可以利用 Visual Basic 编辑器(简称 VBE)，如图 7-1 所示，也称为 VBE 窗口。

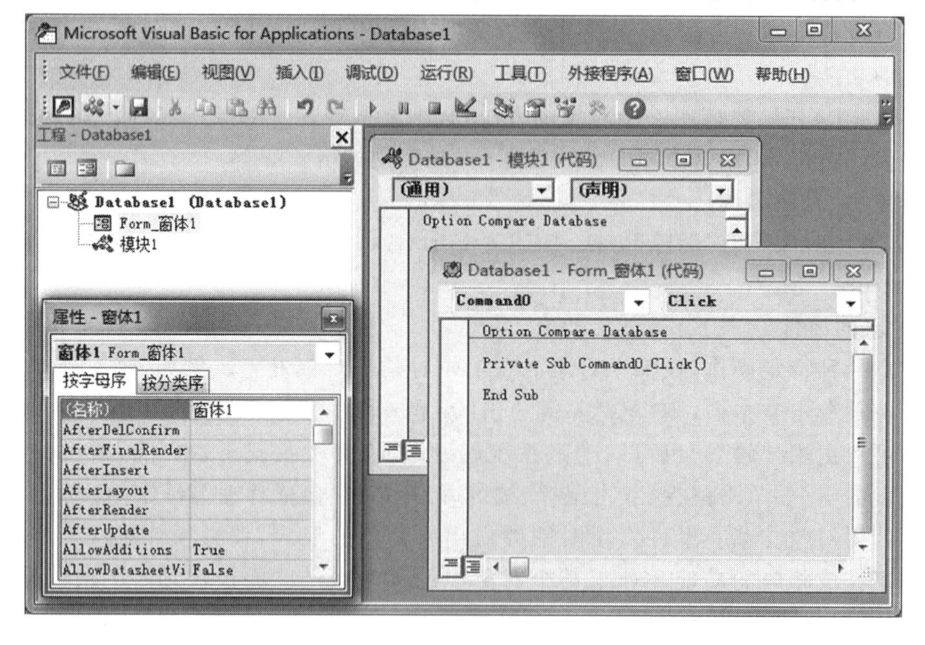

图 7-1 VBA 开发环境—VBE 窗口

1. 启动 VBE

启动 VBE 的常用方法有 3 种。

1）通过事件过程启动 VBE

在设计视图中选中要添加事件的控件，打开它的“属性表”对话框，选择“事件”选项页，把光标定位到要添加的事件所对应的文本框中，如图 7-2 所示，在命令按钮的“属性表”对话框中，将光标定位到“单击”事件右边的文本框，单击省略号按钮…，会打开“选择生成器”对话框，如图 7-3 所示。在对话框中选择“代码生成器”后单击【确定】按钮，则可以打开如图 7-1 所示的 VBE 窗口。

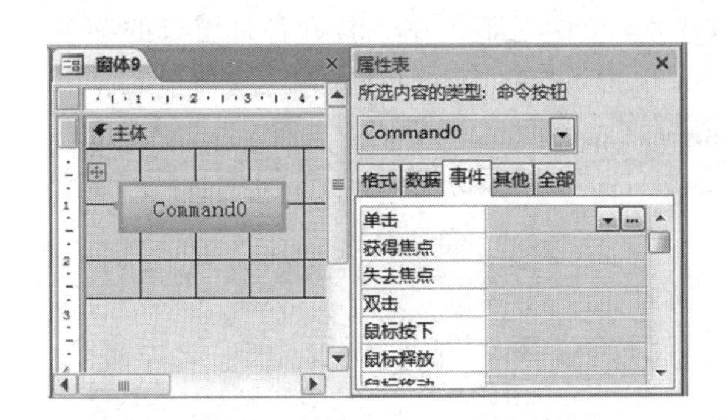

图 7-2　控件及其属性窗口

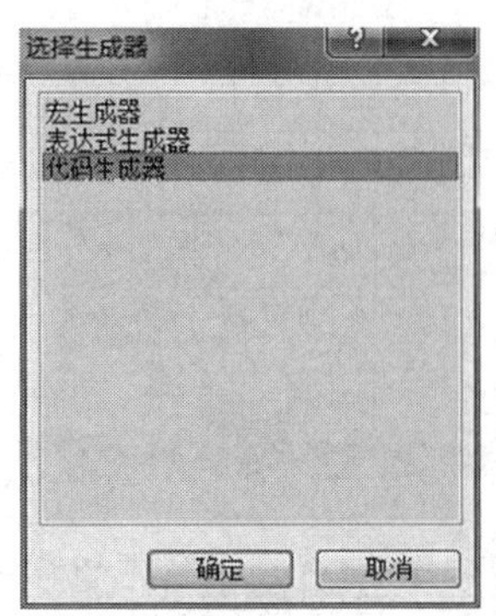

图 7-3　“选择生成器”对话框

2）创建“模块”对象启动 VBE

模块也是 Access 数据库的一种对象。在 Access 窗口中单击“创建”选项卡，然后单击“宏与代码”分组中的“模块”，如图 7-4 所示，可启动 VBE。

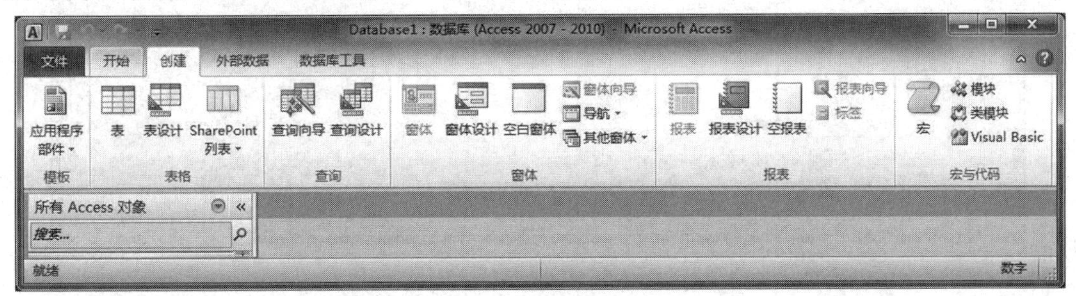

图 7-4　“创建”选项卡

3）直接进入 VBE

在 Access 窗口，单击“数据库工具”选项卡，然后在“宏”分组中单击【Visual Basic】按钮，如图 7-5 所示，启动 VBE。

2. VBE 窗口

VBE 使用多个窗口来显示不同对象或是完成不同任务。如图 7-1 所示，在 VBE 中的窗口有：代码窗口、立即窗口、本地窗口、对象浏览器、工程资源管理器、属性窗口、工具箱、用户

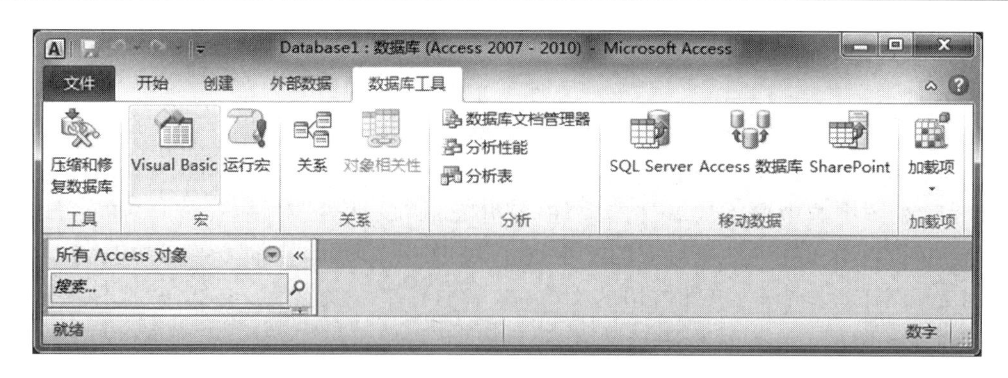

图 7-5 “数据库工具”选项卡

窗体窗口和监视窗口等。在 VBE 窗口的“视图”菜单中包括了用于打开各种窗口的菜单命令。如图 7-6 所示,为 VBE 窗口,其中“视图”菜单为下拉状态。下面介绍主要窗口的使用。

图 7-6 VBE 窗口及打开的“视图”菜单

1）属性窗口

属性窗口列出了选定控件对象的属性,可以在设计时查看、改变这些属性。当选取了多个控件时,属性窗口会列出所有控件的共同属性。

属性窗口的窗口部件主要有“对象框”和“属性列表”。对象框用于列出当前窗体及窗体中的对象,如图 7-7 所示。

2）工程资源管理器

在工程资源管理器中列出了组成应用程序的所有窗体文件和模块文件,如图 7-8 所示,窗体标题栏下有 3 个命令按钮:查看代码、查看对象、切换文件夹。通过【查看代码】按钮(左边第 1 个按钮)可以显示相应的代码窗口;通过【查看对象】按钮(中间的按钮)可以显示相应

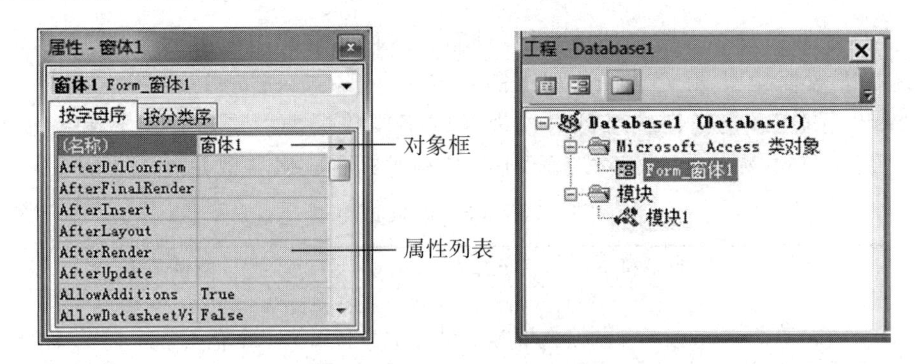

图 7-7　控件属性窗口　　　　图 7-8　工程资源管理器窗口

的对象窗口;通过【切换文件夹】按钮(右边第 1 个按钮)可显示或隐藏对象文件夹。

3）代码窗口

代码窗口是专门进行程序设计的窗口,可用来编写、显示以及编辑 VBA 代码,又称为“代码编辑器”。如图 7-9 所示,代码窗口又包括如下部分:

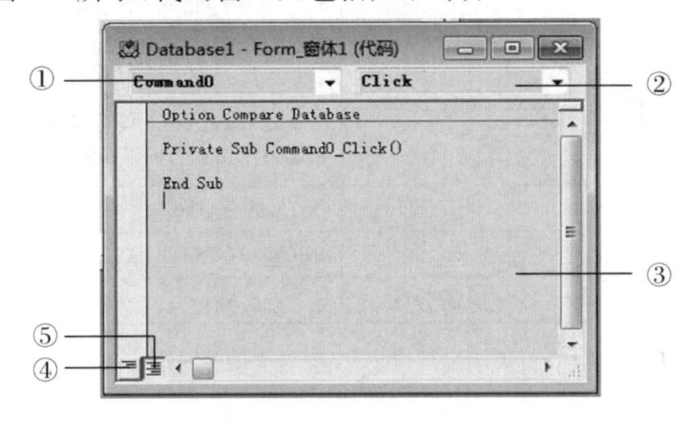

图 7-9　代码窗口

①对象下拉列表框。位于窗体标题栏下左边的列表框显示当前窗体所有对象的名称。单击右侧的下拉按钮可显示此模块中的所有对象名,其中“通用”表示与特定对象无关的通用代码,一般在此声明模块级变量或用户编写的自定义过程。

②过程下拉列表框。位于窗体标题栏下右边的列表框列出“对象下拉列表框”中所对应的对象事件过程名。在“对象下拉列表框”中选择对象名,在“过程下拉列表框”中选择事件过程名,就在代码框中构成了选中对象的事件过程框架,用户就在这个过程框架中编写自己的代码。

③代码框。“代码框”用于输入程序代码。

④【过程视图】按钮。在图 7-9 中左下角的【过程视图】按钮,可控制代码框中只显示一个过程的代码。

⑤【全模块视图】按钮。在图 7-9 中左下角的【全模块视图】按钮,可控制代码框中显示模块中全部过程的代码。

7.1.3　基本数据类型

数据是程序处理的对象,是程序的必要组成部分。所有高级语言都对数据进行分类处理，不同类型数据的操作方式和取值范围不同，所占存储空间的大小也不同。VBA 提供了系统定义的标准数据类型，并允许用户根据需要定义自己的数据类型。

Access 数据库系统创建表对象时所涉及的字段数据类型（除了 OLE 和备注数据类型外），在 VBA 中都有数据类型相对应。VBA 基本的标准数据类型如表 7.1 所示。

表 7.1 VBA 的数据类型

数据类型	类型标识	类型符	占字节数	取值范围
字符型	String	$	与字符串长度有关	定长字符串：0～65535 个字符 变长字符串：0～20 亿个字符
整型	Integer	%	2	－32768～32767
长整型	Long	&	4	－2147483648～2147483647
单精度型	Single	!	4	负数：－3.402823E38～－1.401298E－45 正数：1.401298E－45～3.402823E38
双精度型	Double	#	8	负数：－1.79769313486231E308～－4.94065645841247E－324 正数：4.94065645841247E－324～1.79769313486232E308
货币型	Currency	@	8	－922337203685477.5808～922337203685477.5807
逻辑型	Boolean	无	2	True 或 False
日期型	Date	无	8	01/01/100～12/31/9999
变体型	Variant	无	按需分配	

对上述数据类型说明如下：

1. 布尔型(Boolean)

布尔型数据（亦称逻辑型）只有两个值：True 和 False，分别表示“真”和“假”。

当布尔型数据转换成其他类型数据时，True 转换为－1，False 转换为 0。

当其他类型数据转换成布尔型数据时，非 0 数据转换为 True，0 转换为 False。

2. 日期型(Date)

任何可辨认的文本日期都可以赋值给日期变量。日期文字须以符号“#”括起来。例如，#January 1,1993# 或#1 Jan 93# 。

3. 变体型(Variant)

Variant 数据类型是一种可变的数据类型，可以表示任何值，包括数值、字符串及日期等。变体型可以包含 Empty、Error、Nothing 和 Null 等特殊字符。VBA 规定，如果没有使用 Dim 等显式声明变量，也没有用类型声明字符声明变量，则默认该变量是变体型。

7.1.4 常量、变量与数组

在高级语言程序中，需要将内存单元命名，然后将数据存入命名了的内存单元中，以后就可在需要时通过内存单元的名字来访问其中的数据。命了名的内存单元就是常量或变量。对于常量，在程序运行期间，其内存单元中存放的数据始终不能改变；对于变量，在程序运行期间，其内存单元中存放的数据可以根据需要随时改变，即在程序运行的不同时刻，可以将不同的数据放入存储单元保存，新的数据存入后，原来的数据将被覆盖。

1. 常量或变量的命名规则

在VBA中，常量或变量的命名须遵循以下原则：

(1) 常量或变量的名字须以字母或汉字开头，后跟字母、汉字、数字或下划线组成的序列，长度不能超过255个字符；

(2) 不能使用VBA中的关键字命名常量或变量；

(3) VBA不区分常量或变量名中的大小写字母，如XYZ，xyz，Xyz等均视为相同名字。

VB和VBA均推荐使用Hungarian符号法来作为变量命名的法则，该法则使用一组代表数据类型的码，用小写字母作为变量名的前缀。例如，代表文本框的字首码是txt，那么，文本框的变量名为txtName。表7.2列出了常用的变量标识符的前缀。在编写程序时，使用上述变量标识命名法则，可使代码易于阅读和理解。

表7.2　常用的变量标识符的前缀

Access对象	前缀	Access对象	前缀
表	tbl	命令按钮	cmd
查询	qry	标签	lbl
窗体	frm	列表框	lst
报表	rpt	选项按钮	opt
复选框	chk	子窗体/子报表	sub
组合框	cbo	文本框	txt

2. 常量

常量在程序运行的过程中其值不会发生变化。VBA支持4种类型的常量：直接常量、符号常量、固有常量和系统定义常量。

1) 直接常量

直接使用的数值或字符串值常量，如3.1415926，12，“HELLO”等。

2) 符号常量

在程序设计中，对于一些使用频率较高的直接常量，可以用符号常量形式来表示，这样做可以提高程序代码的可读性和可维护性。符号常量定义的一般格式如下：

Const 常量名 = 常量值

例如，以下是合法的常量说明：

```
Const PI =  3.1415926
Const MYSTR = "Visual Basic 6.0"
```

符号常量会涵盖全局或模块级的范围。符号常量定义时不需要为常量指定数据类型，VBA会自动确定其数据类型。符号常量名称一般要求大写，以便与变量区分。

3）固有常量

除了用 Const 语句定义常量之外，VBA 还自动定义了许多内部符号常量，即固有常量。它们主要作为 DoCmd 命令语句中的参数。通常，固有常量通过前两个小写字母来指明定义该常量的对象库，例如，来自 Access 的常量以“ac”开头，来自 VB 库的常量则以“vb”开头。在 VBE 中，通过执行“视图|对象浏览器”菜单命令打开“对象浏览器”对话框，从中可以查看所有可用对象库中的固有常量列表。

例如，vbRed 代表“红色”，vbCrLf 代表“回车换行符”等。

4）系统定义常量

Access 系统包含一些启动时就建立的系统常量，如 True、False 和 Null 等。

3. 变量

与常量不同，变量在程序运行的过程中其值是可以发生变化的。

在程序中使用变量前，一般应先声明变量名及其数据类型，系统根据所做的声明为变量分配存储单元，在 VBA 中可以显式或隐式声明变量及其类型。

1）显式声明变量

显式声明变量就是变量先定义后使用，定义的一般格式如下：

Dim 变量名 [As 数据类型]

Static 变量名 [As 数据类型]

Private 变量名 [As 数据类型]

Public 变量名 [As 数据类型]

Dim，Static，Private，Public 是关键字，说明这个语句是变量的声明语句。

[As 类型]：可以是 VBA 提供的各种标准类型名称或用户自定义类型名称。若省略“As 类型”，则所声明的变量默认为变体类型(Variant)。一条声明语句可同时定义多个变量，但每个变量必须有自己的类型声明，类型声明不能共用，变量声明之间用逗号分隔。

此外，还可把类型说明符放在变量名的尾部，标识不同类型的变量。例如：

```
Dim IntX As Integer, SngTotal As Single
```

上述语句等价于：`Dim IntX%, SngTotal!`

```
Dim IntA, IntB As Integer, DblC As Double
```

上述语句定义了变体变量 IntA，整型变量 IntB 和双精度型变量 DblC。

2）隐式声明变量

如果一个变量未经声明便直接使用，称为隐式声明。使用时，系统会默认为该变量是变体型(Variant)。

3）强制声明

虽然系统允许变量未经声明便直接使用，但隐式变量声明不利于程序的调试和维护，所以是一种不好的编程习惯。为了避免使用隐式声明变量，可以使用“强制声明语句”(Option Explicit)规范变量的使用。

在程序开始处(即在代码窗口的“通用声明”部分)手动加入 Option Explicit 语句，如图 7-10所示。或者在 VBE 窗口中执行“工具|选项”菜单命令，在打开的“选项”对话框中单

击“编辑器”选项卡，复选“要求变量声明”选项，如图 7-11 所示，这样就可在任何新建模块的“通用声明”部分中自动加入 Option Explicit 语句。该语句之后的代码中，任何对变量的引用，均遵循“未定义的变量不能引用”的原则。

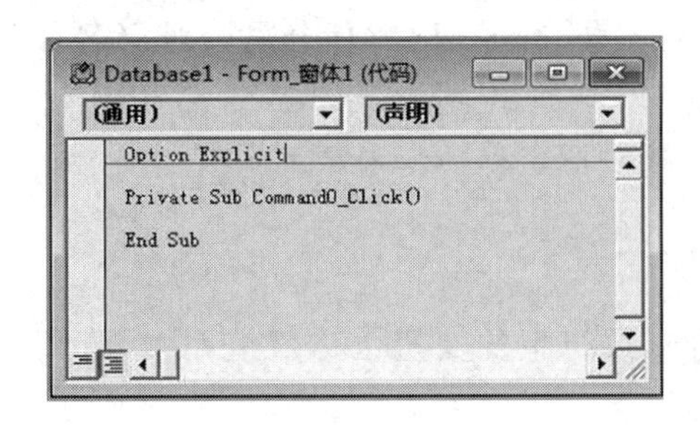

图 7-10　代码窗口的“通用声明”部分

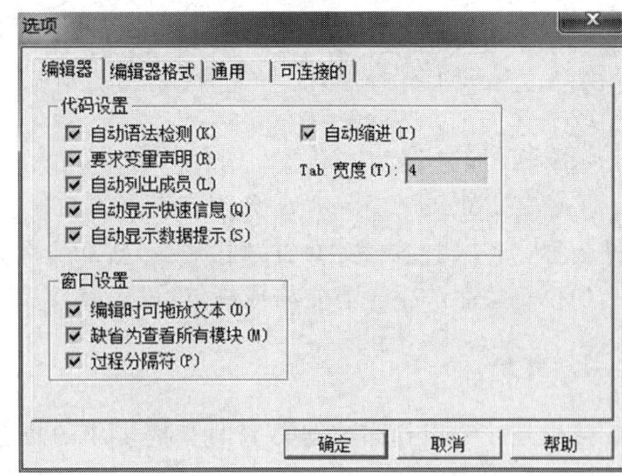

图 7-11　“选项”对话框

4）变量的应用范围

在 VBA 编程中，随着变量定义的位置和方式不同，它存在的时间和起的作用也不同，这就是变量的生命周期和作用域。

变量有 3 个范围级别：

◆ 局部范围。

变量定义在模块的过程内部，过程执行时该变量才是可使用的。在子过程或者函数过程中使用 Dim 或 Static 关键字定义的，或未经定义而直接使用的变量，作用范围都是局部的。

用 Dim 定义的局部变量只有在它所在的过程运行时才会有值，而 Static 定义的局部变量在整个程序运行期间均有值，所以它可以作为中间变量保存结果。

◆ 模块范围。

变量定义在模块的所有过程之外的起始位置，运行时在模块所包含的所有子过程或者函数过程中可以使用。在模块(包括窗体、报表和标准模块)的变量定义区域(“通用声明”部分)，用 Dim 或 Private 定义的变量就是模块范围的。

◆ 全局范围。

变量定义在标准模块的所有过程之外的起始位置，运行时在所有模块的所有子过程或者函数过程中可以使用。在标准模块的变量定义区域(“通用声明”部分)，用 Public 定义的变量就是全局范围的。

5）变量的生存周期

在给变量声明了应用范围后，变量就有了一个生存周期，即变量保留数值的时间。具体地说，就是变量从第一次(声明时)出现到消失所持续的时间。

以 Dim 语句声明的局部变量的生存周期与子过程或者函数过程等长。

要在过程的实例间保留局部变量的值，可以用 Static 关键字代替 Dim 以定义静态变量。静态变量的生存周期和模块级别变量是一样的，但它的有效作用范围是由其定义位置决定的。

6）数据库对象变量

Access 建立的数据库对象及其属性，均可被看成是 VBA 程序代码中的变量及其指定的值来加以引用。例如，Access 中窗体与报表的引用格式为：

```
Forms! 窗体名称! 控件名称[.属性名称]
```

或

```
Reports! 报表名称! 控件名称[.属性名称]
```

关键字 Forms 或 Reports 分别代表窗体或报表对象集合，感叹号“!”分隔开对象名称和控件名称。若“属性名称”缺省，则为控件基本属性。

如果对象名称中含有空格或标点符号，就要用方括号把名称括起来。

4. 数组

数组是一个由相同数据类型的变量构成的集合。数组中的变量也称数组元素，可用数字下标来标识它们。

数组在使用之前应该加以声明，说明数据元素的类型、数组大小、数组的作用范围。数组的声明方式和其他的变量是一样的，它可以使用 Dim、Static、Private 或 Public 语句来声明。

数组有两种类型：固定数组和动态数组。若数组的大小在声明时被指定的话，则它是固定大小数组，这种数组在程序运行时不能改变数组元素的个数。若程序运行时数组的大小可以被改变，则它是个动态数组。

1）固定大小数组的声明

格式如下：

Dim [Public|Private|Static] 数组名([下标下界 To] 下标上界)[As 数据类型]

例如，`Dim Workers(8) As Integer`，其下界默认为 0，上界为 8，共 9 个元素，每个元素均是整型的。

也可以人为指定下界，例如：

```
Dim Workers(1 To 8) As Integer
```

可以定义二维数组和多维数组，其格式如下：

Dim 数组名([下标 1 下界 To] 下标 1 上界,[下标 2 下界 To] 下标 2 上界 [,…]) [As 数据类型]

例如：

```
Static Aa(19, 19) As Integer
Static Aa(1 To 20, 1 To 20) As Integer
```

2）动态数组的声明

如果在程序运行之前不能肯定数组的大小，可以使用动态数组。

建立动态数组的步骤分为 2 步：

（1）先声明空数组及数据类型。例如，`Dim Aa() As Integer`。

（2）在使用数组前再声明数组大小。例如，`ReDim Aa(10)`。

其中 ReDim 语句声明只能用在过程中，它是可执行语句，可以改变数组中元素的个数。但每次用 ReDim 配置数组时，原有数组的值全部清零，除非使用 Preserve 来保留以前的值。例如：

```
ReDim Preserve Aa(20)          '重新定义数组 Aa 为 20 个元素，保留以前的值
ReDim Aa(20)                   '重新定义数组 Aa 为 20 个元素，并初始化数组
```

7.1.5 运算符与表达式

VBA 编程语言提供了多种类型的运算符完成对数据的各种运算和处理，主要包括 4 种类型的运算符：算术运算符、字符串运算符、关系运算符和逻辑运算符，分别可构成算术表达式、字符串表达式、关系表达式和逻辑表达式。

1. 算术运算符与算术表达式

算术运算符是用来进行数学计算的运算符。表 7.3 列出了这些运算符并说明了它们的作用(假设表中所用变量 x 为整型变量，值为 3)。

表 7.3 VBA 的算术运算符

运算符	含义	运算优先级	算术表达式例子	结果
^	乘方	1	x^2	9
－	负号	2	－x	－3
*	乘	3	x * x * x	27
/	除	3	10/x	3.33333333333333
\	整除	4	10\x	3
Mod	取模	5	10 Mod x	1
＋	加	6	10＋x	13
－	减	6	x－10	－7

2. 连接运算符与字符串表达式

连接运算符有两个："&"和"＋"。

(1) "&"用来强制两个表达式作字符串连接。

例如，"Visual Basic" & "6"的运行结果是"Visual Basic6"。

在字符串变量后使用运算符"&"时应注意，变量与运算符"&"间应加一个空格，如表达式 x & y 不能写成 x&y。

(2) 当两个运算数都是字符串表达式时，"＋"也可以用作字符串的连接。

例如，"Visual Basic"＋ "6"的运行结果也是"Visual Basic6"。

但是为了避免混淆，增进代码的可读性，字符串连接运算符最好使用"&"。

3. 关系运算符与关系表达式

关系运算符是双目运算符，也称为比较运算符，作用是将两个操作数进行大小比较。由操作数和关系运算符组成的表达式称为关系表达式。关系表达式的运算结果是一个逻辑值，若关系成立，返回 True；否则，返回 False。操作数可以是数值型、字符型。表 7.4 列出了 VBA 的关系运算符。

表 7.4　VBA 关系运算符

关系运算符	含义	关系表达式示例	运算结果
＝	等于	"ABCD"＝"ABR"	False
＞	大于	"ABCD"＞"ABR"	False
＞＝	大于等于	"bc"＞＝"abcdef"	True
＜	小于	23＜3	False
＜＝	小于等于	"23"＜＝"3"	True
＜＞	不等于	"abc"＜＞"ABC"	True
Like	字符串匹配	"CDEF" Like " * DE * "	True
Is	对象引用比较		

对关系运算符需注意以下规则：

(1) 如果两个操作数是数值型，则按其大小比较。但对单精度或双精度数进行比较时，因为机器的运算误差，可能会得不到希望的结果。因此应避免直接判断两个浮点数是否相等，应改成对两个数误差的判断。

(2) 如果两个操作数是字符型，则按字符的 ASCII 码值从左到右一一比较，直到出现不同的字符为止。例如：

```
"ABCDE" <> "ABCDC"          结果为 True
"ABCDE" < "ABCDC"           结果为 False
```

(3) 关系运算符的优先级相同。

(4) Like 运算符用来比较字符串表达式和 SQL 表达式中的样式，主要用于数据库查询。Is 运算符用于两个对象变量引用比较，Is 运算符还可在 Select Case 语句中使用。

4. 逻辑运算符与逻辑表达式

逻辑运算又称布尔运算，逻辑运算符的左右操作数要求为逻辑值。用逻辑运算符连接两个或多个逻辑量组成的式子称为逻辑表达式或布尔表达式。逻辑运算的结果是逻辑值 True 或 False。表 7.5 列出了 VBA 中的逻辑运算符、运算优先级等(表中 T 代表 True，F 代表 False)。

表 7.5　VBA 的逻辑运算符

运算符	说明	优先级	说明	逻辑表达式	结果
Not	取反	1	当操作数为假时，结果为真	Not F	T
And	与	2	两个操作数均为真时，结果才为真	T And F T And T	F T
Or	或	3	两个操作数有一个为真时，结果为真	T Or F F Or F	T F
Xor	异或	3	两个操作数为一真一假时，结果才为真	T Xor F T Xor T	T F
Eqv	等价	4	两个操作数相同时，结果才为真	T Eqv F F Eqv F	F T
Imp	蕴含	5	第 1 个操作数为真，第 2 个操作数为假时，结果才为假，其余结果均为真	T Imp F T Imp T	F T

例如：

```
5>8                    结果为 False
Not(5>8)               结果为 True
a<>b And False         不管 a,b 为何值,结果恒为 False
4<9 Or 1=2             结果为 True
5>2 Xor 8<3            结果为 True
5>2 Eqv 8<3            结果为 False
5>2 Imp True           结果为 True
```

算术运算符两边的操作数应是数值型，若是数字字符或逻辑型，则自动转换成数值型后再运算。

例如：

```
30-True              结果是 31,逻辑量 True 转换为数值-1,False 转为数值 0
False+10+"4"         结果是 14
```

5. 表达式的运算顺序

表达式可能包含上面介绍的各种运算，计算机按规定的先后顺序对表达式求值。

1）表达式的运算顺序

运算顺序由高到低：函数运算→算术运算→关系运算→逻辑运算

例如，一个数值表达式的计算顺序如下：

x /sin (5 * x) ^ 3 *6 − 4

④ ② ① ③ ⑤ ⑥

又如，设 i=1，j=0，x=2，y=2，则下列逻辑表达式的运算顺序及最后所得的值为 True。

x=2　Or　Not　y>0　And　(x−y) / i <> 0

③　⑧　⑥　④　⑦　①　②　⑤

True True False True　False　0　0　False

2）不同数据类型的操作数混合运算

在算术运算中，如果不同数据类型的操作数混合运算，则 VBA 规定运算结果的数据类型采用精度高的数据类型，即

Integer＜Long＜Single＜Double＜Currency

但当 Long 型数据与 Single 型数据运算时，结果为 Double 型数据。

3）书写表达式时的注意事项

(1) 表达式要在同一行上书写成线性序列。例如，数学式子$\frac{a+b}{c-d}$写成 VB 表达式应为(a+b)/(c−d)。

(2) 乘号“*”不能省略，也不能用“·”代替。例如，2y 应写成 2 * y。

(3) 括号可以改变运算顺序。表达式中只能使用圆括号，且可以嵌套，不能使用方括号和花括号。

7.1.6　常用标准函数

VBA 提供了大量内部的标准函数，可方便地完成许多操作。标准函数一般用于表达式中，其使用形式为：

函数名（[〈参数 1〉][,〈参数 2〉][,〈参数 3〉] [,…]）

其中函数名必不可少，函数的参数放在函数后面的圆括号中，参数可以是常量、变量或表达式，可以有一个或多个，少数函数为无参函数。每个函数被调用时，都会返回一个具有特定类型的返回值。

VBA 的内部函数大体上可分为：转换函数、数学函数、字符串函数、时间/日期函数和随机函数等。

1. 转换函数

转换函数用于数据类型或形式的转换，包括整型、浮点型、字符串型之间以及与 ASCII 码字符之间的转换。

表 7.6 列出了 VBA 中的常用转换函数。

表 7.6　常用转换函数

函数名称	功能说明	示例	示例结果
Str(Numerical)	将数值型数据转换成字符串型数据	Str(358)	" 358"
Val(String)	将数字字符串转换成数值型常数	Val("25.25.2868")	25.25
Chr(ASCIICode)	将 ASCII 码转换成字符串	Chr(97)	"a"
Asc(String)	将由一个字符组成的字符串转换成 ASCII 代码值	Asc("C")	67
Cint(Var)	将数值的小数部分进行四舍五入，然后返回一整型数	Cint(23.512)	24
Fix(Var)	截去浮点数或货币型数的小数部分	Fix(218.92)	218
Int(Var)	将浮点型或货币型数转换为不大于参数的最大整数	Int(6.5) Int(－7.8)	6 －8
Ccur(Var)	将数值型量转换成货币型量，若参数小数部分多于 4 个，则将多出部分四舍五入	Ccur(123.56789)	123.5679
Lcase(String)	将大写字母转为小写字母	Lcase("AbCdEF")	"abcdef"
Ucase(String)	将小写字母转换为大写字母	Ucase("AbCdEF")	"ABCDEF"

说明：(1) 对 Str()函数，若参数为正数，则返回字符串前有一前导空格，如表 7.5 中第 2 行的示例结果所示。

(2) 对 Val()函数，若参数字符串中包含“.”，则只将最左边的一个“.”转换成小数点；若参数字符串中包含有“＋”或“－”，则只将字符串首的“＋”“－”号转换为正、负号；若参数字符串中还包含有除数字以外的其他字符，则只将字符串中其他字符以前的串转换成数值。例如，Val("＋3.14＋2")转换为 3.14，Val("156B ")转换为 156。

(3) 对 Chr()函数，参数范围为 0～255，函数返回值为由一个字符组成的字符串。

(4) 除上述转换函数外，VB 6.0 中还提供了 CDbl，CLng，CSng，CBool，CStr 等类型转换函数，其详细用法请查询联机帮助功能。

2. 数学函数

VBA 中的数学函数与数学中的定义一致，但三角函数中的参数 x 以弧度为单位。

表 7.7 列出了 VBA 中的常用数学函数。

表 7.7　常用数学函数

函数名称	功能说明	示例	示例结果
Sin(x)	计算正弦值	Sin(0)	0
Cos(x)	计算余弦值	Cos(0)	1
Tan(x)	计算正切值	Tan(1)	1.5574077246549
Atn(x)	计算反正切值	Atn(1)	0.785398163397448
Log(x)	计算自然对数值，参数 x＞0	Log(10)	2.3
Exp(x)	计算以 e 为底的幂	Exp(3)	20.086
Sqr(x)	计算平方根，要求参数 x≥0	Sqr(9)	3
Abs(x)	计算绝对值	Abs(－9)	9
Hex(x)	将十进制数值转换为十六进制数值或字符串	Hex(100)	"64"
Oct(x)	将十进制数值转换为八进制数值或字符串	Oct(100)	"144"
Sgn(x)	判断参数的符号	Sgn(5)	1

说明：(1) 对函数 Tan(x)，当 x 接近$+\frac{\pi}{2}$或$-\frac{\pi}{2}$时，会出现溢出。

(2) 对函数 Sgn(x)，当 x＞0，返回值＋1；当 x＝0，返回值 0；当 x＜0，返回值－1。

3. 字符串函数

字符串函数主要用于各种字符串处理。VBA 中字符串长度是以字为单位，也就是每一个西文字符和每个汉字都作为 1 个字，存储时占两个字节。这与传统概念有所不同，原因是编码方式不同。

VBA 中采用的是 Unicode 编码，使用国际标准化组织(ISO)的字符标准来存储和操作字符串。Unicode 是全部用两个字节表示一个字符的字符集。为了保持与 ASCII 码的兼容性，保留 ASCII，仅将其字节数变为 2，增加的字节以零填入。表 7.8 列出了 VBA 中的常用字符串函数。

表 7.8 常用字符串函数

函数名称	功能说明	示例	示例结果
InStr([N],String1,String2,[M])	从字符串 String1 中的第 N 个字符开始找字符串 String2	InStr(2,"ABEfCDEFG","EF",0)	7
InStrRev(String1,String2,[N],[M])	与 InStr 函数的作用相似,只是从 String1 的尾部开始找 String2	InStrRev("ABCDEFGEFGH","EF")	8
Join(Array,[D])	将数组的各元素按指定的分隔符连接成字符串	Join(Array("123","ab","c"),"/")	"123/ab/c"
Left(String,N)	取出字符串左边 N 个字符作为一个新的字符串	Left("ABCDEFG",3)	"ABC"
Len(String)	求字符串长度(即字符串的字符个数)	Len("AB 高等教育")	6
LenB(String)	求字符串存储时所占字节数	LenB("AB 高等教育")	12
Ltrim(String)	去掉字符串左边的空格	Ltrim(" ABCD")	"ABCD"
Mid(String,N1,N2)	从字符串的中间取子串	Mid ("ABCDEFG",2,3)	"BCD"
Right(String,N)	取出字符串右边的 N 个字符	Right("ABCDEFG",3)	"EFG"
Rtrim(String)	去掉字符串右边空格	Rtrim("ABCD ")	"ABCD"
Trim(String)	去掉字符串左右两边空格	Trim(" ABCD ")	"ABCD"
Space(N)	产生 N 个空格组成的字符串	Space(3)	" "
String(N,String)	产生由字符串的 N 个首字符组成的字符串	String(3, "ABCDEF")	"AAA"
StrReverse(String)	将字符串反序	StrReverse("ABCDEF")	"FEDCBA"

说明:(1) 对函数 InStr(),要求参数至少有两个字符串型常量或变量或表达式。若省略 N,从头开始找;若有参数 N,则从 String1 的左端第 N 个字符开始找 String2。若参数 M=1,则在查找时不区分大小写;若 M=0 或 M 省略,则在查找时区分大小写。

注意:N 省略,则不能带参数 M。

返回值:若在 String1 中找到 String2,则返回 String1 中第一次和 String2 匹配的第 1 个字符的顺序号;若找不到,则函数返回 0。

(2) 对函数 InStrRev(),要求参数至少有两个字符串常量或变量或表达式。若省略 N 从尾开始找;若有参数 N,则从 String1 的第 N 个字符开始向左端查找 String2。若参数 M=1,则在查找时不区分大小写,若 M=0 或 M 省略,则在查找时区分大小写。

返回值:若在 String1 中找到 String2,则返回 String1 中第一次和 String2 匹配的左端第 1 个字符的顺序号;若找不到,则函数返回 0。

(3) 对函数 Join(),若省略 D,则将数组各元素值顺序连接成字符串返回;若不省略 D,则按分隔符 D 将数组各元素连接成字符串返回。

(4) 对函数 Mid(),返回字符串 String 中从第 N1 个字符开始向右连续取 N 两个字符组成的字符串。

4. 日期与时间函数

日期与时间函数主要是向用户显示日期与时间信息。表7.9列出了VBA中的常用日期与时间函数，其中的"DateString"表示日期字符串，"N|String"表示参数可以是数值或字符串，"TimeString" 表示时间字符串。日期的显示与Windows"控制面板"中设置的日期格式一致。

表7.9　常用日期与时间函数

函数名称	功能说明	示例	示例结果
Date[()]	返回系统的当前日期	Debug. Print Date	显示形式为： 2010-05-22
Day(DateString)	返回日期值	Day("2010-5-22")	22
Month(DateString)	返回月份值	Month("2010,5,22")	5
MonthName(N|String)	返回月份名	MonthName(8) MonthName("8")	八月 八月
Year(DateString)	返回年号	Year("2010-5-20")	2010
Now	返回系统当前日期和时间	Debug. Print Now	显示形式为： "yyyy-mm-dd hh:mm:ss"
Time[()]	返回系统中的当前时间	Debug. Print Time	显示形式为： hh:mm:ss
Hour(TimeString)	返回小时	Hour("02:10:25")	2
Minute(TimeString)	返回分钟	Minute("02:10:25")	10
Second(TimeString)	返回秒钟	Second("02:10:25")	25
Weekday(DateString)	返回星期代号	Weekday("2006,9,25")	2(代表星期一)

对于函数Weekday(DateString)作如下说明：

参数DateString是一个日期字符串，函数返回值是整数(1～7)，为星期代号，1代表星期日，2代表星期一，……，7代表星期六。例如，执行语句：

```
Debug.Print Weekday("2001, 9, 25")
```

则输出结果：3(代表星期二)。

5. 随机函数

在测试、模拟及游戏程序中，经常使用随机数。VBA的随机函数和随机语句就是用来产生这种随机数的。表7.10列出了VBA中随机函数与随机数语句。

表 7.10 随机函数与随机数语句

函数名称	功能说明	示例	示例结果
Rnd[(x)]	产生[0,1)之间的随机数	Rnd	[0,1)之间的单精度随机数
Randomize[(x)]	给随机函数 Rnd()重新赋予不同的种子	Randomize	

说明:(1) 对随机函数 Rnd[(x)],参数 x 可有,也可省去,参数 x 为随机数生成时的种子。

返回值:当 x>0 或省去参数,以上一个随机数作种子,产生序列中的下一个随机数;当 x≤0 时产生与上次相同的随机数。

例如:

```
Debug.Print Rnd(- 2)          产生随机数:0.7133257
Debug.Print Rnd(2)            产生随机数:0.6624333
Debug.Print Rnd(- 2)          产生随机数:0.7133257
Debug.Print Rnd(0)            产生随机数:0.7133257
Debug.Print Rnd               产生随机数:0.6624333
```

为了生成[A,B]范围内的随机整数,可使用公式:Int((B−A+1) * Rnd)+A。例如,Int(9 * Rnd)+1 产生[1,9]之间的随机整数。

(2) 对随机数语句 Randomize[(x)],Randomize 用 x 将 Rnd 函数的随机数生成器初始化,给它一个新的种子值;如果省略 x,则用系统计时器返回的值作为新的种子值。Rnd 函数将产生出不同的随机数序列。

如果没有使用 Randomize 语句,则无参数的 Rnd 函数将产生相同的随机数序列。

7.1.7 输入输出函数和过程

VBA 与用户之间的直接交互是通过 InputBox()函数、MsgBox()函数和 MsgBox 过程进行的。

1. InputBox()函数

InputBox()函数产生一个对话框,这个对话框作为输入数据的界面,等待用户输入数据或按下按钮,并返回所输入的内容。函数返回值是 String 类型(每执行一次 InputBox 只能输入一个数据)。

格式:**InputBox(prompt[,title][,default][,xpos][,ypos])**

参数说明:(1) prompt:该项不能省略,是作为对话框提示消息出现的字符串表达式,最大长度为 1024 个字符。在对话框内显示 prompt 时,可以自动换行,如果想按自己的要求换行,则需插入回车、换行符来分隔,即 Chr(13)+Chr(10)。

(2) title:作为对话框的标题,显示在对话框顶部的标题区。

(3) default:是一个字符串,用来作为对话框中用户输入区域的默认值,一旦用户输入数据,则该数据立即取代默认值,若省略该参数,则默认值为空白。

(4) xpos,ypos:是两个整数值,作为对话框左上角在屏幕上的点坐标,其单位为 twip

（缇，即1/1440英寸）。若省略，则对话框显示在屏幕中心线向下约1/3处。

在由InputBox显示的对话框中，上述各参数的作用如图7-12所示。

图7-12　InputBox对话框(1)

图7-13　InputBox对话框(2)

下面用具体例子来说明：

```
Dim Prompt, Title, Default, MyValue              '说明各变量为可变类型
Prompt = "请输入 0 或 1 以代表硬币的正、反面:"      '设置提示信息
Title = "猜硬币"                                  '设置标题
Default = "0"                                    '设置输入区默认值
MyValue = InputBox(Prompt,Title,Default)         '对话框显示提示信息、标题及默认值
```

本例的完成效果如图7-13所示，用户的输入数据将作为字符串被赋予变量MyValue。

2. MsgBox()函数

MsgBox()函数可以向用户传送信息，并可通过用户在对话框上的选择，接收用户所作的响应，返回一个整型值，以决定其后的操作。

格式：**MsgBox(msg[,type][,title])**

参数说明：(1) msg参数与InputBox中的prompt参数定义相同。例如，M=MsgBox("时间已到")的执行结果如图7-14所示，单击【确定】按钮后，MsgBox返回数值1，并赋予变量M。

图7-14　MsgBox对话框

(2) Type：指定显示按钮的数目及形式、使用的图标样式、默认按钮是什么，以及消息框的强制返回级别等。该参数是一个数值表达式，是各种选择值的总和，默认值为0。表7.11列出了Type参数的设置值及其描述。

(3) Title：是用来显示对话框标题的字符串。

上述参数中，只有msg是必选的，若省略type参数则对话框中仅显示一个【确定】命令按钮，且无显示图标，如果省略title参数，则以当前工程的名称作为对话框的标题。

表7.11　Type参数的设置值及其描述

符号常量	值	描述
vbOkOnly	0	只显示"确定"按钮
vbOkCancel	1	显示"确定"及"取消"按钮
vbAbortRetryIgnore	2	显示"终止""重试"及"忽略"按钮
vbYesNoCancel	3	显示"是""否"及"取消"按钮
vbYesNo	4	显示"是""否"按钮
vbRetryCancel	5	显示"重试"及"取消"按钮

续表

符号常量	值	描述
vbCritical	16	显示图标
vbQuestion	32	显示图标
vbExclamation	48	显示图标
vbInformation	64	显示图标
vbDefaultButton1	0	第 1 个按钮是默认值
vbDefaultButton2	256	第 2 个按钮是默认值
vbDefaultButton3	512	第 3 个按钮是默认值
vbDefaultButton4	768	第 4 个按钮是默认值
vbApplicationModal	0	应用程序强制返回，当前应用程序被挂起，直到用户对消息框作出响应才继续工作
vbSystemModal	4096	系统强制返回，系统全部应用程序都被挂起，直到用户对消息框作出响应才继续工作

第 1 组值(0～5)描述了对话框中显示的按钮的类型与数目。

第 2 组值(16,32,48,64)描述图标的样式。

第 3 组值(0,256,512,768)指明默认活动按钮。

第 4 组值(0,4096)决定消息框的强制返回值。

Type 参数由上述每组值选取一个数字相加而成。参数表达式既可以用符号常数，也可以用数值，例如：

16＝0＋16＋0 或 vbCritical：显示【确定】按钮，“×”图标，默认活动按钮为【确定】。

321＝1＋64＋256 或 vbOkCancel＋vbInformation＋vbDefaultButton：显示【确定】和【取消】按钮，“i”图标，默认活动按钮为【取消】。

MsgBox 函数的返回值是 1～7 的整数，或相应的符号常量，分别与对话框的 7 种命令按钮相对应，如表 7.12 所示。

表 7.12　MsgBox 函数的返回值

符号常量	值	命令按钮	符号常量	值	命令按钮
vbOk	1	确定	vbIgnore	5	忽略
vbCancel	2	取消	vbYes	6	是
vbAbort	3	终止	vbNo	7	否
vbRetry	4	重试			

3. MsgBox 过程

MsgBox 函数也可写成语句形式。

格式：**MsgBox Msg**[**,type**][**,title**]

说明：各参数的含义及作用与 MsgBox 函数相同。由于 MsgBox 语句没有返回值，因此常被用于简单的信息显示。例如,MsgBox "请保存文件,系统即将关闭!",执行后显示的消息框如图7-15所示。

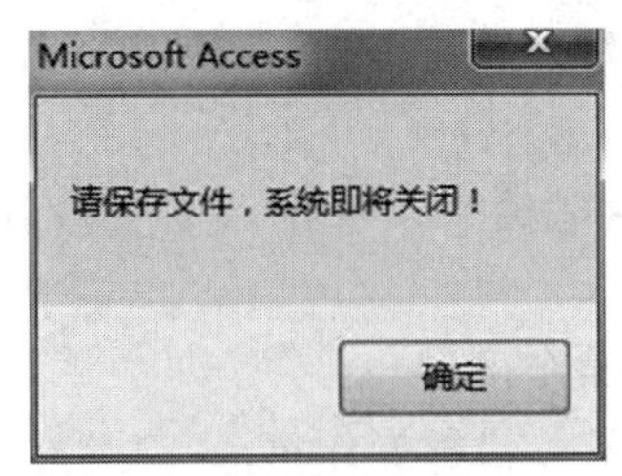

图7-15　简单消息框

由MsgBox()函数或MsgBox语句所显示的对话框有一个共同特点,即在出现对话框后,用户必须作出选择,即单击框中的某个按钮或按回车键,否则不能执行其他任何操作,在VBA中,把这样的窗口(对话框)称为"模态窗口"(Modal Windows),如在Windows中"另存为…"对话框即是模态窗口。

与模态窗口相反,非模态窗口(Modeless Windows)允许对屏幕上的其他窗口进行操作,如"我的电脑"窗口即是如此。

7.2　VBA的流程控制

一个语句是能够完成某项操作的一条命令。VBA程序就是由大量的语句构成的。VBA程序语句按照其功能不同分为两大类型:一是声明语句,用于给变量、常量或过程定义命名;二是执行语句,用于执行赋值操作,调用过程,实现各种流程控制。执行语句又分为3种结构:顺序结构、分支结构和循环结构。

7.2.1　顺序控制

1. VBA语句书写规则

每一种高级程序设计语言源程序代码的书写都有一定的规则,以便于程序的阅读。

1) VBA源代码不区分字母的大小写

在代码窗口中,VBA对用户输入的程序代码进行自动转换,以提高程序的可读性。

VBA关键字的首字母总被转换成大写,其余字母被转换成小写。若关键字由多个英文单词组成,每个单词的首字母都将被转换成大写。

对用户自定义的变量、过程名,VBA以第一次定义的为准,以后输入时VBA自动向首次定义的转换。

2) 语句书写自由

同一行上可以写多个语句,语句间用冒号":"分隔;

一个语句可分为若干行书写,但须在行后加续行标志(空格加下划线"_")。

2. VBA 的基本语句

在一个程序中，最基本的语句是赋值语句、注释语句和结束语句。

1）赋值语句

用赋值语句可以把指定的值赋给某个变量或某个带有属性的对象，它是为变量和控件属性赋值的主要方法。

语句格式：**目标操作符= 源操作符**。

语句功能：把源操作符的值赋给目标操作符。

其中"源操作符"包括变量（简单变量及下标变量）、表达式、常量及带有属性的对象；"目标操作符"指的是变量和带有属性的对象；"="称为赋值号。

例如：

```
Data = 15                 '把数值常量 15 赋给变量 Data
x = x+1                   '把变量 x 的值加上 1 后再赋给 x
S= "Welcome"              '把字符串常量赋给字符串变量 S
```

2）注释语句

注释语句用来对程序或程序中某些语句作注释。适当添加注释有利于程序的维护，在代码窗口中注释默认以绿色文字显示。

以关键字 Rem 开头引导的注释内容，可以添加到程序的任意位置；以撇号"'"开头引导的注释内容，可以直接出现在语句后面。例如：

```
'This is a VBA Program
Rem 计算图的面积
```

3）结束语句

程序运行时，遇到结束语句就终止程序的运行。

语句格式为： **End**

End 语句提供了一种强迫中止程序的方法。VBA 程序正常结束应该卸载所有的窗体。只要没有其他程序引用该程序公共类模块创建的对象并无代码执行，程序将立即关闭。

End 语句除用来结束程序外，在不同环境下还有其他一些用途，包括：

End Sub	结束一个 Sub 过程
End Function	结束一个 Function 过程
End If	结束一个 If 语句块
End Type	结束记录类型的定义
End Select	结束情况语句

当在程序中执行 End 语句时，将终止当前程序，重置所有变量，并关闭所有数据文件。

7.2.2 条件语句

条件结构根据条件表达式的值来选择程序的运行语句。

1. 单行结构条件语句

格式：**If** 〈条件〉 **Then** 〈语句 1〉 [**Else** 〈语句 2〉]

功能:如果“条件”成立(其值为True或非0值),则执行“语句1”;否则,执行“语句2”。

其中“条件”通常是关系表达式或逻辑表达式,“语句1”和“语句2”既可以是简单语句,也可以是用冒号分隔的复合语句。例如:

```
If x>y Then z=x-y Else z=y-x
```

当“Else〈语句2〉”省略时,If语句简化为:

If〈条件〉Then〈语句〉

它的功能是:条件成立执行语句(序列),否则执行下一行语句。

2. 块结构条件语句

单行结构条件语句中,如果条件分支执行的操作比较复杂,不能在一行书写完毕,可以使用块结构条件语句。块结构条件语句格式如下:

```
If〈条件1〉Then
    〈语句块1〉
[ElseIf〈条件2〉Then
    〈语句块2〉]
[ElseIf〈条件3〉Then
    〈语句块3〉]
……
[Else
    〈语句块n〉]
End If
```

块结构条件语句的功能是:若“条件1”为True,执行“语句块1”;否则若“条件2”为True,执行“语句块2”……若上述条件均不成立,执行“语句块n”。

比较两种结构的条件语句,应注意其各自的特点,现作如下说明:

(1) 条件语句中的“条件”不但可以是逻辑表达式或关系表达式,还可以是数值表达式。在VB中,通常把数值表达式看成是逻辑表达式的特例:非0值表示True,0值表示False。

(2) “语句块”中的语句不能与Then在同一行上,否则VBA认为这是一个单行结构的条件语句。

(3) 块结构条件语句,必须以End If结束,而单行结构的条件语句不需要End If。

(4) 当省略ElseIf子句和Else子句时,块结构条件语句简化为:

```
If〈条件〉Then
    〈语句块〉
End If
```

完全可替代单行结构的条件语句:

If〈条件〉Then〈语句(序列)〉

例如,可以把上面的行If语句用块If语句表示如下:

```
If x>y Then
    z=x-y
```

```
Else
    z=y-x
End If
```

3. 多分支结构

在 VBA 中,使用情况语句实现多路分支程序设计,比用 If 语句更为简单和结构清晰。其一般格式为:

```
Select Case〈测试表达式〉
    Case〈表达式表列 1〉
        [〈语句块 1〉]
    [Case〈表达式表列 2〉
        [〈语句块 2〉]]
    ……
    [Case Else
        [〈语句块 n〉]]
End Select
```

情况语句以 Select Case 开头,以 End Select 结束,其功能是根据"测试表达式"的值,从多个语句块中选择符合条件的一个语句块执行。

说明:(1) 情况语句的执行过程是:先对"测试表达式"求值,然后顺序测试该值与哪一个 Case 子句中的"表达式表列"相匹配;一旦找到了,则执行该 Case 分支的语句块,然后把控制转移到 End Select 后面的语句块;如果没找到,则执行 Case Else 分支的语句块,然后把控制转移到 End Select 后面的语句块。

(2) "测试表达式"可以是数值表达式或字符串表达式,通常为变量或常量。

(3) 每个 Case 子句中的语句块可以是一行或多行 VBA 语句。

(4) "表达式表列"中的表达式必须与测试表达式的类型相同。

(5) "表达式表列"称为域值,可以是下列形式之一:

①〈表达式 1〉[,〈表达式 2〉…]

也称为枚举形式,当"测试表达式"的值与其中之一相同时,就执行该 Case 子句中的语句块。例如:

```
Case 2,4,6,8,10
```

②〈表达式 1〉 To 〈表达式 2〉

当"测试表达式"的值落在表达式 1 和表达式 2 之间时(含表达式 1 和表达式 2 的值),则执行该 Case 子句中的语句块。书写时,必须把较小值写在前面。例如:

```
Case 2 To 10
```

③Is〈关系表达式〉

当"测试表达式"的值满足"关系表达式"指定条件时,执行 Case 子句中的语句块。例如:

```
Case Is>18*a              '若"测试表达式"的值大于 18*a 的值
Case Is=5                 '若测试表达式的值等于 5
```

```
Case Is>5, -1 To 2            '若“测试表达式”的值大于 5 或在-1～2 之间(含-1 和 2)
```

注意：此处关系表达式只能是简单条件，不能为组合条件。

例如：

```
Dim Score As Integer, StrX As String
Score=Val(InputBox("请输入成绩:"))
Select Case Score
    Case 0 To 59
        StrX="不及格"
    Case 60 To 69
        StrX="及格"
    Case 70 To 79
        StrX="中等"
    Case 80 To 89
        StrX="良好"
    Case 90 To 100
        StrX="优秀"
    Case Else
        MsgBox "不是 0～100 的整数", "错误提示"
End Select
```

注意：情况语句的条件判断是从上往下依次进行的，所以应注意〈表达式表列〉的书写顺序，以确保程序的正确性。

4. IIf 函数和 Choose 函数

1）IIf 函数

IIf 函数用于执行简单判断及相应处理，IIf 是“Immediate If”的简写。

格式：**IIf(条件, True 部分, False 部分)**

功能：当“条件”为真时，返回 True 部分的值为函数值；而当“条件”为假时，返回 False 部分的值为函数值。

说明：(1) “条件”是逻辑表达式或关系表达式。

(2) “True 部分”或“False 部分”是表达式。

(3) “True 部分”和“False 部分”的返回值类型必须与结果变量类型一致。

(4) IIf 函数与 If … Then … Else 的执行机制类似，如表 7.13 所示。

表 7.13 If 语句与 IIf 函数的比较

示例	If … Then … Else	IIf 函数
1	If x=0 Then y=0 Else y=1/x	y=IIf(x=0,0,1/x)

2	d= b*b-4*a*c
	If d>=0 then
	    Debug.Print "此方程有解"
	Else
	    Debug.Print "此方程无实解"
	End If
		d=b*b-4*a*c
		Debug.Print IIf(d>= 0, "此方程有解", "此方程无实解")

2）Choose 函数

Choose 函数可代替 Select Case 语句，适用于简单的多重判断场合。

格式：**Choose（变量，值为 1 的返回值，值为 2 的返回值，…，值为 n 的返回值）**

功能：当变量的值为 1 时，函数值为“值为 1 的返回值”，当变量的值为 2 时，函数值为“值为 2 的返回值”……当变量的值为 n 时，函数值为“值为 n 的返回值”。

说明：(1) 变量的类型为数值型。

(2) 当变量的值是 1～n 的非整数时，系统自动取整。

(3) 若变量的值不在 1～n 之间，则 Choose 函数的值为 Null。

例如，op=Choose(Nop,"＋","－","×","÷")，则当 Nop 值为 1 时，op＝"＋"；当 Nop 值为 2 时，op＝"－"；依此类推，若 Nop 值落在[1,4]区间外时，op 值为 Null。

5. 嵌套的选择结构

在块结构条件语句中，若“语句块”本身又包含条件语句结构，则称为条件语句嵌套。

【例 7-1】 给出 a,b,c 的值，问它们能否构成三角形的 3 边。如能构成三角形，计算出此三角形的面积。

例题解析：若 a,b,c 能构成三角形的 3 个边则必定有下列条件同时成立：

(1) a>0,b>0,c>0，即 a,b,c 均为正数。

(2) a+b>c,b+c>a,c+a>b，即三角形任意两条边之和大于第三边。

程序如下：

```
Dim a As Single,b As Single,c As Single
Dim p As Single,s As Single                'p 为边长变量,s 为面积变量
a=Val(InputBox("请输入第 1 个数"))
b=Val(InputBox("请输入第 2 个数"))
c=Val(InputBox("请输入第 3 个数"))
Flag=0                                     '设标志位 Flag= 0 为不能构成三角形
If a>0 And b>0 And c>0 Then
    If a+b>c And b+c>a And a+c>b Then
        Flag=1
        p=(a+b+c)/2
        s=Sqr(p*(p-a)*(p-b)*(p-c))
```

```
        Debug.Print "三角形的三边长和面积依次为"; a,b,c,s
    End If
End If
If Flag=0 then Debug.Print "这 3 个数不能构成三角形的 3 个边"
```

7.2.3 循环语句

在程序执行过程中，常常要用到循环结构。所谓循环是指对同一个程序段重复执行若干次，被重复执行的部分称为循环体，由若干语句构成。在 VBA 中有两种类型的循环语句：计数型循环语句，条件型循环语句。

1. For … Next 循环

For … Next 循环是计数型循环语句，常用于循环次数已知的程序结构中，一般格式如下：

For 〈循环变量〉=〈初值〉To〈终值〉[Step〈步长〉]
[〈循环体〉]
[Exit For]
Next [〈循环变量〉]

功能：For 循环按确定的次数执行循环体，该次数是由循环变量的初值、终值和步长确定的。

例如：

```
For i=1 To 10 Step 2
    Debug.Print i
Next i
```

该程序段循环变量 i 依次取值为 1,3,5,7,9，共执行 5 次 Print i 语句。

说明：(1) 循环变量：是一个数值型变量(简单变量)。

(2) 初值、终值和步长：均是数值表达式，其值若是实数，则自动取整。

当初值≤终值时，步长应为正数；反之，应为负数。步长为 1 时，可略去不写，步长不应等于 0，否则构成死循环。

(3) 循环体：是需重复执行的语句，可以是一条语句或多条语句。

(4) Exit For：用于强行退出循环。一般情况下，当循环变量取值超过终值时，结束循环。

(5) Next：循环终端语句。在其后面的“循环变量”与 For 语句中的“循环变量”必须相同。

(6) 循环次数的计算公式为：

循环次数=Int((终值-初值)/步长+1)

【例 7-2】 求自然数 n 的阶乘。

程序代码如下：

```
k=1
For i=1 To n                  '利用循环控制变量 i 取得下一个被乘数进行连乘
    k=k*i
```

```
Next i
```

2. While … Wend 循环

While 语句又称当循环语句，属条件型循环。根据某一条件进行判断，决定是否执行循环，一般格式如下：

```
While 条件
    [循环体]
Wend
```

功能：当给定的“条件”为 True 时，执行循环体。

说明：(1) While 循环语句先对“条件”进行测试，然后才决定是否执行循环。

(2) 如果“条件”总是成立，则不停地执行循环体，构成死循环。因此在循环体中应包含有对“条件”的修改操作，使循环能正常结束。

【例 7-3】 求 100 以内自然数的和。

程序代码如下：

```
Dim s As Integer, n As Integer
s=0
n=1
While n<=100
  s=s+n
  n=n+1
Wend
```

3. Do … Loop 循环

Do 循环语句也是根据条件决定循环的语句。其构造形式较灵活：既可以指定循环条件，也能够指定循环终止条件。

```
格式 1： Do [While|Until〈条件〉]
             [〈循环体〉]
             [Exit Do]
         Loop
格式 2： Do
             [〈循环体〉]
             [Exit Do]
         Loop [While|Until〈条件〉]
```

功能：当循环“条件”为真(While 条件)或直到指定的循环结束“条件”为真之前(Until〈条件〉)重复执行循环体。

说明：(1) While 是当条件为 True 时执行循环，而 Until 则是在条件变为 True 之前重复。

(2) 当只有 Do 和 Loop 两个关键字时，其格式简化为：

```
Do
    [〈循环体〉]
Loop
```

此时，为使循环能正常结束，循环体中应有 Exit Do 语句。

(3) 在格式 1 中，While 和 Until 放在循环的开头是先判断条件，再决定是否执行循环体的形式。

(4) 在格式 2 中，While 和 Until 放在循环的末尾，是先执行循环体，再判断条件，以决定是重复循环还是终止循环。

【例 7-4】 用 Do … Loop 先判断条件，求 100 以内自然数的和。

程序代码如下：

```
Dim s As Integer, n As Integer
s=0
n=1
Do While n <= 100
    s=s+n
    n=n+1
Loop
```

或改为用 Until 判断条件，程序代码如下：

```
Dim s As Integer, n As Integer
s=0
n=1
Do Until n>100
    s=s+n
    n=n+1
Loop
```

在上述 3 种循环语句中，循环体中均可以再包含循环语句，即循环语句是允许嵌套的。但是，循环语句不允许交叉。

7.3 创建 VBA 模块

模块基本上是由声明、语句和过程组成的集合，它们作为一个已命名的单元存储在一起，对代码进行组织。

Access 有两种类型的模块：类模块和标准模块。

7.3.1 类模块与标准模块

1. 类模块

类模块是可以定义新对象的模块，新建一个类模块就是创建了一个新对象，模块中定义的过程将变成该对象的属性和方法。

窗体模块和报表模块都属于类模块，它们从属于各自的窗体或报表。在“窗体”或报表设计视图环境下，可以用两种方法进入相应的模块代码网格区域：一是鼠标点击工具栏“代码”按钮进入；二是为窗体或报表创建事件过程时，系统自动进入相应的代码网格区域。

窗体模块和报表模块通常都含有事件过程，而过程的运行用于响应窗体或报表上的事件。使用事件过程可以控制窗体或报表的行为以及它们对用户操作的响应。

窗体模块和报表模块中的过程可以调用标准模块中已经定义好的过程。

窗体模块和报表模块具有局部特性，其作用范围局限在所属窗体或报表内部，而生命周期则是伴随着窗体或报表的打开而开始、关闭而结束的。

2. 标准模块

标准模块一般用于存放供其他 Access 数据库对象使用的公共过程。在 Access 系统中可以通过创建新的“模块”对象而进入其代码设计环境。

标准模块通常安排一些公共变量或过程，供类模块里的过程调用。在各个标准模块内部也可以定义私有变量和私有过程，仅供本模块内部使用。

标准模块中的公共变量和公共过程具有全局特性，其作用范围在整个应用程序里，生命周期是伴随着应用程序的运行而开始、关闭而结束的。

7.3.2 子过程与函数过程

VBA 应用程序是由过程组成的。事件过程构成了应用程序的主体，它是对发生的事件做出响应的程序段。有时候，多个不同的事件过程需要使用一段相同的程序代码，执行某个特定任务，所以可以把这一段程序代码独立出来，作为一个过程，这样的过程就称为通用过程。通用过程分为 Sub 过程(子过程)和 Function 过程(函数过程)。

1. 子过程的定义

子过程是一系列由 Sub 和 End Sub 语句所包含起来的 VBA 语句，只执行一个或多个操作，而不返回数值。

一般语法格式如下：

```
[Static] [Private|Public] Sub 子过程名 ([〈形参列表〉])
    语句块
    [Exit Sub]
    语句块
End Sub
```

说明：(1) 子过程定义格式中“Sub 子过程名”和“End Sub”是必不可少的，子过程名的命名规则与变量命名规则相同。子过程由“Sub”开始定义，由 End Sub 结束，在这两者之间的程序便是完成某个功能的子过程体。

(2) Static：在过程名之前使用 Static，表示过程中的局部变量都是静态变量。当程序退出该过程时，局部变量的值仍然保留作为下次调用时的初值。Static 的说明对数组变量亦有效，但对动态数组则无论怎么定义均不可能为静态。

(3) Private：表示该过程为私有过程，只能被本模块中的其他过程访问，不能被其他模块中的过程访问。

(4) Public:表示该过程为公有过程,即可以被程序中所有模块调用。本窗体和其他窗体模块均可调用,但过程名必须唯一,否则必须在过程名前加上该过程所在的窗体名或模块名。

(5) 形参列表:其他过程与本过程进行参数传递和交换的形式参数,当参数个数大于等于2时,则参数之间必须用“,”隔开。

(6) Exit Sub:在过程中的任意位置终止过程的运行而退出该过程时使用的语句。

(7) 过程体内部不能再定义其他过程,但可以调用其他合法的过程,事件过程中也不允许定义子过程。

2. 函数过程的定义

函数过程通常情况下称为函数,是一系列由 Function 和 End Function 语句所包含起来的 VBA 语句。Function 过程和 Sub 过程很类似,但函数过程可以通过函数名返回一个值。

一般语法格式如下:

```
[Static][Public|Private]Function 函数过程名([〈形参列表〉][As 类型])
    语句块
    ……
    [Exit Function]
    ……
    语句块
    [函数过程名 =〈表达式〉]
End Function
```

说明:(1) 函数过程定义与子过程定义基本相同,子过程用 Sub…End Sub 定义,而函数过程定义由 Function … End Function 来实现。

(2) 给函数名赋值:这是与子过程定义不同之处。一般情况,程序员定义一个函数过程的目的,是为完成指定功能后,能返回一个值给调用程序,若无此目的则定义一个子过程就可以了。故函数过程定义一般应有一条语句给函数名赋值(即调用后的返回值),若不赋值则默认返回值为0(数值型函数),或空串(字符串型函数),或空值(可变类型函数)。实际上函数名本是一个隐含的变量,故函数名可像变量一样在函数体内使用,其类型即为格式 As 类型中所定义的类型。

(3) 与 Sub 一样,函数过程定义的函数体内不允许定义其他的函数过程和子过程。

3. 创建过程

子过程或函数过程既可以在标准模块中建立,也可以在窗体模块中建立。

(1) 在 VBA 窗体代码编辑器或模块代码编辑器中执行“插入|过程”菜单命令,即可打开“添加过程”对话框,如图7-16所示。

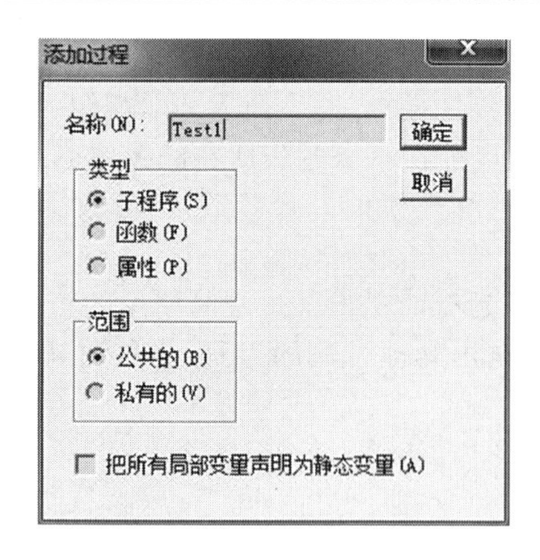

图 7-16 “添加过程”对话框之一

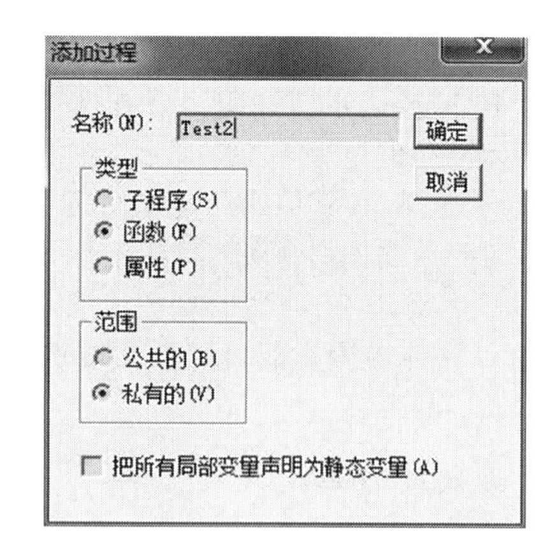

图 7-17 “添加过程”对话框之二

(2) 在“名称”右边的文本框中输入过程名称，如图 7-16 所示，“Test1”为过程名。

(3) 在“类型”选项组中选择“子程序”或“函数”选项。

(4) 确定所创过程是私有的还是公有的，在“范围”选项组中选择单选按钮之一。

(5) 根据应用的需求，确定过程是否为静态，若选中“把所有局部变量声明为静态变量”复选框，则会在过程说明之前加上 Static 说明符。

设置示例如图 7-16 和图 7-17 所示。

(6) 单击【确定】按钮，即可回到代码窗口，系根据上述选择系统自动构造的过程框架，并将录入光标定位在过程内第 1 行，如图 7-18 所示。

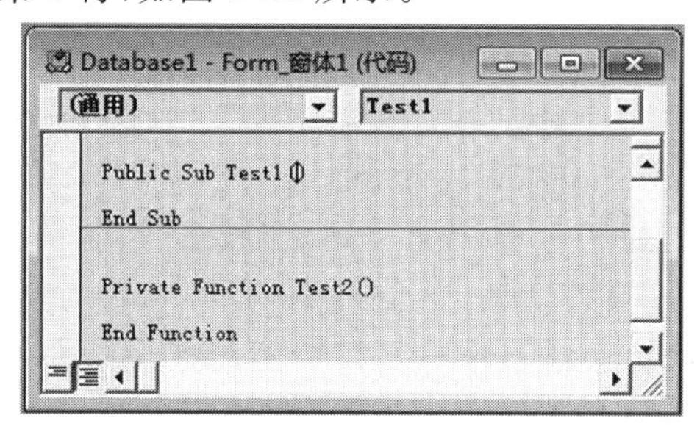

图 7-18 自动生成的过程框架和函数框架

(7) 可为过程添加形式参数及其类型声明；为函数过程的返回值添加类型声明。

(8) 在 Sub … End Sub 之间或者在 Function … End Function 之间编写程序代码。

创建子过程或函数过程的方法，除了上述使用菜单命令创建框架的方法外，也可以在代码编辑窗口中直接输入代码完成。

7.3.3 过程调用与参数传递

本节结合实例介绍子过程与函数过程的调用及参数传递。

1. 过程调用

1) 函数过程的调用

函数过程的调用与标准函数的调用相同，不能作为单独的语句使用，必须作为表达式或表达式中的一部分使用。调用格式如下：

函数过程名 ([实参列表])

说明:“实参列表”是指与形参相对应的需要传递给函数过程的值或变量的引用(地址),当参数多于 1 个时,它们之间与形参一样用逗号隔开。

2) 子过程的调用

子过程的调用有两种方式,语句格式分别为:

◆ **Call 子过程名[(〈实参列表〉)]**

◆ **子过程名 [〈实参列表〉]**

说明:第 1 种调用方式中,若有实参则须用括号括起,否则括号可省略。第 2 种调用方式中,不论是否有实参,都不用括号。

下面是上述两种调用方式的语句示例:

```
Call Test1(a,b)
Test1 a,b
```

【例 7-5】 设在一窗体上有文本框 Text1、命令按钮 C2。编写程序,当单击 C2 时,可从键盘输入长方形的长和宽,并在文本框中显示该正方形的面积。

方法一:编写求面积的函数过程,在命令按钮的单击事件过程中调用该函数过程,如图 7-19所示,面积是在函数过程中求解,再通过函数名返回到主调过程中并在文本框中显示。

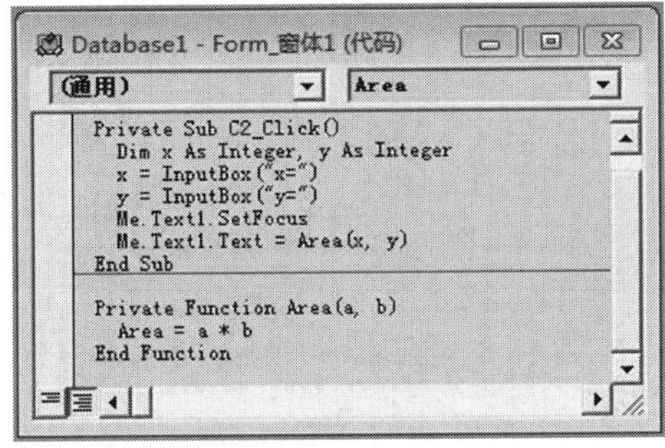

图 7-19　函数过程的调用

```
Private Sub C2_Click()
  Dim x As Integer, y As Integer
  x = InputBox("x=")
  y = InputBox("y=")

  Call Area(x, y)
End Sub

Private Sub Area(a, b)
  Me.Text1.SetFocus
  Me.Text1.Text = a * b
End Sub
```

图 7-20　子过程的调用

方法二:编写求面积的子过程,在命令按钮的单击事件过程中调用该子过程,如图 7-20 所示,面积是在子过程中求解,并在子过程中将其赋值给文本框。

2. 参数传递

在调用过程中,一般主调过程和被调过程之间会有参数传递,即主调过程的实参传递给被调过程的形参。

1) 形式参数的定义

过程定义时可以设置一个或多个形参(形式参数的简称),多个形参之间用逗号分隔。其中每个形参的一般定义如下:

[ByVal | ByRef] 形参名[()] [As 类型名]

VBA 允许用两种不同的方式在过程之间传递参数。在子过程或函数过程的定义部分,可以指定参数列表中的变量的传递方式:ByRef(按地址传递)或者 ByVal(按值传递)。

◆ ByRef(按地址传递)

这是 VBA 在过程间传递变量的默认方法。ByRef 是指按地址传递变量,即传递给被调用过程的是原变量的引用,这就使形参和实参指向同一个内存单元。因此,如果在被调用过程中改变了该变量值,其变化就会反映到调用过程中的那个变量,因为它们实际上是同一个变量。

◆ ByVal(按值传递)

ByVal 关键字表示按值传递变量,被调用过程获得的就是该变量的独立副本,即形参得到的是实参的拷贝。因此,改变被调用过程中该变量(形参)的值不会影响调用过程中该变量(实参)原来的值。

2)调用时的参数传递

含参数的过程被调用时,主调过程中的调用方式必须提供相应的实参,并通过实参向形参传递的方式完成操作。

实参可以是常量、变量或表达式。实参与形参的数目、类型以及顺序,都应一致。

如果在过程的定义时形参用 ByVal 声明,说明此参数为传值调用;若形参用 ByRef 声明,说明此参数为传址调用;没有说明传递类型,则默认为传址调用。

【例 7-6】 创建有参过程 Test(),通过主调过程 C1_Click()被调用,观察实参值的变化。

主调过程 C1_Click():

```
Private Sub C1_Click()
    Dim x As Integer
    x=5
    Call Test(x)                    '以 x 作为实参调用 Test 子过程
    MsgBox(x)                       '显示 x 值
End Sub
```

被调子过程 Test():

```
Public Sub Test(ByRef y As Integer)     '形参 x 说明为传址形式的整型变量
  y=y+10                                '改变形参的值
End Sub
```

当主调过程 C1_Click()调用子过程 Test()后,MsgBox(x)语句显示 x 值已经发生了变化,其值为 15,说明通过传址调用形参的改变影响了实参 x 的值。

如果将主调过程 C1_Click()的调用语句 Call Test(x)改为 Call Test(x+1),再运行主调过程 C1_Click(),结果会显示 x 的值依旧是 5,表明常量或表达式在传址调用过程中,双向作用无效,不能改变实参的值。

在上例中,若改变形参的传递方式为 ByVal, 再运行主调过程 C1_Click(),结果会显示 x 的值依旧是 5,说明传值方式不改变实参的值。

7.4　VBA 代码调试与运行

7.4.1　程序的运行错误处理

1. 错误类型

编写应用程序时,必须考虑出现错误时如何处理。有两个原因会导致应用程序中出错:

◆ 在运行应用程序时某个条件可能会使原本正确的代码产生错误。例如,如果代码尝试打开一个不存在的数据表,就会出错。

◆ 代码可能包含不正确的逻辑,导致不能运行所需的操作。例如,如果在代码中试图将数值被 0 除,就会出现错误。

可以把错误分成 4 种类型:语法错误、编译错误、运行错误和逻辑错误。

1) 语法错误

语法错误最常见,通常是由于输入错误而造成的,如 next 误为 nxet 等。如果某条语句有语法错误,该语句在代码窗口中会显示为红色字,用户只要根据错误消息提示改正错误即可。

2) 编译错误

VBE 在编译代码过程中遇到问题时就会产生编译错误,如代码中的 Do 与 Loop 没有成对出现等。出现编译错误时,会出现出错提示对话框,出错的那一行用高亮显示,同时停止编译。此时需要单击【确定】按钮,关闭出错提示对话框才能对出错行进行修改。

3) 运行错误

运行错误发生在程序运行时,主要因非法运算引起,如被 0 除、打开或关闭并不存在的文档、关闭未打开的文档等。

4) 逻辑错误

如果在程序运行结束后没有得到所期望的结果,则说明程序中存在着逻辑错误,如因循环控制变量设置不当造成的死循环等。逻辑错误一般不显示任何错误消息,所以不能提供错误线索及发生的位置,需要仔细分析程序语句,发现错误。

2. 设置错误陷阱的 4 条语句

如果程序中没有设置任何错误处理的代码,那么程序运行出错时 VBE 将停止运行并显示一条出错消息。因此,通过把完整的错误处理例程包含在代码中来处理可能产生的所有错误,可以预防许多问题。

在 VBE 中一般通过设置错误陷阱来纠正运行中的意外错误,即在代码中设置一个捕捉错误的转移机制,一旦出现错误,便无条件地转移到指定位置执行。Access 提供了以下错误处理机制来构造错误陷阱:

(1) On Error 语句:当错误发生时,控制程序的处理。该语句的使用格式有以下几种:

```
On Error Goto 标号
```

```
On Error Resume Next
On Error Goto 0
```

“On Error Goto 标号”语句指定了当发生运行期间错误时，控制程序转移到指定的标号位置来执行。“标号”后面的代码一般为错误处理程序。一般用法是：“On Error Goto 标号”语句放在过程的开始，错误处理程序代码放在过程的最后。

“On Error Resume Next”语句指定了当发生运行期间错误时，忽略错误继续执行下一行语句。

“On Error Goto 0”语句用于关闭错误处理。

(2) Err 对象：返回错误代码。在程序运行发生错误后，Err 对象的 number 属性返回错误代码。

(3) Error()函数：该函数返回出错代码所在的位置或根据错误代码返回错误名称。

(4) Error 语句：该语句用于错误模拟，以检查错误处理语句的正确性。

在实际编程中，要对程序的运行操作有预见性，并采用相应的处理方法(用代码实现)，尽量避免运行时发生错误，而上述错误处理机制只能作为错误处理的一个补充。

7.4.2　程序的调试

为避免程序运行错误的发生，在编码阶段要对程序的可靠性和正确性进行测试与调试。VBA 编程环境提供了一套完整的调试工具与调试方法，利用这些工具与方法，可以在程序编码调试阶段快速地找到问题所在，使编程人员及时修改并完善程序。

1. 测试内容

(1) 测试代码，检查它是否正确。为确保代码能够正常运行，必须在指定时间周期内，并采用不同的样本数据运行它。

(2) 如果代码没有按照预想方式正常作用，就需要调试它。可以用 VBE 提供的调试工具调试代码。

(3) 尽力模拟代码运行的不同环境，并检查其正确性，重点是检查代码的可移植性。

(4) 在成功地测试了代码之后，可以对观察到的现象进行存档，如代码未正常运行的某些特殊环境。

2. 调试工具

要想知道代码中的变量和表达式是否按照预想的方式运行，可以使用 VBE 中的各种调试工具跟踪它们。VBE 的调试工具栏如图 7-21 所示，其中各个按钮的作用如表 7.14 所示。

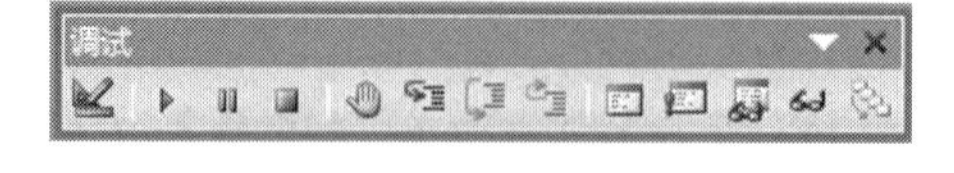

图 7-21　调试工具栏

表7.14　调试工具栏各按钮的作用

按钮	名称	作用
	设计模式/退出设计模式	打开或关闭设计模式
	运行子过程/用户窗体	如果指针在一个过程之中,则运行当前的过程,如果当前一个用户窗体是活动的,则运行用户窗体,而如果既没有代码窗口也没有用户窗体是活动的,则运行宏
	中断	当程序正在运行时停止其执行,并切换到中断模式
	重新设置	清除执行堆栈及模块级变量并重置工程
	切换断点	在当前的程序行上设置或清除断点
	逐语句	一次一条语句地执行代码
	逐过程	在代码窗口中一次一个过程地执行代码
	跳出	在当前执行点所在的过程中,执行其余的程序行
	本地窗口	显示“本地窗口”
	立即窗口	显示“立即窗口”
	监视窗口	显示“监视窗口”
	快速监视	显示所选表达式当前值的“快速监视”对话框

1）设置断点

VBE提供的很多调试工具都是在程序处于挂起(中断)时才能使用,因此可以在程序代码中设置断点,当Access运行到包含断点的代码行时,会暂停代码的运行,进入中断模式,也就是使程序处于挂起状态。设置断点的方法主要有两种:

◆ 在“代码窗口”中,将光标定位到要设置断点的行,按[F9]键可设置/清除断点。

◆ 在“代码窗口”中,用鼠标单击要设置断点行的左侧边缘处,可设置/清除断点。

声明语句和注释语句不能被设置为断点,断点也不能在程序运行中设置。进入中断模式后,设置的断点将加粗和突出显示该行。如果要继续运行程序,可单击调试工具栏的【运行子过程/用户窗体】按钮。

2）单步跟踪

在程序代码被挂起后,可以利用“立即窗口”查看有关的表达式和变量,也可以逐语句或逐过程地执行断点后的程序代码,以便找出程序中的错误。

◆ 逐语句执行

单步执行过程:单击调试工具栏上的【逐语句】按钮,或按[F8]键,可以一行一行地执行程序中的代码,包括被调用过程中的代码。单击调试工具栏上的【跳出】按钮,或【运行子过程/用户窗体】按钮,则一次执行完该过程中的剩余代码。

◆ 逐过程执行

连续单击调试工具栏上的【逐过程】按钮,也可以一行一行地执行程序中的代码,但是被调用的过程是被当成一个整体对待的。

本章小结

本章介绍了 VBA 编程的基础知识,VBA 流程控制和过程。

模块是声明、语句和过程的集合,它将各种数据库对象连接起来,使应用程序更完善。与宏相比,“模块”对象能够执行更灵活、更复杂的操作,如创建函数、进行系统级别的操作。模块分为类模块和标准模块,窗体模块和报表模块都是类模块,它们各自与某一特定窗体或报表相关联,通常都含有事件过程,事件过程的运行用于响应窗体或报表上的事件。

过程是由 VBA 代码组成的单元,它包含一系列执行操作或计算值的语句和方法,分为 Sub 过程和 Function 过程。通过运行 Sub 过程或 Function 过程,可以在 Access 中运行 VBA 代码。VBA 代码是在 Visual Basic 编辑器中编写完成的。

习 题 7

一、选择题

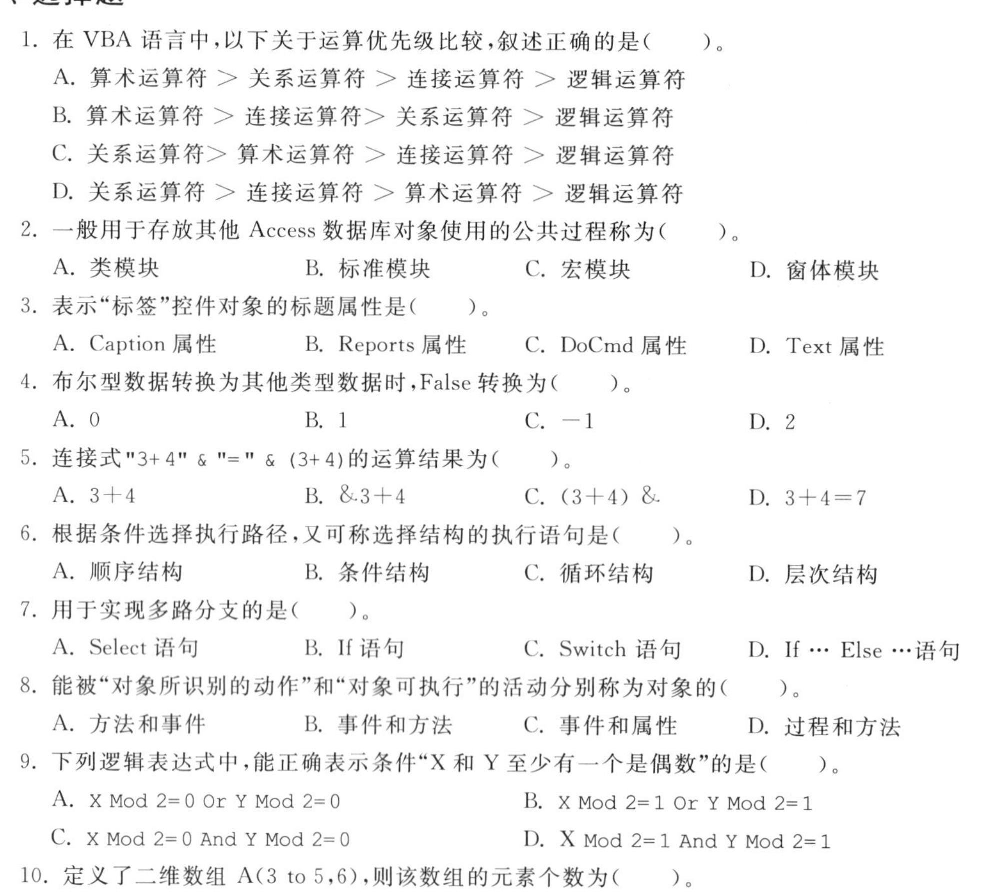

1. 在 VBA 语言中,以下关于运算优先级比较,叙述正确的是(　　)。
   A. 算术运算符 > 关系运算符 > 连接运算符 > 逻辑运算符
   B. 算术运算符 > 连接运算符> 关系运算符 > 逻辑运算符
   C. 关系运算符> 算术运算符 > 连接运算符 > 逻辑运算符
   D. 关系运算符 > 连接运算符 > 算术运算符 > 逻辑运算符
2. 一般用于存放其他 Access 数据库对象使用的公共过程称为(　　)。
   A. 类模块　　B. 标准模块　　C. 宏模块　　D. 窗体模块
3. 表示“标签”控件对象的标题属性是(　　)。
   A. Caption 属性　　B. Reports 属性　　C. DoCmd 属性　　D. Text 属性
4. 布尔型数据转换为其他类型数据时,False 转换为(　　)。
   A. 0　　B. 1　　C. −1　　D. 2
5. 连接式"3+4" & "=" & (3+4)的运算结果为(　　)。
   A. 3+4　　B. &3+4　　C. (3+4) &　　D. 3+4=7
6. 根据条件选择执行路径,又可称选择结构的执行语句是(　　)。
   A. 顺序结构　　B. 条件结构　　C. 循环结构　　D. 层次结构
7. 用于实现多路分支的是(　　)。
   A. Select 语句　　B. If 语句　　C. Switch 语句　　D. If … Else …语句
8. 能被“对象所识别的动作”和“对象可执行”的活动分别称为对象的(　　)。
   A. 方法和事件　　B. 事件和方法　　C. 事件和属性　　D. 过程和方法
9. 下列逻辑表达式中,能正确表示条件“X 和 Y 至少有一个是偶数”的是(　　)。
   A. X Mod 2=0 Or Y Mod 2=0　　B. X Mod 2=1 Or Y Mod 2=1
   C. X Mod 2=0 And Y Mod 2=0　　D. X Mod 2=1 And Y Mod 2=1
10. 定义了二维数组 A(3 to 5,6),则该数组的元素个数为(　　)。

A. 18　　B. 27　　C. 21　　D. 30

11. 以下程序段运行后,消息框的输出结果是(　　)。

```
a=Sqr(5)
b=Sqr(4)
c=a>b
MsgBox c+2
```

A. −1　　B. 1　　C. 2　　D. 出错

12. 假定有以下循环结构:

```
Do Until 条件
    循环体
Loop
```

则正确的叙述是(　　)。

A. 如果“条件”值为0,则一次循环体也不执行

B. 如果“条件”值为0,则至少执行一次循环体

C. 如果“条件”值不为0,则至少执行一次循环体

D. 不论“条件”是否为“真”,至少要执行一次循环体

13. 已定义好有参数f(n),其中形参n是整型量,下面调用该函数,传递实参为5,将返回的函数值赋给变量s。以下正确的是(　　)。

A. s=f(5)　　B. s=f(n)　　C. s=Call f(5)　　D. s=Call f(n)

14. 以下可以得到"2+6=8"的结果的VBA表达式是(　　)。

A. "2+6" & "=" & 2+6　　B. "2+6"+"=" +2+6

C. 2+6 & "=" & 2+6　　D. 2+6+"=" +2+6

15. 用于获得字符串str从第2个字符开始的3个字符的函数是(　　)。

A. Mid(str,2,3)　　B. Middle(str,2,2)

C. Right(str,2,3)　　D. Left(str,2,3)

16. 假定有以下程序段

```
n=0
For a=1 to 5
    For b=2 to 10 Step 2
        n=n+1
    Next b
Next a
```

运行完毕后,n的值是(　　)。

A. 0　　B. 1　　C. 10　　D. 25

17. VBA代码调试过程中,能够显示出所有在当前过程中变量声明及变量值信息的是(　　)。

A. 本地窗口　　B. 立即窗口　　C. 监视窗口　　D. 快速监视窗口

18. 假定有以下程序段

```
n=0
For i=1 to 3
    For j=-4 to -1
        n=n+1
    Next j
```

```
Next i
```

运行完毕后，n 的值是（　　）。

A. 0　　B. 3　　C. 4　　D. 12

19. 在 Access 中编写事件过程使用的编程语言是（　　）。

A. QBASIC　　B. VBA　　C. SQL　　D. C++

20. 在 VBA 中有返回值的处理过程是（　　）。

A. 声明过程　　B. Sub 过程　　C. Function 过程　　D. 控制过程

二、填空题

1. 窗体模块和报表模块都属于__________。

2. 在 VBA 中字符串的类型标识符是__________，整型的类型标识符是__________，日期时间型的类型标识符是__________。

3. 在 VBA 中，布尔型数据转换为其他类型数据时，False 转换为________，True 转换为__________。

4. 以下程序段运行后，消息框的输出结果为__________。

```
a=Abs(3)
b=Abs(-2)
c=a>b
MsgBox c+1
```

5. 用逻辑表达式表达出“X 和 Y 都是偶数”，则表达式为____________________。

6. 连接式"2 * 8"&"="&(2 * 8)的运算结果为__________。

7. 在函数中每个形参必须有__________。

8. Select Case 结构运行时，首先计算__________的值。

9. 重复结构分为当型和__________循环。

10. 写出下列表达式的值：

(2+8 * 3)/2　　__________；

3^2+8　　__________；

#11/22/99#　　__________；

"ZYX" & 123 & "ABC"　　__________。

11. 说明变量最常用的方法，是使用__________结构。

12. VBA 的错误处理主要使用__________语句结构。

13. VBE 的代码窗口顶部包含两个组合框，左侧为对象列表，右侧为__________。

14. VBA 中打开报表的命令语句是__________。

15. VBA 中变量作用域分为 3 个层次，这 3 个层次是局部变量、模块变量和__________。

16. 下列程序的执行结果是__________。

```
x=100
y=50
If x>y Then x=x-y Else x=y+x
Debug.Print x,y
```

17. 下列程序，当 a 的输入值为 5,10,15 时的结果为__________。

```
Dim x As Integer
x=InputBox("请输入 a 的值")
If x>10 then
```

```
    If x>=15 Then Debug.Print "A" Else Debug.Print "B"
Else
    If x>=5 Then Debug.Print "C" Else Debug.Print "D"
End If
```

18. 以下程序段的输出结果是__________。

```
num=0
While num<=2
    num=num+1
    Debug.Print num
Wend
```

19. 某窗体已编写以下事件过程，打开窗体运行后单击窗体，消息框的输出结果为__________。

```
Private Sub Form_Click()
    Dim k As integer, n As integer, m As integer
    n=10 : m=1 : k=1
    Do While k<=n
        m=m*2
        k=k+1
    Loop
    MsgBox m
End Sub
```

20. 在窗体上添加一个命令按钮(名为 Command1)，然后编写如下程序：

```
Function M(x As integer,y As integer) As integer
    M=IIf(x>y,x,y)
End Function
Private Sub Command1_Click()
    Dim a As integer, b As Interger
    a=10
    b=20
    MsgBox M(a,b)
End Sub
```

打开窗体运行后，单击命令按钮，消息框的输出结果为__________。

21. 设有以下窗体单击事件过程，在窗体上添加一个命令按钮(名为 Command1)和一个文本框(名为 Text1)，然后编写如下事件过程：

```
Private Sub Command1_Click()
    Dim x As integer,y As integer,z As integer
    x=5 : y=7 : z=0
    Me!Text1=""
    Call Pi(x,y,z)
    Me!Text1=z
End Sub
Sub Pi(a As integer, b As integer, c As integer)
    c=a+b
```

```
End Sub
```

打开此窗体运行后，单击命令按钮，文本框中显示的内容是__________。

22. 下面的 For 语句循环体要执行 100 次，请填空。

```
For k=________ to -7 step -3
```

23. 设 a=2，b=3，c=4，d=5，求下列表达式的值：

(1) a>b And c<=d Or 2* a>=c　　__________；

(2) 3>2* b Or a=c And b<>c Or c>d　　__________；

(3) Not a<=c Or 4* c=b^2 And b<>a+c　　__________。

三、综合编程题

1. 有一个 VBA 计算程序，该程序用户界面由 4 个文本框和 3 个按钮组成，其中 4 个文本框的名称分别为 Text1，Text2，Text3，Text4；3 个命令按钮分别为清除（名为 Command1）、计算（名为 Command2）和退出（名为 Command3）。该程序的功能如下：窗体打开运行后，单击清除按钮，则清除所有文本框中显示的内容；单击计算按钮，则计算在 3 个文本框 Text1、Text2 和 Text3 中输入的 3 科成绩的平均成绩，并将结果存放在 Text4 文本框中；单击退出按钮则退出。如何用代码实现？
2. 新建一个窗体，放置两个按钮和 1 个文本框，按钮的名称分别为“Cmd_显示”“Cmd_清除”；按钮的标题分别为“显示”“清除”，文本框的名称定义为“txt　你好”。编写代码，使按钮实现相应的功能。
3. 程序运行的结果为

   1

   11 12

   21 22 23

   31 32 33 34

   编写代码实现。
4. 设计一个用户登录窗体，输入用户名和密码，如用户名或密码为空，则给出提示，重新输入，如用户名（“abc”）或密码（123）不正确，则给出错误信息，结束程序运行，如用户和密码正确，则显示“欢迎”。
5. 用代码实现程序的功能：由输入的分数确定结论，分数是百分制，0 到 59 分的结论是“不及格”；60 到 79 分的结论是“及格”；80 到 89 分的结论是“良好”；90 到 100 的结论是“优秀”；分数小于 0 或大于 100 是“数据错误！”。

第8章 应用系统实例:学生成绩管理系统

本章介绍利用Access开发的应用系统实例学生成绩管理系统,用以体现Access既可以作为数据存储又可以作为数据库应用系统开发工具的突出特点。

源文件下载

8.1 系统分析

建立学生成绩管理系统的主要目的是通过系统对学生的各科成绩进行录入、修改和管理,能够方便地查询学生的各科成绩,并能够输出各类成绩分析和统计报表,系统还应有相应的措施,保证信息的安全。作为一个实例,本系统包含以下几方面的功能:

◆ 录入和维护学生成绩。

◆ 浏览和查询学生成绩。

◆ 具有基本的统计分析功能。

◆ 能够打印补考通知单。

由于要进行学生各科成绩管理,因此数据库应包括学生基本信息(如学号、姓名等)及课程基本信息(如课程编号、课程名称等)。

8.2 系统设计

在系统分析的基础上进行系统功能模块和数据库的设计。

8.2.1 表的设计

系统需要3个基本表:

(1) 学生信息表:包括学号、姓名、院系班级等字段,其中学号是主键。

(2) 课程信息表:包括课程编号、课程名称等字段,其中课程编号是主键。

(3) 学生成绩表:包括学号、课程编号、学期、平时成绩、考试成绩及总评成绩等字段,其中由学号、课程编号及学期联合为多字段主键。

8.2.2 功能模块

学生成绩管理系统包括学生成绩录入及维护、学生成绩查询、学生成绩浏览、补考通知单打印等功能。图8-1为学生成绩管理系统的主要功能模块图。

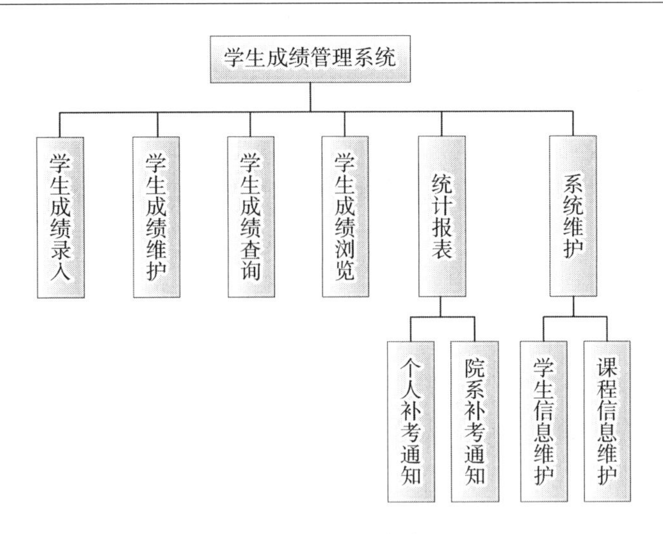

图 8-1 系统功能模块

系统启动后,通过“登录窗口”输入用户名和密码,进行身份验证,正确则进入系统的总控界面。通过总控界面上的功能按钮,集中管理和使用应用系统中的各个功能模块。

8.3 系统实现

根据系统分析和设计的结果,就可在 Access 中创建学生成绩管理系统,包括各种基本表、查询、窗体和报表等对象。

启动 Access,新建空数据库“成绩管理 2010. accdb”,然后为该数据库创建对象。

8.3.1 创建表及表间关系

1. 创建系统所需要的表

根据数据库的建表原则,将系统所需数据划分到 3 个表中,分别是“学生信息_表”“课程信息_表”和“学生成绩_表”。读者可根据第 2 章介绍的方法自行创建表结构,并适当录入样本数据。

各表结构描述如下:

(1) 学生信息_表。

学生信息_表(学号(文本,12),姓名(文本,10),性别(文本,1),出生日期(日期/时间),所属班级(文本,10),所属院部(文本,10),是否党员(是/否),照片(OLE 对象),E-mail(超链接),备注(备注),密码(文本,4))。

说明:

①“学号”字段为主键。

②“出生日期”字段的“有效性规则”属性为“<#2000-01-01# And>#1970-01-01#”。

③“密码”字段的“输入掩码”属性通过“输入掩码向导”设置为“密码”。

（2）课程信息_表。

课程信息_表（课程编号（文本，4），课程名称（文本，15），课程类型（文本，3），学时（数字，整型），学分（数字，单精度，小数位数 1 位））。

说明：

①“课程编号”字段为主键。

②“课程类型”字段的“有效性规则”属性为“="必修课"Or"选修课"”。

（3）学生成绩_表。

学生成绩_表（学号（文本，12），课程编号（文本，4），学期（文本，1），平时成绩（数字，整型），考试成绩（数字，整型），总评成绩（数字，整型））。

说明：

①“学号”“课程编号”与“学期”字段为联合唯一主键。

②“总评成绩”字段的值由“平时成绩”和“考试成绩”按用户设置的比例计算。

2. 创建表间关系

按照第 2 章所介绍的方法，为 3 个数据表建立关系，如图 8-2 所示。

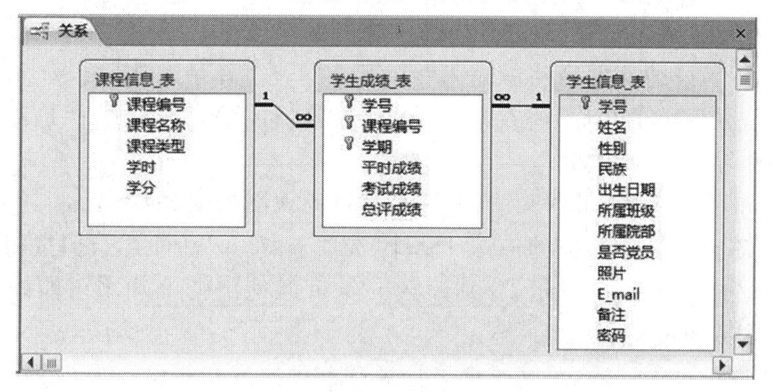

图 8-2　数据表间关系

其中“课程信息_表”与“学生成绩_表”通过“课程编号”字段建立一对多关系；“学生信息_表”与“学生成绩_表”通过“学号”字段建立一对多关系，设置如图 8-3 所示。

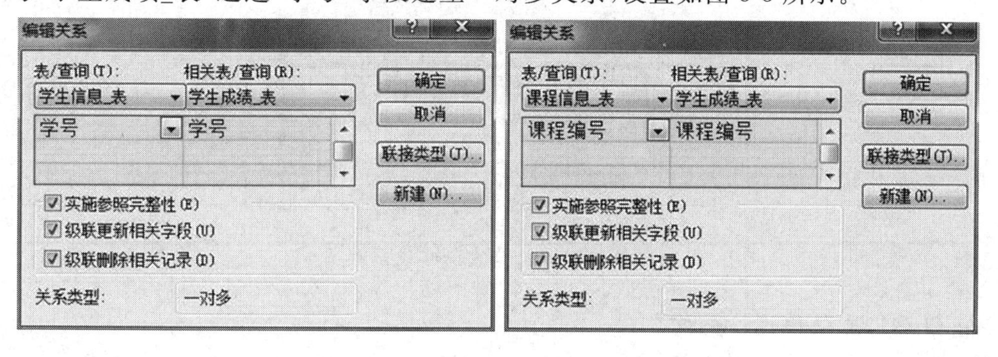

图 8-3　编辑表间关系

8.3.2　创建查询

“表”对象用来存储系统中的基础数据，但各个表中的数据组织不能直接满足系统的各种需要，所以，需要用查询来重新组织数据，以满足系统的多种数据组织需要。

1. 创建“口令验证_查询”

查询对象名称：口令验证_查询

数据源：学生信息_表

功能：根据用户提供的用户名(学号)，搜索与“学生信息_表”中“学号”字段相匹配的记录生成“口令验证_查询”对象。该查询对象中仅包含“学号”和“密码”两个字段，含 0 条记录(无匹配记录时)或者 1 条记录。

建立过程如下：

(1) 单击“创建”选项卡“查询”分组中的【查询设计】按钮，打开查询设计视图和“显示表”对话框。

(2) 添加“学生信息_表”到设计视图的字段列表区后关闭“显示表”对话框。

(3) 将“学号”和“密码”字段添加到设计网格区的字段行。

(4) 在“学号”字段的条件网格中输入“=[Forms]! [登录窗体]![txt_user]”，其中“登录窗体”是系统登录窗体的名称(将在下一节介绍创建过程)，“txt_user”是该窗体上的文本框控件，用于接收输入的用户名。

(5) 保存查询并命名为“口令验证_查询”，其设计视图如图 8-4 所示。

(6) 调试所建查询。单击“查询工具|设计”选项卡“结果”分组【运行】按钮 ！，弹出“输入参数值”对话框，如图 8-5(左)所示，分别输入一组可匹配的学号和不可匹配的学号进行测试，相应结果如图 8-5(右)所示。

(7) 确认查询设计无误后，关闭查询设计视图前再次保存所做修改。

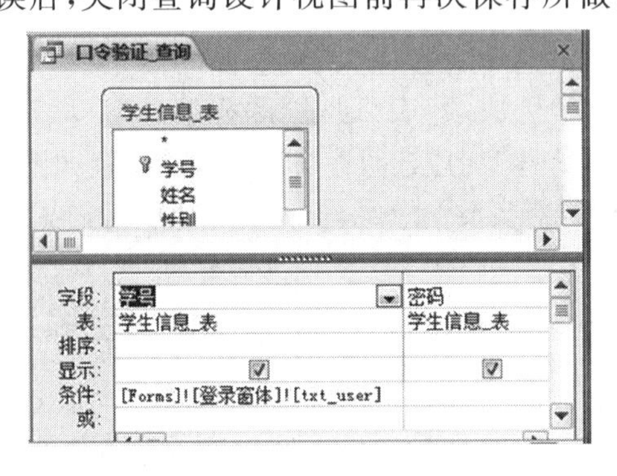

图 8-4　“口令验证_查询”设计视图

2. 创建“课程编号_查询”

查询对象名称：课程编号_查询

数据源：课程信息_表。

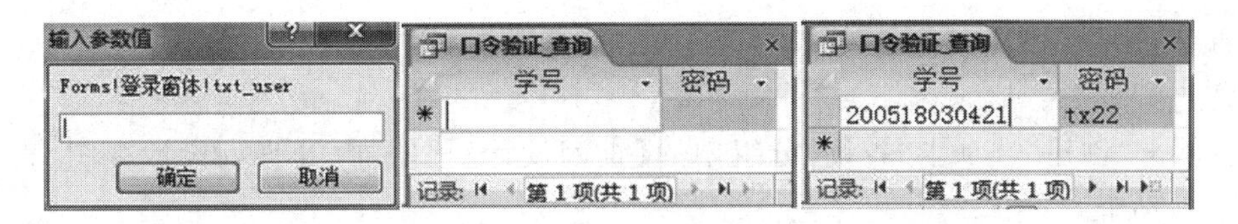

图 8-5　“输入参数值”对话框、无匹配记录时和有匹配记录时的查询数据表视图

功能:根据用户提供的课程名称,搜索“课程信息_表”中与该课程名称相匹配的记录生成“课程编号_查询”对象。该查询对象中仅包含“课程编号”和“课程名称”字段,含 0 条记录(无匹配记录时)或者 1 条记录。

建立过程如下:

(1) 选择“创建”选项卡,单击“查询”分组中的【查询设计】按钮,打开查询设计视图和“显示表”对话框。

(2) 添加“课程信息_表”到字段列表区后“显示表”对话框。

(3) 添加“课程编号”和“课程名称”字段到设计网格区的字段行。

(4) 在“课程名称”字段的条件网格中输入“=[Forms]![成绩录入_窗体]![cb_kcmc]”,其中“成绩录入_窗体”是窗体的名称,“cb_kcmc”是该窗体上的组合框控件,用于接收用户选择的课程名称。

(5) 保存查询并命名为“课程编号_查询”,其设计视图如图 8-6 所示。

(6) 调试所建查询。切换到查询的数据表视图,弹出“输入参数值”对话框,如图 8-7(左)所示,分别输入一组可匹配的学号和不可匹配的学号进行测试,相应结果如图 8-7(右)所示。

(7) 确认查询设计无误后,关闭查询设计视图前再次保存所做修改。

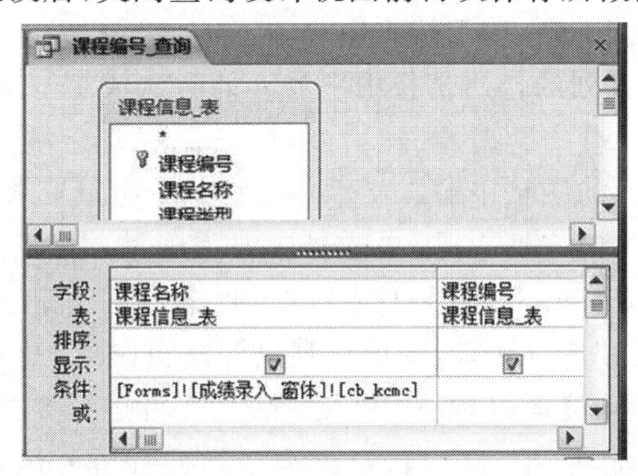

图 8-6　“课程编号_查询”设计视图

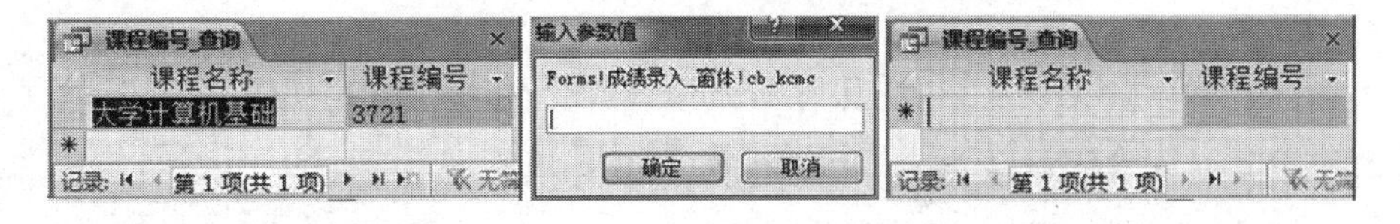

图 8-7　“输入参数值”对话框、无匹配记录时和有匹配记录时的数据表视图

3. 创建“成绩录入_查询”

查询对象名称:成绩录入_查询。

功能:将用户通过“成绩录入_窗体”输入的信息添加到“学生成绩_表”中。

建立过程如下:

(1) 单击“创建”选项卡“查询”分组中的【查询设计】按钮,打开查询设计视图,直接关闭“显示表”对话框。

(2) 单击“查询类型”分组中的【追加】按钮,打开“追加到”对话框,选择表名称为“学生成绩_表”,单击【确定】按钮后,在设计网格区会出现“追加到”一行。以后当查询被执行时,将会在“学生成绩_表”中添加一条新(空)记录。

(3) 在第 1 列“字段”行的网格中输入“[Forms]! [成绩录入_窗体]! [txt_xh]”,其中“成绩录入_窗体”是窗体名称,“txt_xh”是该窗体上的一个文本框,用于接收用户输入的学号。然后,在“追加到”行网格中选择“学号”字段。该列的作用是将用户输入的学号写入“学生成绩_表”新记录的“学号”字段中。

(4) 在第 2 列“字段”行的网格中输入“[Forms]! [成绩录入_窗体]! [txt_xq]”,其中“txt_xq”是窗体上的一个文本框,用于接收用户输入的学期。然后,在“追加到”行网格中选择“学期”字段。该列的作用是将用户输入的学期值写入“学生成绩_表”新记录的“学期”字段中。

(5) 在第 3 列“字段”行的网格中输入“[Forms]! [成绩录入_窗体]! [txt_cj1]”,其中“txt_cj1”是窗体上的一个文本框,用于接收用户输入的平时成绩。然后,在“追加到”行网格中选择“平时成绩”字段。该列的作用是将用户输入的平时成绩写入新记录的“平时成绩”字段中。

(6) 在第 4 列“字段”行的网格中输入“[Forms]! [成绩录入_窗体]! [txt_cj2]”,其中“txt_cj2”是窗体上的一个文本框,用于接收用户输入的考试成绩。然后,在“追加到”行网格中选择“考试成绩”字段。该列的作用是将用户输入的考试成绩写入新记录的“考试成绩”字段中。

(7) 在第 5 列“字段”行的网格中输入“[Forms]! [成绩录入_窗体]! [txt_kcbh]”,其中“txt_kcbh”是窗体上的一个文本框,是用户选择的课程编号。然后,在“追加到”行网格中选择“课程编号”字段。该列的作用是将用户确认的课程编号写入新记录的“课程编号”字段中。

(8) 保存查询并命名为“成绩录入_查询”,其设计视图如图 8-8 所示。

(9) 调试所建查询。单击【运行】按钮 ,运行查询,将连续 5 次弹出“输入参数值”对话框,可依次输入符合学号、学期、平时成绩、考试成绩和课程编号的设置要求的值(如学号+课程编号+学期是联合唯一主键,所以不得有重复值;又字段如设置了输入掩码属性则输入值必须符合规则……)。

(10) 确认查询设计无误后,再次保存所做修改并关闭查询设计视图。

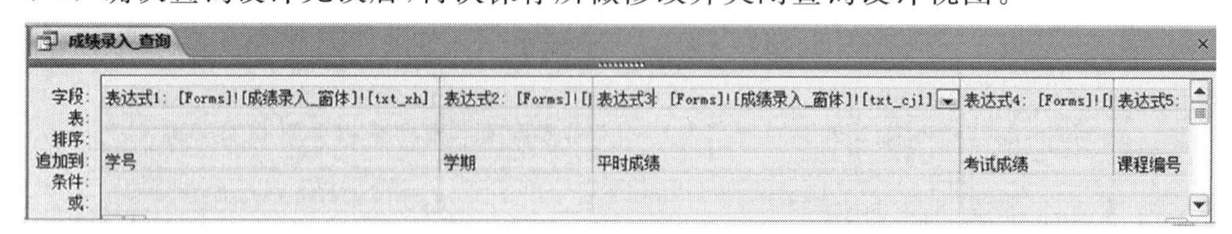

图 8-8　“成绩录入_查询”设计视图

4. 创建“总评成绩更新_查询”

查询对象名称:总评成绩更新_查询。

数据源:学生成绩_表。

功能:根据用户输入的平时成绩占比参数和“学生成绩_表”中的基础成绩(平时成绩和考试成绩),计算并更新总评成绩,写入到“学生成绩_表”中的“总评成绩”字段。

建立过程如下:

(1) 单击【查询按钮】打开查询设计视图和“显示表”对话框。

(2) 从“显示表”对话框中将“学生成绩_表”添加到字段列表区后关闭对话框。

(3) 单击“查询类型”分组中的【更新】按钮,在设计网格区会出现“更新到”一行。

(4) 双击“总评成绩”字段将其添加到网格区的第 1 列字段行。以后当查询运行时,“总评成绩”字段值将会被更新。

(5) 在第 1 列的“更新到”网格中输入“[平时成绩]*[Forms]![成绩浏览_窗体]![cb_blcs]/100+[考试成绩]*(1-[Forms]![成绩浏览_窗体]![cb_blcs]/100)”,其中“成绩浏览_窗体”是窗体的名称;“cb_blcs”是该窗体上的组合框控件,是用户选择的总评成绩比例参数;“平时成绩”和“考试成绩”是“学生成绩_表”中的字段名称。整个表达式的功能是:根据平时成绩、考试成绩和比例参数计算总评成绩。

(6) 保存查询并命名为“总评成绩更新_查询”,其设计视图如图 8-9 所示。

(7) 调试所建查询。单击【运行】按钮 ,在弹出“输入参数值”对话框中输入 1 个 0～100 之间的值,执行后可在“学生成绩_表”中得到更新了的总评成绩。

(8) 确认查询设计无误后,再次保存所做修改并关闭查询设计视图。

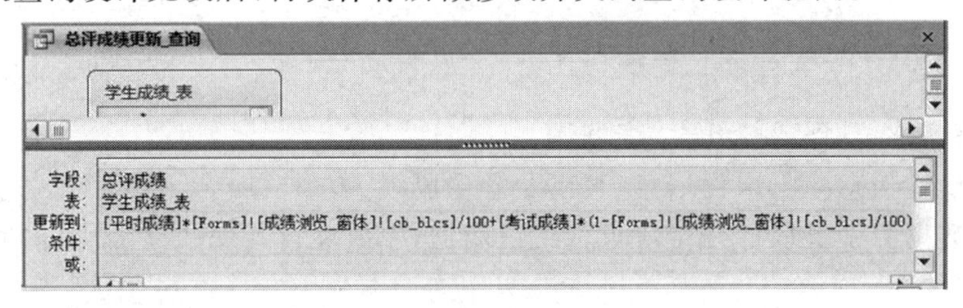

图 8-9　“总评成绩更新_查询”设计视图

5. 创建“成绩查询_查询”

查询对象名称:成绩查询_查询。

数据源:学生信息_表、课程信息_表以及学生成绩_表。

功能:综合“学生信息_表”“课程信息_表”以及“学生成绩_表”的部分字段,以用户在窗体上输入的学号或者学生姓名为查询条件,生成查询对象。

建立过程如下:

(1) 选择“创建”选项卡单击“查询”分组中的【查询向导】按钮,通过“新建查询”对话框打开“简单查询向导”。

(2) 利用“简单查询向导”建立基本的查询框架:从“学生信息_表”中选取“学号”和“姓

名”字段；从“课程信息_表”中选取“课程名称”字段；从“学生成绩_表”中选取“课程编号”“平时成绩”“考试成绩”和“总评成绩”字段作为“查询”对象的字段构成；最后将所建查询命名为“成绩查询_查询”。

(3) 在设计视图中打开“成绩查询_查询”，在“学号”字段的“条件”设计网格中输入表达式：=[Forms]! [成绩查询_窗体]! [txt_xh]；在“姓名”字段的条件的“或”网格中输入表达式：=[Forms]! [成绩查询_窗体]! [txt_xm]，如图 8-10 所示。其中“txt_xh”和“txt_xm”是窗体上的两个文本框，用于接收用户输入的学号和姓名。两个表达式所描述的查询条件是“逻辑或”的关系。

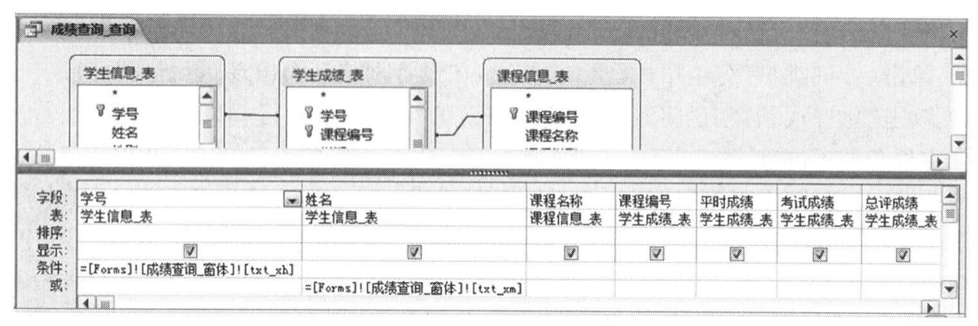

图 8-10　“成绩查询_查询”设计视图

(4) 调试所建查询。单击【运行】按钮，在弹出的第 1 个“输入参数值”对话框中输入 1 个 12 位的学号。或者忽略第 1 个对话框的输入要求，在第 2 个“输入参数值”对话框中输入 1 个姓名，查询执行后将用数据表视图显示查询结果。

(5) 调试无误后，保存并关闭查询设计视图。

6. 创建“总评成绩补考_查询”

查询对象名称：总评成绩补考_查询。

数据源：学生信息_表、课程信息_表以及学生成绩_表。

功能：从数据源中提取部分字段重新组织数据，生成总评成绩小于 60 分的查询结果。

建立过程如下：

(1) 选择“创建”选项卡，单击“查询”分组中的【查询设计】按钮，打开查询设计视图和“显示表”对话框。

(2) 从“显示表”对话框中选择“学生信息_表”“课程信息_表”以及“学生成绩_表”添加到字段列表区，关闭“显示表”对话框。

(3) 将上述 3 个表中的“学号”“姓名”“课程名称”和“总评成绩”字段依次拖动到设计网格区的字段行。

(4) 在“总评成绩”字段的条件网格中输入“＜60”。

(5) 保存查询并命名为“总评成绩补考_查询”，其设计视图如图 8-11 所示。

(6) 调试所建查询。单击【运行】按钮，查询结果以数据表视图形式显示。

(7) 调试无误后，保存并关闭查询设计视图。

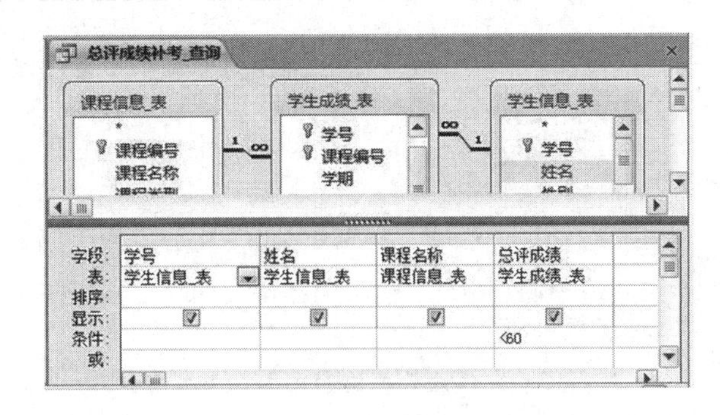

图 8-11　“总评成绩补考_查询”设计视图

8.3.3　创建窗体

“表”对象中保存了系统所需要的数据,“查询”对象可以根据需要重新组织这些数据,但是,通过窗体对数据操作更加安全、方便和直观。

1. 创建“登录窗体”

窗体名称:登录窗体。

数据源:口令验证_查询。

调用对象:口令验证_宏。

功能:登录窗体是整个系统的入口,必须是管理员,或者是学生信息_表中的学生,当输入了与身份对应的口令,才能通过登录窗体的身份验证,并转到相应的管理系统主控界面。

创建过程如下:

(1) 使用“窗体向导”工具创建一个纵栏式窗体,记录源为“口令验证_查询”,将“学号”及“密码”字段加到窗体中,生成两个与字段名同名的绑定文本框控件及其附加标签。

(2) 命名窗体为“登录窗体”,完成窗体的基本创建。

(3) 打开窗体设计视图,清空窗体上的两个文本框的“控件来源”属性,使其未绑定,将用于接收用户输入值。

(4) 为了将用户输入的口令与“口令验证_查询”中的“密码”字段进行比较,可以设置 1 个隐性文本框与“密码”字段绑定。在“控件”分组“控件工具箱”中添加 1 个文本框到窗体,删除附加标签,设置文本框的“控件来源”属性为“密码”,“可见”属性为“否”。

窗体及其他主要控件属性设置如表 8.1 表示。窗体设计视图和文本框属性窗口如图 8-12所示。

表 8.1　登录窗体及主要控件属性设置

文本框控件		标签控件	窗体		
名称	输入掩码	标题	标题	记录源	弹出方式
txt_user	L????	用户名	登录窗体	口令验证_查询	是
txt_pwd	密码	口令			

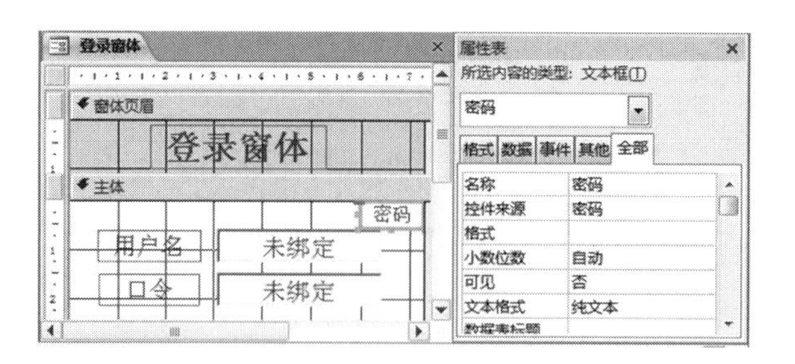

图 8-12 窗体设计视图和文本框属性窗口

（5）为了使窗体能够根据“txt_user”文本框值的改变，自动执行“口令验证_查询”找出对应的密码，需要建立一个“口令验证_宏”，如图 8-13 所示。

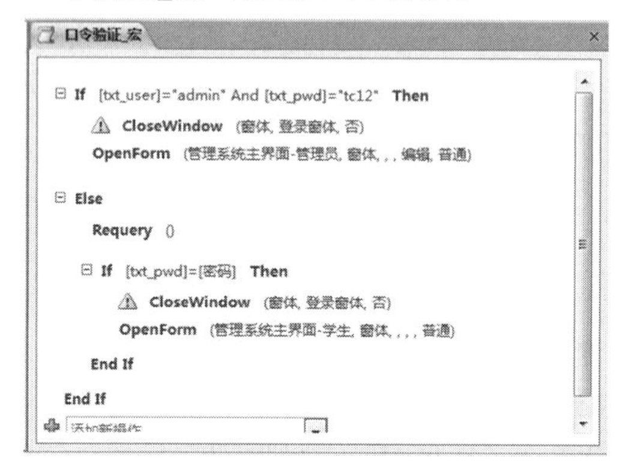

图 8-13 口令验证_宏

如图 8-14 所示为“口令验证_宏”的流程图。

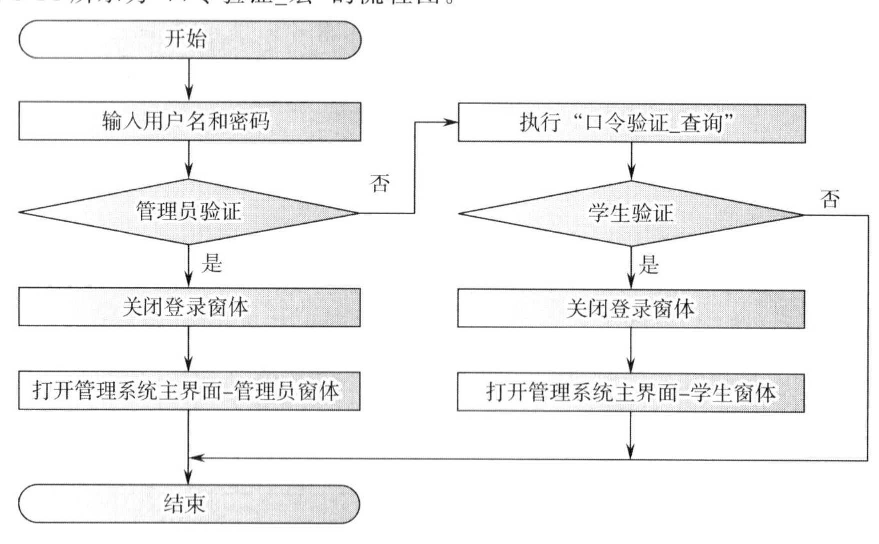

图 8-14 “口令验证_宏”流程图

（6）在登录窗体上添加两个命令按钮，如图 8-15 所示，参数设置如表 8.2 所示。利用“命令按钮向导”使【登录】按钮产生的动作为“杂项”→“运行宏”，并确定要运行的宏名为“口令验证_宏”；使【取消】按钮产生的动作为“窗体操作”→“关闭窗体”。

表8.2 命令按钮属性设置

名称	标题	事件
cmd_Login	登录	口令验证_宏
cmd_Cancel	取消	[嵌入的宏]CloseWindow

(7) 调整各控件的外观及布局,保存窗体。图8-15分别列出了"登录窗体"的设计视图和窗体视图。

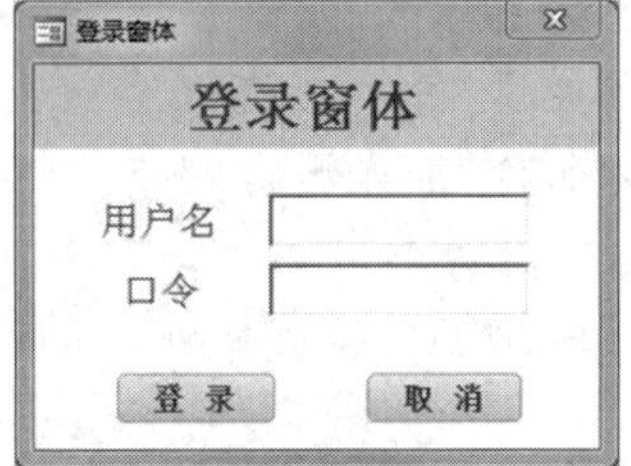

图8-15 "登录窗体"的设计视图和窗体视图

"登录窗体"的运行说明:

打开登录窗体,窗体的记录源"口令验证_查询"自动运行,生成的"查询"对象包含"学号"和"密码"两个字段,但没有记录。输入用户名和口令,单击【登录】按钮触发了"口令验证_宏"的运行。

若用户名和口令为"admin"和"tc12",则关闭当前登录窗体转而打开"管理系统主界面—管理员"窗体。

若用户名为合法的学号(即"学生信息_表"中存在该学号),则比较"txt_kl"文本框和"密码"文本框的值(由于窗体上"不可见"的"密码"文本框是与"查询"对象中的"密码"字段是绑定的,所以"密码"文本框中的内容就对应学号的原始密码),若两者相等,则执行宏命令,关闭登录窗体后打开"管理系统主界面—学生"窗体。

若上述条件都不成立,则停留在登录窗体界面。

(8) 调试无误后保存。

为调试方便,可先创建两个空窗体,分别命名为"管理系统主界面—管理员"和"管理系统主界面—学生"窗体。

思考:请读者完善设计,当所输入的学号不在"学生信息_表"中,或者口令不正确时,弹出错误信息提示对话框,然后清空文本框并使焦点仍然停留在文本框。

2. 创建"成绩录入_窗体"

窗体名称:成绩录入_窗体。

数据源:课程编号_查询、课程信息_表。

调用对象:成绩录入_宏。

功能:依据"课程信息_表"中的"课程名称"作为线索,提供成绩录入界面,并将用户的输入写入“学生成绩_表”中的相关字段。

创建过程如下：

(1) 使用“窗体向导”创建一个纵栏式窗体，记录源为“课程编号_查询”，将“课程编号”及“课程名称”字段加到窗体中，生成两个与字段名同名的、绑定文本框控件及其附加标签。

(2) 命名窗体为“成绩录入_窗体”后，完成窗体的基本创建。

(3) 为了实现选择课程名称就能显示对应的课程编号，设计如下：

①打开窗体设计视图，在“课程名称”文本框上单击鼠标右键，选择“更改为|组合框”命令，将“课程名称”文本框改为组合框，将其命名为“cb_kcmc”。

②清空“cb_kcmc”组合框的“控件来源”属性，使其未绑定。

③选择“行来源类型”为“表/查询”，单击“行来源”的按钮，打开“查询生成器”，将“课程信息_表”中的“课程名称”加入设计网格区，按升序排序，如图 8-16 所示，关闭“查询生成器”。从图 8-17 所示的属性设置中可知，“行来源”的属性自动生成为 SQL 语句：

```
SELECT 课程信息_表.课程名称 FROM 课程信息_表 ORDERBY 课程信息_表.课程名称;
```

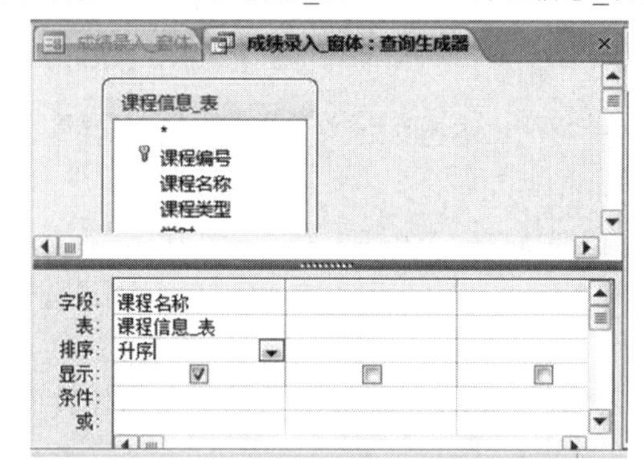

图 8-16　查询生成器

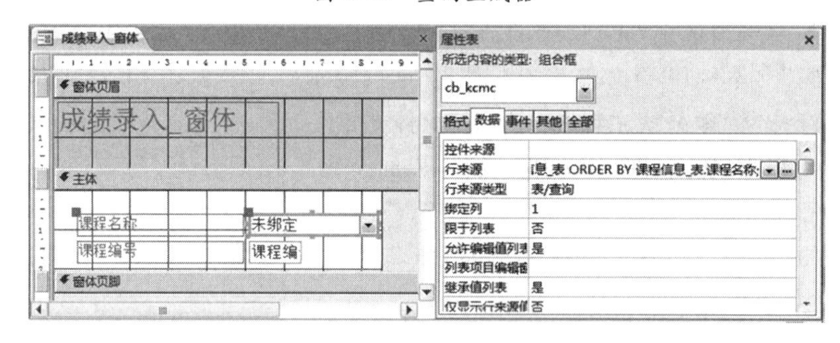

图 8-17　“cb_kcmc”组合框的“行来源”属性设置

④设置“更新后”事件属性为“刷新查询_宏”。这使得组合框中的课程名称一旦更改，窗体能够自动刷新记录源“课程编号_查询”，从而根据“课程名称”查询出对应的课程编号。

(4) 修改“课程编号”文本框的名称为 txt_kcbh。

(5) 新建 4 个未绑定文本框，设置属性如表 8.3 所示。

(6) 新建 3 个命令按钮，设置属性如表 8.3 所示。利用“命令按钮向导”，设置【添加】按钮产生的动作为执行“杂项”→“运行宏”，并确定要执行的宏为“成绩录入_宏”；设置【关闭窗体】按钮产生的动作为执行“窗体操作”→“关闭窗体”。如图 8-18 所示为“成绩录入_宏”的设置。

表 8.3　控件及其主要属性参数

文本框控件名称	标签控件标题	命令按钮控件		
		名称	标题	单击事件
txt_xh	学号	cmd_Add	添加	成绩录入_宏
txt_xq	开课学期	cmd_Close	关闭窗体	[嵌入的宏]CloseWindow
txt_cj1	平时成绩	cmd_Cls	清空	[事件过程]
txt_cj2	考试成绩			

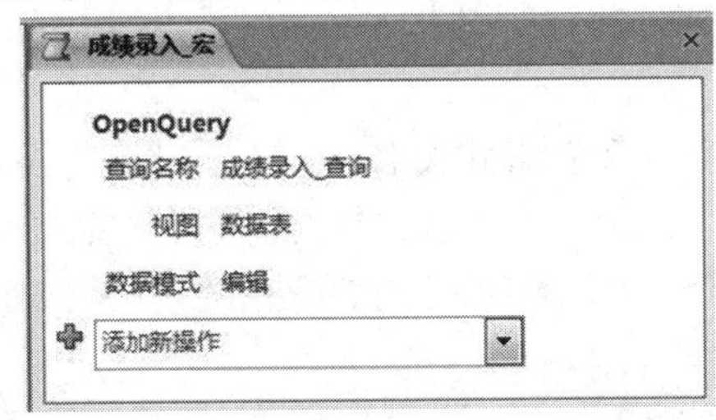

图 8-18　成绩录入_宏

(7) 设置【清空】按钮产生的“单击”属性为“事件过程”,单击右端的省略号按钮进入 VBE,在“代码窗口”编写如下代码:

```
PrivateSubCmd_Cls_Click()
txt_xh.Text= ""                '清空文本框
txt_xq.Text= ""
txt_cj1.Text= ""
txt_cj2.Text= ""
EndSub
```

(8) 调整各控件的外观及布局,完成后的窗体视图如图 8-19 所示。

(9) 选择课程,录入信息,分别测试各个按钮,无误后保存窗体。

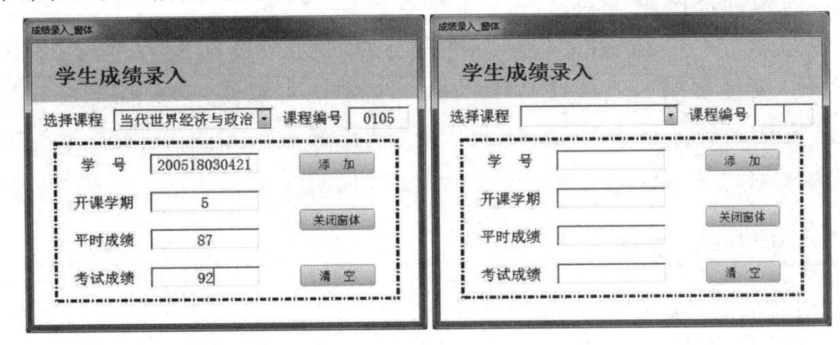

图 8-19　成绩录入_窗体

在窗体视图中,当用户在组合框中选择了课程名称后,“课程编号”将立即与之对应,用户只需录入文本框中的“学号”等 4 项信息,单击【添加】按钮,即可将它们添加到“学生成绩_

表”中。单击【清空】按钮，可将 4 个文本框清空。

成绩录入窗体使用说明：

◆ 因为“学生信息_表”和“学生成绩_表”之间的关系是“实施参照完整性”的，所以向“学生成绩”表中添加的学号必须是“学生信息”表中存在的学号。

◆ “学生成绩_表”是以“课程编号”和“学号”为联合主键的，所以不允许重复输入同一个人的同一门课程成绩。

3. 创建“成绩查询结果显示_窗体”

窗体名称：成绩查询结果显示_窗体。

数据源：成绩查询_查询。

功能：显示“成绩查询_查询”的运行结果。

创建过程如下：

(1) 使用“窗体向导”创建一个表格式窗体，选择记录源为“成绩查询_查询”。窗体的设计视图和窗体视图如图 8-20 和图 8-21 所示(窗体的默认名称与其数据源相同)。

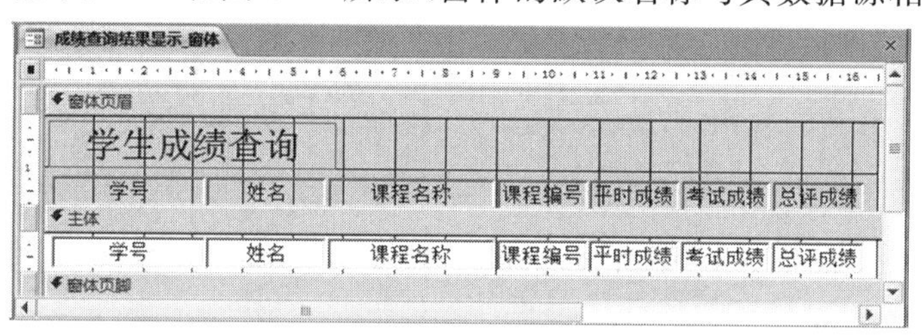

图 8-20　“成绩查询结果显示_窗体”设计视图

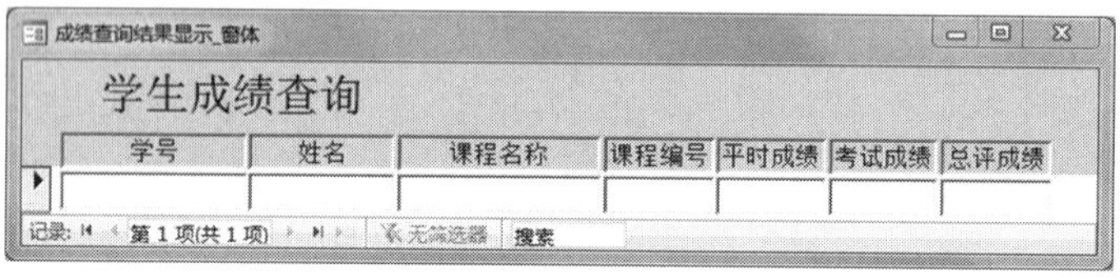

图 8-21　“成绩查询结果显示_窗体”窗体视图

(2) 适当修饰和调整窗体布局。

为了不重复显示“学号”和“姓名”字段，可将这两个字段的相应控件(两个文本框和两个附加标签)移动到“窗体页眉”，其中主体节的两个文本框可以使用“剪切”“粘贴”完成移动。

(3) 将窗体重新命名保存为“成绩查询结果显示_窗体”，如图 8-22 所示为窗体调整后的设计视图和窗体视图。

4. 创建“成绩查询_窗体”

窗体名称：成绩查询_窗体。

调用对象：成绩查找_宏。

功能：为用户提供输入学号或姓名的界面，调用查询对象进行检索。

创建过程如下：

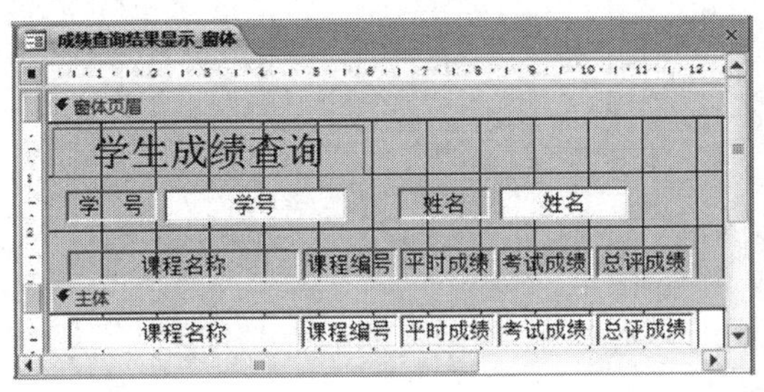
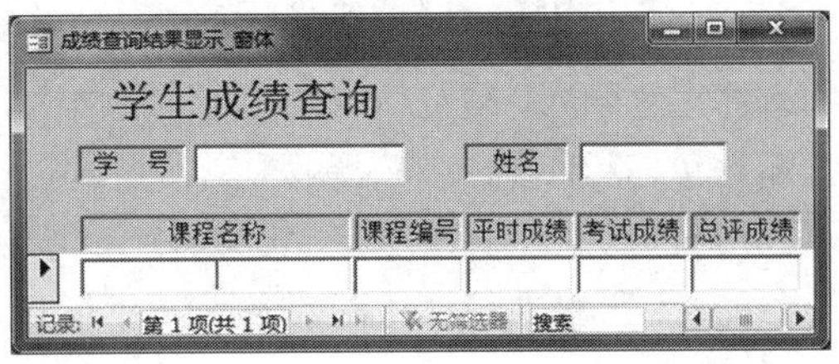

图 8-22　窗体调整后的设计视图和窗体视图

(1) 创建"成绩查找_宏"如图 8-23 所示。

"成绩查找宏"中包含 3 条操作命令,依次执行为:执行"成绩查询_查询";关闭查询数据表视图;打开"成绩查询结果显示_窗体"(用窗体显示查询结果)。

图 8-23　成绩查找_宏

(2) 使用"窗体设计"工具创建一个窗体,建立两个文本框和 1 个命令按钮。控件属性设置如表 8.4 所示,命名窗体为"成绩查询_窗体"。窗体视图如图 8-24 所示。

表 8.4　控件属性设置

文本框	标签	命令按钮		
名称属性	标题属性	名称属性	标题属性	单击事件
txt_xh	学号	cmd_Find	查找	成绩查找_宏
txt_xm	姓名			

(3) 设置单击【查找】按钮产生的动作为执行"成绩查找_宏"(如图 8-23 所示),窗体上的文本框(学号和姓名)将作为执行"成绩查询_查询"的条件依据。

(4) 切换到窗体视图,如图 8-24 所示,输入学号"200518030421",单击【查找】按钮运行"成绩查找_宏",打开"成绩查询结果显示_窗体",如图 8-25 所示。

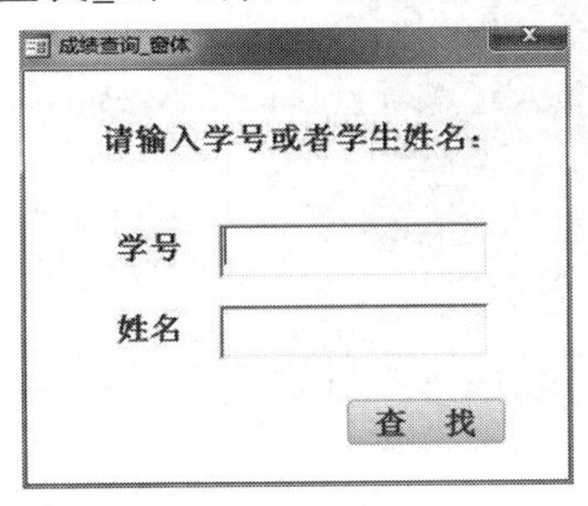

图 8-24　成绩查询_窗体

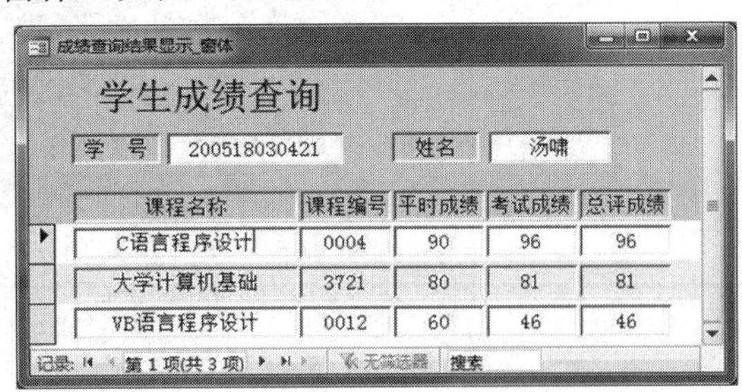

图 8-25　窗体视图(运行结果)

(5) 保存窗体修改。

5. 创建"成绩浏览_窗体"

窗体名称：成绩浏览_窗体。

数据源：学生信息_表、课程信息_表、学生成绩_表。

调用对象：总评成绩更新_宏。

功能：按课程进行学生成绩浏览；并可根据用户输入的平时成绩占总成绩的比例，计算并更新总评成绩。

创建过程如下：

(1) 使用"窗体向导"创建一个主/子窗体。打开"窗体向导"第 1 个对话框，依次选择课程信息_表、学生信息_表和学生成绩_表作为数据源，选择各表中的部分字段作为窗体中的显示字段，如图 8-26 所示。

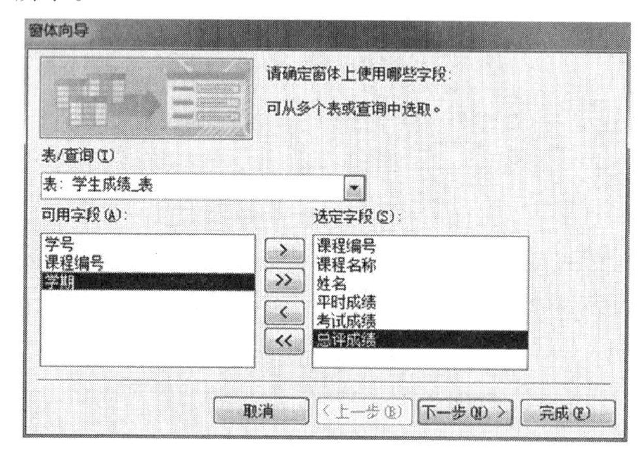

图 8-26　确定数据源

(2) 单击【下一步】按钮，打开"窗体向导"第 2 个对话框，选择"课程编号"和"课程名称"字段作为主窗体的显示内容，其余字段作为子窗体中的显示内容，如图 8-27 所示。

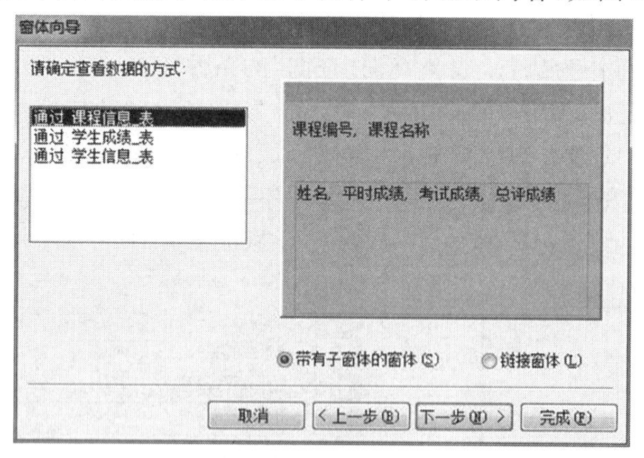

图 8-27　确定查看数据的方式

(3) 在后续的"窗体向导"对话框中，选择子窗体的显示格式为"表格"，并将窗体命名为"成绩浏览_窗体"保存。

(4) 在窗体设计视图进行修改。

①设置"窗体页眉"中的标签"标题"属性为"按课程浏览学生成绩"。

清空"cb_kcmc"组合框的"控件来源"属性,使其未绑定。

②利用"组合框向导"在"主体"的右侧添加1个组合框,名称为"cb_blcs",设置(预设分值比例)其值列表设为20,30,40,50,并为组合框的附加标签输入提示文字"若需要重新计算总评成绩,请输入平时成绩占总成绩的百分比:"。

③添加1个命令按钮,"名称"属性为"Cmd_jscj","标题"属性为"计算总评成绩","可用"属性为"否",如图8-28所示。

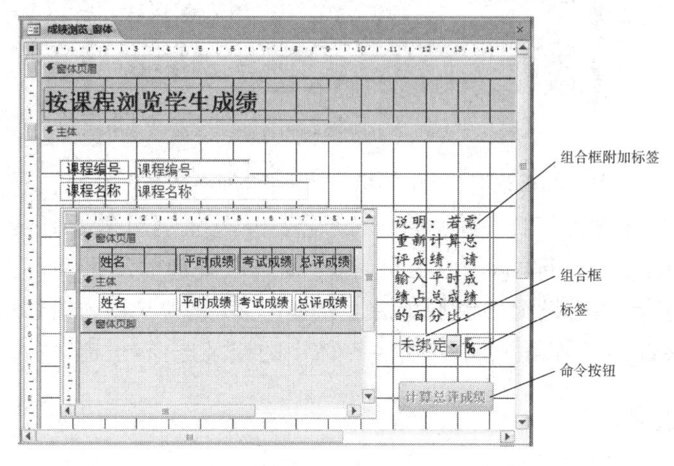

图8-28　在设计视图中添加组合框等控件

④为命令按钮准备宏操作。

新建"总评成绩更新_宏",其设置如图8-29所示,其中操作"OpenQuery"所执行的查询是"总评成绩更新_查询"。

⑤设置图8-28中命令按钮【计算总评成绩】的"单击"事件为执行操作"总评成绩更新_宏",如图8-30所示。

⑥为保证只有在用户修改了分值比例后才可以进行总评成绩计算,可设置组合框被更改后再激活【计算总评成绩】命令按钮,编写组合框的"更新后"事件代码如下:

```
PrivateSubcb_blcs_AfterUpdate()
Cmd_jscj.Enabled= True
EndSub
```

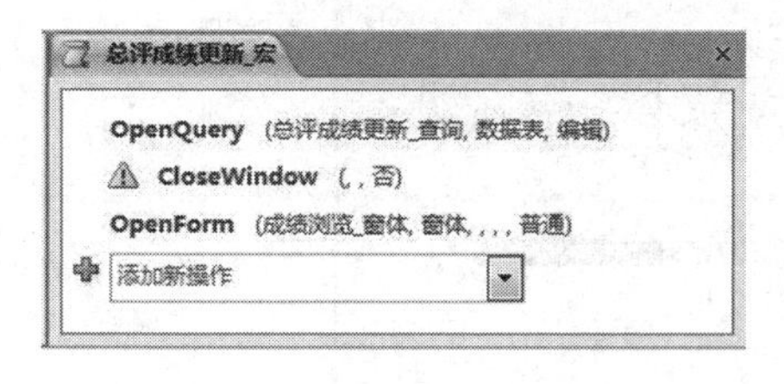

图8-29　总评成绩更新_宏

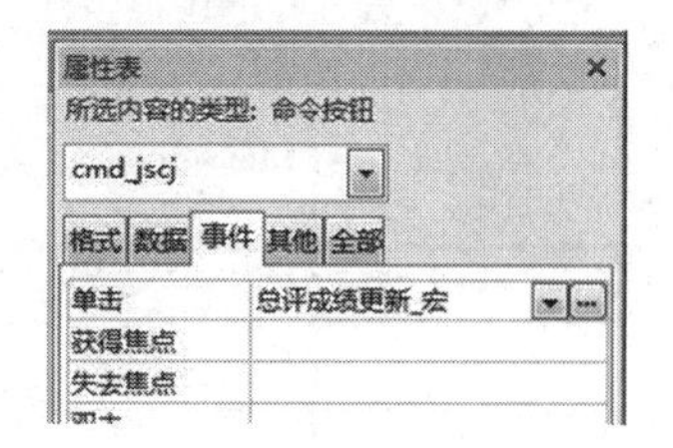

图8-30　设置命令按钮单击事件

⑦修饰以及适当调整窗体布局。

(5) 将窗体保存。图 8-31 为运行时的窗体视图。

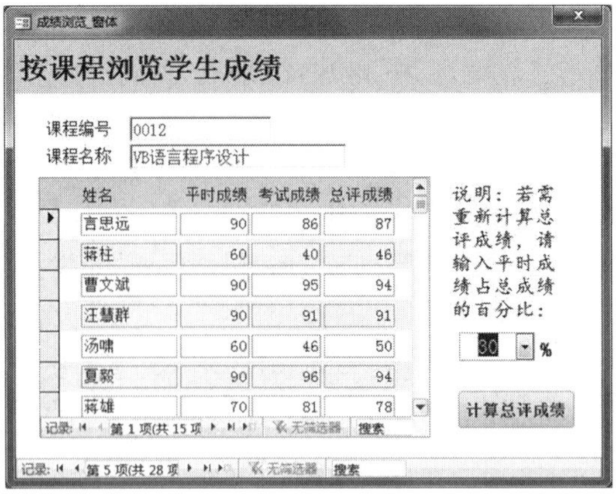

图 8-31 “成绩浏览_窗体”的窗体视图

当用户从组合框中选择了比例值(20%,30%或 40%)后,【计算总评成绩】命令按钮将被激活,单击命令按钮,立即执行“总评成绩更新_查询”,但查询的结果并不会实时显示在窗体中,所以在图 8-29 所示的宏设置中添加了后 2 条操作,就是为了刷新窗体的显示。

在图 8-31 最底部的导航条,用于控制主窗体中的记录选择,子窗体的记录将同步显示。

8.3.4 创建报表

1. 创建“院系补考通知_报表”报表

报表名称:院系补考通知_报表。

数据源:学生信息_表,总评成绩补考_查询。

功能:按院系分组生成补考成绩单,方便教学管理。

创建过程如下:

(1) 单击“创建”选项卡,在“报表”分组中单击【报表向导】按钮,打开“报表向导”第 1 个对话框,依次将“学生信息_表”对象的“所属院部”字段,“总评成绩补考_查询”对象的所有字段,添加到“选定字段”列表中,如图 8-32 所示。

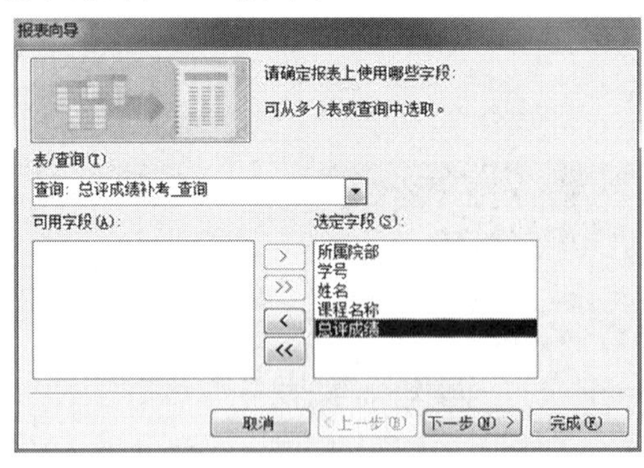

图 8-32 确定数据源

(2) 单击【下一步】按钮,打开"报表向导"第 2 个对话框,为了教学管理的需要,选择"所属院部"作为分组级别,如图 8-33 所示。

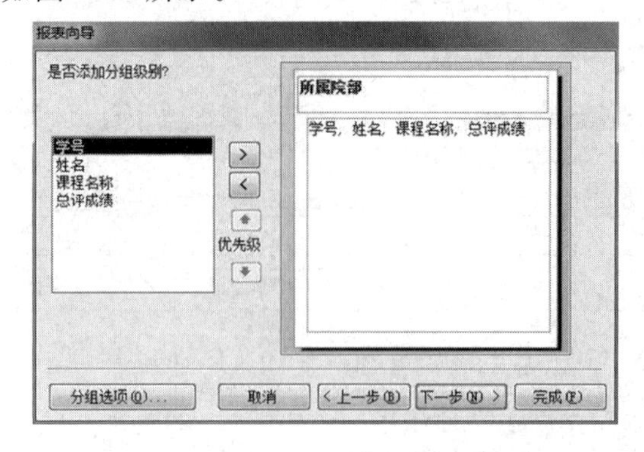

图 8-33 确定分组级别

(3) 在随后的对话框中,依次选择排序依据为"课程名称"字段,选择报表默认布局,并确定报表的名称为"院系补考通知_报表"。

(4) 图 8-34 是创建完成后的报表的预览视图。

图 8-34 报表的预览视图

2. 创建"标签补考通知单_报表"

报表名称:标签补考通知单_报表。

数据源:总评成绩补考_查询。

功能:生成标签式补考通知单,以发放给考生。

创建过程如下:

(1) 以查询对象"总评成绩补考_查询"为数据源,选择"创建"选项卡,单击"报表"分组中【标签】按钮,在随后打开的"标签向导"第 1 个和第 2 个对话框中依次选择标签的版式和外观。

(2) 单击【下一步】按钮打开"标签向导"第 3 个对话框,输入标签的内容,如图 8-35 所示。

(3) 单击【下一步】按钮在随后打开的对话框中选择信息的排序依据为"课程名称"字段,

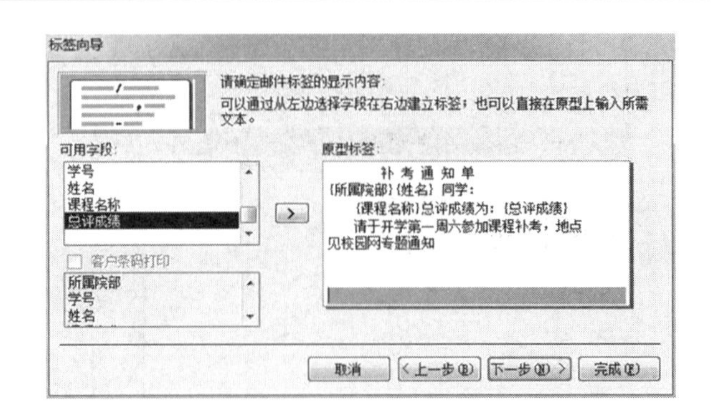

图 8-35　“标签向导”第 3 个对话框

并命名标签报表的名字为“标签补考通知单_报表”。

(4) 图 8-36 是标签完成后的报表的“预览”视图。

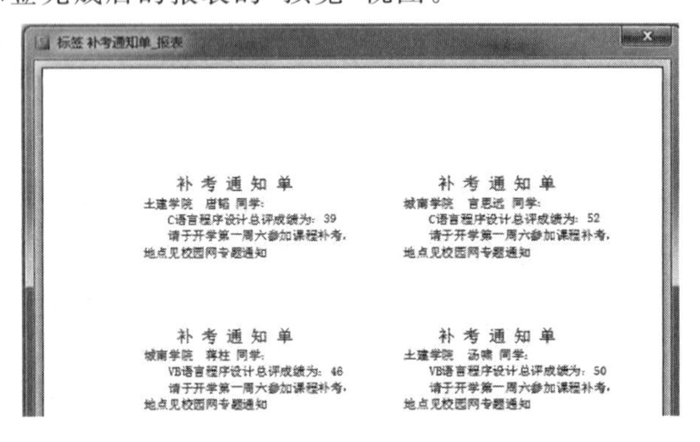

图 8-36　标签报表的打印预览视图

8.3.5　创建系统主控界面

设计应用系统是为了不直接操作数据库中的“表”或“查询”对象，而是要通过窗体及报表等对象来操作数据，这样可以降低对操作者计算机水平的要求，保证数据操作的准确性和安全性。操作者不需要具备数据库的操作能力，不需要直接接触数据库中的数据对象，只要具备一般软件的使用、操作能力即可。

创建系统主控界面的目的就是要将已经建立了的窗体和报表等对象组织起来，只能通过特定的操作界面来调用它们，并且屏蔽数据库其他的操作，使之成为一个完整的系统。系统集成的过程主要包括创建应用系统的主控界面、设置启动窗体和生成 MDE 文件等步骤。

1. 创建主控界面

对系统的使用，管理员和学生是具有不同权限的。本例通过设计不同的主界面来进行分流。创建两个具有不同使用权限的主界面，当用户通过了登录窗体的身份验证后，系统自动打开具有相应权限的主界面。如图 8-37、图 8-38 所示。

(1) 设计窗体界面的控件布局。

利用“窗体设计”工具创建 1 个空窗体，在主体节右键菜单中添加“窗体页眉/页脚”，在其中添加两个标签，在主体节添加“选项卡控件”，如图 8-39(左)所示。修改选项卡控件两页的

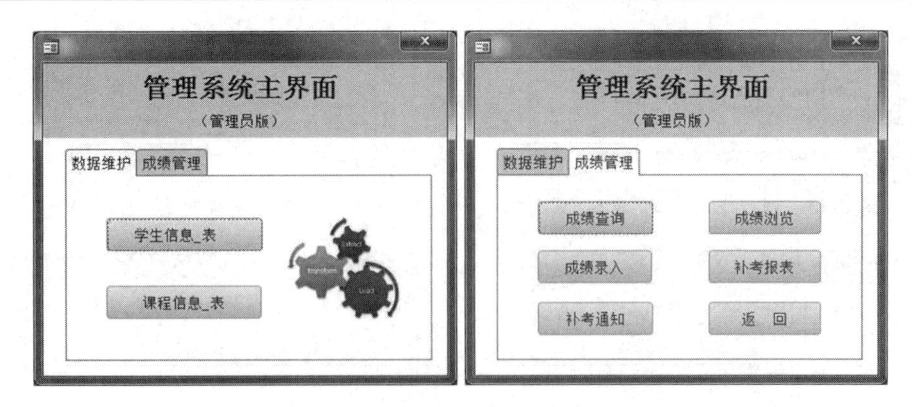

图 8-37　管理系统主界面(管理员版)的两个选项页

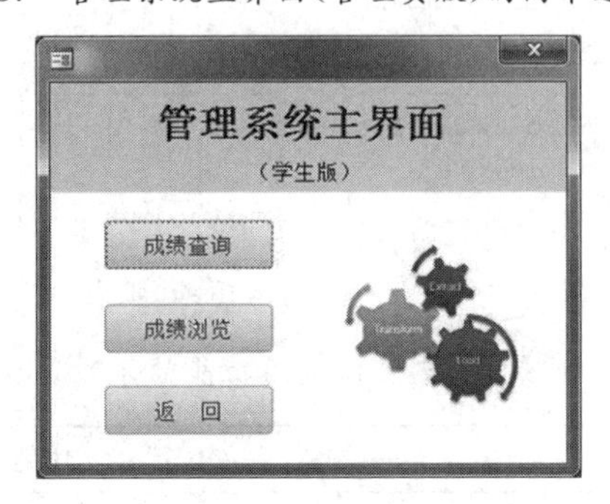

图 8-38　管理系统主界面(学生版)

标题属性,然后分别在各页添加相应控件,如图 8-39(中,右)所示。

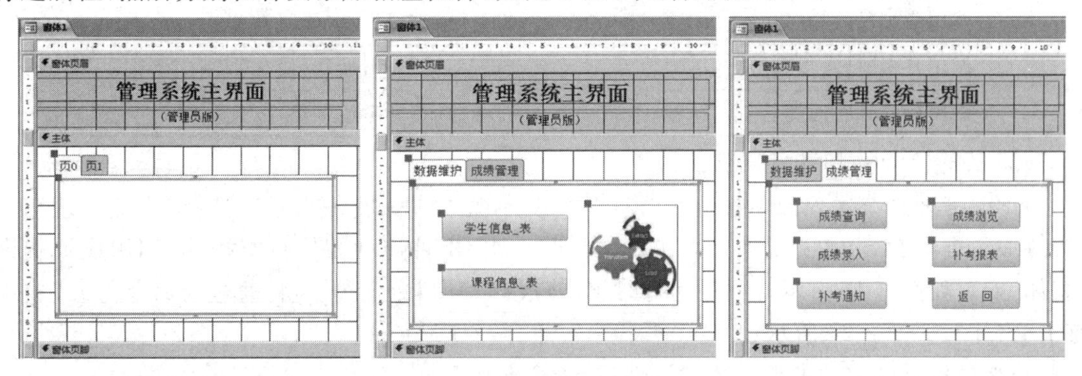

图 8-39　设计窗体的控件布局

命名为"管理系统主界面－管理员",保存窗体。类似的操作可完成创建并保存"管理系统主界面－学生"窗体。

(2) 为命令按钮创建宏。

依次创建如图 8-40～8-44 所示的宏。表 8.5 简单描述了各宏操作的功能。

图 8-40　调用成绩查询_窗体_宏

图 8-41　调用成绩浏览_窗体_宏

图 8-42　调用成绩录入_窗体_宏

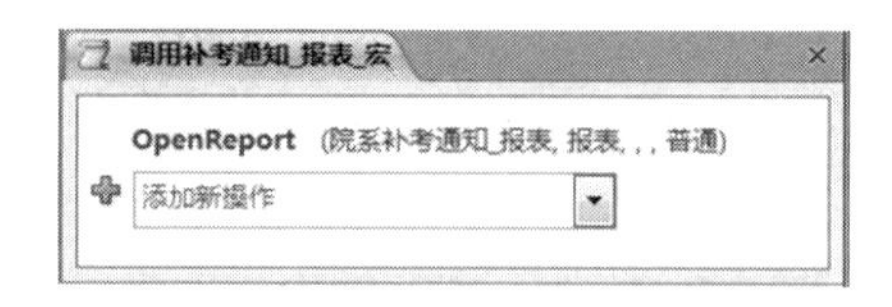

图 8-43　调用补考通知_报表_宏

图 8-44　调用标签补考通知_报表_宏

表 8.5　宏操作调用功能简单描述

宏名	功能
调用成绩查询_窗体_宏	打开“成绩查询_窗体”
调用成绩浏览_窗体_宏	打开“成绩浏览_窗体”
调用成绩录入_窗体_宏	打开“成绩录入_窗体”
调用补考通知_报表_宏	打开“院系补考通知_报表”
调用标签补考通知单_报表_宏	打开“标签补考通知单_报表”

(3) 设置命令按钮相关属性。

打开“管理系统主界面—管理员”窗体，其设计视图如图 8-39 所示。选择“成绩管理”页，打开【成绩查询】命令按钮的属性窗口，设置其“单击”事件属性为执行宏操作“调用成绩查询_窗体_宏”，如图 8-45 所示。程序运行时单击【成绩查询】命令按钮，将通过宏命令打开“成绩查询_窗体”，如图 8-24 所示。

类似设置其他按钮的单击事件属性，如表 8.6 所示。

表 8.6　系统主界面窗体命令按钮“事件”属性设置

命令按钮名称	单击事件
成绩查询	调用成绩查询_窗体_宏
成绩浏览	调用成绩浏览_窗体_宏
成绩录入	调用成绩录入_窗体_宏
补考报表	调用补考通知_报表_宏
补考通知	调用标签补考通知单_报表_宏
返回	[嵌入的宏](CloseWindow)

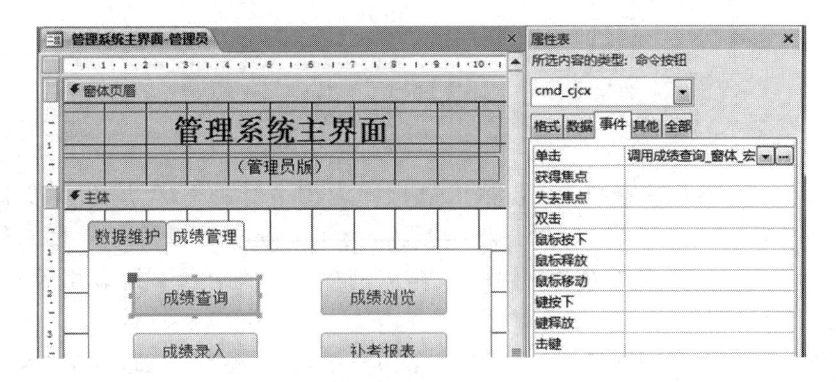

图 8-45　窗体设计视图和命令按钮属性窗口

“数据维护”页的命令按钮功能设置,读者可自行完成。

(4) 主界面窗体的属性设置。

表 8.7 列出了窗体的主要相关属性设置。

表 8.7　“管理系统主界面－管理员”的窗体属性设置

属性名称	属性值
弹出方式	是
标题	空格
记录选择器	否
导航按钮	否
滚动条	两者均无
最大最小化按钮	无

2. 设置启动窗体

打开 Access 的后台视图(Backstage),在“文件”选项卡中单击【选项】按钮,打开“Access 选项”对话框,选择“当前数据库”页,在“显示窗体”下拉列表中选择“登录窗体”,如图 8-46 所示,单击【确定】保存设置并退出对话框。

再次启动 Access 数据库时将自动启动“登录窗体”。如图 8-47 所示。

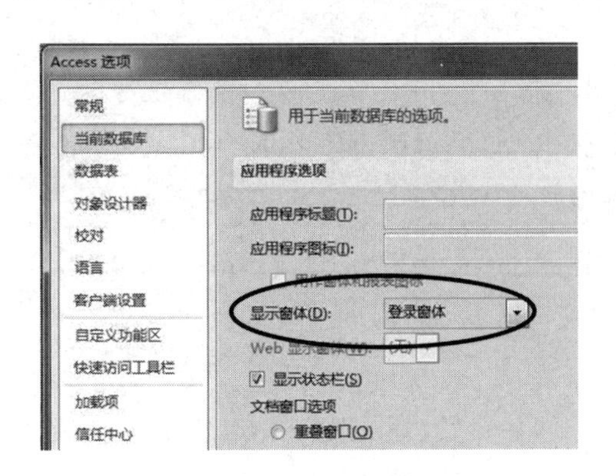

图 8-46　“Access 选项”对话框

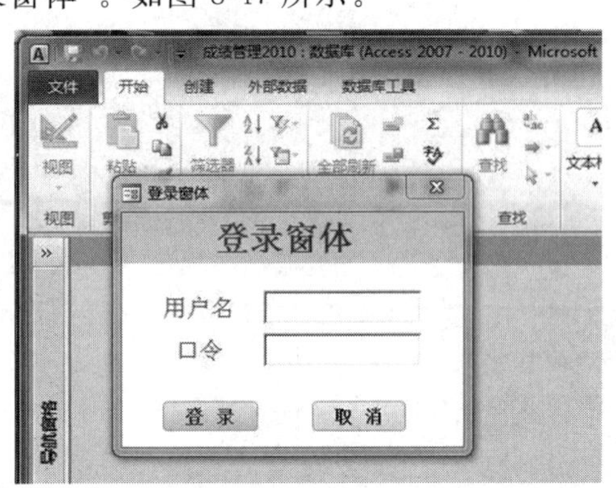

图 8-47　启动数据库时自动启动“登录窗体”

本 章 小 结

本章介绍了一个应用系统实例,包括了数据库应用系统的一般功能,主要目的是展示 Access 在数据库应用系统开发方面的强大功能。为了方便非计算机专业人员利用 Access 开发适用于本专业领域的数据库应用系统,本实例尽量回避了 VBA 编程部分,主要利用 Access 的表、查询、窗体、报表和宏等常用对象来实现各种功能。

本实例作为一个系统还需要进行很多补充和完善,如一些操作窗体的输入错误检查与处理、业务数据的多种方式查询以及各种业务数据的报表等。读者可以根据实际需要增加功能,并结合编程技术,开发出实际可用的数据库应用系统。

附录A 常用函数

类型	函数名	函数格式	说明
算术函数	绝对值	Abs(〈数值表达式〉)	返回数值表达式的绝对值
	取整	Int(〈数值表达式〉)	返回不大于数值表达式值的最大整数值
		Fix(〈数值表达式〉)	返回数值表达式值的整数部分值
		Round(〈数值表达式〉,[〈表达式〉])	返回按照指定的小数位数进行四舍五入运算的结果。[〈表达式〉]是进行四舍五入运算小数点右边应保留的位数
	平方根	Sqr(〈数值表达式〉)	返回数值表达式值的平方根值
	符号	Sgn(〈数值表达式〉)	返回数值表达式的符号值:当数值表达式值大于0,返回值为1;当数值表达式值等于0,返回值为0;当数值表达式值小于0,返回值为-1
	随机数	Rnd(〈数值表达式〉)	产生一个0~1之间的随机小数,为单精度类型。如果数值表达式的值小于0,每次产生相同的随机数;如果数值表达式的值大于0,每次产生新的随机数;如果数值表达式的值等于0,产生最近生成的随机数,且生成的随机数序列相同;如果省略数值表达式参数,则默认参数值大于0
	正弦函数	Sin(〈数值表达式〉)	返回数值表达式的正弦值
	余弦函数	Cos(〈数值表达式〉)	返回数值表达式的余弦值
	正切函数	Tan(〈数值表达式〉)	返回数值表达式的正切值
	自然指数	Exp(〈数值表达式〉)	计算e的N次方,N是数值表达式的值
	自然对数	Log(〈数值表达式〉)	计算以e为底的数值表达式的值的对数
文本函数	生成空格字符	Space(〈数值表达式〉)	返回由数值表达式的值确定的空格个数组成的空字符串
	字符重复	String(〈数值表达式〉,〈字符表达式〉)	返回一个由字符表达式的第一个字符重复组成的、指定长度为数值表达式值的字符串
	字符串截取	Left(〈字符表达式〉,〈数值表达式〉)	返回一个子串,该子串是从字符表达式左侧开始的N个字符(N是数值表达式的值)
		Right(〈字符表达式〉,〈数值表达式〉)	返回一个子串,该子串是从字符表达式右侧开始的N个字符(N是数值表达式的值)
		Mid(〈字符表达式〉,〈数值表达式1〉[,〈数值表达式2〉])	返回一个子串,该子串是从字符表达式最左端某个字符开始的连续若干个字符,其中数值表达式1的值是开始的字符位置,数值表达式2是终止的字符位置。若省略了数值表达式2,则返回的值是:从字符表达式最左端某个字符开始,截取到最后1个字符为止的若干个字符
	字符串长度	Len(〈字符表达式〉)	返回字符表达式的字符个数

续表

类型	函数名	函数格式	说明
文本函数	删除空格	LTrim(〈字符表达式〉)	返回去掉字符表达式开始空格的字符串
		RTrim(〈字符表达式〉)	返回去掉字符表达式尾部空格的字符串
		Trim(〈字符表达式〉)	返回去掉字符表达式开始和尾部空格的字符串
	字符串检索	InStr([〈数值表达式〉,]〈字符串〉,〈子字符串〉[,〈比较方法〉])	返回一个值,该值是检索子字符串在字符串中最早出现的位置。其中,数值表达式为可选项,是检索的起始位置,若省略,从第一个字符开始检索。比较方法为可选项,指定字符串比较的方法。值可以为 1,2 或 0:值为 0(默认)做二进制比较;值为 1 做不区分大小写的文本比较;值为 2 做基于数据库中包含信息的比较。若制定比较方法,则必须指定数据表达式
	大小写转换	UCase(〈字符表达式〉)	将字符表达式中小写字母转换成大写字母
		LCase(〈字符表达式〉)	将字符表达式中大写字母转换成小写字母
日期/时间函数	截取日期分量	Day(〈日期表达式〉)	返回日期表达式日期的整数(1～31)
		Month(〈日期表达式〉)	返回日期表达式月份的整数(1～12)
		Year(〈日期表达式〉)	返回日期表达式年份的整数
		Weekday(〈日期表达式〉)	返回 1～7 的整数,表示星期几
	截取时间分量	Hour(〈时间表达式〉)	返回时间表达式的小时数(0～23)
		Minute(〈时间表达式〉)	返回时间表达式的分钟数(0～59)
		Second(〈时间表达式〉)	返回时间表达式的秒数(0～59)
	获取系统日期和系统时间	Date()	返回当前系统日期
		Time()	返回当前系统时间
		Now()	返回当前系统日期和时间
	时间间隔	DateAdd(〈间隔类型〉,〈间隔值〉,〈表达式〉)	对表达式表示的日期按照间隔类型加上或减去指定的时间间隔值
		DateDiff(〈间隔类型〉,〈日期 1〉,〈日期 2〉[,W1][,W2])	返回日期 1 和日期 2 之间按照间隔类型所指定的时间间隔数目
		DatePart(〈间隔类型〉,〈日期〉[,W1][,W2])	返回日期中按照间隔类型所指定的时间部分值
	返回包含指定年月日的日期	DateSerial(〈表达式 1〉,〈表达式 2〉,〈表达式 3〉)	表达式 1 值为年、表达式 2 值为月、表达式 3 值为日,返回由这 3 个表达式组成的日期值
SQL 聚合函数	总计	Sum(〈字符表达式〉)	返回字符表达式中值的总和。字符表达式可以是一个字段名,也可以是一个含字段名的表达式,但所含字段应该是数字数据类型的字段
	平均值	Avg(〈字符表达式〉)	返回字符表达式中值的平均值。字符表达式可以是一个字段名,也可以是一个含字段名的表达式,但所含字段应该是数字数据类型的字段

续表

类型	函数名	函数格式	说明
SQL聚合函数	计数	Count(〈字符表达式〉)	返回字符表达式中值的个数，即统计记录个数。字符表达式可以是一个字段名，也可以是一个含字段名的表达式，但所含字段应该是数字数据类型的字段
	最大值	Max(〈字符表达式〉)	返回字符表达式中值中的最大值。字符表达式可以是一个字段名，也可以是一个含字段名的表达式，但所含字段应该是数字数据类型的字段
	最小值	Min(〈字符表达式〉)	返回字符表达式中值中的最小值。字符表达式可以是一个字段名，也可以是一个含字段名的表达式，但所含字段应该是数字数据类型的字段
转换函数	字符串转换字符代码	Asc(〈字符表达式〉)	返回字符表达式首字符的 ASCII 值
	字符代码转换字符	Chr(〈字符表达式〉)	返回与字符代码对应的字符
	空值转换成数值	Nz(〈表达式〉[,规定值])	如果表达式为 Null，Nz 函数返回 0；对零长度的空串可以自定义一个返回值(规定值)
	数字转换成字符串	Str(〈数值表达式〉)	将数值表达式转换成字符串
	字符串转换成数字	Val(字符表达式)	将数值字符串转换成数值型数字
程序流程函数	选择	Choose(〈索引式〉,〈表达式 1〉 [,〈表达式 2〉]… [,〈表达式 n〉])	根据索引式的值来返回表达式列表中的某个值。索引式值为 1，返回表达式 1 的值，索引式值为 2，返回表达式 2 的值，以此类推。当索引式值小于 1 或大于列出的表达式数目时，返回无效值(Null)
	条件	IIf(条件表达式, 表达式 1, 表达式 2)	根据条件表达式的值决定函数的返回值，当条件表达式的值为真，函数返回值为表达式 1 的值，反之，函数返回值为表达式 2 的值
	开关	Switch(〈条件表达式 1〉, 〈表达式 1〉 [,〈条件表达式 2〉, 〈表达式 2〉] […,〈条件表达式 n〉, 〈表达式 n〉])	计算每个条件表达式，并返回列表中第一个条件表达式为 True 时与其关联的表达式的值
消息函数	利用提示框输入	InputBox(提示[,标题] [,默认])	在对话框中显示提示信息，等待用户输入正文并单击按钮，返回文本框中输入的内容(String 型)
	提示框	MsgBox(提示[,按钮、图标和默认按钮] [,标题])	在对话框中显示消息，等待用户单击按钮，并返回一个 Integer 型数值，告诉用户单击的是哪个按钮

附录B 常用事件

分类	事件	名称	属性	发生时间
发生在窗体或控件中的数据被输入、删除或更改时,或当焦点从一条记录移动到另一条记录时	AfterDelConfirm	确认删除后	AfterDelConfirm（窗体）	发生在确认删除记录,并且记录实际上已经删除,或在取消删除之后
	AfterInsert	插入前	AfterInsert（窗体）	在一条新记录添加到数据库中时
	AfterUpdate	更新后	AfterUpdate（窗体）	在控件或记录用更改了的数据更新之后。此事件发生在控件或记录失去焦点时,或选择“记录|保存”命令时
	BeforeUpdate	更新前	BeforeUpdate（窗体和控件）	在控件或记录用更改了的数据更新之前
	Current	成为当前	OnCurrent（窗体）	当焦点移动到一条记录,使它成为当前记录时,或当重新查新窗体的数据来源时。此事件发生在窗体第一次打开,以及焦点从一条记录移动到另一条记录时,它在重新查询窗体的数据来源时发生
	BeforeDelConfirm	确认删除前	BeforeDelConfirm（窗体）	在删除一条或多条记录时,Access 显示一个对话框,提示确认或取消删除之前。此事件在 Delete 事件之后发生
	BeforeInsert	插入前	BeforeInsert（窗体）	在新记录中输入第 1 个字符但记录未添加到数据库时发生
	Change	更改	OnChange（窗体和控件）	当文本框或组合框文本部分的内容发生更改时,事件发生。在选项卡控件中从某一页移动到另一页时该事件也会发生
处理鼠标操作事件	Click	单击	OnClick（窗体和控件）	对于控件,此事件在单击时发生。对于窗体,在单击记录选择器、节或控件之外的区域时发生
	DblClick	双击	OnDblClick（窗体和控件）	当在控件或它的标签上双击时发生。对于窗体,在双击空白区或窗体上的记录选择器时发生
	MouseUp	鼠标释放	OnMouseUp（窗体和控件）	当鼠标指针位于窗体或控件上时,释放一个按下的鼠标键时发生

续表

分类	事件	名称	属性	发生时间
处理鼠标操作事件	MouseDown	鼠标按下	OnMouseDown（窗体和控件）	当鼠标指针位于窗体或控件上时，单击时发生
	MouseMove	鼠标移动	OnMouseMove（窗体和控件）	当鼠标指针在窗体、窗体选择内容或控件上移动时发生
处理键盘输入事件	Keypress	击键	OnKeyPress（窗体和控件）	当控件或窗体有焦点时，按下并释放一个产生标准 ANSI 字符的键或组合键后发生
	KeyDown	键按下	OnKeyDown（窗体和控件）	当控件或窗体有焦点，并在键盘上按下任意键时发生
	KeyUp	键释放	OnKeyUp（窗体和控件）	当控件或窗体有焦点，释放一个按下键时发生
处理错误	Error	出错	OnError（窗体和报表）	当 Access 产生一个运行时间错误，而这时正处在窗体和报表中时发生
处理同步事件	Timer	计时器触发	OnTimer（窗体）	当窗体的 TimerInterval 属性所指定的时间间隔已到时发生，通过在指定的时间间隔重新查询或重新刷新数据保持多用户环境下的数据同步
在窗体上应用或创建一个筛选	ApplyFilter	应用筛选	OnApplyFilter（窗体）	当选择“记录|应用筛选”命令，或单击工具栏中的【应用筛选】按钮时发生；当选择“记录|筛选|按选定内容筛选”命令，或单击工具栏中的【按选定内容筛选】按钮时发生；当选择“记录|取消筛选/排序”命令，或单击工具栏中的【取消筛选】按钮时发生
	Filter	筛选	OnFilter（窗体）	当选择“记录|筛选|按窗体筛选”命令，或单击工具栏中的【按窗体筛选】按钮时发生；选择“记录|筛选|高级筛选/排序”命令时发生

续表

分类	事件	名称	属性	发生时间
发生在窗体、控件失去或获得焦点时，或窗体、报表成为激活时或失去激活事件时	Activate	激活	OnActivate（窗体和报表）	当窗体或报表成为激活窗口时发生
	Deactivate	停用	OnDeactivate（窗体和报表）	当不同的但同为一个应用程序的 Access 窗口成为激活窗口时，在此窗口成为激活窗口之前发生
	Enter	进入	OnEnter（控件）	发生在控件实际接收焦点之前，此事件在 GotFocus 事件之前发生
	Exit	退出	OnExit（控件）	正好在焦点从一个控件移动到同一窗体上的另一个控件之前发生，此事件发生在 LostFocus 事件之前
发生在窗体、控件失去或获得焦点时，或窗体、报表成为激活时或失去激活事件时	GotFocus	获得焦点	OnGotFocus（窗体和控件）	当一个控件、一个没有激活的控件或有效控件的窗体接收焦点时发生
	LostFocus	失去焦点	OnLostFocus（窗体和控件）	当窗体或控件失去焦点时发生
打开、调整窗体或报表事件	Open	打开	OnOpen（窗体和报表）	当窗体或报表打开时发生
	Close	关闭	OnClose（窗体和报表）	当窗体或报表关闭，从屏幕上消失时发生
	Load	加载	OnLoad（窗体和报表）	当打开窗体，并且显示了它的记录时发生。此事件发生在 Current 事件之前，Open 事件之后
	Resize	调整大小	OnResize（窗体）	当窗体的大小发生变化或窗体第一次显示时发生
	Unload	卸载	OnUnload（窗体）	当窗体关闭，并且从它的记录被卸载，从屏幕上消失之前发生。此事件在 Close 事件之前发生

参 考 文 献

[1] 万常选,廖国琼,吴京慧,等.数据库系统原理与设计[M].3版.北京:清华大学出版社,2017.
[2] 范明,叶阳东,邱保志,等.数据库原理教程[M].2版.北京:科学出版社,2018.
[3] 邵丽萍,孙贺捷,张后扬.Access数据库技术与应用[M].2版.北京:清华大学出版社,2013.
[4] 张强,杨玉明.Access 2010中文版入门与实例教程[M].北京:电子工业出版社,2011.
[5] 科教工作室.Access 2010数据库应用[M].2版.北京:清华大学出版社,2011.
[6] 蒋加伏.Access数据库应用技术[M].2版.上海:复旦大学出版社,2014.
[7] 教育部考试中心.全国计算机等级考试二级教程——Access数据库程序设计:2018年版[M].北京:高等教育出版社,2017.
[8] 刘凌波.Access数据库应用基础[M].北京:科学出版社,2015.
[9] 余建坤,李春宏,沈俊媛.Access数据库技术及应用[M].北京:科学出版社,2015.
[10] 郝选文.Access数据库应用技术:Access 2010版[M].北京:科学出版社,2015.

图书在版编目(CIP)数据

Access 数据库应用技术/李湘江，汤琛主编. —北京：北京大学出版社，2019.1
ISBN 978-7-301-30091-6

Ⅰ. ①A… Ⅱ. ①李… ②汤… Ⅲ. ①关系数据库系统—高等学校—教材 Ⅳ. ①TP311.138

中国版本图书馆 CIP 数据核字(2018)第 272214 号

书　　名 Access 数据库应用技术
Access SHUJUKU YINGYONG JISHU
著作责任者 李湘江　汤　琛　主编
责任编辑 张　敏
标准书号 ISBN 978-7-301-30091-6
出版发行 北京大学出版社
地　　址 北京市海淀区成府路 205 号　100871
网　　址 http://www.pup.cn
电子信箱 zpup@pup.cn
新浪微博 @北京大学出版社
电　　话 邮购部 010-62752015　发行部 010-62750672　编辑部 010-62765014
印 刷 者 长沙超峰印刷有限公司
经 销 者 新华书店
787 毫米×1092 毫米　16 开本　21 印张　521 千字
2019 年 1 月第 1 版　2019 年 1 月第 1 次印刷
定　　价 49.00 元